教育部高等学校电子信息类专业教学指导委员会规划教材

高等学校电子信息类专业系列教材·新形态教材

微课视频版

信息论基础

翟明岳　编著

清華大学出版社

北京

内 容 简 介

本书重点介绍经典信息论的基本理论，覆盖经典信息论的主要内容，如离散信息和连续信息的度量、离散信源和连续信源、离散信道和连续信道及其容量，以及无失真信源编码、限失真信源编码和有噪信道编码等。

本书深入浅出，表述简洁；概念清晰，系统性较强。考虑信息论基础理论性的同时又兼顾易读性，注重基本知识的阐述，强调对物理概念和理论的理解与掌握，配以大量的例题和习题，便于工科和非数学专业的学生学习。本书可作为高等院校信息科学与信息技术相关专业本科生的信息论课程教材，也可供人工智能、大数据分析与挖掘、通信、雷达、导航、计算机、系统工程、生物工程、管理工程等领域的科研和工程技术人员参考。

图书在版编目（CIP）数据

信息论基础 / 翟明岳编著. —北京：清华大学出版社，2023.9
高等学校电子信息类专业系列教材·新形态教材
ISBN 978-7-302-64093-6

Ⅰ. ①信… Ⅱ. ①翟… Ⅲ. ①信息论-高等学校-教材 Ⅳ. ①TN911.2

中国国家版本馆 CIP 数据核字（2023）第 130498 号

责任编辑：文 怡
封面设计：刘 键
责任校对：胡伟民
责任印制：宋 林

出版发行：清华大学出版社
网　　址：https://www.tup.com.cn, https://www.wqxuetang.com
地　　址：北京清华大学学研大厦 A 座　　**邮　　编：**100084
社 总 机：010-83470000　　**邮　　购：**010-62786544
投稿与读者服务：010-62776969, c-service@tup.tsinghua.edu.cn
质 量 反 馈：010-62772015, zhiliang@tup.tsinghua.edu.cn
课 件 下 载：https://www.tup.com.cn, 010-83470236
印 装 者：大厂回族自治县彩虹印刷有限公司
经　　销：全国新华书店
开　　本：185mm×260mm　　**印　　张：**18.5　　**字　　数：**468 千字
版　　次：2023 年 11 月第 1 版　　**印　　次：**2023 年 11 月第 1 次印刷
印　　数：1～1500
定　　价：65.00 元

产品编号：101381-01

前言

PREFACE

经典信息论即香农信息论，是利用概率论与随机过程的方法研究通信系统传输有效性和可靠性极限性能的理论，是现代信息通信领域的基础理论。它是研究信息传输和信息处理一般规律的科学，也是通信与电子信息类专业的重要基础课程。

本课程的主要内容和教学目标是理解香农信息论的基本原理，掌握信息量与熵的基本计算方法，培养利用信息论的基本原理分析和解决实际问题的能力，为今后进行更深入的研究和学习奠定坚实的理论基础。

本书是编者在北京邮电大学和华北电力大学（北京校部）学习和讲授“信息理论基础”课程的总结，借鉴了国内外众多的信息论优秀教材和参考资料，列于本书参考文献中，在此向有关作者表示衷心和诚挚的感谢！编者根据多年的教学实践经验编写了本书。本书以帮助读者掌握基本概念和方法为目的，力图以读者较易接受的方式介绍信息论的基本内容，强调对基础理论中物理概念和结论的理解与掌握。

本书第 1 章为绪论，主要介绍香农信息论的研究对象、目的和内容；第 2 章介绍信息度量的重要概念，如自信息量、互信息量、信息熵和平均互信息量；第 3 章主要介绍离散信源产生信息的能力和信源剩余度问题；第 4 章介绍离散信道传输信息能力的问题，并介绍了信道容量的基本计算方法；第 5 章的核心内容是香农的无失真信源编码定理，围绕这个定理介绍了无失真信源编码的基本概念，并较为详细地介绍了无失真信源编码的基本编码方法；第 6 章介绍有噪信道编码定理；第 7 章介绍限失真编码的有关内容；第 8 章介绍连续信源和连续信道的信息度量和信息传输能力。

尽管编者在本书中力求满足读者的要求，但仍无法避免错漏和不当，恳切希望广大读者提出宝贵意见。

编　者

2023 年 8 月于广东石油化工学院

目 录

CONTENTS

PPT 课件

第1章 绪 论

CHAPTER 1

克劳德·艾尔伍德·香农（Claude Elwood Shannon，1919—2001，图1.1）美国数学家，信息论创始人。1948年香农在 *Bell System Technical Journal* 上发表了划时代论文《通信的数学理论》，宣告了一门崭新的学科——信息论的诞生。1949年，香农又在该杂志上发表了另一篇影响深远的论文《噪声下的通信》。在这两篇论文中，香农阐明了通信的基本问题，给出了通信系统的模型，提出了信息量的数学表达式，并解决了信道容量、信源统计特性、信源编码和信道编码等一系列基本问题。这两篇论文成为信息论的奠基性著作。

图 1.1 香农

1.1 信息的概念

视频

信息论是通信的数学理论，应用近代数理统计方法研究信息的传输、存储与处理，它是随着通信技术的发展而形成和发展起来的一门新兴的交叉学科。信息论创立的标志是1948年香农发表的论文《通信的数学理论》。为了解决在噪声信道中有效传输信息的问题，香农在这篇文章中创造性地采用概率论的方法研究通信中的问题，并且对信息给予了科学的定量描述，第一次提出了**信息熵**的概念。**信息**是信息论中最基本和最重要的概念，同时也是一个既复杂又抽象的概念。

人们在日常生活中往往对**消息**和**信息**不加区分，认为**消息**就是**信息**。例如，收到一封电报或者收听了天气预报，人们就说得到了**信息**。其实，人们收到**消息**后，如果**消息**是新的内容，那么人们感到获得了很多信息；如果消息是已知的内容，那么人们感到获得的信息并不多。所以，**信息应该是可以度量的**。这就引出了**概率信息**的概念。概率信息的概念是香农提出来的，故又称**香农信息**。下面简要介绍经典信息论发展过程中的重要时间节点。

1924年，奈奎斯特（Nyquist）开始研究电报信号传输中脉冲速率与信道带宽的关系。

1928年，奈奎斯特发表论文建立了限带信号的采样定理。

哈特莱（Hartley）提出**消息**是符号，而不是内容，**信息**与**消息**开始得以区分。

哈特莱首先提出利用对数函数度量信息的多少：消息所包含的信息量等于取值个数的

对数。例如，抛掷一枚硬币可能有两种结果（正面和反面），所以抛掷结果获得的信息量是 $\log_2 2 = 1\text{bit}$。十进制数字可以表示 0~9 中的任意一个符号，所以一个十进制数字包含 $\log_2 10 = 3.3219\text{bit}$。

1935 年，阿姆斯特朗（Armstrong）提出，增大带宽可以加强通信系统的抗干扰能力。

1948 年，香农受到哈特莱研究工作的启发，进一步注意到消息的信息量不仅与可能值个数有关，还与消息本身的不确定性有关。例如，抛掷一枚不均匀的硬币，如果正面朝上的可能性为 90%，那么抛掷结果为反面时得到的信息量比为正面时得到的信息量要大。

香农在奈奎斯特、哈特莱和阿姆斯特朗工作的基础上，发表了论文《通信的数学理论》：利用概率论的方法研究通信系统，揭示了通信系统传递的对象是**信息**，并对**信息**给予科学的定量描述，提出了信息熵的概念，奠定了经典信息论的基础。

1949 年，香农发表论文《噪声下的通信》，指出通信系统的核心问题是在噪声环境中如何有效而可靠地传递信息，同时指出实现这一目标的主要方法是编码。

1959 年，香农发表论文《保真度准则下的离散信源编码定理》，系统地提出了信息率失真理论和限失真信源编码定理。

由上可知，一则消息之所以会包含信息，正是因为它具有不确定性，一则不具备不确定性的消息是不会包含任何信息的。通信的目的是消除或者部分消除这种不确定性。例如，得知硬币的抛掷结果前，人们对于结果是出现正面还是出现反面是不确定的；通过通信，人们得知了硬币的抛掷结果，消除了不确定性，从而获得了信息。因此，**信息是对事物运动状态或者存在方式的不确定性的描述**。这是香农信息的定义，是从不确定性（随机性）和概率测度的角度理解信息。

1.2 通信系统模型

视频

信息论从诞生到现在虽然只有短短几十年的时间，但它的发展对学术界和人类社会的影响非常广泛和深刻。如今，信息论的研究内容不仅包括通信系统，还包括所有与信息有关的自然和社会领域，如模式识别、计算机翻译、心理学、遗传学、神经生理学、语言学、语义学甚至社会学中有关信息的问题。香农信息论迅速发展成为涉及范围极其广泛的广义信息论——信息科学。

信息论的研究对象是广义的通信系统，不仅包括电话、电报、电视和雷达等狭义的通信系统，而且包括生物有机体的遗传系统、神经系统和视觉系统，甚至人类社会的管理系统等，即信息论将所有的信息传输系统都抽象成如图 1.2 所示的通信系统模型。

通信系统模型包括以下七部分。

（1）**信源**：信息的来源称为信源，可以是人、机器或者其他事物。尽管信源是信息的来源，但是信源并不直接输出信息，信源输出的是信息的载体——消息，如一段文字、一幅图画、一首歌和一段视频等。消息有各种不同的表现形式，文字、符号、语言、图片、图像、音频和视频等都是载荷信息的消息类型。消息能以通信双方（信源和信宿）都能理解的形式进行传递和交换。消息携带信息，是信息的载体。信源输出的消息是随机的、不确定的，但又具有一定的统计规律，因此用随机变量或者随机矢量等数学模型表示信源。

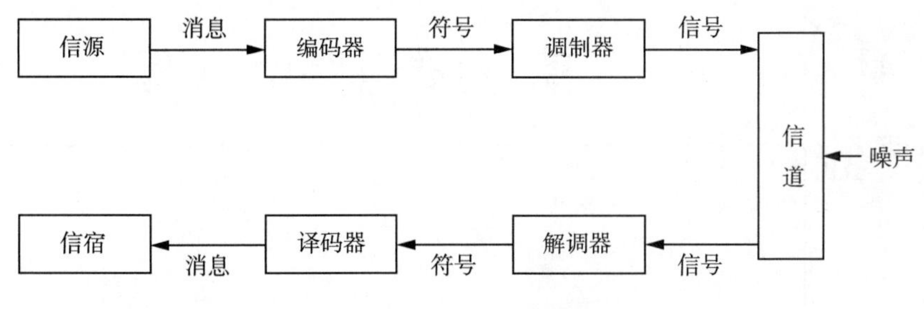

图 1.2　通信系统模型

（2）**编码器**：编码器将消息变为符号或者对应的符号序列，目的是提高传输有效性。例如，字符 a,b,c,d 可以分别编码为 0, 10, 110, 111。

（3）**调制器**：调制器负责将编码器输出的符号转换为适合信道传输的信号，目的是提高传输效率（使远距离传输成为可能）。例如，0 和 1 两个符号经过调制器后变换为两个电平信号。如果要进行远距离传输，还可进行载波调制，将电平信号变换为高频谐波。为了分析方便，也可以将调制器看作编码器的一部分。

（4）**信道**：信道是信息传输的通道，始于调制器终于解调器，它是包括收发设备在内的物理设施。在狭义的通信系统中，实际信道有架空明线、电缆、波导、光纤和无线电波传播空间等。对于广义的通信系统，信道还可以是其他类型的传输媒介。通常情况下，信道中存在噪声和干扰。需要注意，分析通信系统性能时往往只在信道中引入噪声和干扰，这是为了分析方便而采用的一种等效分析方式：系统中其他部分产生的噪声和干扰都等效成信道干扰，并集中作用于信道。

（5）**解调器**：解调器位于信息的接收端，负责将信道输出信号转换为符号，是调制器的逆变换。

（6）**译码器**：译码器位于信息的接收端，是编码器的逆变换。

（7）**信宿**：信宿是信息的接收者，即接收消息的人或物。

习　题

1. 简述信息的概念和特点。
2. 说明信息、消息及信号之间的联系与区别。

第 2 章 离散信息的度量

CHAPTER 2

由第 1 章可知，香农信息又称为概率信息，信息的度量建立在概率基础上，与载荷信息的消息所发生的概率有关。因为信息的载体是随机事件，因此利用概率论中的随机变量来描述随机事件或者消息。最简单的一类随机变量是离散随机变量，本章将从离散随机变量开始介绍信息的度量，由浅入深，逐步了解信息的本质及其度量方法。

2.1 概率论基本知识

本节回顾概率论中与信息度量有关的基本概念和知识，以备学习和查阅。

2.1.1 样本空间与随机事件

1. 随机试验

随机性是一种物理现象，一般通过试验结果来呈现和观察。由于试验结果不可预测，此类试验特称为**随机试验**，通常用字母 E 表示。

2. 样本空间

由于随机性，每次随机试验的具体结果无法预知，但随机试验所有的可能结果都在一个已知的集合内。这个已知集合就是一次随机试验可能呈现的所有结果，称为**样本空间**，记为 $\boldsymbol{\Omega}$。如果某一试验结果 $\omega \in \boldsymbol{\Omega}$，则称 ω 为**样本点**。

随机试验 1：抛掷一枚硬币。样本空间 $\boldsymbol{\Omega} = \{H,T\}$，样本点 H 表示硬币正面朝上 (Head)，样本点 T 表示正面朝下 (Tail)。

随机试验 2：抛掷两枚硬币。样本空间 $\boldsymbol{\Omega} = \{HH,HT,TH,TT\}$，其中样本点 HH 表示第一枚硬币正面朝上，第二枚硬币正面朝上，其余类推。

随机试验 3：二元信源发送一个符号。样本空间 $\boldsymbol{\Omega} = \{0,1\}$。

随机试验 4：二元信源发送两个符号。样本空间 $\boldsymbol{\Omega} = \{00,01,10,11\}$，样本点 $\omega = 01$ 表示第一个符号为 1，第二个符号为 0。其余样本点类推。

3. 随机事件

定义2.1 随机事件

样本空间 $\boldsymbol{\Omega}$ 中的任一子集 $\boldsymbol{E} \subseteq \boldsymbol{\Omega}$ 称为**随机事件**，简称**事件**。

随机试验 1：抛掷一枚硬币。样本空间 $\boldsymbol{\Omega}=\{H,T\}$，子集 $\boldsymbol{E}=\{H\}$ 表示抛掷一枚硬币出现正面朝上这一随机事件。

随机试验 2：抛掷两枚硬币。样本空间 $\boldsymbol{\Omega}=\{HH,HT,TH,TT\}$，子集 $\boldsymbol{E}=\{HH\}$ 表示第一枚硬币正面朝上且第二枚硬币也正面朝上这一事件；子集 $\boldsymbol{E}=\{HH,HT\}$ 表示第一枚硬币正面朝上这一随机事件。

随机试验 3：二元信源发送一个符号。样本空间 $\boldsymbol{\Omega}=\{0,1\}$，子集 $\boldsymbol{E}=\{0\}$ 表示信源发出符号 0 这一随机事件。

随机试验 4：二元信源发送两个符号。样本空间 $\boldsymbol{\Omega}=\{00,01,10,11\}$，子集 $\boldsymbol{E}=\{01\}$ 表示第一个符号为 1，第二个符号为 0 这一随机事件。

2.1.2　概率的有关概念

1. 概率

定义2.2 概率

对于样本空间 $\boldsymbol{\Omega}$ 的每个事件 $\boldsymbol{E}$，假设存在满足以下三个条件的实数 $P\left[\boldsymbol{E}\right]$：

（1）$0\leqslant P\left[\boldsymbol{E}\right]\leqslant 1$

（2）$P\left[\boldsymbol{\Omega}\right]=1$

（3）对于任意互不相容的事件序列 $\boldsymbol{E}_1,\boldsymbol{E}_2,\cdots$（当 $n\neq m$ 时，$\boldsymbol{E}_n\cap\boldsymbol{E}_m=\varnothing$）有

$$P\left[\bigcup_{n=1}^{\infty}\boldsymbol{E}_n\right]=\sum_{n=1}^{\infty}P\left[\boldsymbol{E}_n\right]$$

将 $P\left[\boldsymbol{E}\right]$ 称为事件 $\boldsymbol{E}$ 的**概率**，简记为 $p(\boldsymbol{E})$。

2. 条件概率

定义2.3 条件概率

在事件 A 已经发生的条件下，事件 B 发生的概率，称为 B 对 A 的**条件概率**，记为 $p(B|A)$。

特别地，当事件 A 和事件 B **相互独立**时，即无论事件 A 是否发生，事件 B 发生的概率不变，有

$$p(B|A)=p(B) \tag{2.1}$$

条件概率示意如图 2.1所示。在样本空间 $\boldsymbol{\Omega}$ 中有事件 A 和 B。条件概率 $p(B|A)$ 表示在事件 A 发生的前提下，事件 B 又发生的概率。此时，样本空间已经由 $\boldsymbol{\Omega}$ 变为集合 A，所求条件概率即在新的样本空间 A 中 B 发生的概率，等同于 A 中与 B 相交的部分（集合 A 和集合 B 的交集）。

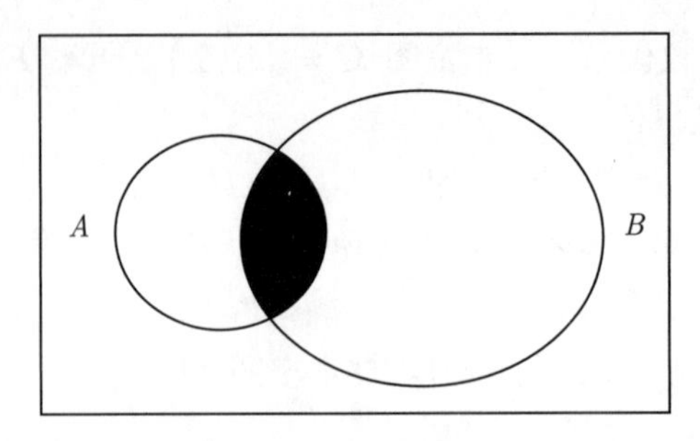

图 2.1 条件概率示意图

例如，背对着一人猜其性别。直接猜测，肯定是只有 50% 的概率；若告知此人有长头发，则此人是女性的概率就变为 90%，引起概率变化的原因是样本空间 $\boldsymbol{\Omega}$ 变了，由原先的（无任何条件的）男、女两种情况变为（有长发的）男、女两种情形。

根据条件概率的意义，可得条件概率的计算公式为

$$p(B|A)=\frac{p(AB)}{p(A)} \tag{2.2}$$

3. 联合概率

定义 2.4 联合概率

事件 A 和事件 B 同时发生的概率称为**联合概率**，记为 $p(AB)$，且有

$$p(AB)=p(A)p(B|A)=p(B)p(A|B) \tag{2.3}$$

2.1.3 全概率公式和贝叶斯公式

1. 完备事件组

定义 2.5 完备事件组

设 $a_1,a_2,\cdots,a_N$ 为样本空间 $\boldsymbol{\Omega}$ 的一组事件，且

（1）$a_i\cap a_j=\varnothing,\forall i\neq j,i,j\in\{1,2,\cdots,N\}$

（2）$\bigcup\limits_{n=1}^{N} a_n=\boldsymbol{\Omega}$

则称 $a_1,a_2,\cdots,a_N$ 为**完备事件组**或样本空间 $\boldsymbol{\Omega}$ 的**一个划分**。

图 2.2中事件 a_1,a_2,a_3 是完备事件组，也是 $\boldsymbol{\Omega}$ 的一个划分。

2. 全概率公式

假设 $\{a_i,i=1,2,\cdots,N\}$ 为样本空间 $\boldsymbol{\Omega}$ 的一个划分，集合 B 是样本空间 $\boldsymbol{\Omega}$ 中的一个随机事件，参见图 2.2，则事件 B 发生的概率可以表示为

$$p(B)=\sum_{i=1}^{N}p(a_i)p(B|a_i) \tag{2.4}$$

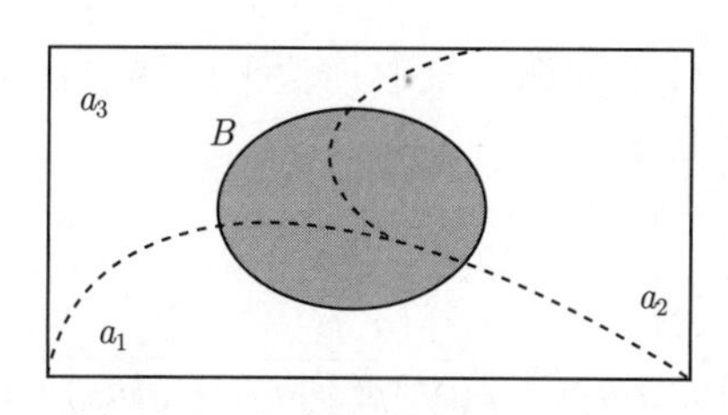

图 2.2　一个完备事件组

例2.1 全概率公式应用例题。

已知乞丐 B 在街边乞讨。

行人 a_1 停下的概率为 0.1，停下并捐款的概率为 0.2；

行人 a_2 停下的概率为 0.6，停下并捐款的概率为 0.8；

行人 a_3 停下的概率为 0.3，停下并捐款的概率为 0.9。

求乞丐 B 获得捐款的概率。

解：由已知可得

行人停下的概率	停下并捐款的概率
$p(a_1) = 0.1$	$p(B\|a_1) = 0.2$
$p(a_2) = 0.6$	$p(B\|a_2) = 0.8$
$p(a_3) = 0.3$	$p(B\|a_3) = 0.9$

行人停下并捐款，乞丐 B 将获得捐款。因此乞丐 B 获得捐款有三个来源：

$$\text{行人}a_1\text{停下并捐款：}\ p(a_1)p(B|a_1) = 0.1 \times 0.2 = 0.02$$
$$\text{行人}a_2\text{停下并捐款：}\ p(a_2)p(B|a_2) = 0.6 \times 0.8 = 0.48$$
$$\text{行人}a_3\text{停下并捐款：}\ p(a_3)P(B|a_3) = 0.3 \times 0.9 = 0.27$$

由全概率公式求得乞丐 B 获得捐款的概率：

$$p(B) = \sum_{i=1}^{3} p(a_i)p(B|a_i) = 0.77$$

根据例题可以发现，全概率公式寻找触发事件 B 发生的全部来源（或者原因）并把所有来源（或者原因）所对应的发生概率相加得到事件 B 发生的概率。

3. 贝叶斯公式

对例 2.1中的情景换一种角度求取另外一个概率。

例2.2 贝叶斯公式应用。

已知乞丐 B 获得了行人捐款。

求行人 a_1 捐款给乞丐 B 的概率。

解：这是与例 2.1完全相反的问题，求取捐款来自特定行人的概率，即

$$
\begin{aligned}
p(a_1|B) &= \frac{p(a_1B)}{p(B)} \qquad \text{式 (2.2)} \\
&= \frac{p(a_1B)}{p(a_1)p(B|a_1)+p(a_2)p(B|a_2)+p(a_3)p(B|a_3)} \qquad \text{式 (2.4)} \\
&= \frac{p(a_1)p(B|a_1)}{p(a_1)p(B|a_1)+p(a_2)p(B|a_2)+p(a_3)p(B|a_3)}
\end{aligned} \tag{2.5}
$$

根据上述公式可以求得

$$
p(a_1|B)=0.026, \quad p(a_2|B)=0.623, \quad p(a_3|B)=0.351
$$

其实，式 (2.5) 就是**贝叶斯公式**。可以发现，**贝叶斯公式**求取的是事件 B 的某个来源在事件 B 所有来源中所占的比率。**贝叶斯公式**的一般形式为

$$
p(a_i|B)=\frac{p(a_i)p(B|a_i)}{p(a_1)(B|a_1)+p(a_2)p(B|a_2)+\cdots+p(a_N)p(B|a_N)} \tag{2.6}
$$

根据例 2.2和式 (2.6) 可以发现，**全概率公式**计算事件 B 发生的概率，**贝叶斯公式**则是计算触发事件 B 的某个原因的发生概率。

2.1.4 先验概率和后验概率

在通信系统或者信息论中经常会遇到**先验概率**和**后验概率**两个概念。

1. 后验概率

实际上，**贝叶斯公式**所计算的概率就是**后验概率**：事件 B 发生后，触发 B 发生的第 i 个原因 a_i 发生的条件概率 $p(a_i|B)$。

例2.3 求解信源发出符号的概率。

已知二元信源等概率发出符号 $\{0,1\}$，且

信源发出符号 0	信源发出符号 1
信宿接收到的符号为 0 的概率：0.6	信宿接收到的符号为 0 的概率：0.2
信宿接收到的符号为 1 的概率：0.4	信宿接收到的符号为 1 的概率：0.8

求若信宿接收到的符号为 1，计算信源发出符号为 0 的概率。

解：信源发出符号设为 $x_1=0, x_2=1$；信宿接收到的符号设为 $y_1=0, y_2=1$。

根据已知，有

$p(x_1)=p(0)=0.5$	$p(x_2)=p(1)=0.5$
$p(y_1|x_1)=p(0|0)=0.6$	$p(y_1|x_2)=p(0|1)=0.2$
$p(y_2|x_1)=p(1|0)=0.4$	$p(y_2|x_2)=p(1|1)=0.8$

根据式 (2.6)，可得

$$p(x_1|y_2) = \frac{p(x_1)p(y_2|x_1)}{p(x_1)p(y_2|x_1) + p(x_2)p(y_2|x_2)} = 0.43$$

同理，可求得 $p(x_2|y_2) = 0.57 > p(x_1|y_2)$。其结果是符合常理的，在所发符号等概率的情况下，信源符号 1 变为信宿符号 1 的概率大，则当接收到的符号为 1 时，自然可以断定此符号 1 来自信源符号 1 的可能性较大。

2. 先验概率

在例 2.3中，假定二元信源等概率发出符号 $\{0,1\}$。此处的**等概率发出符号** $\{0,1\}$，即意味着**先验概率**$p(x_1) = 0.5, p(x_2) = 0.5$。**先验概率**是指某一事件 B 本身所具有的随机性程度，是不依赖其他事件而得到的一个统计量；**后验概率**正好相反，需要根据其他事件的发生情况来推测事件 B 的分布，是一个条件概率。

2.1.5 离散随机变量

1. 随机变量的概念

在引入随机变量概念之前，先看一个例题。

例2.4 获得奖励的概率。

已知小学生春风和粑粑玩掷骰子游戏，每人掷两次骰子并求其和。经过协商，春风和粑粑制定了如下的游戏规则：

（1）两骰子点数之和为 12，奖励 1 双舞蹈鞋；

（2）两骰子点数之和为 11，奖励 1 个皮卡丘；

（3）两骰子点数之和为 10，拍对方两下。

求获得各种奖励的概率。

我们发现，所要求取的概率是一些基本事件（掷一次骰子结果为 $1, 2, \cdots, 6$）的函数。例如，对于**拍对方两下**这样的“奖励”，我们更关心的是点数之和为 10，而不是（5,5）或者（4,6）或者（6,4）这样的组合。**注**：（6,4）表示第一次所掷骰子点数为 6，第二次点数为 4。

我们所关注的这些量称为**随机变量**。由上述例子可知，随机变量的值是由随机试验的结果决定的，从数学上而言，随机变量的值是样本空间（随机试验的结果组成了样本空间）上所定义的一个函数。

定义2.6 随机变量

设 E 是一随机试验，其样本空间 $\boldsymbol{\Omega} = \{\omega\}$。若对每个样本点 $\omega \in \boldsymbol{\Omega}$，总存在一个实数 X 与之对应，则可以得到一个从样本空间 $\boldsymbol{\Omega}$ 到实数集 $\mathscr{R}$ 的单值实函数 $f(\omega) = X$，简记为 $X(\omega)$，$X(\omega)$ 称为随机变量。由于自变量肯定是样本点 ω，一般省略不写，记为 X。

随机变量通常用字母 X, Y, Z 或者希腊字母 ξ, η 等表示。

随机变量的取值通常用字母 x, y, z 等表示。例如例 2.4中，随机变量的取值为 $2, 3, \cdots, 12$，可用 x, y, z 等表示。

有些随机变量的取值很自然地为数值，如例 2.4；但有些随机变量的取值并不是很明显，此时可以进行映射，将随机变量的取值映射为实数。例如，在抛掷硬币试验中，可对样本点 ω 如下的简单映射：

$$\omega = H = \textbf{正面朝上} \longrightarrow 0 \qquad\qquad \omega = T = \textbf{反面朝上} \longrightarrow 1$$

实际上，样本空间与实数集间的映射可以是多重的，因为随机变量本身就定义为样本点与实数之间的映射关系，多重映射可归一为一重映射关系。

图 2.3 较为直观地解释了随机变量与样本点之间的函数关系。

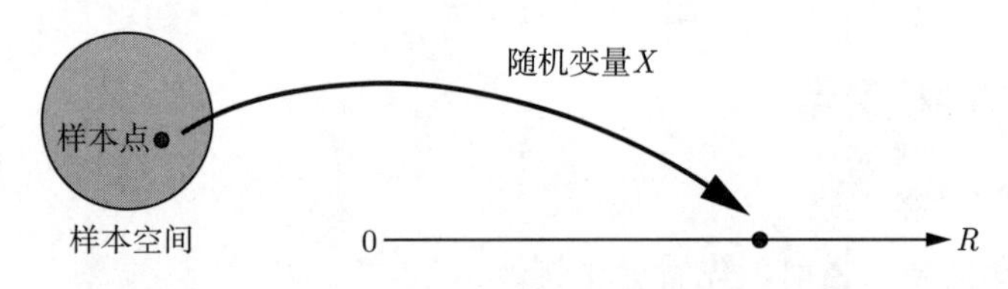

图 2.3 随机变量的映射关系

2. 离散随机变量与累积分布函数

尽管随机变量的值域是实数集 $\mathscr{R}$，但有些值域确实是具有一些特殊性质的实数集，例如例 2.4中值域局限于集合 $\{2, 3, \cdots, 12\}$，类似这类的随机变量定义为离散随机变量。

定义 2.7 离散随机变量

取值为有限个，或者无限但可数，这样的随机变量称为离散随机变量。

无限但可数表示集合中的元素可以与正整数建立一一对应关系。例如，正整数集合就是最简单的无限可数集。

对于离散随机变量，其随机性的描述既可以利用样本点的概率，也可以利用**累积分布函数**（Cumulative Distribution Function，CDF）。

定义 2.8 累积分布函数

对于离散随机变量 X 以及任意实数 $x(-\infty < x < +\infty)$，

$$F(x) = P\big[X \leqslant x\big] \tag{2.7}$$

$F(x)$ 称为离散随机变量 X 的累积分布函数，简称分布函数。

（1）分布函数 $F(x)$ 是随机变量 X 取值小于或等于 x 的概率；

（2）$F(x)$ 是 x 的非减函数；

（3）$\lim_{x\to+\infty} P[X \leqslant x] = F(+\infty) = 1$；

（4）$\lim_{x\to-\infty} P[X \leqslant x] = F(-\infty) = 0$。

定义 2.8中的概念可以推广到一般情形（并不仅限于离散随机变量），即对所有类型的随机变量，可以定义

$$F(x) = P[X \leqslant x] \tag{2.8}$$

$F(x)$ 称为随机变量 X 的累积分布函数。

2.1.6　离散随机变量的统计特性

离散随机变量 X 的概率分布 $p(x)$ 描述了随机变量取某一具体值时的随机性，但在实际应用中更关心的是群体的平均分布情况。例如，某地 PM2.5 的年平均浓度会比某一天 PM2.5 的浓度更能反映当地的空气水平。年平均浓度等概念属于随机变量的统计特性，考察的是随机变量集合的分布情况。对于离散随机变量而言，常用的统计特性有数学期望及其函数的数学期望。

1. 数学期望

定义2.9 离散随机变量的数学期望

设一离散随机变量 X，其概率分布为 $p(x_n)(n = 1, 2, \cdots, N)$，则离散随机变量 X 的数学期望定义为

$$E[X] = \sum_{n=1}^{N} x_n p(x_n) \tag{2.9}$$

由定义可知，离散随机变量 X 的数学期望就是 X 可能取值的加权平均，其加权权重就是对应的概率。

2. 两个离散随机变量的数学期望

由定义 2.9可以很自然地推广到两个离散随机变量的情况。

定义2.10 两个离散随机变量的数学期望

已知离散随机变量 X 和 Y 的联合分布 $p(x_i y_j)(i = 1, 2, \cdots, N; j = 1, 2, \cdots, M)$，则离散随机变量 XY 的数学期望为

$$E[XY] = \sum_{i=1}^{N} \sum_{j=1}^{M} x_i y_j p(x_i y_j)$$

3. 离散随机变量函数的数学期望

在一些实际应用中，人们更关心的不是离散随机变量本身的数学期望，而是其函数的数学期望。例如，身高 X 是一离散随机变量，先简单认为一个人的饮食支出 Y 与身高可以建立关系 $Y=f(X)$。由于 X 是离散随机变量，Y 的取值与 X 有关，因此 Y 也是离散随机变量，其数学期望 $E[Y]$ 与离散随机变量 X 有关。

定义 2.11 离散随机变量函数的数学期望

已知离散随机变量 X 的概率分布 $p(x_i)(i=1,2,\cdots,N)$，则 X 函数 $f(X)$ 的数学期望为

$$E[f(X)]=\sum_{i=1}^{N}f(x_i)p(x_i) \tag{2.10}$$

2.2 信息度量方法的引入

假设我们收到了这样两则消息。

今年夏天比冬天热！

很正常，年年如此！

废话一般!

没有任何信息

今年冬天比夏天热！

这是真的吗？太不正常了，从来没遇到过！

外星人来了吗？彗星撞地球了吧？

谣言吧？

含有极其丰富的信息

这两则消息所包含的差异是非常明显的，究其原因在于两则消息发生的概率相差悬殊。由此可以推测，消息中所包含的信息量的多少应该与消息发生的概率有关：

（1）越不可能的消息，包含的信息量越多。

（2）确定无疑的消息，包含的信息量为零。

（3）消息发生的概率越大，信息量越少；反之亦然。

若更加理论化一点，则随机事件信息量的定义应该满足如下的公理化条件：

（1）信息量是随机事件概率的严格递减函数。即发生概率越小，事件发生的不确定性越大，则所包含的信息量越多。

（2）极限情况下，若随机事件发生的概率为 1，则事件所包含的信息量为 0；若随机事件发生的概率为 0 时，则事件所包含的信息量为无穷大。

（3）若两个不同的随机事件相互独立，则这两个事件所包含的信息量应该是单个随机变量所包含信息量的和，即信息量应该满足可加性。

满足上述公理化条件的简单函数是存在的，利用对数函数刻画信息量的性质如图 2.4 所示。

实际上，信息论中利用对数函数来刻画信息的多少。信息的载体是消息，鉴于确定无疑的消息所包含的信息量应该为零，因此所有有意义的消息应该具有随机性，可以利用随机变量来描述消息。实际上，对于一个通信系统而言，信宿是不清楚信源要发送的符号的，对信宿来说信源发送的消息就是一个随机变量。若信宿知道信源要所发送的消息，则通信系统就没有存在的必要。

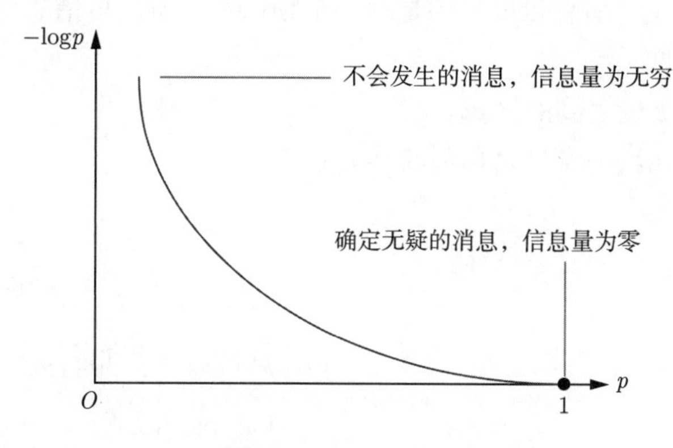

图 2.4 利用对数函数刻画信息量的性质

为了深入了解信息量的含义，下面将从简单直观的离散随机变量所包含的信息量入手，详细介绍信息量的有关概念。除非特别说明，本章所指的各类信息量均为离散随机变量的信息量。

2.3 自信息量和信息熵

根据前面所述的信息量应该具有的性质，利用对数函数来度量信息的多少，并讨论信息量所具有的一些性质。

2.3.1 自信息量的定义与含义

1. 自信息量的定义

定义 2.12 自信息量

设离散随机变量 X 的概率分布为 $p(x_i)(i=1,2,\cdots,N)$, 则随机事件 $X=x_i$ 的自信息量记为 $I(x_i)$，其表达式为

$$I(x_i) = -\log_a p(x_i) \tag{2.11}$$

上述定义中，对数运算的底为 a，它决定了自信息量的单位。

2. 自信息的单位与换算

自信息量的单位规定如下：

$a=2$：单位定义为**比特** (bit)，工程上常用此单位。

$a=3$：单位定义为 tit，不常用。

$a=\mathrm{e}$：单位定义为**奈特** (nat)，理论推导时常用（注：e 为自然常数）。

$a=10$，单位定义为**笛特**（det）或者**哈特**（hart），不常用。

本书后面章节中，为书写方便将省略底数 a。

具有不同单位的在自信息量度量的是同一个物理量，所以自信息量各单位之间有一定的换算关系，见例 2.5。

例2.5 自信息量单位之间的换算。

求自信息量单位比特与奈特之间的换算关系。

解：

肥猪	随机变量x
称一下：$500_{\mathrm{kg}}=0.5_{\mathrm{t}}$	$-\log_{\mathrm{e}} p(x)_{\mathbf{nat}}=-\log_2 p(x)_{\mathbf{bit}}$：量一下
$\dfrac{500_{\mathrm{kg}}}{500}=\dfrac{0.5_{\mathrm{t}}}{500}$	$\dfrac{-\log_{\mathrm{e}} p(x)_{\mathbf{nat}}}{-\log_{\mathrm{e}} p(x)}=\dfrac{-\log_2 p(x)_{\mathbf{bit}}}{-\log_{\mathrm{e}} p(x)}$
$\mathbf{1kg}=0.001\mathrm{t}$	$\mathbf{1nat}=\log_2 \mathbf{ebit}$

例2.6 求取消息的自信息量。

已知一信源可以发出 0、1、2 和 3 四种符号，每种符号发出的概率为 0.5、0.25、0.125 和 0.125。假设相邻符号是独立发出的，现收到此信源发出的一则消息 **0102 3013**。

求此消息包含多少自信息量？

解：设信源发出的消息用随机变量 x 表示，符号 0、1、2 和 3 的发生概率分别用 $p(0)$、$p(1)$、$p(2)$ 和 $p(3)$ 表示。当 $x=0102\,3013$ 时，由于相邻符号相互独立，此消息的发生概率为

$$
\begin{aligned}
p(x=01023013) &= p(0)p(1)p(0)p(2)p(3)p(0)p(1)p(3) \\
&= \left[p(0)\right]^3 \times \left[p(1)\right]^2 \times \left[p(2)\right] \times \left[p(3)\right]^2 = 2^{-16}
\end{aligned}
$$

根据式 (2.11)，可以求得此消息所包含的自信息量为

$$
I(x) = -\log_2 p(x) = 16\mathrm{bit}
$$

3. 自信息量含义

为了进一步了解自信息量的含义，看下面的例子。

例2.7 陨石与大奖。

已知两个随机事件 x 和 y 及其发生概率 $p(x)$ 和 $p(y)$：

x 表示千万大奖砸中行人且 $p(x)=10^{-7}$；

y 表示太空陨石砸中行人且 $p(y)=10^{-7}$。

求上述两个随机事件所包含的自信息量。

解：设随机变量 x 表示中千万大奖，随机变量 y 表示陨石砸中行人。据式 (2.11) 可以求得自信息量：

$$I(x) = -\lg 10^{-7} = 7\text{det}$$

$$I(y) = -\lg 10^{-7} = 7\text{det}$$

自信息量含义如下：

（1）**发生前事件的不确定性**。必然发生的事件，自信息量为零，没有不确定性。自信息量越小，发生概率越大，预测事件越发困难，事件的不确定性越大，反之亦然。

（2）**发生后事件提供的信息量**。就通信系统而言，自信息量是信源通过随机事件（消息）要传递给信宿的信息量。必然发生的消息，信宿无须信源传递而自知，此类消息所提供的信息量为零；发生概率越小，信宿越感意外，所传递的信息量越多，反之亦然。

（3）**信息论中的自信息量概念与日常生活中的信息概念有较大差别**。信息论中的自信息量概念实际是信息表示、传输和恢复时对消息不确定性的要求，与消息或者随机事件本身的含义或内容无关；而日常生活中的信息概念，则是消息所要表达的内容或含义。

（4）**自信息量只与随机性有关**。随机性相同的两则消息，自信息量相同，而与其含义无关。

2.3.2 信息熵的定义与含义

1. 概率空间

如前所述，必然发生事件的自信息量为零，因此必然事件并不是信息论要研究的对象。如果某个随机事件（就通信系统而言，为消息）发生概率不为零，意味着此事件属于某个事件集合，集合中还有若干其他事件，因为有多个事件才有了多种可能性。例如，掷一枚硬币，正面朝上的概率为 0.5 而不等于 1，说明事件集合中必定还有其他事件，使得所有事件发生概率的和为 1。因此，信息论中讨论信息量时，必然涉及概率论中的一个重要概念——**概率空间**。关于**概率空间**的详细定义参见 3.1节，这里给出更为实用的简化定义。

定义2.13 概率空间

N 个离散随机事件 $x_n (n = 1, 2, \cdots, N)$ 组成**事件集合**，N 个事件发生概率 $p(x_n)$ 组成**概率集合**。事件集合 X 和概率集合 P 共同组成概率空间：

$$\begin{bmatrix} X \\ P \end{bmatrix} = \begin{bmatrix} x_1 & x_2 & \cdots & x_N \\ p(x_1) & p(x_2) & \cdots & p(x_N) \end{bmatrix} \tag{2.12}$$

2. 信息熵的定义

根据式 (2.11)，自信息量其实是随机变量 X 的一个函数，因此自信息量本身也是一个随机变量。为了从集合的角度考察自信息量，引入**信息熵**的概念。

定义 2.14 信息熵

随机变量 $I(x)$ 在集合 X 上的数学期望定义为信息熵：

$$H(X) = E_{p(x)}\big[I(x)\big] = -E_{p(x)}\big[\log p(x)\big] = -\sum_{n=1}^{N} p(x_n)\log p(x_n) \tag{2.13}$$

式 (2.13) 与统计力学中**热熵**的表示形式相同（仅相差一个常数因子）。热力学中，热熵表示特定时刻物理系统所处状态的不确定程度，这与信息论中信息熵的含义相似。

信息熵的单位取决于对数运算的底a。如例 2.8 中，如果对数的底取为 10，则 $H(X) =$ 300000 笛特/画面。

例2.8 求取一帧电视图像所包含的平均自信息量。

已知电视屏幕约有 500×600 个格点，每个格点有 10 个灰度等级。

假设画面等概率分布，求取平均每个画面可以提供多少信息量。

解：一个画面由 500×600 个格点组成，每个格点有 10 种显示灰度，则共有 $N = 10^{500\times 600}$ 个不同画面（一帧）。按等概率分布计算，每个画面 x_n 的分布概率 $p(x_n) = 1/N$。平均每个画面所能提供的信息量即为信息熵，根据式 (2.13) 可得

$$H(X) = -\sum_{n=1}^{N} p(x_n)\log p(x_n) = 3 \times 10^5 \log 10$$

3. 信息熵的含义

例 2.8中随机变量是等概率分布的，因此平均每个随机事件的自信息量（信息熵）实际上和任一个随机事件的自信息量是相等的。现在看一个非等概率分布的例子。

例2.9 红球和白球。

已知有甲、乙两袋球，甲袋内有红球 60 个、白球 40 个，乙袋内有红球 90 个、白球 10 个。现从甲、乙两袋各取一球。

求平均每取一次球所获得的信息量。

解：为简单起见，仅讨论取球后再放回的情况。无论甲袋还是乙袋，取一次球都有两种结果，并且每种结果所提供的信息量并不相同，因此所求为信息熵。

甲袋取球的概率空间为

$$\begin{bmatrix} X \\ P \end{bmatrix} = \begin{bmatrix} x_1 = \text{红球} & x_2 = \text{白球} \\ 0.6 & 0.4 \end{bmatrix}$$

$$H(X) = -0.6\log_2 0.6 - 0.4\log_2 0.4 = 0.971\text{比特/次}$$

乙袋取球的概率空间为

$$\begin{bmatrix} X \\ P \end{bmatrix} = \begin{bmatrix} x_1 = \text{红球} & x_2 = \text{白球} \\ 0.9 & 0.1 \end{bmatrix}$$

$$H(X) = -0.9\log_2 0.9 - 0.1\log_2 0.1 = 0.469\text{比特/次}$$

根据这个例子，可以清楚地看到信息熵的含义。

信息熵的含义如下：

（1）**平均每个随机变量的自信息量**。例如例 2.9 中，信息熵表示平均取一次球所得到的自信息量，而不是取一次所得到的自信息量。

（2）**随机变量集合的平均不确定性**。信息熵是集合平均，因此反映的是随机变量集合的整体不确定性。当随机变量集合中各个随机变量趋于相同分布（如甲袋）时，会更难预测随机试验的结果，不确定性越强；当随机变量集合中某一随机变量具有绝对优势的发生概率（也意味着其他随机变量的发生概率会明显较低，如乙袋）时，预测随机试验结果会相对容易，随机变量集合的平均不确定性减弱。

（3）**信息熵越大，随机变量集合的平均不确定性越强；反之亦然**。

（4）**随机变量集合提供的平均信息量**。实际上，例 2.9 中的甲袋和乙袋可以看作是两个信源，红球和白球可以认为是信源发出的符号。信源中符号分布不同，信源所能提供的信息量就不同。信息熵越大，信源所能提供的信息量就越大；反之亦然。

规定：$0\log_a 0 = 0$。如果存在概率趋于零的随机变量，则其他所有随机变量发生的概率必趋于 1，整个随机变量集合就可以分为不可能事件（概率趋于零）和必然事件（其他所有事件的集合，其概率趋于 1），此时随机变量集合的信息熵为零，则应有 $0\log 0 = 0$，尽管零概率随机变量的自信息趋于 $+\infty$（$-\lim\limits_{p(x)\to 0}\log p(x) = +\infty$）。

2.4 联合自信息量与联合熵

自信息量的概念可以推广到多个随机变量的情形，信息熵也可以推广到多个随机变量集合的情形。

2.4.1 联合自信息量

1. 联合自信息量定义

定义 2.11中的概念可以自然推广：当研究两个随机变量同时发生所具有的自信息量时，可以得到联合自信息量的概念。

定义 2.15 联合自信息量

联合随机事件集合 XY 中，联合事件 x_iy_j 的联合概率为 $p(x_iy_j)$，则此联合事件所包含的联合自信息量定义为

$$I(x_iy_j) = -\log p(x_iy_j) \tag{2.14}$$

与自信息量一样，式 (2.14) 中对数运算的底决定了联合自信息量的单位。

图 2.5　穿过迷宫啃骨头

例2.10 求取联合自信息量。

已知狗穿过迷宫去啃骨头。假设狗等概率选择迷宫入口。狗的眼神不太好，经常走错迷宫而啃不到骨头。经过多次试验，有如下统计结果：

（1）狗从入口 1 出发且啃到骨头的概率为 1/2；

（2）狗从入口 2 出发且啃到骨头的概率为 1/4；

（3）狗从入口 3 出发且啃到骨头的概率为 1/8；

（4）狗从入口 4 出发且啃到骨头的概率为 1/8；

（5）狗从入口 5 出发且啃到骨头的概率为 1/4。

求：（1）事件：狗从入口 1 出发且啃到骨头所包含的信息量。

（2）事件：狗从入口 2 出发且啃到骨头所包含的信息量。

（3）事件：狗从入口 3 出发且啃到骨头所包含的信息量。

（4）事件：狗从入口 4 出发且啃到骨头所包含的信息量。

（5）事件：狗从入口 5 出发且啃到骨头所包含的信息量。

解：随机变量 x 表示狗选择的迷宫入口，随机变量 $y=1$ 表示狗啃到骨头。则所要求解的信息量为两个随机变量同时发生所包含的自信息，即联合自信息量。根据题意可得

$$
\begin{aligned}
&p(x=1)=p(x=2)=p(x=3)=p(x=4)=p(x=5)=1/5 \\
&p(y=1|x=1)=1/2, \qquad p(y=1|x=2)=1/4 \\
&p(y=1|x=3)=1/8, \qquad p(y=1|x=4)=1/8 \\
&p(y=1|x=5)=1/4,
\end{aligned}
$$

所求联合信息量如下：

事件：狗从入口 1 出发且啃到骨头所包含的信息量为

$$I(\overset{xy}{11})=-\log p(\overset{xy}{11})=-\log_2 p(\overset{x}{1})p(\overset{y}{1}|\overset{x}{1})=3.3\text{bit}$$

事件：狗从入口 2 出发且啃到骨头所包含的信息量为

$$I(\overset{xy}{21})=-\log p(\overset{xy}{21})=-\log_2 p(\overset{x}{2})p(\overset{y}{1}|\overset{x}{2})=4.3\text{bit}$$

事件：狗从入口 3 出发且啃到骨头所包含的信息量为

$$I(\overset{xy}{31}) = -\log p(\overset{xy}{31}) = -\log_2 p(\overset{x}{3})p(\overset{y}{1}|\overset{x}{3}) = 5.3\text{bit}$$

事件：狗从入口 4 出发且啃到骨头所包含的信息量为

$$I(\overset{xy}{41}) = -\log p(\overset{xy}{41}) = -\log_2 p(\overset{x}{4})p(\overset{y}{1}|\overset{x}{4}) = 5.3\text{bit}$$

事件：狗从入口 5 出发且啃到骨头所包含的信息量为

$$I(\overset{xy}{51}) = -\log p(\overset{xy}{51}) = -\log_2 p(\overset{x}{5})p(\overset{y}{1}|\overset{x}{5}) = 4.3\text{bit}$$

2. 联合自信息量的推广

式 (2.14) 所定义的是两个随机变量的联合自信息量，可以推广到更为一般的多维随机矢量所具有的联合自信息量。

定义2.16 多维随机矢量的联合自信息量

设 $\boldsymbol{x}$ 为 N 维随机矢量 $\boldsymbol{x} = (x_1, x_2, \cdots, x_N)$，此随机矢量的自信息量定义为

$$I(\boldsymbol{x}) = -\log p(\boldsymbol{x}) \tag{2.15}$$

3. 联合自信息量的含义

若把联合事件 xy 看作一个事件 $z = xy$，则两个随机变量的联合自信息量，其含义与自信息量相同。

若把随机矢量 $\boldsymbol{x} = (x_1, x_2, \cdots, x_N)$ 看作一个事件 $z = x_1 x_2 \cdots x_n$，则其联合自信息量的含义与自信息量相同。

例2.11 二元随机矢量。

已知现有 N 维二元随机矢量 $\boldsymbol{x} = (x_1, x_2, \cdots, x_N)$。$x_n (n = 1, 2, \cdots, N)$ 为独立同分布随机变量，且符号 1 的概率为 ω。

求符号序列 $\boldsymbol{x} = 010011$ 的自信息量。

解：所求自信息量为联合自信息量，根据式 (2.15) 可得

$$I(\boldsymbol{x}) = -\log_2 p(\boldsymbol{x})$$

由于符号独立同分布，所以 $p(\boldsymbol{x}) = \omega^3(1-\omega)^3$。代入上式可得

$$I(\boldsymbol{x}) = -3\log_2 \left[\omega(1-\omega)\right]$$

2.4.2 联合熵

与自信息量一样，联合自信息量也是随机变量，因此也可以定义联合事件集合上的平均联合自信息量。

1. 两个离散随机变量集合的联合熵

定义2.17 联合熵

联合集 XY 上，联合自信息量 $I(x_iy_j)$ 的数学期望定义为**联合熵**：

$$H(X,Y)=E\big[I(x_iy_j)\big]=-\sum_{i=1}^{N}\sum_{j=1}^{M}p(x_iy_j)\log p(x_iy_j) \tag{2.16}$$

式中，$x_i(i=1,2,\cdots,N)\in X$ ；$y_j(j=1,2,\cdots,M)\in Y$。联合熵又称为**共熵**。

例2.12 求取联合熵。

求例 2.10中迷宫入口集合 X 和狗啃骨头集合 Y 的联合熵 $H(X,Y)$。

解：迷宫入口随机变量 X 的概率空间为

$$\begin{bmatrix}X\\P\end{bmatrix}=\begin{bmatrix}1 & 2 & 3 & 4 & 5\\0.2 & 0.2 & 0.2 & 0.2 & 0.2\end{bmatrix}$$

狗啃骨头随机变量 Y 的概率空间为

$$\begin{bmatrix}Y\\P\end{bmatrix}=\begin{bmatrix}0=\text{未啃到骨头} & 1=\text{啃到骨头}\\1-p(y=1) & p(y=1)=\sum_{x}p(x)p(y=1|x)\end{bmatrix}$$

联合熵为

$$H(X,Y)=-\sum_{XY}p(xy)\log p(xy)=-\sum_{XY}p(x)p(y|x)\log p(x)p(y|x)$$

$$p(\overset{xy}{11})=p(\overset{x}{1})p(\overset{y}{1}|\overset{x}{1})=1/5\times1/2=1/10$$
$$p(\underset{xy}{10})=p(\underset{x}{1})p(\underset{y}{0}|\underset{x}{1})=1/5\times\big[1-1/2\big]=1/10$$

....

$$p(\overset{xy}{21})=p(\overset{x}{2})p(\overset{y}{1}|\overset{x}{2})=1/5\times1/4=1/20$$
$$p(\underset{xy}{20})=p(\underset{x}{2})p(\underset{y}{0}|\underset{x}{2})=1/5\times\big[1-1/4\big]=3/20$$

....

$$p(\overset{xy}{31})=p(\overset{x}{3})p(\overset{y}{1}|\overset{x}{3})=1/5\times1/8=1/40$$
$$p(\underset{xy}{30})=p(\underset{x}{3})p(\underset{y}{0}|\underset{x}{3})=1/5\times\big[1-1/8\big]=7/40$$

....

$$p(\overset{xy}{41})=p(\overset{x}{4})p(\overset{y}{1}|\overset{x}{4})=1/5\times1/8=1/40$$
$$p(\underset{xy}{40})=p(\underset{x}{4})p(\underset{y}{0}|\underset{x}{4})=1/5\times\big[1-1/8\big]=7/40$$

....

$$p(\overset{xy}{51})=p(\overset{x}{5})p(\overset{y}{1}|\overset{x}{5})=1/5\times1/4=1/20$$
$$p(\underset{xy}{50})=p(\underset{x}{5})p(\underset{y}{0}|\underset{x}{5})=1/5\times\big[1-1/4\big]=3/20$$

$H(X,Y)$=3.06比特/狗穿过一次迷宫去啃骨头

2. N 个离散随机变量集合的联合熵

定义 2.17可以推广到多个离散随机变量集合的情况，从而得到**序列熵**。

定义2.18 序列熵

联合集 $X_1X_2\cdots X_N$ 上，联合自信息量 $I(x_1x_2\cdots x_N)$ 的数学期望定义为**序列熵**：

$$H(X_1X_2\cdots X_N)=E\big[I(x_1x_2\cdots x_N)\big]=-\sum_{X_1X_2\cdots X_N}p(x_1x_2\cdots x_N)\log p(x_1x_2\cdots x_N) \tag{2.17}$$

式中，$x_i(i=1,2,\cdots,N)\in X_i$。

从定义 2.18 可以看出，序列熵就是 N 个随机变量集合的联合熵。N 个离散随机变量 x_i 可以组成一个离散随机变量序列 $\boldsymbol{x}=(x_1x_2\cdots x_N)$，$\boldsymbol{x}$ 中的任一分量 x_i 为一随机变量，取值于集合 $X_i(i=1,2,\cdots,N)$。

由上面的分析可知，序列熵的单位为 */**序列**。如果以 2 为底取对数，则 * 表示**比特**。定义 2.17所定义的**联合熵**，其实是 $N=2$ 情况下的**序列熵**。

2.5　互信息量与平均互信息量

平均互信息量是经典信息论中非常重要的一个概念，也是通信系统中用以刻画信道特性的工具。本节将详细介绍平均互信息量的含义和性质。

2.5.1　条件自信息量

根据前面所述，联合自信息量考察的是两个（或者多个随机事件）所能提供的自信息量。对于多个随机事件而言，除了联合事件及其对应的联合概率，还有**条件事件**和**条件概率**：已有事件（单个或多个）发生，则所考察的事件为**条件事件**，相对应的概率为**条件概率**。针对这种情况，我们也引入一种新的信息度量方式，即**条件自信息量**。

与联合事件定义联合自信息量类似，将条件事件看作一个全新的单一事件，根据定义 2.11中的方法引入条件自信息量。

定义2.19 条件自信息量

已知**条件事件**$z=y|x$ 的**条件概率**为 $p(y|x)$(事件 x 为条件)，则条件事件 $z=y|x$ 所包含的自信息量定义为**条件自信息量**：

$$I(y|x)=-\log p(y|x) \tag{2.18}$$

与自信息量相同，式 (2.18) 中对数运算的底决定了条件自信息量的单位。

例2.13 信源符号的条件自信息量。

已知二元离散信源输出 0 和 1 两种符号，输出规则如下：

若当前发出符号 0，则下一个符号是 1 的概率为 0.25；

若当前发出符号 1，则下一个符号是 1 的概率为 0.125。

求信源在上述两种情况下各发出了多少信息量？

解：上述两种情况都是条件事件，因此所求的信息量为条件自信息量。设 x_i 表示信源当前发出的符号，x_{i+1} 表示信源发出的下一个符号，因此有

$I(x_{i+1}=1|x_i=0)=-\log_2 p(x_{i+1}=1|x_i=0)=2\text{bit}$

$I(x_{i+1}=1|x_i=1)=-\log_2 p(x_{i+1}=1|x_i=1)=3\text{bit}$

通过这个实际例子可以看到条件自信息量有下面的一些含义：

（1）条件自信息量与自信息量的含义类似，只不过概率空间有所变化；

（2）条件自信息量也是随机变量；

（3）在某个事件 x 给定的条件下，另一个事件 y 所具有的不确定程度（例 2.13中分别是 x_i 和 x_{i+1}）；

（4）在某个事件 x 给定的条件下，另一个事件 y 所包含的自信息量（例 2.13中分别是 x_i 和 x_{i+1}）。

2.5.2 条件熵

视频

自信息量的集合平均（数学期望）定义为信息熵，联合自信息量的集合平均定义为联合熵，则条件自信息量的集合平均可以定义为**条件熵**。

定义2.20 条件熵

联合集 XY 上，条件自信息量 $I(y|x)$ 的概率加权平均（即集合平均，亦即数学期望）定义为**条件熵**：

$$H(Y|X)=\sum_{XY}p(xy)I(y|x)=-\sum_{XY}p(xy)\log p(y|x) \tag{2.19}$$

例2.14 信源的条件熵。

已知信源 X 和信宿 Y 的符号集均为 $\{0,1\}$。信源发出符号 0 的概率为 2/3；信源发出符号 0 后信宿接收到符号为 0 的概率是 1/2；信源发出符号 1 后信宿接收到符号为 1 的概率是 1/3。

求条件熵 $H(X|Y)$ 和 $H(Y|X)$。

解：随机变量 X 表示信源 X 发出的符号，其取值分别为 $x_1=0$ 和 $x_2=1$；随机变

量 Y 表示信宿 Y 接收的符号，其取值分别为 $y_1 = 0$ 和 $y_2 = 1$。根据已知条件可得

$$\begin{aligned} &p(x_1) = 2/3, &&p(x_2) = 1 - p(x_1) = 1/3 \\ &p(y_2|x_1) = 1/2, &&p(y_1|x_1) = 1 - p(y_2|x_1) = 1/2 \\ &p(y_2|x_2) = 1/3, &&p(y_1|x_2) = 1 - p(y_2|x_2) = 2/3 \end{aligned}$$

此题中有两个符号集和四个随机事件

符号集：$X = \{0,1\}$ 和 $Y = \{0,1\}$

事件 1：$x_1 \longrightarrow y_1$

事件 2：$x_1 \longrightarrow y_2$

事件 3：$x_2 \longrightarrow y_1$

事件 4：$x_2 \longrightarrow y_2$

这四个随机事件均为条件事件，根据物理意义可以将其划分为两类。

（1）条件事件 x_1：信源 X 发出符号 0 时，信宿 Y 所接收到的符号为随机事件 x_1 和随机事件 x_2，包含了信宿 Y 所有可能的符号，故可定义条件事件 x_1 下符号集 Y 上的**平均条件自信息量**，即

$$H(Y|x_1) = E_Y\left[I(y|x_1)\right] = -\sum_{y \in Y} \log p(y|x_1)$$

由于 $H(Y|x_1)$ 是在随机事件 x_1 发生的条件下得到的，因此 $H(Y|x_1)$ 是一随机变量，其发生的概率为条件事件 x_1 的发生概率 $p(x_1)$。根据自信息量定义可得

$$H(Y|x_1) = -p(\overset{y_1}{0}|x_1)\log p(\overset{y_1}{0}|x_1) - p(\overset{y_2}{1}|x_1)\log p(\overset{y_2}{1}|x_1) = 1\text{比特/条件事件}$$

（2）条件事件 x_2：同理，可以求得条件事件 x_2 下符号集 Y 上的**平均条件自信息量**，即

$$H(Y|x_2) = -p(\overset{y_1}{0}|x_2)\log p(\overset{y_1}{0}|x_2) - p(\overset{y_2}{1}|x_2)\log p(\overset{y_2}{1}|x_2) = 0.92\text{比特/条件事件}$$

同理，平均条件自信息量 $H(Y|x_2)$ 也为一随机变量，其概率为 $p(x_2)$。

现在又建立了一个新的随机变量 $H(Y|X)$，这个新的随机变量可以看作随机变量 X 的函数，因此其概率空间为

$$\begin{bmatrix} Y|X \\ P \end{bmatrix} = \begin{bmatrix} H(Y|x_1) & H(Y|x_2) \\ p(x_1) & p(x_2) \end{bmatrix}$$

可以求取随机变量 平均条件自信息量$H(Y|x)$ 在集合 X 上的集合平均，从而得到条件熵，即

$$\begin{aligned} H(Y|X) &= E_X\left[H(Y|x)\right] \\ &= p(x_1)H(Y|x_1) + p(x_2)H(Y|x_2) \end{aligned}$$

$$= 0.97\text{比特/符号}$$

为了进一步理解例 2.14的思路，可以参看图 2.6。通过这一例题可以理解在计算条件自信息量的集合平均时，所使用的条件自信息量加权值为联合概率 $p(xy)$，而非条件概率 $p(y|x)$，见式 (2.19)。

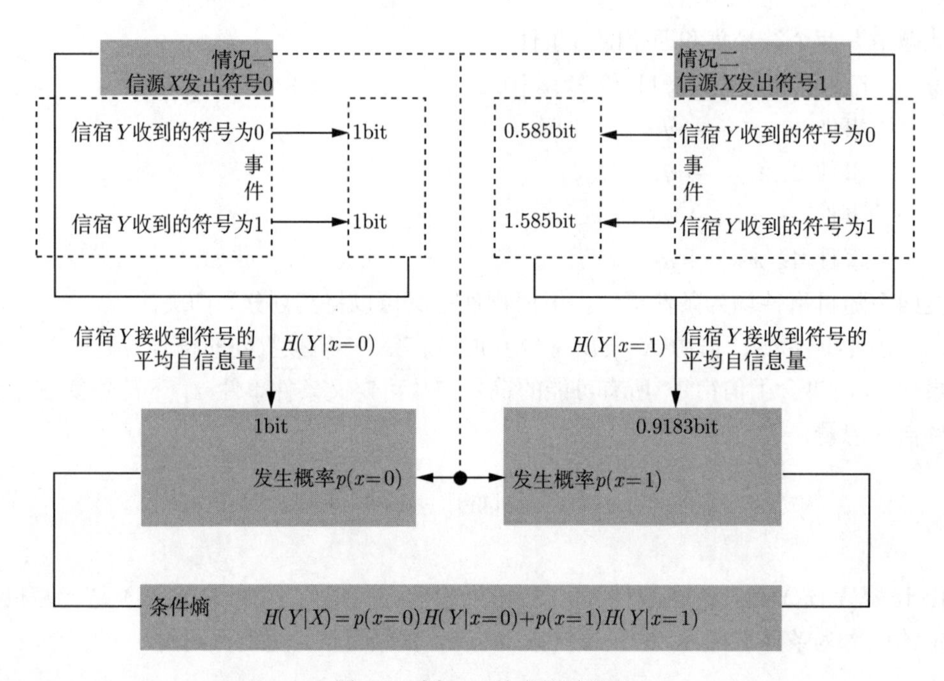

图 2.6　例 2.14的求解过程

2.5.3　互信息量的定义

1. 互信息量的引入

互信息量是信息论中非常重要的一个概念，也是一个难点。为了引出互信息量的定义，先讨论下面的问题。

例2.15 互信息量的引入。

已知随机变量 x 和 y 之间的关系有下面两种情况：

（1）$y = 2x + 1$；

（2）x 表示东非大草原上河马甲在喝水，y 表示阳澄湖中大闸蟹乙在洗澡。

假设定义函数 $f(x,y) = I(x) - I(x|y)$，求上述两种情况下所对应的函数值。

解：将 $I(x)$ 和 $I(x|y)$ 的表达式代入函数 $f(x,y)$ 的表达式中，可得

$$f(x,y) = \log \frac{p(x|y)}{p(x)}$$

当 $y = 2x + 1$ 时，随机变量 x 与随机变量 y 具有一一对应的关系，即若 $y = y_1$，则

x_1：$\dfrac{y_1-1}{2}$ 的概率为 1。由此可得

$$f(x,y)=\log\frac{p(x|y)}{p(x)}=-\log p(x)=I(x)$$

非洲草原上的河马甲与阳澄湖大闸蟹乙之间完全没有关系，它们的活动相互独立，因此 $p(x|y)=p(x)$，则有

$$f(x,y)=\log\frac{p(x|y)}{p(x)}=0$$

结果分析：

（1）**随机变量间具有一一对应的关系。**从概率论的角度，若两个随机变量间可以建立一一对应的关系，则这两个随机变量的发生概率相同，具有相同的概率分布，等同于一个随机变量。

例如前述的关系 $y=2x+1$：假设随机变量 x 的概率空间如图 2.7左侧所示，则随机变量 y 的概率空间如图 2.7右侧所示。这两个概率空间中，除了随机变量取值不同以外，概率分布是完全相同的。也就是说，可以建立一一对应关系的两个随机变量，概率分布、不确定程度和自信息量完全一样。这意味着可以从其中任何一个随机变量的分布情况，推测另外一个随机变量的分布。在这种情况下，$f(x,y)=\log\dfrac{p(x|y)}{p(x)}$ 可以表示其中任何一个随机变量的自信息量。

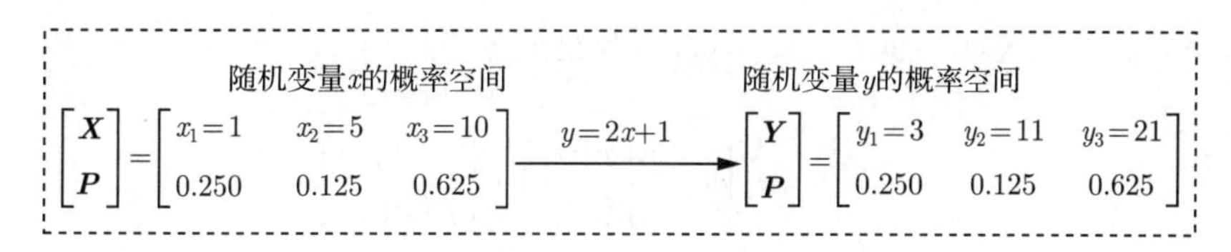

图 2.7　随机变量间有一一对应的关系

（2）**两个随机变量独立。**随机变量间独立，意味着随机事件之间的发生没有任何关系，其分布没有任何交集，不能从一个随机变量的分布情况推测另外一个随机变量的分布。在这种情况下，函数 $f(x,y)=\log\dfrac{p(x|y)}{p(x)}=0$。

结论：函数 $f(x,y=I(x)-I(x|y)$ 揭示了两个随机变量之间相互依赖的程度，反映了两个随机变量相互之间可以推测对方分布的程度，即自信息量中相同的部分，此部分定义为**互信息量**。

2. 互信息量的定义

如前所述，例 2.15中的随机变量函数 $f(x,y)$ 具有特殊含义，将其定义为**互信息量**。

定义 2.21 互信息量

两个随机事件 x 和 y 之间的互信息量定义为

$$I(x;y) = I(x) - I(x|y) = \log \frac{p(x|y)}{p(x)} \tag{2.20}$$

互信息量的单位与自信息量相同，取决于对数运算的底。

3. 互信息量的推广

式 (2.20) 中的互信息量定义在二维随机空间上，但可以推广到三维随机空间。

联合集 XYZ 中，在给定事件 z 的条件下，事件 x 与 y 之间的互信息量定义为**条件互信息量** $I(x;y|z)$：

$$I(x;y|z) = \log \frac{p(x|yz)}{p(x|z)} \tag{2.21}$$

条件互信息量 $I(x;y|z)$ 公式是互信息量 $I(x;y)$ 公式的直接推广；条件互信息量表示在事件 z 发生的情况下，随机事件 x 和 y 所包含的自信息量中相同的部分。

设三维随机空间 XYZ 中的随机事件 x、y 和 z，其互信息量定义为 $I(x;yz)$。根据式 (2.20) 可得

$$\begin{aligned}
I(x;yz) &= \log \frac{p(x|yz)}{p(x)} \\
&= \left[\log \frac{p(x|yz)}{p(x)} \cdot \frac{\boldsymbol{p(x|y)}}{\boldsymbol{p(x|y)}}\right] \\
&= \left[\log \frac{\boldsymbol{p(x|y)}}{p(x)}\right] \cdot \left[\frac{p(x|yz)}{\boldsymbol{p(x|y)}}\right] \\
&= \underbrace{\log \frac{\boldsymbol{p(x|y)}}{p(x)}}_{I(x;y)} + \underbrace{\log \frac{p(x|yz)}{\boldsymbol{p(x|y)}}}_{I(x;z|y)}
\end{aligned}$$

$$I(x;yz) = I(x;y) + I(x;z|y) \tag{2.22}$$

2.5.4 互信息量性质

互信息量表示两个随机事件相互依赖的程度。若这两个随机事件分别是信源输出符号和信宿接收符号，则互信息量表示这两个符号相互依赖的程度，即信息传输得到定量表示。这是信息论发展的一个重要里程碑，因此对互信息量性质的了解和掌握非常重要。

1. 互信息量具有互易性

互信息量具有互易性，即下列公式成立：

$$I(x;y) = I(y;x) \tag{2.23}$$

证明：根据式 (2.20) 可得

$$
\begin{aligned}
I(x;y) &= \log\frac{p(x|y)}{p(x)} = \log\left[\frac{p(x|y)}{p(x)}\cdot\frac{\boldsymbol{p(y)}}{\boldsymbol{p(y)}}\right]\\
&= \log\frac{\boldsymbol{p(xy)}}{p(x)p(y)} = \log\frac{\boldsymbol{p(x)p(y|x)}}{p(x)p(y)}\\
&= \log\frac{p(y|x)}{p(y)} = I(y;x)
\end{aligned}
$$

如前所述，互信息量 $I(x;y)$ 表示两个随机变量 x 和 y 所包含的相同自信息量；而互信息量 $I(y;x)$ 表示的也是随机变量 y 和 x 所包含的相同自信息量。相同的那部分自信息量自然是相等的，因此具有互易性。

换一个角度讲，从随机变量 y 的分布可以得到的随机变量 x 的自信息量 $I(x;y)$ 与从随机变量 x 的分布可以得到的随机变量 y 的自信息量 $I(y;x)$ 是相等的。

2. 互信息量可为零

当随机变量 x 和 y 相互独立时，$I(x;y)=0$。

3. 任意两个随机事件之间的互信息量不大于单一随机事件的自信息量

由互信息量定义可得

$$
I(x;y)=\begin{cases}\log\dfrac{p(x|y)}{p(x)}\leqslant-\log p(x)=I(x)\\[2ex]\log\dfrac{p(y|x)}{p(y)}\leqslant-\log p(y)=I(y)\end{cases}
$$

既然互信息量是两个随机事件自信息量中相同的部分，部分就要小于整体（单个随机变量的自信息量）。

4. 互信息量可正可负

例2.16 两只荡秋千的猫。

已知胖头鱼和小米粥两只猫荡秋千，如图 2.8所示。由于分心的事情太多，两只猫会从秋千上掉下来。假设两只猫掉下来的概率均为 0.5；同时，由于重量不同，胖头鱼垂直掉落（**掉落**）的概率为 0.9，小米粥甩出落下（**甩落**）的概率为 0.7。

求从秋千上掉下来的猫和掉下来的方式（**掉落**或**甩落**）之间的互信息量。

解：（1）建模。随机变量 X 表示坠落的猫，有两种情况：$x_1=$ 胖头鱼, $x_2=$ 小米粥。随机变量 Y 表示坠落方式，有两种情况：$y_1=$ 掉落，$y_2=$ 甩落。根据已知条件可得

$$
\begin{aligned}
&p(x_1)=0.5, &&p(x_2)=0.5\\
&p(y_1|x_1)=0.9, &&p(y_2|x_1)=1-p(y_1|x_1)=0.1\\
&p(y_1|x_2)=0.3, &&p(y_2|x_2)=1-p(y_1|x_2)=0.7
\end{aligned}
$$

图 2.8　两只猫荡秋千

（2）坠落方式的概率分布。根据式 (2.4) 可得

$$p(y_1) = \sum_{i=1}^{2} p(x_i)p(y_1|x_i) = 0.5 \times 0.9 + 0.5 \times 0.3 = 0.6$$

$$p(y_2) = 1 - p(y_1) = 0.4$$

（3）坠落的猫和坠落方式之间的互信息量。

$x_1 =$ 胖头鱼 与 $y_1 =$ 掉落 之间的互信息量：

$$I(x_1; y_1) = I(y_1; x_1) = \log_2 \frac{p(y_1|x_1)}{p(y_1)} = \log_2 \frac{0.9}{0.6} = 0.585(\text{bit})$$

$x_1 =$ 胖头鱼 与 $y_2 =$ 甩落 之间的互信息量：

$$I(x_1; y_2) = I(y_2; x_1) = \log_2 \frac{p(y_2|x_1)}{p(y_2)} = \log_2 \frac{0.1}{0.4} = 2(\text{bit})$$

$x_2 =$ 小米粥 与 $y_1 =$ 掉落 之间的互信息量：

$$I(x_2; y_1) = I(y_1; x_2) = \log_2 \frac{p(y_1|x_2)}{p(y_1)} = \log_2 \frac{0.3}{0.6} = -1(\text{bit})$$

$x_2 =$ 小米粥 与 $y_2 =$ 甩落 之间的互信息量：

$$I(x_2; y_2) = I(y_2; x_2) = \log_2 \frac{p(y_2|x_2)}{p(y_2)} = \log_2 \frac{0.1}{0.4} = 0.81(\text{bit})$$

结论：由此可见，互信息量取负值是有可能的。

2.5.5 平均互信息量

根据式 (2.20)，互信息量仍然是一个随机变量，可以在集合上定义此随机变量的集平均，从而引入**平均互信息量**的概念。

1. 平均互信息量的定义

定义2.22 平均互信息量

离散随机事件集合 X 和 Y 上，互信息量 $I(x;y)$ 的数学期望定义为**平均互信息量**:

$$I(X;Y)=E_{XY}\Big[I(x;y)\Big]=\sum_{ij}p(x_iy_j)I(x_i;y_j)=\sum_{ij}p(x_iy_j)\log\frac{p(x_i|y_j)}{p(x_i)} \tag{2.24}$$

两个随机变量 x 和 y 的互信息量 $I(x;y)$ 表示这两个随机变量共有的信息量，或者说从一个随机变量获得的另外一个随机变量的信息量。那么，对于集合 X 和 Y 而言，**平均互信息量**则表示接收到集合 Y 中的所有消息后获得的关于集合 X 的平均信息量，即集合 X 和 Y 共同具有的信息量。

2. 平均互信息量的物理意义

（1）$I(X;Y)=H(X)-H(X|Y)$

证明：根据定义

$$\begin{aligned}
I(X;Y)&=\sum_{XY}p(xy)\log\frac{p(x|y)}{p(x)}\\
&=\underbrace{-\sum_{XY}p(xy)\log p(x)}_{\text{式 (2.4)}}-\underbrace{\left[-\sum_{XY}p(xy)\log p(x|y)\right]_{H(X|Y)}}\\
&=-\sum_{X}p(x)\log p(x)-H(X|Y)=H(X)-H(X|Y)
\end{aligned} \tag{2.25}$$

式中：$H(X)$ 表示随机变量 X 本身具有的不确定性；$H(X|Y)$ 表示在接收到随机变量 Y 的所有符号后，随机变量 X 仍然具有的不确定性。

式 (2.25) 为随机变量 X 在两种情况下不确定程度的减少量，因此 $I(X;Y)$ 表示在接收到 Y 所有符号后获得的随机变量 X 的平均信息量。

（2）$I(X;Y)=H(Y)-H(Y|X)$

同理，可以证得

$$I(X;Y)=H(Y)-H(Y|X) \tag{2.26}$$

式中：$H(Y)$ 表示随机变量 Y 本身所具有的不确定性；$H(Y|X)$ 表示在发送完随机变量 X 的所有符号后，随机变量 Y 仍然具有的不确定性，这种不确定性是由信道中的噪声造成的。

式 (2.26) 为随机变量 Y 在两种情况下不确定程度的减少量，因此 $I(X;Y)$ 表示在发送完 X 所有符号后获得的随机变量 Y 的平均信息量。

例2.17 抛硬币与掷骰子。

已知掷骰子，若结果是 1、2、3 或 4，则抛一次硬币；若结果是 5 或 6，则抛两次硬币。求从抛硬币的结果可以得到多少抛骰子的信息量。

解：本题的题意是根据抛硬币出现正面的次数 Y 来获取掷骰子结果 X 的信息（掷骰子的结果有两种）。

定义随机变量：

$X=0$，表示掷骰子的结果是 1、2、3、4

$X=1$，表示掷骰子的结果是 5、6

$Y=0$，表示抛硬币出现 0 次正面

$Y=1$，表示抛硬币出现 1 次正面

$Y=2$，表示抛硬币出现 2 次正面

随机变量 X 的概率空间为

$$\begin{bmatrix} X \\ P \end{bmatrix} = \begin{bmatrix} 0 & 1 \\ 2/3 & 1/3 \end{bmatrix}$$

条件概率矩阵为

$$\boldsymbol{P}_{Y|X} = \begin{bmatrix} 1/2 & 1/2 & 0 \\ 1/4 & 1/2 & 1/4 \end{bmatrix}$$

随机变量 Y 的概率分布

$$\boldsymbol{P}_Y = \boldsymbol{P}_X \boldsymbol{P}_{Y|X} = \begin{bmatrix} 2/3 & 1/3 \end{bmatrix} \begin{bmatrix} 1/2 & 1/2 & 0 \\ 1/4 & 1/2 & 1/4 \end{bmatrix} = \begin{bmatrix} 5/12 & 1/2 & 1/12 \end{bmatrix}$$

随机变量 Y 的信息熵为

$$\begin{aligned} H(Y) &= -\sum_{j=1}^{3} P[y_j] \log P[y_j] \\ &= \frac{5}{12} \log \frac{12}{5} + \frac{1}{2} \log 2 + \frac{1}{12} \log 12 = 1.325(\text{比特/符号}) \end{aligned}$$

条件熵为

$$H(Y|X) = -\sum_{ij} P[x_i y_j] \log P[y_j|x_i]$$

$$= \frac{2}{3}\left[\frac{1}{2}\log 2 + \frac{1}{2}\log 2\right] + \frac{1}{3}\left[\frac{1}{4}\log 4 + \frac{1}{2}\log 2 + \frac{1}{4}\log 4\right]$$

$$= 1.166(\text{比特/符号})$$

根据式 (2.26) 可得平均互信息量为

$$I(X;Y) = H(Y) - H(Y|X) = 1.325 - 1.166 = 0.159(\text{比特/符号})$$

即从抛硬币结果获得的关于掷骰子的平均信息量为 0.159bit。

3. 平均互信息量的性质

(1) 非负性

$$I(X;Y) \geqslant 0 \tag{2.27}$$

证明：

$$-I(X;Y) = \sum_{XY} p(xy)\log\frac{p(x)}{p(x|y)} = \sum_{XY} p(xy)\left[\ln\frac{p(x)}{p(x|y)} \times \log \mathrm{e}\right]$$

$$= \log \mathrm{e} \sum_{XY} p(xy)\left[\underset{\text{式 (B.1)}}{\underline{\ln\frac{p(x)}{p(x|y)}}}\right]$$

$$\leqslant \log \mathrm{e} \sum_{XY} p(xy)\left[\frac{p(x)}{p(x|y)} - 1\right] = \log \mathrm{e}\left[\underbrace{\sum_{XY} p(x)p(y)}_{1} - \underbrace{\sum_{XY} p(xy)}_{1}\right] = 0$$

平均互信息量具有非负性，说明两个随机变量所共有的信息量大于或等于零。

两个随机变量相互独立时，平均互信息量为零，即

$$I(X;Y) = 0, \quad \text{当且仅当 } X \text{ 与 } Y \text{ 相互独立} \tag{2.28}$$

当随机变量 X 和 Y 相互独立时，不能从一个随机变量获得另外一个随机变量的任何信息。

(2) 互易性（对称性）

$$I(X;Y) = I(Y;X) \tag{2.29}$$

证明：

$$I(X;Y) = \sum_{XY} p(xy)\log\frac{p(x|y)}{p(x)}$$

$$= \sum_{XY} p(xy)\log\frac{p(x|y)p(y)}{p(x)p(y)}$$

$$= \sum_{XY} p(xy)\log\frac{p(xy)}{p(y)p(x)}$$

$$= \sum_{XY} p(xy)\log\frac{p(y|x)}{p(y)} = I(Y;X)$$

互易性表示从集合 Y 中获得的 X 的信息量和从集合 X 获得的 Y 的信息量相等。

平均互信息量与各类熵关系：

$$\begin{aligned} I(X;Y) &= H(X) - H(X|Y) \\ &= H(Y) - H(Y|X) \\ &= H(X) + H(Y) - H(XY) \end{aligned} \tag{2.30}$$

证明：已经证得 $I(X;Y) = H(X) - H(X|Y) = H(Y) - H(Y|X)$，现求证 $I(X;Y) = H(X) + H(Y) - H(XY)$

由信息熵的可加性可知

$$H(XY) = H(X) + H(Y|X)$$

$$\begin{aligned} I(X;Y) &= H(Y) - H(Y|X) \\ &= H(X) + H(Y) - I(X;Y) \end{aligned}$$

（3）**极值性**

$$I(X;Y) \leqslant H(X) \tag{2.31}$$

$$I(X;Y) \leqslant H(Y) \tag{2.32}$$

证明：因为 $I(X;Y) = H(X) - H(X|Y)$，而条件熵 $H(X|Y)$ 非负，故而 $I(X;Y) \leqslant H(X)$；同理可证得 $I(X;Y) \leqslant H(Y)$。

2.6 熵的性质以及各种熵之间的关系

到目前为止，已经定义了信息熵、联合熵、条件熵和平均自信息量（又称交互熵），这些熵都是对随机变量集合不确定程度的度量，相互之间具有一定的关系。

2.6.1 信息熵的性质

1. 信息熵是 $N-1$ 元函数

假设一随机事件集合 X 中有 N 个随机事件，表示为 $X = \{x_1, x_2, \cdots, x_N\}$，则此随机事件集合的信息熵 $H(X)$ 是随机事件发生概率的函数：

$$H(X) = -\sum_{i=1}^{N} p(x_i) \log p(x_i)$$

因此，信息熵又可称为**熵函数**。如果把概率分布 $p(x_i)(i = 1, 2, \cdots, N)$ 简记为 $p_i(i = 1, 2, \cdots, N)$，则**熵函数**又可以写为概率矢量 $\boldsymbol{p} = (p_1, p_2, \cdots, p_N)$ 的函数形式：

$$H(X) = -\sum_{i=1}^{N} = H(p_1, p_2, \cdots, p_N) = H(\boldsymbol{p}) \tag{2.33}$$

因为概率空间的完备性（$\sum_{i=1}^{N} p_i = 1$），所以熵函数 $H(X)$ 是 $N-1$ 元函数。例如，当 $N=2$ 时，设 $p_1 = p$，则有 $p_2 = 1-p$，熵函数为一元函数，可简写为 $H(p)$。

2. 信息熵具有非负性

$$H(\boldsymbol{p}) = -\sum_{i=1}^{N} p_i \log p_i \geqslant 0 \tag{2.34}$$

对确定信源，式 (2.34) 中的等号成立（见式 (2.36)）。

非负性表明，信源在发出符号之前，总是具有一定的不确定性（确定性信源除外），可提供一定的信息量。

信息熵的非负性适用于离散随机变量集合，而连续随机变量集合中相对应的概念是**相对熵**，可能会出现负值。

3. 信息熵具有对称性

信息熵具有对称性，即下式成立：

$$H(p_1, p_2, \cdots, p_N) = H(p_2, p_1, \cdots, p_N) = H(p_{i_1}, p_{i_2}, \cdots, p_{i_N}) \tag{2.35}$$

式中：$i_1, i_2, \cdots, i_N \in \{1, 2, \cdots, N\}$，且 $i_1 \neq i_2 \neq \cdots \neq i_N$。

式 (2.35) 表明，只要随机变量集合的总体分布不变，其信息熵不变。这表明一个信源所包含的平均自信息量只与信源的总体构成有关 $(p_1, p_2, \cdots, p_N)$。

例2.18 三个信源。

三个信源 X、Y 和 Z，概率空间分别为

$$\begin{bmatrix} X \\ P \end{bmatrix} = \begin{bmatrix} x_1 = \text{红} & x_2 = \text{黄} & x_3 = \text{蓝} \\ 1/2 & 1/8 & 3/8 \end{bmatrix}$$

$$\begin{bmatrix} Y \\ P \end{bmatrix} = \begin{bmatrix} y_1 = \text{红} & y_2 = \text{黄} & y_3 = \text{蓝} \\ 1/8 & 1/2 & 3/8 \end{bmatrix}$$

$$\begin{bmatrix} Z \\ P \end{bmatrix} = \begin{bmatrix} z_1 = \text{雾} & z_2 = \text{雨} & z_3 = \text{晴} \\ 3/8 & 1/8 & 1/2 \end{bmatrix}$$

这三个信源的信息熵分别为

$$H(X) = H(1/2, 1/8, 3/8) = 1.4056\text{比特/符号}$$

$$H(Y) = H(1/8, 1/2, 3/8) = 1.4056\text{比特/符号}$$

$$H(Z) = H(3/8, 1/8, 1/2) = 1.4056\text{比特/符号}$$

这三个信源的总体统计特性相同，所以信息熵相同，因此香农所定义的熵函数只抽取了随机事件的随机性及其度量，而没有考虑随机事件（消息）的含义和效用。

4. 信息熵具有确定性

信息熵具有确定性，即下式成立：

$$H(1,0) = H(1,0,0) = H(1,0,\cdots,0) \tag{2.36}$$

在概率矢量 $\boldsymbol{p} = (p_1, p_2, \cdots, p_N)$ 中，只要有一个分量为 1，其他分量必为 0，说明事件集合中有一个事件为必然事件，其他事件则必为不可能事件。但所有事件均为确定性事件，事件集合的不确定性为零，信息熵为零。

确定性中使用了性质：$0\log 0 = 0$。

5. 信息熵具有扩展性

信息熵具有扩展性，即下式成立：

$$\lim_{\varepsilon \to 0} H_{N+1}(p_1, p_2, \cdots, p_N - \varepsilon, \varepsilon) = H(p_1, p_2, \cdots, p_N) \tag{2.37}$$

若随机事件集合 X 中有 N 个事件，而另外一个随机事件集合 Y 中有 $N+1$ 个随机事件。差别在于 Y 比 X 多了一个概率接近于零的事件，但两者的信息熵相同，这是因为 $\lim\limits_{\varepsilon \to 0} \varepsilon \log \varepsilon = 0$。虽然小概率事件所包含的自信息量很大，但在信息熵的计算中所占比重过小，以至于可以忽略不计，这也是信息熵的总体平均性的体现。

6. 信息熵具有连续性

信息熵具有连续性，即下式成立：

$$\lim_{\varepsilon \to 0} H(p_1, p_2, \cdots, p_{N-1} - \varepsilon, p_N + \varepsilon) = H(p_1, p_2, \cdots, p_{N-1}, p_N) \tag{2.38}$$

随机事件概率空间中概率分量的微小波动（称为扰动），不会引起信息熵的变化，这说明信息熵是连续函数。

7. 信息熵具有递增性

信息熵具有递增性，即下式成立：

$$\begin{aligned} & H(p_1, p_2, \cdots, p_{N-1}, q_1, q_2, \cdots, q_M) \\ & = H(p_1, p_2, \cdots, p_{N-1}, p_N) + p_N H\left(\frac{q_1}{p_N}, \frac{q_2}{P_N}, \cdots, \frac{q_M}{p_N}\right) \end{aligned} \tag{2.39}$$

证明：根据已知可得 $p_N = \sum\limits_{m=1}^{M} q_m$，代入公式 $H(p_1, p_2, \cdots, p_{N-1}, q_1, q_2, \cdots, q_M)$ 中，有

$$\begin{aligned} & H(p_1, p_2, \cdots, p_{N-1}, q_1, q_2, \cdots, q_M) \\ = & \left[-p_1 \log p_1 - p_2 \log p_2 - \cdots - p_{N-1} \log p_{N-1} \right] + \\ & \left[-q_1 \log q_1 - q_2 \log q_2 - \cdots - q_M \log q_M \right] \end{aligned}$$

$$
\begin{aligned}
&= \Big[-q_1\log q_1 - q_2\log q_2 - \cdots - q_M\log q_M + \underset{\cdots\cdots}{p_N\log p_N}\Big] + \\
&\quad \Big[-p_1\log p_1 - p_2\log p_2 - \cdots - p_{N-1}\log p_{N-1} \underset{\cdots\cdots}{-p_N\log p_N}\Big] \quad : H(p_1,p_2,\cdots,p_N) \\
&\qquad\qquad\qquad\qquad\qquad\qquad\qquad\qquad\qquad\qquad \overbrace{\frac{q_1}{p_N}+\frac{q_2}{p_N}+\cdots+\frac{q_M}{p_N}} \\
&= H(p_1,p_2,\cdots,p_N) + \boldsymbol{p_N}\Big[-\frac{q_1}{p_N}\log q_1 - \frac{q_2}{p_N}\log q_2 - \cdots - \frac{q_M}{p_N}\log q_M + \mathbf{1}\cdot\mathbf{\log}\,\boldsymbol{p_N}\Big] \\
&= H(p_1,p_2,\cdots,p_N) + p_N\left[\underbrace{-\frac{q_1}{p_N}\mathbf{\log}\frac{\boldsymbol{q_1}}{\boldsymbol{p_N}} - \frac{q_2}{p_N}\mathbf{\log}\frac{\boldsymbol{q_2}}{\boldsymbol{p_N}} - \cdots - \frac{q_M}{p_N}\mathbf{\log}\frac{\boldsymbol{q_M}}{\boldsymbol{p_N}}}_{H\left(\frac{q_1}{p_N},\frac{q_2}{p_N},\cdots,\frac{q_M}{p_N}\right)}\right] \\
&= H\big[p_1,p_2,\cdots,p_N\big] + p_N H\left[\frac{q_1}{p_N},\frac{q_2}{p_N},\cdots,\frac{q_M}{p_N}\right]
\end{aligned}
$$

递增性的表现：

$$
H\underbrace{\big[p_1,p_2,\cdots,p_{N-1},q_1,q_2,\cdots,q_M\big]}_{N+M-1\text{个元素}} = H\underbrace{\big[p_1,p_2,\cdots,p_N\big]}_{N\text{个元素}} + \overbrace{\underset{\cdots\cdots\cdots\cdots}{p_N H\left[\frac{q_1}{p_N},\frac{q_2}{p_N},\cdots,\frac{q_M}{p_N}\right]}}^{\text{信息熵增加的部分}}
$$

由上式可见，当离散事件集从 N 个元素增加到 $N+M-1$ 时，其信息熵从原来的 $H(\boldsymbol{X})$ 增加了 $p_N H\left[\frac{q_1}{p_N},\frac{q_2}{p_N},\cdots,\frac{q_M}{p_N}\right]$，体现出信息熵的递增性。

随机事件集合原有 N 个元素，概率分布为 $(p_1,p_2,\cdots,p_N)$；若将其中任一事件（如 x_N）重新分解为 M 个新事件，并且这 M 个新事件的概率之和等于事件 x_N 的概率 p_N，则新的随机事件集合所具有的信息熵是增加的。原因是随机事件数增加，概率 p_N 被分散，事件集的整体不确定性增加，引起信息熵增加。

例2.19 信息熵递增的信源。

利用信息熵递增性计算信息熵 $H(1/2,1/8,1/8,1/8,1/8)$。

$$
\text{解：} H(\underset{\cdots\cdots\cdots}{1/2,1/8,\overset{p_N=1/2}{1/8},1/8,1/8}) = H(1/2,\underset{\cdots}{\overset{p_N}{1/2}}) + \underset{\cdots}{\overset{p_N}{0.5}}H(\underset{\cdots\cdots\cdots}{\overset{q_1}{1/4},\overset{q_2}{1/4},\overset{q_3}{1/4},\overset{q_4}{1/4}})
$$

$$
= 1 + 0.5\times 2 = 2(\text{比特/符号})
$$

概率为 0.5 的随机事件被分解为 4 个新的事件，每个事件的发生概率自然都小于 0.5，使得随机事件集合的整体不确定性变大，信息熵增加了 1 比特/符号。

8. 信息熵具有可加性

熵的可加性首先由香农提出：若一个事件可以分成连续两步选择来实现，则原来的熵 H 应为 H 的单独值的加权和。“H 的单独值”是指每次选择的熵值，“权值”是指每次选择的概率。

例2.20 门球分布的信息熵。

已知三个门球比赛用的球门 A、B 和 C 长度分布别为 3m、2m 和 1m。一种新式门球比赛规则：打出一球，如果球落入球门 A，则比赛结束；如果球落入球门 B 或者 C，则撤去球门 A，向球门 B 和 C 再打出一球。

求门球分布的信息熵。

解：根据比赛规则，可得如下结果。

步骤一：门球打向球门 A。随机变量 x_1 表示步骤一的结果，则有

$$x_1 = A_1\text{：门球落入球门 } A,\quad p(A_1) = 1/2$$

$$x_1 = \mathring{A}_1\text{：门球未入球门 } A,\quad p(\mathring{A}_1) = 1/2$$

步骤二：门球打向球门 B 和 C。随机变量 x_2 表示步骤二的结果，则有

$$x_2 = B_2\text{：门球落入球门 } B,\quad p(B_2) = 2/3$$

$$x_2 = C_2\text{：门球落入球门 } C,\quad p(C_2) = 1/3$$

门球的概率分布为

$$p(A) = p(A_1) = 1/2$$
$$p(B) = p(\mathring{A}_1)p(B_2) = 1/3$$
$$p(C) = p(\mathring{A}_1)p(C_2) = 1/6$$

根据上面的结果可得门球分布的概率空间为

$$\begin{bmatrix} X \\ P \end{bmatrix} = \begin{bmatrix} A & B & C \\ 1/2 & 1/3 & 1/6 \end{bmatrix}$$

信息熵为

$$\begin{aligned} H(ABC) &= H(1/2, \mathbf{1/3}, \mathbf{1/6}) = 1.459(\text{比特/球}) \\ &= \underset{\text{第一步信息熵}}{H(1/2, \mathbf{1}/2)} + \underset{\text{第二步发生概率}}{\mathbf{1/2}} \ \underset{\text{第二步信息熵}}{H(2/3, 1/3)} \quad \text{：信息熵的可加性} \end{aligned}$$

本题的求解过程参见图 2.9，本例可以推广到更一般的情况，见例 2.21。

例2.21 熵的可加性推广。

已知离散事件集合 X 有 $N \times M$ 个事件，发生概率分别为

$$\begin{matrix} P_1p_{11} & P_1p_{12} & \cdots & P_1p_{1M} \\ P_2p_{21} & P_2p_{22} & \cdots & P_2p_{2M} \\ \vdots & \vdots & \ddots & \vdots \\ P_Np_{N1} & P_Np_{N2} & \cdots & P_Np_{NM} \end{matrix}$$

求事件集 $\boldsymbol{X}$ 的信息熵。

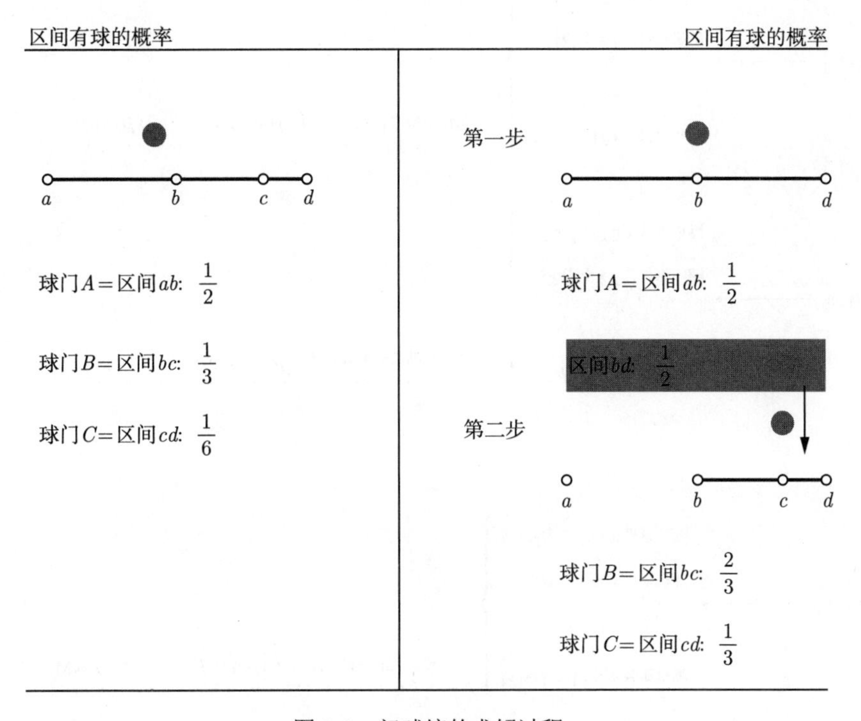

图 2.9　门球熵的求解过程

解：利用**信息熵的可加性**求解 $H(X)$。根据例 2.20可知，本题中的随机事件可以利用两个步骤实现：

步骤一：产生 N 个离散随机事件 $\mathring{x}_1, \mathring{x}_2, \cdots, \mathring{x}_N$，每个离散随机事件发生的概率 $P(\mathring{x}_n) = P_n(n = 1, 2, \cdots, N)$。

步骤二：若事件 $\mathring{x}_n$ 发生，则以概率 p_{nm} 产生 m 个新事件 $(n = 1, 2, \cdots, N; m = 1, 2, \cdots, M)$。

信息熵为

$$
\begin{aligned}
H(X) &= H(\boldsymbol{P_1}p_{11}, \cdots, \boldsymbol{P_1}p_{1\mathrm{M}}, \cdots, \boldsymbol{P_N}p_{\mathrm{N}1}, \cdots, \boldsymbol{P_N}p_{\mathrm{NM}}) \\
&= \underbrace{H(\boldsymbol{P_1}, \boldsymbol{P_2}, \cdots, \boldsymbol{P_N})}_{\text{第一步的信息熵}} + \sum_{n=1}^{N} \underset{\substack{\uparrow \\ \text{离散随机事件 } \mathring{x}_n \text{ 的发生概率}}}{\boldsymbol{P_n}} \underbrace{H(p_{\mathrm{n}1}, p_{\mathrm{n}2}, \cdots, p_{\mathrm{nM}})}_{\text{第二步的信息熵}}
\end{aligned}
$$

求解过程如下：

$$P_1\text{: 随机事件}\mathring{x}_1 \longrightarrow \left.\begin{array}{l}\text{随机事件}x_{11}: p_{11}\\ \text{随机事件}x_{12}: p_{12}\\ \quad\vdots \\ \text{随机事件}x_{1\mathrm{M}}: p_{1\mathrm{M}}\end{array}\right\} \quad M\text{ 个新事件的熵：} H\left[p_{11}, p_{12}, \cdots, p_{1\mathrm{M}}\right]$$

$$P_2\text{: 随机事件}\mathring{x}_2 \longrightarrow \left.\begin{array}{l}\text{随机事件}x_{21}: p_{21}\\ \text{随机事件}x_{22}: p_{22}\\ \quad\vdots \\ \text{随机事件}x_{2\mathrm{M}}: p_{2\mathrm{M}}\end{array}\right\} \quad M\text{ 个新事件的熵：} H\left[p_{21}, p_{22}, \cdots, p_{2\mathrm{M}}\right]$$

$$\vdots$$

$$P_N\text{: 随机事件}\mathring{x}_N \longrightarrow \left.\begin{array}{l}\text{随机事件}x_{\mathrm{N}1}: p_{\mathrm{N}1}\\ \text{随机事件}x_{\mathrm{N}2}: p_{\mathrm{N}2}\\ \quad\vdots \\ \text{随机事件}x_{\mathrm{NM}}: p_{\mathrm{NM}}\end{array}\right\} \quad M\text{ 个新事件的熵：} H\left[p_{\mathrm{N}1}, p_{\mathrm{N}2}, \cdots, p_{\mathrm{NM}}\right]$$

$$\downarrow$$

$$H\left[\boldsymbol{X}\right]=H\left[P_1,P_2,\cdots,P_N\right]+P_1H\left[p_{11},p_{12},\cdots,p_{1\mathrm{M}}\right]+\cdots+P_NH\left[p_{\mathrm{N}1},p_{\mathrm{N}2},\cdots,p_{\mathrm{NM}}\right]$$

根据例 2.20和例 2.21可以得到**熵可加性**的一般表达式为

$$\begin{aligned}&H(\boldsymbol{P_1}p_{11},\cdots,\boldsymbol{P_1}p_{1\mathrm{M}},\cdots,\boldsymbol{P_N}p_{\mathrm{N}1},\cdots,\boldsymbol{P_N}p_{\mathrm{NM}})\\ =&H(\boldsymbol{P_1},\boldsymbol{P_2},\cdots,\boldsymbol{P_N})+\sum_{i=1}^{N}P_iH(p_{\mathrm{i}1},p_{\mathrm{i}2},\cdots,p_{\mathrm{iM}})\end{aligned} \tag{2.40}$$

例 2.20和例 2.21涉及随机事件生成过程，如果把此过程倒过来分析，$N\times M$ 个事件组成的集合 A 变为 N 个事件组成的集合 B 的过程，相当于对原事件集合 A 中的事件进行合并，即每 M 个事件合并为一个新的事件。

信息熵为

$$H(A)=\underbrace{H(P_1,P_2,\cdots,P_N)}_{H(B)}+\overbrace{\sum_{i=1}^{N}P_iH(p_{\mathrm{i}1},p_{\mathrm{i}2},\cdots,p_{\mathrm{iM}})}^{\text{合并前后信息熵的差}} \tag{2.41}$$

根据式 (2.41)，合并前后信息熵的差为

$$H(A)-H(B)=\sum_{i=1}^{N}P_iH(p_{\mathrm{i}1},p_{\mathrm{i}2},\cdots,p_{\mathrm{iM}})\geqslant 0$$

因此合并后，信息熵减小。

例2.22 气象熵的差。

已知 D 地气象情况可以利用随机变量集合 X 建模，各气象情况的发生概率组成概率集合 P，则相对应的功率空间如下。现将云和阴用阴天代替，雨和雪用降水代替，雾和霾用雾霾代替，得到简化的气象情况集合 Y。

$$\begin{bmatrix} X \\ P \end{bmatrix} = \begin{bmatrix} \text{晴} & \text{云} & \text{阴} & \text{雨} & \text{雪} & \text{雾} & \text{霾} \\ 0.3 & 0.2 & 0.2 & 0.05 & 0.05 & 0.05 & 0.15 \end{bmatrix}$$

求两种气象所对应信息熵的差。

解：随机变量 Y 的概率空间为

$$\begin{bmatrix} Y \\ P \end{bmatrix} = \begin{bmatrix} \text{晴} & \overbrace{\text{云} \quad \text{阴}}^{\text{阴天}} & \overbrace{\text{雨} \quad \text{雪}}^{\text{降水}} & \overbrace{\text{雾} \quad \text{霾}}^{\text{雾霾}} \\ 0.3 & \underbrace{0.2 \quad 0.2}_{0.4} & \underbrace{0.05 \quad 0.05}_{0.1} & \underbrace{0.05 \quad 0.15}_{0.20} \end{bmatrix}$$

信息熵的差为

$$\begin{aligned} H(X) - H(Y) &= P_{\text{晴}} H(p_{11}) + P_{\text{阴天}} H(p_{21}) + P_{\text{降水}} H(p_{31}) + P_{\text{雾霾}} H(p_{41}) \\ & \qquad p_{11} = \frac{P_{\text{晴}}}{P_{\text{晴}}} = \frac{0.3}{0.3} = 1.0 \\ & \qquad p_{21} = \frac{P_{\text{云}}}{P_{\text{阴天}}} = \frac{0.2}{0.4} = \frac{1}{2} \\ & \qquad p_{21} = \frac{P_{\text{雨}}}{P_{\text{降水}}} = \frac{0.05}{0.1} = \frac{1}{2} \\ & \qquad p_{41} = \frac{P_{\text{雾}}}{P_{\text{雾霾}}} = \frac{0.05}{0.2} = \frac{1}{4} \\ &= 0.4 \times H(0.5) + 0.1 \times H(0.5) + 0.2 \times H(0.25) \\ &= 0.66(\text{比特/气象事件}) \end{aligned}$$

对式 (2.40) 进一步分析，可以得到**熵可加性**更为简洁的形式，见下面的定理。

定理2.1 熵的可加性

对离散随机事件集合 X 和 Y，熵的可加性可以表示为

$$H(XY) = H(X) + H(Y|X) = H(Y) + H(X|Y) \tag{2.42}$$

证明：假设随机事件集合 $X=\{x_1,x_2,\cdots,x_N\}$ 和 $Y=\{y_1,y_2,\cdots,y_N\}$。事件 $x_i(i=1,2,\cdots,N)$ 与事件 $y_j(j=1,2,\cdots,M)$ 的联合概率见矩阵 $\boldsymbol{P}$：

$$\boldsymbol{P}=\begin{bmatrix} p(\boldsymbol{x_1}y_x) & p(\boldsymbol{x_1}y_2) & \cdots & p(\boldsymbol{x_1}y_M) \\ p(\boldsymbol{x_2}y_1) & p(\boldsymbol{x_2}y_2) & \cdots & p(\boldsymbol{x_2}y_M) \\ \vdots & \vdots & \ddots & \vdots \\ p(\boldsymbol{x_N}y_1) & p(\boldsymbol{x_N}y_2) & \cdots & p(\boldsymbol{x_N}y_M) \end{bmatrix}$$

$$=\begin{bmatrix} p(\boldsymbol{x_1})p(y_x|\boldsymbol{x_1}) & p(\boldsymbol{x_1})p(y_2|\boldsymbol{x_1}) & \cdots & p(\boldsymbol{x_1})p(y_M|\boldsymbol{x_1}) \\ p(\boldsymbol{x_2})p(y_x|\boldsymbol{x_2}) & p(\boldsymbol{x_2})p(y_2|\boldsymbol{x_2}) & \cdots & p(\boldsymbol{x_2})p(y_M|\boldsymbol{x_2}) \\ \vdots & \vdots & \ddots & \vdots \\ p(\boldsymbol{x_N})p(y_x|\boldsymbol{x_N}) & p(\boldsymbol{x_N})p(y_2|\boldsymbol{x_N}) & \cdots & p(\boldsymbol{x_N})p(y_M|\boldsymbol{x_N}) \end{bmatrix}$$

分析联合概率分布矩阵 $\boldsymbol{P}$，可以发现随机变量 x_i 和 y_j 的联合概率 $p_{ij}=p(x_iy_j)=p(x_i)p(y_j|x_i)$ 与例 2.21中 $N\times M$ 个随机事件分布完全已知，因此根据式 (2.40)，联合熵可以表示为

$$H(XY)=\overbrace{H(p_1,p_2,\cdots,p_N)}^{H(X)}+\underbrace{\sum_{i=1}^{N}p_iH(p_{i1},p_{i2},\cdots,p_{iM})}_{H(Y|X)}$$

$$=H(X)+H(Y|X)$$

根据**熵的可加性**和**熵的递增性**，当随机事件分解为多个随机变量时，由于不确定性增加，新的随机事件集合的信息熵是增加的。如果把前述的事件分解过程倒过来看，那么当多个事件合并为一个事件时，新事件的发生概率是递增的，事件的不确定性降低，合并后随机事件集合的信息熵减小。

复合事件集的不确定程度为组成该复合事件的各简单事件集合不确定程度的和。

事件集合的平均不确定程度可以分步解，各步降不确定程度的和等于信息熵。

例2.23 鉴别假币。

已知 12 枚外形相同的硬币，其中有一枝重量不同的假币，但并不清楚假币是重还是轻。用一无砝码天平称重以鉴别假币，无砝码天平的称重有平衡、左倾和右倾三种结果。求解至少称几次才能鉴别出假币，并判断出其轻重。

解：12 枚硬币有一枝假币，由于无法区分，因此每一枚硬币是假币的概率相同，为 $\frac{1}{2}$；同时未知假币轻重，因此每一枚硬币有 24 种可能性，则假币熵为

$$H(X)=\log 24$$

每次称重有三种结果，其最大熵值为

$$H(Y)=\log 3$$

根据**熵的可加性**，一个复合事件的不确定程度可以分步解除，各步解除不确定程度的和等于信息熵。因为

$$2\log 3 < \log 24 < 3\log 3$$

所以至少需要三次称重才能辨别出假币，并能判断其轻重。

9. 信息熵具有极值性

信息熵的极值性是指下面定理成立。

定理2.2 离散最大熵定理

当随机事件集合中的事件等概率发生时，熵达到最大值，即

$$H(p_1, p_2, \cdots, p_N) \leqslant H(1/N, 1/N, \cdots, 1/N) = \log N \tag{2.43}$$

证明：$H(p_1, p_2, \cdots, p_N) + \sum\limits_{i=1}^{N} p_i \log q_i = -\sum\limits_{i=1}^{N} p_i \log p_i + \sum\limits_{i=1}^{N} p_i \log q_i = \sum\limits_{i=1}^{N} p_i \log \dfrac{q_i}{p_i}$

根据吉布斯（Gibbs）不等式（式 (B.2)），并设 $x_i = q_i/p_i$，可得

$$H(p_1, p_2, \cdots, p_N) + \sum_{i=1}^{N} p_i \log q_i \leqslant \log \mathrm{e} \sum_{i=1}^{N} p_i \times \left[\frac{q_i}{p_i} - 1\right] = 0$$

即

$$H(p_1, p_2, \cdots, p_N) \leqslant -\sum_{i=1}^{N} p_i \log q_i$$

若$q_i = \dfrac{1}{N}$，则有

$$H(p_1, p_2, \cdots, p_N) \leqslant H(1/N, 1/N, \cdots, 1/N) = \log N$$

离散最大熵定理表明，当随机事件集合中各事件等概率分布时，没有任何一个随机事件的发生占有优势，随机事件集合的整体不确定性最大，具有最大熵。而当集合中某些随机事件发生概率较大时，事件的不确定性降低，事件集合的整体不确定性也在下降，信息熵变小。

例2.24 具有最大熵的四个随机事件集合。

已知下列四个随机事件集合的概率空间：

$$\begin{bmatrix} X_1 \\ P \end{bmatrix} = \begin{bmatrix} 0 & 1 \\ 1/2 & 1/2 \end{bmatrix}, \quad \begin{bmatrix} X_3 \\ P \end{bmatrix} = \begin{bmatrix} 0 & 1 & 2 & 3 \\ 1/4 & 1/4 & 1/4 & 1/4 \end{bmatrix}$$

$$\begin{bmatrix} X_2 \\ P \end{bmatrix} = \begin{bmatrix} 0 & 1 & 2 \\ 1/3 & 1/3 & 1/3 \end{bmatrix}, \quad \begin{bmatrix} X_4 \\ P \end{bmatrix} = \begin{bmatrix} 0 & 1 & 2 & 3 \\ 1/2 & 1/4 & 1/8 & 1/8 \end{bmatrix}$$

求上述四个事件集合的信息熵。

解： $H(X_1) = H(1/2, 1/2) = 1,\quad H(X_3) = H(1/4, 1/4, 1/4, 1/4) = 2.00$

$H(X_2) = H(1/3, 1/3, 1/3) = 1.585,\quad H(X_4) = H(1/2, 1/4, 1/8, 1/8) = 1.75$

所求四个信息熵的单位均为比特/事件。当均为等概率分布时，事件数越多，不确定性越大，信息熵越大。当事件数相等时，等概率分布的事件集具有最大的不确定性，信息熵最大。

10. 信息熵具有上凸性

信息熵的上凸性是指熵函数 $H(p_1, p_2, \cdots, p_N)$ 是概率分布 $(p_1, p_2, \cdots, p_N)$ 的严格上凸函数。证明过程详见附录 C。

不同的概率分布表明随机变量具有不同的不确定程度，因此信息熵不同；它们之间的关系是一种“∩”形的关系。

严格上凸函数（呈“∩”形）说明函数值在定义域内存在极大值，这与信息熵的极值性相呼应。

2.6.2 各种熵之间的关系

1. 联合熵与信息熵和条件熵

联合熵与信息熵和条件熵间的关系如下：

$$H(XY) = H(X) + H(Y|X) \tag{2.44}$$

同理，可得

$$H(XY) = H(Y) + H(X|Y) \tag{2.45}$$

式 (2.44) 和式 (2.45) 所表示的关系即为信息熵的可加性，见式 (2.42)。

若两个随机变量独立，则有

$$H(XY) = H(X) + H(Y) \tag{2.46}$$

推广到多个随机变量，设有 N 个离散随机变量集合 $X_1, X_2, \cdots, X_N$，其联合熵可表示为

$$\begin{aligned} H(X_1, X_2, \cdots, X_N) &= H(X_1) + H(X_2|X_1) + \cdots + H(X_N|X_1X_2\cdots X_{N-1}) \\ &= \sum_{i=1}^{N} H(X_i|X_1X_2\cdots X_{i-1}) \end{aligned} \tag{2.47}$$

若这 N 个随机变量相互独立，则有

$$H(X_1, X_2, \cdots, X_N) \xlongequal{\text{相互独立}} H(X_1) + H(X_2) + \cdots + H(X_N) \tag{2.48}$$

2. 联合熵小于或等于信息熵的和

$$H(XY) \leqslant H(X) + H(Y)$$

$$\text{等号成立的条件：} H(XY) \xlongequal[\text{独立}]{XY} H(X) + H(Y) \tag{2.49}$$

证明： $H(XY) - H(X) - H(Y)$

$$= \overbrace{-\sum_{i=1}^{N}\sum_{j=1}^{M} p(x_i y_j)\log p(x_i y_j) + \sum_{i=1}^{N} \boldsymbol{p(x_i)} \log p(x_i) + \sum_{j=1}^{M} \boldsymbol{p(y_j)} \log p(y_j)}^{\text{信息熵和联合熵定义式}}$$

$$\boldsymbol{p(x_i)} = \sum_{j=1}^{M} p(x_i y_j) \quad \times \quad \boldsymbol{p(y_j)} = \sum_{i=1}^{M} p(x_i y_j)$$

$$= -\sum_{i=1}^{N}\sum_{j=1}^{M} p(x_i y_j)\log p(x_i y_j) + \sum_{i=1}^{N}\sum_{j=1}^{M} p(x_i y_j)\log\left[p(x_i)p(y_j)\right]$$

$$= \sum_{i=1}^{N}\sum_{j=1}^{M} p(x_i y_j)\log\frac{p(x_i)p(y_j)}{p(x_i y_j)} = \log \mathrm{e}\sum_{i=1}^{N}\sum_{j=1}^{M} p(x_i y_j)\ln\underbrace{\frac{p(x_i)p(y_j)}{p(x_i y_j)}}_{x}$$

$$\leqslant \log \mathrm{e}\sum_{i=1}^{N}\sum_{j=1}^{M} p(x_i y_j)\left[\frac{p(x_i)p(y_j)}{p(x_i y_j)} - 1\right] = 0 \quad \text{式 (B.1)：} \ln x \leqslant x - 1$$

故有 $H(XY) \leqslant H(X) + H(Y)$。

上述结论可以推广到更一般的情况，有

$$H(X_1, X_2, \cdots, X_N) \leqslant H(X_1) + H(X_2) + \cdots + H(X_N) \tag{2.50}$$

等式成立的条件是 $X_1, X_2, \cdots, X_N$相互独立。

3. 条件熵小于或等于无条件熵

$$H(X|Y) \leqslant H(X) \tag{2.51}$$

特别地，等号成立的条件是X与Y独立。

对随机事件 y_j 而言，另一个随机事件 x_i 的发生，将会减少事件 y_j 的不确定性；对随机事件集合 Y 而言，另外一个随机事件集合 X 的发生，也将减少事件集 Y 的不确定性，故而条件熵小于或等于无条件熵。

证明： 在 $[0, 1]$ 域内，定义函数 $f(z)$ 为

$$f(z) = -z\log z$$

此函数是 $[0,1]$ 域内的严格上凸函数。根据严格上凸函数的詹森（Jensen）不等式（**定理 A.1**），对于自变量 $z_1, z_2, \cdots, z_N$ 和系数 $\lambda_1, \lambda_2, \cdots, \lambda_N$，有

$$\sum_{n=1}^{N} \lambda_n f(z_n) \leqslant f\left[\sum_{n=1}^{N} \lambda_n z_n\right], \sum_{n=1}^{N} \lambda_n = 1$$

令 $\lambda_n = p(y_n), z_n = p(x_i|y_n)$

$$\sum_{n=1}^{N} p(y_n) f\left[p(x_i|y_n)\right] \leqslant f\left[\sum_{n=1}^{N} p(y_n) p(x_i|y_n)\right] = f\underbrace{\left[\sum_{n=1}^{N} p(x_i y_n)\right]}_{p(x_i)} = f\left[p(x_i)\right]$$

$$\sum_{n=1}^{N} p(y_n) \overbrace{\left[-p(x_i|y_n)\log p(x_i|y_n)\right]}^{f(z)=-z\log z} \leqslant \overbrace{-p(x_i)\log p(x_i)}^{f(z)=-z\log z}$$

对以上不等式两边对 i 求和，可得

$$\underbrace{-\sum_{i=1}^{M}\sum_{n=1}^{N} p(y_n) p(x_i|y_n) \log p(x_i|y_n)}_{H(X|Y)} \leqslant \underbrace{-\sum_{i=1}^{M} p(x_i)\log p(x_i)}_{H(X)} \rightarrow H(X|Y) \leqslant H(X)$$

例2.25 熵的各种关系。

已知一系统的输入符号集 $X = \{x_1, x_2, x_3, x_4, x_5\}$，输出符号集 $Y = \{y_1, y_2, y_3, y_4\}$。输入符号和输出符号之间的联合分布和对应关系见图 2.10。

求系统输入输出符号集之间的联合熵、信息熵和条件熵。

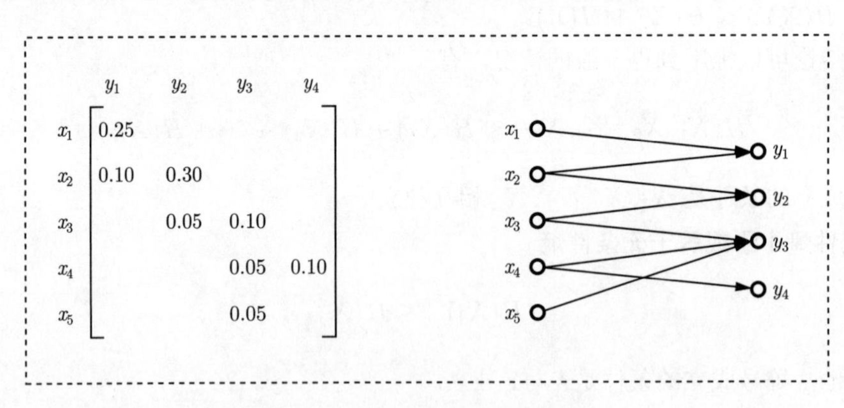

图 2.10 系统输入输出间的关系

解：根据系统输入输出符号集 X 和 Y 的联合概率，可以求得以下各项。

根据全概率公式 $p(x_i) = \sum_{j=1}^{4} p(x_i y_j)$ 可得

$$p(x_1) = 0.25, \qquad p(x_2) = 0.10 + 0.30 = 0.40$$

$$p(x_3) = 0.05 + 0.10 = 0.15, \qquad p(x_4) = 0.05 + 0.10 = 0.15$$

$$p(x_5) = 0.05,$$

根据全概率公式 $p(y_j) = \sum_{i=1}^{5} p(x_i y_j)$ 可得

$$p(y_1) = 0.25 + 0.10 = 0.35, \qquad p(y_2) = 0.30 + 0.05 = 0.35$$

$$p(y_3) = 0.10 + 0.05 + 0.05 = 0.20, \qquad p(y_4) = 0.10$$

根据联合熵公式 $H(XY) = -\sum_X \sum_Y p(x_i y_j) \log p(x_i y_j)$ 可得

$$H(XY) = 2.665\text{比特/符号对}$$

根据信息熵公式 $H(X) = -\sum_X p(x_i) \log p(x_i)$ 可得

$$H(X) = 2.066\text{比特/符号}, \quad H(Y) = 1.856\text{比特/符号}$$

根据条件熵定义式可得

$$H(X|Y) = -\sum_X \sum_Y p(x_i y_j) \log \underset{\cdots\cdots}{p(x_i|y_j)} = -\sum_X \sum_Y p(x_i y_j) \log \frac{p(x_i y_j)}{\underset{\cdots\cdots}{p(y_j)}}$$

$$H(X|Y) = 0.809\text{比特/符号}$$

$$H(Y|X) = 0.600\text{比特/符号}$$

综上可得

$$H(XY) < H(X) + H(Y)$$

$$H(XY) = H(X) + H(Y|X) = H(Y) + H(X|Y)$$

4. 维拉图

平均互信息量和各种熵的关系可以利用维拉图表示，如图 2.11所示。

图 2.11 中两个长方形的长度分别表示信息熵 $H(X)$ 和 $H(Y)$，重叠的部分表示平均互信息量 $I(X;Y)$，不重叠部分的长度则分别代表条件熵 $H(X|Y)$ 和 $H(Y|X)$；总长度则代表联合熵 $H(XY)$。

当随机事件集合 X 和 Y 相互独立时，维拉图中重叠的部分为零，所代表的平均互信息量为零。因此，从维拉图中可以清晰地看到平均互信息量表示随机事件集合 X 和 Y 所包含的信息熵中相同的部分；而条件熵 $H(X|Y)$ 则表示事件集 Y 发生后，事件集 X 仍然无法确定的部分（可以确定的部分就是平均互信息量 $I(X;Y)$）。从维拉图中还可以看到，平均互信息量的最大值就是信息熵，这是两个随机事件集合共同信息量的最大部分。

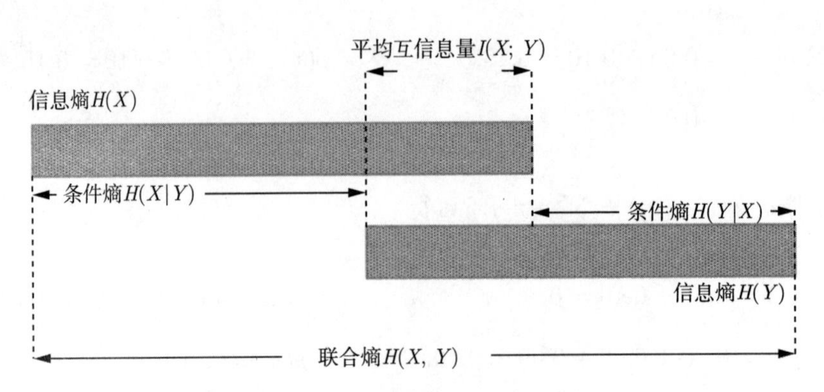

图 2.11　平均互信息量与熵关系的维拉图

习　　题

1. 同时掷 2 颗骰子，事件 A 代表仅有一颗骰子是 3，事件 B 代表至少有一颗骰子是 4，事件 C 代表骰子上的点数之和为偶数，计算事件 A、B 和 C 发生后所提供的信息量。
2. 某市下雨和晴天的时间各占一半，无论雨天还是晴天天气预报的准确率均为 2/3。小学生春风上学时，如果预报有雨，她就带伞上学；如果预报无雨，她也有 1/3 的时间带伞上学。求下面的信息量：
   （1）在雨天条件下小学生春风未带伞所含的信息量。
   （2）小学生春风带伞条件下未下雨所含有的信息量。
   （3）天气预报所得到的关于天气情况的信息量。
   （4）通过观察小学生春风是否带伞所得到的关于天气情况的信息量。
3. 设有 n 个球，每个球都以同样的概率 $1/N$ 落入 N 个格子（$N \geqslant n$）。假定 A 代表某指定的 n 个格子中各落入一球，B 代表任意 n 个格子中各落入一球，计算事件 A 和 B 发生后所提供的信息量。
4. 某地区篮球联赛中，最终只有 A 和 B 两支球队进入决赛争夺冠军。决赛采用 7 场 4 胜制：首先赢得 4 场比赛的球队获得冠军，并结束比赛。现把冠军产生的事件 x 用 A、B 两支球队各场次的比赛结果表示，作为信源 X 产生的随机事件。例如：$AAAA$ 表示事件A 队胜前 4 场获得冠军；$ABBAAA$ 表示事件A 队在第 1、4、5 和 6 场取胜获得冠军，而 B 队在第 2 和 3 场比赛获胜，诸如此类。
   假设两球队在每场比赛中获胜机会均等，每场比赛没有平局，并且各场比赛的结果是相互独立的。
   （1）求信息熵 $H(X)$；
   （2）求事件两队打满 7 场所提供的信息量；
   （3）列出 A 队前 3 场都失利的所有情况，并求其信息量；
   （4）求事件A 队在前 3 场都失利的情况下取得冠军所提供的信息量。
5. 一信源有 4 种输出符号 $x_i(i=1,2,3,4)$，且 $P[x_i]=1/4$。设信源向信宿发出 x_3，但由于传输中的干扰，信宿收到 x_3 后认为其可信度为 0.9。于是，信源再次向信宿发送该符号，信宿无误收到。试问信源在两次发送中发出的信息量各是多少？信宿在两次接收中得到的信息量又各是多少？
6. 一信源有 6 种输出状态，概率分别为

$$P[A]=0.5, P[B]=0.25, P[C]=0.125, P[D]=P[E]=0.05, P[F]=0.025$$

   计算 $H(X)$ 及消息 $ABABBA$ 和 $FDDFDF$ 的信息量（设信源发送的符号相互独立），并对上述两则消息的信息量与长度为 6 的消息序列信息量的期望值进行比较。

7. 某城市天气情况与气象预报分别看成包含 {雨，无雨} 的随机变量集合 X 和 Y，且 X 与 Y 的联合概率为

$$P[\text{雨，雨}] = 1/8,\quad P[\text{雨，无雨}] = 1/16,\quad P[\text{无雨，雨}] = 3/16,\quad P[\text{无雨，无雨}] = 10/16$$

试求：(1) 气象预报的准确率；

(2) 气象预报所提供的关于天气情况的信息量 $I(X;Y)$；

(3) 如果气象预报总是无雨，气象预报的准确率以及气象预报所提供的关于天气情况的信息量 $I(X;Y)$；

(4) 以上两种情况相比，哪种情况的气象预报准确率高？从信息论的观点看，哪种情况下的气象预报有意义？

8. 我国国家标准化管理委员会所规定的二级汉字共有 6763 个。

(1) 设每个汉字使用的频率相等，求一个汉字所包含的信息量；

(2) 设每个汉字用一个 16×16 的二元点阵显示，计算显示点阵所能表示的最大信息；

(3) 显示点阵的利用率是多少？

9. 一副充分洗乱了的扑克牌（52 张），试问：

(1) 任一特定排列所给出的信息量是多少？

(2) 若从中抽出 13 张牌，点数都不相同时得到多少信息量？

10. 某年级有甲、乙、丙 3 个班级，各班人数分别占年级总人数的 1/4、1/3、5/12。已知甲、乙、丙 3 个班级中集邮人数分别占该班总人数的 1/2、1/4、1/5。先从该年级中随机选取 1 人，试求：

(1) 此人为集邮者所含的信息量；

(2) 此人既为集邮者，又属于乙班的不确定程度；

(3) 通过此人是否为集邮者所获得的关于其所在班级的信息量。

11. 已知信源发出 a_1 和 a_2 两种消息，且 $P[a_1] = P[a_2] = 0.5$。消息在二进制对称信道上传输，信道传输特性为

$$P[b_1|a_1] = P[b_2|a_2] = 1 - \varepsilon$$

$$P[b_1|a_2] = P[b_2|a_1] = \varepsilon$$

求互信息量 $I(a_1;b_1)$ 和 $I(a_1;b_2)$。

12. 已知二维随机变量 XY 的联合概率 $P[x_iy_j]$ 为

$$P[0,0] = P[1,1] = 1/8, P[0,1] = P[1,0] = 3/8$$

试求 $H(X|Y)$。

13. X 和 Y 是 $\{0,1,2,3\}$ 上的独立、均匀分布随机变量，试求：

(1) $H(X+Y)$、$H(X-Y)$ 和 $H(X\times Y)$；

(2) $H(X+Y, X-Y)$ 和 $H(X+Y, X\times Y)$。

14. 春风和楠楠在前面的乒乓球比赛中战平，最后 3 场与其他选手的比赛结果将最终决定她们的胜负。

(1) 假定最后 3 场比赛她们与其他选手的比赛胜负的可能性均为 0.5，将春风的最终比赛结果 {胜、负、平} 作为随机变量，计算它的熵；

(2) 假定楠楠最后 3 场比赛全部获胜，计算春风的最终比赛结果的条件熵。

15. X、Y 和 Z 为 3 个随机变量，证明以下不等式成立并给出等号成立的条件：

（1）$H(XY|Z) \geqslant H(X|Z)$；
（2）$I(XY;Z) \geqslant I(X;Z)$；
（3）$H(XYZ) - H(XY) \leqslant H(XZ) - H(Z)$；
（4）$I(X;Z|Y) \geqslant I(Z;Y) + I(X;Z)$。

16. 有两个二元随机变量 X 和 Y，它们的联合概率分布如下：

	$x=0$	$x=1$
$y=0$	1/8	1/8
$y=1$	3/8	1/8

同时定义随机变量 $Z = X \times Y$（一般乘积）。
计算：（1）熵 $H(X)$、$H(Y)$、$H(Z)$、$H(XZ)$、$H(YZ)$ 和 $H(XYZ)$；
（2）条件熵 $H(X|Y)$、$H(Y|X)$、$H(X|Z)$、$H(Z|X)$、$H(Y|Z)$、$H(Z|Y)$、$H(X|YZ)$、$H(Y|XZ)$ 和 $H(Z|XY)$；
（3）互信息量 $I(X;Y)$、$I(X;Z)$、$I(Y;Z)$、$I(X;Y|Z)$、$I(Y;Z|X)$ 和 $I(X;Z|Y)$。

17. 给定随机变量 X 和 Y 的联合概率：

	$x=0$	$x=1$
$y=0$	1/3	1/3
$y=1$	0	1/3

计算：（1）熵 $H(X)$、$H(Y)$；（2）条件熵 $H(X|Y)$、$H(Y|X)$；（3）联合熵 $H(XY)$；（4）$H(Y) - H(Y|X)$；（5）互信息量 $I(X;Y)$。

18. 假定：（1）X 是一个离散随机变量，$g(X)$ 是 X 的函数，证明 $H[g(X)] \leqslant H(X)$。
（2）X 是一个定义在 $\{0,1,2,3,4\}$ 上的等概率分布的离散随机变量，$g(X) = \cos\dfrac{\pi X}{2}$，$f(X) = x^2$。试比较它们熵的大小。

19. 考虑两台发射机和一台接收机之间的平均联合互信息量 $I(X_1X_2;Y)$。证明：
（1）$I(X_1X_2;Y) \geqslant I(X_1;Y)$（用两台发射机比用一台发射机的效果好）；
（2）若 X_1 和 X_2 相互独立，则 $I(X_2;Y|X_1) \geqslant I(X_2;Y)$；
（3）若 X_1 和 X_2 相互独立，则 $I(X_1X_2;Y) \geqslant I(X_1;Y) + I(X_2;Y)$（同时用两台发射机比分别用两台发射机的效果好）。

20. 在一个布袋中有 3 枚硬币，分别用 H、T 和 F 表示，H 的两面都是正面、T 的两面都是反面、F 的两面一正一反。随机选择一枚硬币并抛掷两次，用 X 表示所选择的硬币，Y_1 和 Y_2 表示两次抛掷的结果，Z 表示两次抛掷中出现正面的次数。试计算 $I(X;Y)$、$I(X;Z)$、$I(Y_1;Y_2)$。

21. （猜宝游戏）3 扇门中有一扇门后藏着一袋黄金，并且 3 扇门后藏有黄金的可能性相同。如果有人随机打开一扇门并告诉你门后是否藏有黄金，他给了你多少关于黄金位置的信息量？

22. 春风研究了当地的天气记录和气象台的预报记录后，得到实际天气和预报天气的联合概率分布如下：

	实际为下雨	实际为不下雨
预报为下雨	1/8	3/16
预报为不下雨	1/16	10/16

春风发现预报只有 12/16 的准确率，而不管怎样预报明天不下雨的概率却是 13/16。她把这个想法告诉了气象台台长，台长却说她错了，为什么？

23. 抛掷一枚均匀的硬币，直到出现两次正面或者反面。用 X_1 和 X_2 表示头两次抛掷结果，Y 表示最后一次抛掷结果，N 表示抛掷次数。计算 $H(X_1)$、$H(X_2)$、$H(Y)$、$H(N)$、$I(X_1;Y)$、$I(X_2;Y)$、$I(X_1X_2;Y)$、$I(X_1;N)$、$I(X_2;N)$、$I(X_1X_2;N)$。
24. 判断题：
 （1）$H>0$；
 （2）若 X 与 Y 独立，则 $H(X)=H(X|Y)$；
 （3）$I(X;Y)\geqslant I(X;Y|Z)$；
 （4）若 $H(X|YZ)=0$，则要么 $H(X|Y)=0$，要么 $H(X|Z)=0$；
 （5）$I(X;Y)\leqslant H(Y)$；
 （6）$H(X|X)=0$；
 （7）若 X 与 Y 独立，则 $H(Y|X)=H(X|Y)$；
 （8）$H(X|Y)\geqslant H(X|YZ)$。
25. 随机变量 X 的分布为 $\left\{\frac{2}{10},\frac{2}{10},\frac{2}{10},\frac{1}{10},\frac{1}{10},\frac{1}{10},\frac{1}{10}\right\}$。随机变量 Y 是 X 的函数，其分布是将 X 的 4 个最小的概率分布合并为一个 $\left\{\frac{2}{10},\frac{2}{10},\frac{2}{10},\frac{4}{10}\right\}$。
 （1）$H(X)\leqslant\log_2 7$，解释原因；
 （2）$H(X)>\log_2 5$，解释原因；
 （3）计算 $H(X)$、$H(Y)$；
 （4）计算 $H(X|Y)$，并解释其结果。
26. 已知 $H(Y|X)=0$，求证 $\forall x, P[x]>0$，只存在一个 y 使得 $P[xy]>0$。
27. 一个布袋中有 r 个红球，ω 个白球，b 个黑球。从布袋中取 $k\geqslant 2$ 个球，每次取出球后放回还是每次取出球后不放回的熵 $H(X_i|X_{i-1}\cdots X_1)$ 更大？
28. X、Y_1、Y_2 为二元随机变量，如果 $I(X;Y_1)=0$ 并且 $I(X;Y_2)=0$，能否推出 $I(X;Y_1Y_2)=0$。若能，则证明；若不能，则给出反例。
29. （人口问题）某地区一对夫妇只允许生一个孩子，然而这里夫妇都希望能生一个男孩，因此会一直生到男孩为止。假定生男生女的概率相同，试问：
 （1）这个地区男孩是否会多于女孩？
 （2）一个家庭孩子的数量用随机变量 X 表示，计算 X 的熵。
30. （就业问题）假如政府在考虑全国的就业问题时，把国民的就业情况分为全就业（100% 就业）、部分就业（50%）和失业（0%）三类，分别用概率 $P[E]$、$P[F]$、$P[U]$ 表示。若要使全民的就业率达到 95%，试求：
 （1）$P[E]$ 的取值范围；
 （2）就业问题的熵是 $P[E]$ 的函数，画出其曲线；
 （3）就业情况熵的最大值。

第 3 章 离散信源及信源熵

CHAPTER 3

信源是信息的来源，而通信系统的目的就是传输信息，因此对信源所提供信息特性的研究显得非常重要。

信源研究的主要问题包括：

（1）**信源的形态问题**：主要讨论信源的数学建模方法，即如何利用数学方法描述信源和讨论信源性质。

（2）**信源信息的表达问题**：主要讨论信源编码问题，即如何利用消息有效地表达信源所发出的信息。

本章主要介绍信源的形态问题，也就是信源的数学建模方法。如前所述，信源所包含的信息是通过消息来承载的，因此研究信源特性就是研究信源所发送消息的特性。毫无疑问，消息是随机变量，是会随着时间（或者空间）不同而变化的一类随机变量。综合消息的上述特性，可以利用随机过程 $X(t)$ 建模和研究消息，进而得到信源特性。

3.1 随机过程基本知识

研究概率论和离散信息的统计度量时，常使用随机事件这一概念。例如，抛硬币中正面朝上是随机事件，掏球活动中掏出红球是随机事件，等等。

现实的世界以时间和空间为坐标轴，任何事件（包括随机事件）都是在某一时间点的特定空间中发生的，因此描述随机性现象更为一般的概念是**随机过程**。简而言之，随机过程是依赖参数的一族随机变量的全体。由于参数通常是指时间，因此**随机过程**这一概念中有**过程**一词就容易理解了。本节简单回顾随机过程基础知识。

3.1.1 概率空间

随机过程的数学定义建立在**概率空间**概念之上，因此先回顾概率空间的含义。

定义3.1 概率空间

设随机试验为 E，其对应的样本空间为 $\boldsymbol{\Omega}$。$\mathscr{F}$ 是 $\boldsymbol{\Omega}$ 的所有子集组成的集族（$\boldsymbol{\Omega}$ 上所有随机事件（包括空集）组成的事件集合），P 为事件集合 $\mathscr{F}$ 所对应的概率，$P(A)$ 为事件 A 的概率。称 $(\boldsymbol{\Omega},\mathscr{F},P)$ 组成**概率空间**。

定义中所述 $\mathscr{F}$ 是 $\boldsymbol{\Omega}$ 中所有子集构成的集族，表明 $\mathscr{F}$ 是 $\boldsymbol{\Omega}$ 所能生成的所有事件（包括空集），见例 3.1。

例3.1 抛硬币。

小学生春风和同学楠楠抛硬币猜正反面。

求**概率空间**定义中的集族 $\mathscr{F}$。

解：根据题意，样本空间 $\boldsymbol{\Omega}=\{H,T\}$。$\boldsymbol{\Omega}$ 的所有子集为

$$\varnothing\ \{H\}\ \{T\}\ \{HT\}$$

根据**随机事件**的定义（参见定义 2.1），$\varnothing,\{H\},\{T\},\{HT\}$ 都是由样本空间 $\boldsymbol{\Omega}$ 所派生出的随机事件，因此集族 $\mathscr{F}=\Big\{\varnothing,\{H\},\{T\},\{HT\}\Big\}=\Big\{\varnothing,\{H\},\{T\},\boldsymbol{\Omega}\Big\}$ 实际就是由样本空间 $\boldsymbol{\Omega}$ 派生的、包括**空事件**在内的所有事件组成的事件集。

例3.2 掷骰子。

小学生春风和楠楠掷骰子猜点数。

求集族 $\boldsymbol{\Omega}$。

解：根据题意，样本空间 $\boldsymbol{\Omega}=\{\omega_i,i=1,2,\cdots,6\}$。对应于样本空间 $\boldsymbol{\Omega}$ 的基本事件为

$$e_i=\{\omega_i\}=\{i\}$$

根据上述的基本事件，可以构造以下联合事件：

$$\begin{aligned} e_{i_1,i_2}&=e_{i_1}\cup e_{i_2}\\ e_{i_1,i_2,i_3}&=e_{i_1}\cup e_{i_2}\cup e_{i_3}\\ &\vdots\\ e_{i_1,\cdots,i_6}&=e_{i_1}\cup\cdots\cup e_{i_6} \end{aligned}$$

$$i_1,i_2,\cdots,i_6\in\{1,2,\cdots,6\}，\text{且互不相等}$$

则有

$$\mathscr{F}=\Big\{\varnothing,e_{i_1},e_{i_1,i_2},\cdots,\underbrace{e_{i_1,i_2,\cdots,i_6}}_{\boldsymbol{\Omega}}\Big\}=\Big\{\varnothing,\boldsymbol{\Omega},e_{i_1},e_{i_1,i_2},\cdots,e_{i_1,i_2,\cdots,i_5}\Big\}$$

3.1.2 随机过程

1. 随机过程的定义

定义3.2 随机过程

设 $(\boldsymbol{\Omega},\mathscr{F},P)$ 为一概率空间，T 为一实数参数集。$X(\boldsymbol{\omega},t)$ 为定义在 $\boldsymbol{\Omega}$ 和 T 上的二元函数。如果对于任意的 $t\in T,\omega\in\boldsymbol{\Omega}$，$X(\omega,t)$ 是 $(\boldsymbol{\Omega},\mathscr{F},P)$ 上的随机变量，进而 $\{X(\omega,t),\omega\in\boldsymbol{\Omega},t\in T\}$ 为一簇随机变量，则称这一随机变量簇 $\boldsymbol{X}=\{X(\omega,t),t\in T,$

$\omega\in\boldsymbol{\Omega}\}$ 为概率空间 $(\boldsymbol{\Omega},\mathscr{F},P)$ 上的一个随机过程，简记为 $X(t),t\in T$ 或 $X(t)$ 或 $X_t(\omega)$。

2. 随机过程的含义

$X(\omega,t)$ 是 $(\boldsymbol{\Omega},\mathscr{F},P)$ 上的**随机变量**。根据随机变量的定义（参见定义 2.6），随机变量是样本点 $\omega\in\boldsymbol{\Omega}$ 到实数的一种映射，而 $X(\omega,t)$ 定义为 $\boldsymbol{\Omega}$ 和 T 上的二元函数，也是一种映射，只不过自变量是二元的，所以 $X(\omega,t)$ 是一随机变量。

$\{X(\omega,t),\omega\in\boldsymbol{\Omega},t\in T\}$ 为**一簇**随机变量。当自变量 ω 固定时，自变量 t 取值于集合 T，t 值不同，所对应的随机变量 $X(\omega,t)$ 取值不同，构成一簇随机变量，参见图 3.1。

t 固定和 ω 固定，$X(\omega,t)$ 取固定值，表示一随机事件；

t 固定和 ω 可变，$X(\omega,t)$ 表示样本空间 $\boldsymbol{\Omega}$ 上的随机变量；

t 可变和 ω 固定，$X(\omega,t)$ 表示一确定的时间函数；

t 可变和 ω 可变，$X(\omega,t)$ 当然就是随机过程。

状态空间：随机过程 $X(\omega,t)$ 的取值所组成的集合 $\boldsymbol{S}$。自然有 $\boldsymbol{S}\subset R$。

样本函数：ω 固定情况下的函数 $X(\omega,t)$，又称**样本轨迹**。

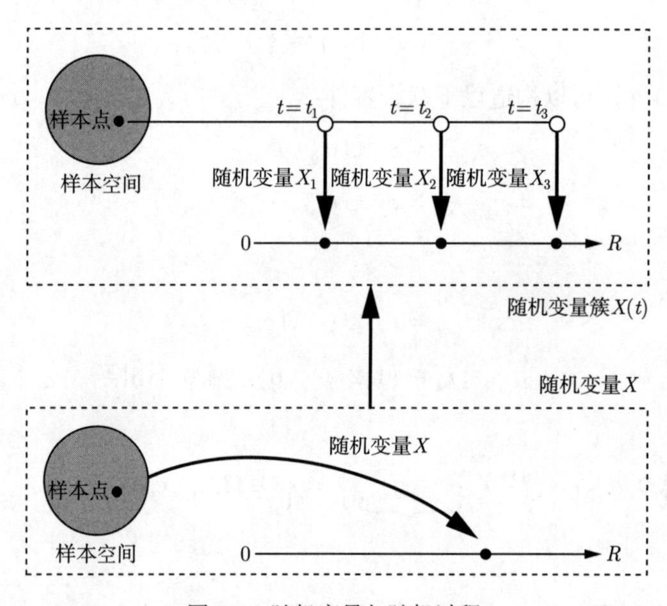

图 3.1　随机变量与随机过程

例3.3 抛掷硬币。

小学生春风以每隔 $T_0=1\mathrm{s}$ 掷一次硬币，并记录抛掷结果。

解：抛掷结果 $X(t)$ 是时间 t 的函数，$X(t)$ 是一随机过程，其映射关系：

样本空间 : $\boldsymbol{\Omega}=\{H:\text{正面朝上},T:\text{反面朝上}\}$

$$\text{随机过程：}X(t)=\begin{cases}-1, & \text{第 } n \text{ 次抛掷结果为 } H\\ 1, & \text{第 } n \text{ 次抛掷结果为 } T\end{cases}\qquad (n-1)T_0\leqslant t\leqslant nT_0$$

此随机过程的示意图见图 3.2（a）。

例3.4 随机过程举例：喜鹊种群。

小学生春凤和楠楠接受了一项调查任务：了解小区喜鹊种群数量的变化。

解：种群数量是动态变化的，在某一时间 $\mathring{t}$，喜鹊种群数量 $X(\mathring{t})$ 为一随机变量；如果考察种群数量的变换，则需要从 $t=0$ 开始每隔一定时间（如 24h）观察喜鹊种群的数量，得到的 $X(t), t=0,24,48,\cdots$ 为一簇随机变量，则称这簇随机变量的全体 $\{X(t), t=0,24,48,\cdots\}$ 为一随机过程，见图 3.2（b）。此时有状态空间 $S=\{0,1,2,\cdots\}$ 和参数集 $T=\{0,24,48,\cdots\}$。

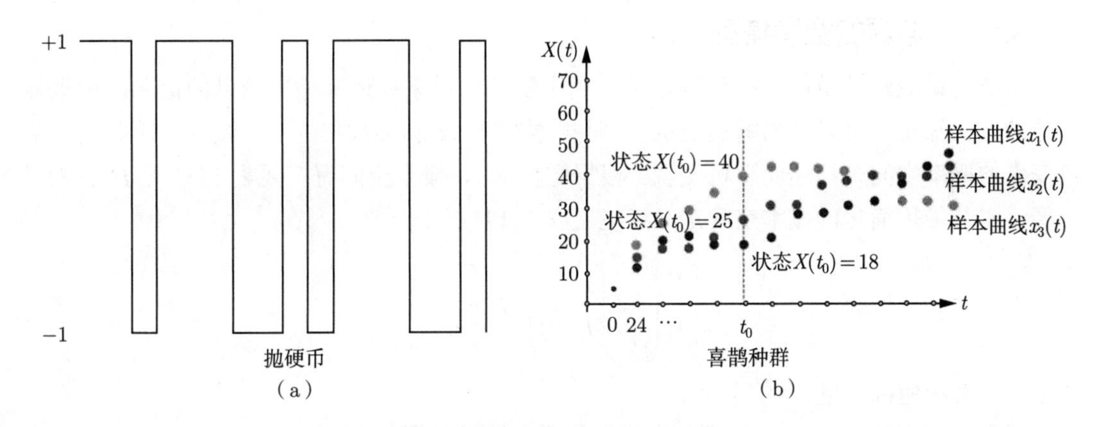

图 3.2 抛掷硬币和喜鹊种群数量

例3.5 随机过程举例：简谐波

小学生春凤和楠楠做一实验：漏斗装上沙子并挂起来像钟摆一样摆动，下面放一白纸横向拉动并分析沙子在白纸上留下的痕迹。

解：沙子留下的痕迹为简谐波，钟摆幅度为振幅 A，做一次实验就得到一个简谐波，但初相位不同，是随机的，得到的痕迹参见图 3.3。此时有参数集 $T=\{-\infty,+\infty\}$ 和状态空间 $S=\{-A,+A\}$。

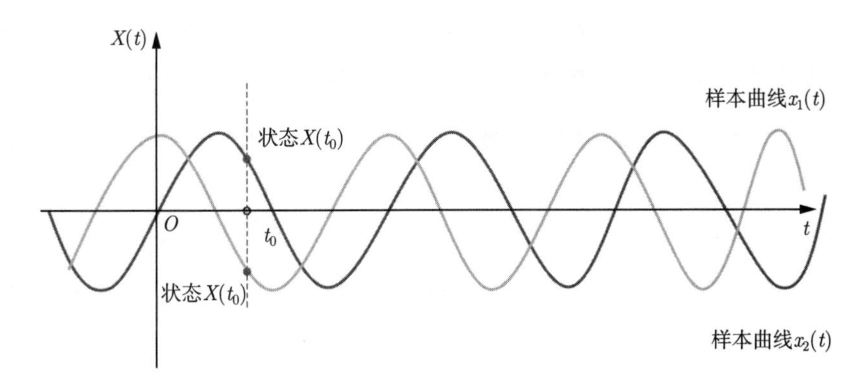

图 3.3 具有随机初相位的简谐波 $(X(t)=A\cos(\omega t+\varphi))$

3.2 信源的数学模型和分类

如前所述，信源是信息的来源，但信息是抽象的，如何刻画抽象信息的来源？此时，就要利用消息。信息加载于消息，消息是信息的载体，信源依靠发送消息来传递信息，所以对信源中信息特性的研究就需要考察信源所发出的消息特性。

消息具有随机性，因此可以利用**随机变量**或者**随机过程**来描述承载信源信息的消息符号，进而描述信源特性。随机过程是随机变量簇，是随机变量的时间函数。因此，随机变量可以用来描述与时间无关的一类信源，这类信源较为简单，本章主要讨论此类信源的数学模型；而随机过程则可以用来描述一些较为复杂的信源。

3.2.1 信源的数学模型

本节仅讨论最简单的一类信源，可以利用随机变量来描述其输出消息的信源。根据概率论的有关知识，可以认为随机变量 X 是样本空间 $\boldsymbol{\Omega}$ 和实数集的一种映射，因此利用随机变量的概率空间来描述此随机变量。根据定义 3.1，概率空间有三要素 $(\boldsymbol{\Omega}, \mathscr{F}, P)$。为了方便，本节使用简化的概率空间定义（见定义 2.13）：

$$\begin{bmatrix} X \\ P \end{bmatrix} = \begin{bmatrix} x \\ P(x) \end{bmatrix} = \begin{bmatrix} x \\ p(x) \end{bmatrix} \tag{3.1}$$

式中，x 表示随机变量 X 的取值。

根据 x 的性质，可以将信源分为**离散信源**和**连续信源**两类。

1. 离散信源的数学模型

若式 (3.1) 中 x 取离散值，则随机变量 X 所表示的信源为离散信源，意味着信源输出的消息为离散类型的消息符号，此时消息符号的取值为有限个或者无限可数个。此类信源如书信、文稿、电报和计算机输出代码等。

离散信源的数学模型为

$$\begin{bmatrix} X \\ P \end{bmatrix} = \begin{bmatrix} a_1 & a_2 & \cdots & a_q \\ p(a_1) & p(a_2) & \cdots & p(a_N) \end{bmatrix} \tag{3.2}$$

式中：$a_i(i = 1,2,\cdots,N)$ 为随机变量 X 的取值，即信源 X 所发出的 N 个消息符号；$p(a_i)$ 为信源发出消息符号 a_i 的概率，即 $p(a_i) = P(X = a_i)$, $p(a_i) \geqslant 0, i = 1,2,\cdots,N$, $\sum\limits_{i=1}^{N} p(a_i) = 1$, N 为有限正整数，或者可数无穷；离散信源发出的消息在时间和幅值上均是离散的。

例3.6 二元信源。

已知二元信源 X 的符号集为 $\{0,1\}$，先验概率 $p(0) = 0.4, p(1) = 0.6$，其数学模型为

$$\begin{bmatrix} X \\ P \end{bmatrix} = \begin{bmatrix} 0 & 1 \\ 0.4 & 0.6 \end{bmatrix}$$

二元信源又称为**二进制信源**。

2. 连续信源的数学模型

若式 (3.1) 中 x 取值连续，或者取值数目是不可数的无穷值（如某一实数区间），则信源为连续信源，意味着信源输出的消息为连续类型的消息符号，此时消息符号的取值为无限不可数个。此类信源如语音、视频等。连续信源的数学模型为

$$\begin{bmatrix} X \\ P \end{bmatrix} = \begin{bmatrix} (a,b) \\ p(x) \end{bmatrix} \tag{3.3}$$

式中，$p(x)$ 为连续随机变量 X 的概率密度函数，$p(x) \geqslant 0$，$\int_a^b p(x)\mathrm{d}x = 1$；$(a,b)$ 为随机变量 X 的取值区间。

3.2.2 信源分类

视频

信源作为信息的来源，具有多种多样的形态，如人、物、机器等，尤其在万物互联时代，世间万物都可成为信源。但不同类型的信源又表现出较大的差异，仅以最直观的信源人为例，智力正常的人与智力异常的人在信息表达上存在差异，成人与婴儿和孩童等也有明显的差异，小学生春风与中学生春风和大学生春风也存在差异，等等。

对形态各异的信源进行分类研究是有必要的，这样可以集中研究特定类型信源的共有特性，而不必具体到万物中的某个“物”。不同的分类标准会得到不同的类别，本章仅介绍几种常见的分类标准及其对应的类别。

1. 随机变量的连续性

在介绍**信源的数学模型** (3.2.1节) 时，已经对信源进行了初步分类：信源可以建模为随机变量，随机变量的取值可简单分为离散和连续两种类型，因此信源也可以根据取值是否连续分为**离散信源**和**连续信源**两种类型。这是根据随机变量取值的连续性进行分类的。

2. 随机变量的关联性

信源不可能只发送一个消息符号，它总是不停地发送一系列的消息符号，可以根据消息符号之间的关联性对信源进行分类。若相邻消息之间统计独立，则信源是**无记忆信源**；若相邻消息不是统计独立的，则信源为**有记忆信源**。

对于**有记忆信源**，根据相邻符号之间关联的程度，又进一步分为**有限记忆信源**和**无限记忆信源**两类。若消息符号之间的关联性只存在于相邻的有限个符号之间，则信源称为**有限记忆信源**；若这种关联性在所有消息符号之间都存在，则信源称为**无限记忆信源**。

以离散信源为例，前述的消息符号之间的关联程度可以利用联合概率来刻画。假设当前信源输出消息为 X_i（下标 i 表示信源所发出的消息符号的序号，即当前信源发出了第 i 个消息符号 X_i），则此消息符号发生的条件概率 $P\left[X_i|X_{i-1}X_{i-2}\cdots X_1\right]$ 可分为下面三种情况。

（1）$P\left[X_i|X_{i-1}X_{i-2}\cdots X_1\right] = P\left[X_i\right]$：当前消息 X_i 与所有的历史消息 $X_{i-1}X_{i-2}\cdots X_1$ 无关，消息之间统计独立，此即为**无记忆信源**。

（2）$P\big[X_i|X_{i-1}X_{i-2}\cdots X_1\big]=P\big[X_i|X_{i-1}X_{i-2}\cdots X_{i-M}\big]$：当前消息 X_i 仅与 M 个历史消息符号 $X_{i-1}X_{i-2}\cdots X_{i-M}$ 有关，而与更早的历史消息无关，此即为**有限记忆信源**。

（3）$P\big[X_i|X_{i-1}X_{i-2}\cdots X_1\big]=P\big[X_i|X_{i-1}X_{i-2}\cdots X_1\big]$：当前消息 X_i 与所有的历史消息 $X_{i-1}X_{i-2}\cdots X_1$ 有关，此即为**无限记忆信源**。

3. 随机变量的平稳性

根据随机变量的平稳性（随机变量的统计特性是否随时间而变化），可以将信源分为以下两种类型。

（1）**平稳信源**：信源符号的概率分布不随时间而变化。

（2）**非平稳信源**：信源符号的概率分布随时间而变化。比如，语音信号可以建模为非平稳随机过程，是非平稳信源。

4. 消息符号个数

信源之所以存在，就是要孕育信息并将信息加载于消息之上以达到信息传输目的。因此，就其物理本质而言，信源会源源不断地发送消息。从数学建模角度，信源所发送的消息符号是一无穷序列。但是，将无穷序列作为一个随机变量进行研究较为复杂，常将信源所发出的无穷序列简化为一系列长度为 N 的随机变量序列。根据 N 的取值，可以将信源划分为以下两种类型。

（1）**单符号信源**：$N=1$，此类信源表示将信源发出的单个符号作为研究对象并建模为一个**随机变量**，这是最简单的一类信源。

（2）**多符号信源**：$N>1$，此类信源表示将信源发出的 N 个符号作为研究对象并将其建模为一**随机矢量**。

5. 标准组合

前面根据随机变量的连续性、关联性等性质对信源进行了简单划分，也可以看出分类标准其实反映的就是信源某些方面的性质，因此也可以将不同的分类标准（或者性质）叠加融合，从而得到更有针对性、更具体的一些信源。

（1）**单符号离散无记忆信源**：建模为取值离散的随机变量，相邻随机变量相互独立。

（2）**离散有记忆信源**：取值离散的、相互之间并不独立的随机变量。

6. 简单总结

由前面的介绍可知，信源的分类方法很多，信源的常见分类如表 3.1 所示。

实际信源的统计特性往往是相当复杂的，要想找到精确的数学模型很困难，实际应用时常利用一些可以处理的数学模型来近似。例如，语音信号是非平稳随机过程，但常用平稳随机过程来描述。平稳随机过程抽样后就是平稳随机序列。数学上，随机序列是随机过程的一种，是时间参数离散的随机过程。随机序列（特别是离散平稳随机序列）是我们研究的主要内容，单列出来，将其分类如下：

表 3.1　信源的常见分类

时间（空间）	取值	信源种类	举例	数学描述
离散	离散	离散信源 （数字信源）	文字、数据 离散化图像	离散随机变量序列 $P[\boldsymbol{X}]=P[X_1X_2\cdots X_N]$
离散	连续	连续信源	抽样后的语音信号	连续随机变量序列 $P[\boldsymbol{X}]=P[X_1X_2\cdots X_N]$
连续	连续	波形信源 （模拟信源）	语音、热噪声 图形、图像	随机过程 $\{X(\omega,t)\}$
连续	离散		不常见	

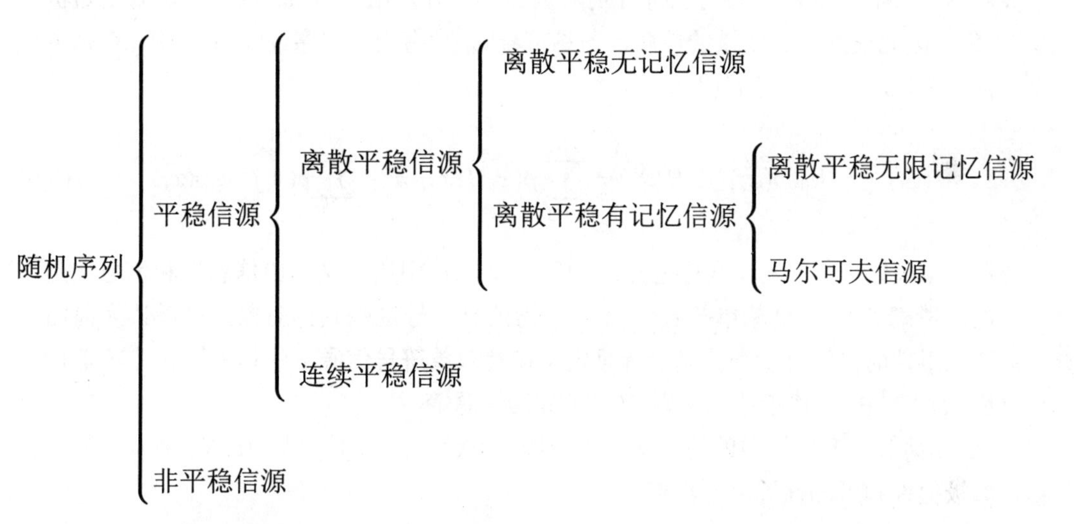

3.3　离散单符号信源

3.3.1　离散单符号信源的概念和数学模型

若信源 X 符号集 $\mathscr{A}=\{a_1,a_2,\cdots,a_N\}$（$N$ 为符号集大小），信源符号的概率分布为 $P[a_n](n=1,2,\cdots,N)$，则此信源为**离散单符号信源**。其数学模型为

$$\begin{bmatrix}X\\P\end{bmatrix}=\begin{bmatrix}x_1 & x_2 & \cdots & x_N\\p(x_1) & p(x_2) & \cdots & p(x_N)\end{bmatrix} \tag{3.4}$$

根据定义可知，离散单符号信源对信源中消息符号的个数并无限制，因此 $N\to+\infty$ 也是可以的。也就是说，离散单符号信源所发出的消息符号既可以取自有限符号集，也可以取自无限符号集。

根据离散单符号的数学模型可以发现离散单符号信源没有考虑符号之间的关联关系，即隐含信源所发出的符号是相互独立的，因此离散单符号信源也是一类**离散无记忆信源**。

离散单符号信源是最简单最基本的信源，是组成实际信源的基本单元，可利用离散随机变量表示。

例3.7 二进制信源。

已经在例 3.6中接触过二进制信源，其更为一般的模型是一个单符号离散无记忆信源，信源的每个符号取自于同一符号集 $\mathscr{A}=\{0,1\}$。由于符号集中只有两个符号，所以称为**二进制信源**，又称为**二元信源**。二进制信源的数学模型可以表示为

$$\begin{bmatrix} X \\ P \end{bmatrix} = \begin{bmatrix} 0 & 1 \\ p & 1-p \end{bmatrix} \tag{3.5}$$

3.3.2 离散单符号信源的信息度量

离散单符号信源所发出的消息符号是随机的，信源发出符号 x_i 也可以认为是随机事件 x_i 发生，因此根据信息度量的性质，消息符号 x_i 含有自信息量 $I(x_i)$；信源 X 则会包含平均自信息量，即信息熵 $H(X)$：

$$I(x_i) = -\log p(x_i), \quad H(X) = \sum_{i=1}^{N} p(x_i)I(x_i) = -\sum_{i=1}^{N} p(x_i)\log p(x_i) \tag{3.6}$$

分析式 (3.6) 可以发现，这与定义 2.12和定义 2.14中所定义的**自信息量**和**信息熵**是完全一致的。考虑到X 为离散单符号信源，x_i 为消息符号这些具体对象，可以认为前面所介绍的随机事件的自信息量和信息熵等是定义在**离散单符号信源**上的相关概念。有鉴于此，若信息熵 $H(X)$ 中 X 特指信源，则 $H(X)$ 称为**信源熵**。

在 X 为离散单符号信源的情况下，信源熵 $H(X)$ 继承了信息熵 $H(X)$ 所具有的一切性质，如极值性和可加性等，不再赘述。

3.4 离散多符号信源

前面介绍的单符号信源是最简单的信源模型，可以利用离散随机变量表示。实际信源输出的往往是符号序列，称为**离散多符号信源**，通常用离散随机变量序列（随机矢量）来表示，$\boldsymbol{X}=X_1X_2\cdots$。例如，电报系统发出的是一串脉冲信号（1 表示有脉冲，0 表示无脉冲），因此电报系统是离散多符号二进制信源。

为了简单起见，本书只研究离散平稳信源，即统计特性不随时间改变的信源。

定义3.3 离散平稳信源

若信源发出的消息为一离散随机序列 $\boldsymbol{X}=X_1X_2X_3\cdots$，且满足：

（1）**离散性**：随机序列中的 $X_i(i=1,2,\cdots)$ 均取值于有限符号集 $\mathscr{A}=\{a_1,a_2,\cdots,a_Q\}$。

（2）**平稳性**：对任意的非负整数 $N, i_1, i_2, \cdots, i_N, h$ 以及 $x_1, x_2, \cdots, x_N \in \mathscr{A}$，有

$$P\big[X_{i_1} = x_1, X_{i_2} = x_2, \cdots, X_{i_N} = x_N\big] = P\big[X_{i_1+h} = x_1, X_{i_2+h} = x_2, \cdots, X_{i_N+h} = x_N\big]$$

3.4.1 离散平稳信源的性质

根据离散平稳信源的定义可以得到离散平稳信源的一些有用性质，具体如下：

任意时刻单符号信源的信源符号分布相同：

$$P\big[X_i\big] = P\big[X_j\big] \longleftarrow N = 1 \tag{3.7}$$

任意时刻二次扩展信源的信源符号分布相同：

$$P\big[X_i X_{i+1}\big] = P\big[X_j X_{j+1}\big] \longleftarrow N = 2, i_1 = i, i_2 = i_1 + 1, i_1 + h = j \tag{3.8}$$

任意时刻三次扩展信源的信源符号分布相同：

$$P\big[X_i X_{i+1} X_{i+2}\big] = P\big[X_j X_{j+1} X_{j+2}\big] \longleftarrow N = 3, i_1 = i, i_2 = i_1 + 1, i_3 = i_2 + 1, i_1 + h = j \tag{3.9}$$

任意时刻 $N+1$ 次扩展信源的信源符号分布相同：

$$\begin{aligned} &P\big[X_i X_{i+1} \cdots X_{i+N}\big] = P\big[X_j X_{j+1} \cdots X_{j+N}\big] \\ &i_1 = i, i_2 = i_1 + 1, i_3 = i_2 + 1, \cdots, i_N = i_{N-1} + 1, i_1 + h = j \end{aligned} \tag{3.10}$$

上面的性质说明，**离散平稳信源的各维联合概率分布与时间起点（前述性质中的下标 i、j）无关**。

根据性质各维联合分布均与时间起点无关可得到下述性质：

离散平稳信源的条件概率分布均与时间起点无关，只与关联长度 N 有关：

$$P\big[X_{i+1}|X_i\big] = P\big[X_{j+1}|X_j\big] \tag{3.11}$$

$$P\big[X_{i+2}|X_{i+1}X_i\big] = P\big[X_{j+2}|X_{j+1}X_j\big] \tag{3.12}$$

$$\vdots \tag{3.13}$$

$$P\big[X_{i+N}|X_{i+N-1} \cdots X_i\big] = P\big[X_{j+N}|X_{j+N-1} \cdots X_j\big] \tag{3.14}$$

根据这一性质可知，平稳信源不一定是无记忆信源，因为 $P\big[X_{i+1}|X_i\big] = P\big[X_{j+1}|X_j\big]$，并不意味着 $P\big[X_{i+1}|X_i\big] = P\big[X_i\big]$。

根据前述的性质，即联合概率分布和条件概率分布均与时间起点无关，可得

$$H(X_1) = H(X_2) = \cdots = H(X_N) \tag{3.15}$$

$$H(X_2|X_1) = H(X_3|X_2) = \cdots = H(X_N|X_{N-1}) \tag{3.16}$$

$$H(X_3|X_2X_1) = H(X_4|X_3X_2) = \cdots = H(X_N|X_{N-1}X_{N-2}) \tag{3.17}$$

$$\vdots$$

3.4.2 常见的离散平稳信源

根据前述的离散平稳信源的定义，要求对任意的非负整数 N，都需要满足离散平稳信源所要求的**平稳性**。数学上这是一个很理想的条件，因此满足这个要求的离散信源称为**严格平稳离散信源**；这也是一个很苛刻的条件，实际信源很难满足这个要求，因此在建模实际信源时，往往对**平稳性**条件进行松弛，从而定义了如下几种满足实际情况的平稳信源。

1. 一维离散平稳信源

当前述的信源符号数 $N = 1$ 时，**平稳性**退化为

$$P\big[X_i\big] = P\big[X_j\big] \tag{3.18}$$

此时信源为单符号离散信源，信源符号的一维概率（先验概率）与时间无关，因此这样的信源称为**一维离散平稳信源**。

2. 二维离散平稳信源

当前述的信源符号数 $N = 2$ 时，**平稳性**退化为

$$P\big[X_i\big] = P\big[X_j\big]$$

$$P\big[X_iX_{i+1}\big] = P\big[X_jX_{j+1}\big]$$

因为此时信源符号的二维联合概率分布与时间起点无关，故称为**二维离散平稳信源**。实际中，常使用下面的等价公式表征二维离散平稳信源：

$$P\big[X_i\big] = P\big[X_j\big] \tag{3.19}$$

$$P\big[X_{i+1}|X_i\big] = P\big[X_{j+1}|X_j\big] \tag{3.20}$$

这说明二维离散平稳信源的条件概率与时间起点无关。

3. 有限维离散平稳信源

一般地，当前述的信源符号数 N 为有限的正整数 m 时，**平稳性**退化为

$$P\big[X_i\big] = P\big[X_j\big] \tag{3.21}$$

$$P\big[X_{i+1}|X_i\big] = P\big[X_{j+1}|X_j\big] \tag{3.22}$$

$$P\big[X_{i+2}|X_{i+1}X_i\big] = P\big[X_{j+2}|X_{j+1}X_j\big] \tag{3.23}$$

$$\vdots \tag{3.24}$$

$$P\big[X_{i+m-1}|X_{i+m-2}\cdots X_i\big] = P\big[X_{j+m-1}|X_{j+m-2}\cdots X_j\big] \tag{3.25}$$

因为此时信源符号的有限维联合概率分布与时间起点无关，所以称为**有限维离散平稳信源**，或者更具体地称为m **维离散平稳信源**。m 维离散平稳信源的 $m-1$ 个条件概率与时间起点无关。

3.4.3 离散多符号信源的信源熵

用信息熵（或信源熵）表示离散单符号信源的平均不确定程度。究其本质，信息熵表示随机变量集合中单个随机事件所包含的平均信息量，若所考察的随机变量集合特指信源，则信息熵（在这种情况下也可称为信源熵）是指单个信源符号所包含的平均信息量。

离散多符号信源所发出的是一个 N 长序列，因此 $H(\boldsymbol{X})$ 表示离散多符号信源 X 中单个符号序列 $\boldsymbol{X}=X_1X_2\cdots X_N$ 所包含的平均信息量。为了衡量通常意义上信源单个符号所包含的平均信息量，特引入**平均符号熵**这一概念，表示离散多符号信源所输出的符号序列中平均每个符号所携带的信息量。

定义3.4 平均符号熵

N 长随机变量序列 $\boldsymbol{X}=X_1X_2\cdots X_N$ 中，平均符号熵定义为

$$H_N(\boldsymbol{X})=\frac{1}{N}H(X^N)=\frac{1}{N}H(X_1X_2\cdots X_N) \tag{3.26}$$

当平均符号熵中符号序列长度 N 趋于无穷时，可以得到**极限熵**H_∞。

定义3.5 极限熵

N 长随机变量序列 $\boldsymbol{X}=X_1X_2\cdots X_N$ 中，当 $N\to\infty$ 时，平均符号熵 $H_N(X)$ 定义为极限熵

$$H_\infty=\lim_{N\to\infty}H_N(X)=\lim_{N\to\infty}\frac{1}{N}H(X^N) \tag{3.27}$$

极限熵又称为**熵率**。

3.4.4 离散平稳无记忆信源

一般情况下，信源输出序列 $\boldsymbol{X}=X_1X_2\cdots$ 中第 n 个元素 X_n 的取值是随机的，但是前后符号的取值有一定的统计关系。简单起见，假设消息符号序列 $\boldsymbol{X}=X_1X_2\cdots$ 中前后符号的取值是无关的，即首先讨论**无记忆信源**这一特殊类型的信源；同时假设信源具有平稳性，故首先讨论**离散平稳无记忆信源**。

离散平稳无记忆信源输出的符号序列是平稳随机序列，并且符号序列中的各个符号相互独立。假定信源每次输出的是 N 长符号序列，这可以看作一个新的信源 Y。这个新的信源输出的符号是 $X_1X_2\cdots X_N$，由于这 N 个符号相互独立，并且来自同一个符号集 $\mathscr{A}=\{a_1,a_2,\cdots,a_N\}$，因此离散平稳无记忆信源可以看成离散单符号无记忆信源的N **次扩展信源**。

1. 扩展信源的含义

扩展信源是从单符号信源扩展而成的新信源。下面举例说明信源是如何扩展的：

二次扩展信源是一个**二维**随机矢量，此二维随机矢量中的**两**个元素取自同一个信源符号集 $\mathscr{A}$；

三次扩展信源是一个**三维**随机矢量，此三维随机矢量中的**三**个元素取自同一个信源符号集 $\mathscr{A}$；

N **次扩展信源**是一个N **维**随机矢量，此 N 维随机矢量中的N 个元素取自同一个信源符号集 $\mathscr{A}$。

所述的同一个信源符号集是指扩展信源中所有的符号来自一个样本空间。

> **定义3.6 N 次扩展信源**
>
> 设信源 X 的信源符号 $\boldsymbol{x}$ 为 N 维随机矢量 $\boldsymbol{x} = (X_1X_2\cdots X_N)$，并且随机矢量中的元素取自同一个符号集，即 $X_1 = x_1 \in \mathscr{A}, X_2 = x_2 \in \mathscr{A}, \cdots, X_N = x_N \in \mathscr{A}$，则此类信源称为$N$ **次扩展信源**。

其中：X_1 表示信源符号 X 中的第一个符号，为一随机变量；X_2 表示信源符号 X 中的第二个符号，为一随机变量；X_N 表示信源符号 X 中的第 N 个符号，为一随机变量；x_1 表示随机变量 X_1 的取值；x_2 表示随机变量 X_2 的取值；x_N 表示随机变量 X_N 的取值；$\mathscr{A}$ 表示信源符号集合。

扩展的含义：信源中的所有符号来自同一个符号集 $\mathscr{A}$，即信源 X 是由一个取值为 $\mathscr{A}$ 中元素的单符号信源扩展了 N 次得到的（信源 X 中的一个信源符号由 N 个 $\mathscr{A}$ 中的符号组成）。

2. 离散无记忆二进制信源的二次扩展信源

若信源是由离散无记忆二进制信源经过二次扩展而来，则此信源称为离散无记忆二进制信源的二次扩展信源。

根据前面的介绍，可以得到离散无记忆二进制信源的二次扩展信源的**数学模型**为

$$\begin{bmatrix} X \\ P \end{bmatrix} = \begin{bmatrix} \alpha_1 & \alpha_2 & \alpha_3 & \alpha_4 \\ p(\alpha_1) & p(\alpha_2) & p(\alpha_3) & p(\alpha_4) \end{bmatrix}$$

信源有 4 个信源符号，分别为 α_1、α_2、α_3、α_4。

$\alpha_1 = 00, \alpha_2 = 01, \alpha_3 = 10, \alpha_4 = 11$，从二进制信源扩展而来。

离散无记忆性：

$$p(\alpha_1) = p(00) = p(0)p(0), \quad p(\alpha_2) = p(01) = p(0)p(1)$$

$$p(\alpha_3) = p(10) = p(1)p(0), \quad p(\alpha_4) = p(11) = p(1)p(1)$$

二次扩展信源示意：

离散无记忆二进制信源X $\xrightarrow{\text{发出消息序列}\boldsymbol{x}}$ 0① 1② 1③ 0④ 1⑤ 0⑥ 0⑦ 0⑧

	x_1	x_2	x_3	x_4	x_5	x_6	x_7	x_8
建模方法：单符号信源X	0①	1②	1③	0④	1⑤	0⑥	0⑦	0⑧
建模方法：二次扩展信源Y	0① 1②		1③ 0④		1⑤ 0⑥		0⑦ 0⑧	
	y_1		y_2		y_3		y_4	

符号右上角的带圈数字表示消息符号发出的顺序，例如 1⑤ 表示信源 X 发出的第 5 个消息符号是 1；符号 $x_i(i=1,2,\cdots,8)$ 表示单符号信源 X 发出的第 i 个消息符号；符号 $y_i(i=1,2,\cdots,4)$ 表示二次扩展信源 Y 发出的第 i 个消息符号，每个消息符号 y_i 包含两个取自基本符号集 $A=\{0,1\}$ 的基本符号。由于此时一个信源符号含有两个基本符号，所以消息序列 $\boldsymbol{x}$ 由 4 个消息符号 y_1、y_2、y_3、y_4 组成。

由于二次扩展信源的符号来自同一个符号集 $\mathscr{A}$，所以二次扩展信源也可以表示为 $X^2=(X_1,X_2)$。

3. 离散无记忆二进制信源的三次扩展信源

离散无记忆二进制信源的三次扩展信源的生成如下：

离散无记忆二进制信源X $\xrightarrow{\text{发出消息序列}\boldsymbol{x}}$ 0① 1② 1③ 0④ 1⑤ 0⑥ 0⑦ 0⑧

	x_1	x_2	x_3	x_4	x_5	x_6	x_7	x_8
建模方法：单符号信源X	0①	1②	1③	0④	1⑤	0⑥	0⑦	0⑧
建模方法：三次扩展信源Z	0① 1② 1③			0④ 1⑤ 0⑥			0⑦ 0⑧	
	z_1			z_2			z_3	

三次扩展信源中每个信源符号有 3 个基本符号，这 3 个基本符号取自同一符号集 $\mathscr{A}=\{0,1\}$。

三次扩展信源 Z 所发出的第三个信源符号应该有三个符号，可表示为 $z_3=00*$。其中，“*”表示下一步符号要么是 0，要么是 1。

通过前述的扩展信源生成过程，可以得到离散无记忆二进制信源的三次扩展信源的**数学模型**为

$$\begin{bmatrix}X\\P\end{bmatrix}=\begin{bmatrix}\alpha_1 & \alpha_2 & \alpha_3 & \alpha_4 & \alpha_5 & \alpha_6 & \alpha_7 & \alpha_8\\ p(\alpha_1) & p(\alpha_2) & p(\alpha_3) & p(\alpha_4) & p(\alpha_5) & p(\alpha_6) & p(\alpha_7) & p(\alpha_8)\end{bmatrix} \tag{3.28}$$

信源符号：

$$\alpha_1=000,\quad \alpha_2=001,\quad \alpha_3=010,\quad \alpha_4=011$$

$$\alpha_5=100,\quad \alpha_6=101,\quad \alpha_7=110,\quad \alpha_8=111$$

信源符号发生的概率（先验概率）：

$$p(\alpha_1)=p(000)=p(0)p(0)p(0),\quad p(\alpha_2)=p(001)=p(0)p(0)p(1)$$

$$p(\alpha_3)=p(010)=p(0)p(1)p(0),\quad p(\alpha_4)=p(011)=p(0)p(1)p(1)$$

$$p(\alpha_5)=p(100)=p(1)p(0)p(0),\quad p(\alpha_6)=p(101)=p(1)p(0)p(1)$$

$$p(\alpha_7)=p(110)=p(1)p(1)p(0),\quad p(\alpha_8)=p(111)=p(1)p(1)p(1)$$

4. 离散无记忆信源的 N 次扩展信源

上面分析了离散无记忆二进制信源的扩展信源及其含义，下面将扩展信源的内涵推广到更一般的情况，即**离散无记忆信源的 N 次扩展信源**。

定义3.7 离散无记忆信源的 N 次扩展信源

X 为一离散无记忆信源，其数学模型为

$$\begin{bmatrix} X \\ P \end{bmatrix}=\begin{bmatrix} a_1 & a_2 & \cdots & a_Q \\ p_1 & p_2 & \cdots & p_Q \end{bmatrix}$$

X 的 N 次扩展信源 $\boldsymbol{X}$（或记为 X^N）是具有 Q^N 个消息符号的离散多符号信源，其数学模型为

$$\begin{bmatrix} X^N \\ P \end{bmatrix}=\begin{bmatrix} \alpha_1 & \alpha_2 & \cdots & \alpha_{Q^N} \\ p(\alpha_1) & p(\alpha_2) & \cdots & p(\alpha_{Q^N}) \end{bmatrix} \tag{3.29}$$

其中，Q 表示信源 X 中的符号个数；$p_i=P[X=a_i](i=1,2,\cdots,Q)$。

扩展信源：$X^N=(X_1,X_2,\cdots,X_N)$。

扩展信源符号 α_i：$\alpha_i=a_{i_1},a_{i_2},\cdots,a_{i_N}\ (i=1,2,\cdots,Q^N)$。

扩展信源的体现：$a_{i_k}\in\mathscr{A}=\{a_1,a_2,\cdots,a_Q\}(k=1,2,\cdots,N)$。

无记忆信源：$p(\alpha_i)=P[X^N=\alpha_i]=\prod\limits_{k=1}^{N}p_{i_k}$。

N **次扩展信源**生成过程：

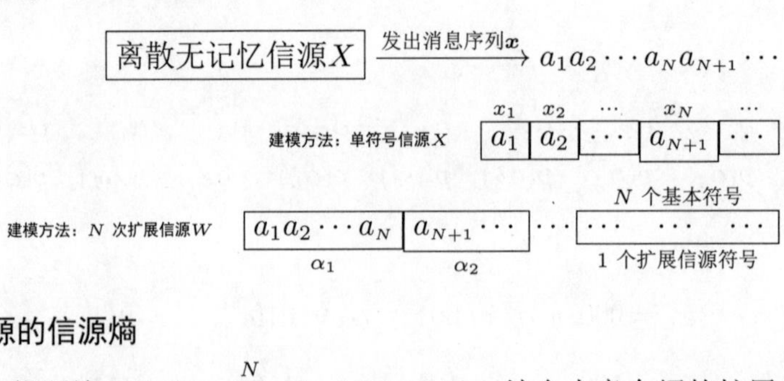

离散无记忆信源X —发出消息序列$\boldsymbol{x}$→ $a_1a_2\cdots a_Na_{N+1}\cdots$

建模方法：单符号信源X　x_1 x_2 $\cdots$ x_N $\cdots$：| a_1 | a_2 | $\cdots$ | a_{N+1} | $\cdots$ |

建模方法：N 次扩展信源W　| $a_1a_2\cdots a_N$ | $a_{N+1}\cdots$ | $\cdots$ | $\cdots\ \cdots\ \cdots$ |

α_1　α_2　N 个基本符号　1 个扩展信源符号

5. 扩展信源的信源熵

前面还定义信源熵 $H(X)=\sum\limits_{n=1}^{N}p(x_n)\log p(x_n)$。结合本章介绍的扩展信源的含义可以发现，此处的信源 X 实际为最简单的单符号离散无记忆信源。可以对此处定义的信源熵进

行推广，将信源类型从单符号离散无记忆信源推广到扩展信源。根据信源熵的含义，扩展信源的信源熵可以定义如下：

定义 3.8 扩展信源的信源熵

设一离散信源 X，其符号集为 $\mathscr{A}=\{a_1,a_2,\cdots,a_Q\}$。信源 X 的 N 次扩展信源 X^N 的信源熵定义为

$$H(X^N)=H(X_1X_2\cdots X_N)=\sum_{X^N}p(\alpha_i)\log p(\alpha_i)=-\sum_{i=1}^{Q^N}p(\alpha_i)\log p(\alpha_i) \tag{3.30}$$

其中，α_i 为扩展信源 X^N 的第 i 个信源符号（$i=1,2,\cdots,Q^N$）。

根据扩展信源信源熵的定义来计算最简单的扩展信源（离散无记忆信源的 N 次扩展信源）所具有的信源熵，此类信源的信源熵满足下面的定理：

定理3.1 离散无记忆信源的 N 次扩展信源的信源熵

离散无记忆信源 X 的 N 次扩展信源 X^N 的信源熵等于信源 X 的信源熵的 N 倍，即

$$H(X^N)=NH(X) \tag{3.31}$$

证明：假设一离散无记忆信源的数学模型为

$$\begin{bmatrix}X\\P\end{bmatrix}=\begin{bmatrix}a_1 & a_2 & \cdots & a_Q\\ p_1 & p_2 & \cdots & p_Q\end{bmatrix}$$

根据扩展信源的信源熵定义，扩展信源 X^N 的信源熵为

$$H(X^N)=H(X_1X_2\cdots X_N)$$

证明方法一：由于 X^N 为离散无记忆信源 X 的扩展信源，所以信源 $X_1,X_2,\cdots,X_N$ 是相互独立的 N 个信源，且 $H(X_1)=H(X_2)=\cdots=H(X_N)=H(X)$。根据**熵的可加性**（定理 2.1），有

$$H(X^N)=H(X_1X_2\cdots X_N)=H(X_1)+H(X_2)+\cdots+H(X_N)=NH(X)$$

证明方法二：

$$H(X^N)=-\sum_{X^N}p(\alpha_i)\log p(\alpha_i)=-\sum_{i=1}^{q^N}p(\alpha_i)\log(\alpha_i)$$

$$\text{离散无记忆信源：}\boldsymbol{p(\alpha_i)=\prod_{k=1}^{N}p(a_{i_k})}$$

$$\begin{aligned}
&=-\sum_{i_1,i_2,\cdots,i_N=1}^{Q}p(a_{i_1})p(a_{i_2})\cdots p(a_{i_N})\left[\boldsymbol{\log p(a_{i_1})+\log p(a_{i_2})+\cdots+\log p(a_{i_N})}\right]\\
&=-\sum_{i_1,i_2,\cdots,i_N=1}^{Q}p(a_{i_1})p(a_{i_2})\cdots p(a_{i_N})\log p(a_{i_1})\\
&\quad-\cdots\\
&\quad-\sum_{i_1,i_2,\cdots,i_N=1}^{Q}p(a_{i_1})p(a_{i_2})\cdots p(a_{i_N})\log p(a_{i_N})\\
&=-\sum_{i_1=1}^{Q}p(a_{i_1})\log p(a_{i_1})\underbrace{\sum_{i_2=1}^{Q}\cdots\sum_{i_N=1}^{q}p(a_{i_2})\cdots p(a_{i_N})}_{1}\\
&\quad-\cdots\\
&\quad-\sum_{i_N=1}^{Q}p(a_{i_N})\log p(a_{i_N})\underbrace{\sum_{i_1=1}^{Q}\cdots\sum_{i_{N-1}=1}^{Q}p(a_{i_1})\cdots p(a_{i_{N-1}})}_{1}\\
&=\underbrace{-\sum_{i_1=1}^{Q}p(a_{i_1})\log p(a_{i_1})}_{H(X_1)=H(X)}-\cdots\underbrace{-\sum_{i_N=1}^{Q}p(a_{i_1})\log p(a_{i_N})}_{H(X_N)=H(X)}=NH(X)
\end{aligned}$$

推论：根据定义 3.4可以求得离散无记忆信源的 N 次扩展信源的平均符号熵为

$$H_N(X^N)=\frac{1}{N}H(X_1X_2\cdots X_N)=H(X)$$

根据定义 3.5可以求得离散无记忆信源的 N 次扩展信源的熵率为

$$H_\infty=\lim_{N\to\infty}H_N(X^N)=\lim_{N\to\infty}NH(X)=H(X)$$

例3.8 红绿灯。

已知小学生春风和楠楠庆祝完了 12 岁生日，根据交通法规，可以骑自行车了。两人高兴地骑自行车去兜风，并记录了骑行路上所遇到的交通信号灯情况，得到信号灯序列 X：

$$X=\text{红}^{①}\text{红}^{②}\text{绿}^{③}\text{红}^{④}\text{红}^{⑤}\text{绿}^{⑥}\text{绿}^{⑦}\text{红}^{⑧}$$

其中，右上标的数字表示序号，例如 红^{⑧} 表示第 8 个路口遇到的是红灯。

同时做如下假设：

（1）相邻信号灯之间没有任何关联；

（2）遇到红灯和绿灯的概率相等。

将信号灯序列 X 建模为信源，求下列建模方法所对应的信号灯序列 X 的自信息量：

（1）单符号信源；

（2）两符号信源；

（3）四符号信源；

（4）八符号信源。

解：根据已知条件，可设基本符号 $a_1=$ 红 和 $a_2=$ 绿，且有

$$P[\text{红}]=0.5,\quad P[\text{绿}]=0.5$$

在 $N=1$ 的情况下，每个基本符号（红灯或者绿灯）都是一个随机事件，所求序列 $\boldsymbol{X}$ 则为 8 个随机事件组成的联合事件，其发生概率为

$$\begin{aligned}P[\boldsymbol{X}]&=P[\text{红}^{①}]P[\text{红}^{②}]P[\text{绿}^{③}]P[\text{红}^{④}]P[\text{红}^{⑤}]P[\text{绿}^{⑥}]P[\text{绿}^{⑦}]P[\text{红}^{⑧}]\\&=0.5^8\end{aligned}$$

则 $\boldsymbol{X}$ 的自信息量 $I_1(\boldsymbol{X})=-\log_2 P[\boldsymbol{X}]=8\text{bit}$

由于此序列含有 8 个基本符号，平均每个基本符号所含有的自信息量 $I_1^1=\dfrac{8\text{bit}}{8}=1\text{bit}$

在 $N=2$ 的情况下，一个信源符号中含有 2 个基本符号（红灯或者绿灯），此时信源符号为一个二维随机矢量 $\boldsymbol{x}=(x_1x_2)$。则序列 $\boldsymbol{X}$ 由 4 个信源符号组成：

$$\boldsymbol{X}=\underbrace{\text{红}^{①}\quad\text{红}^{②}}_{\boldsymbol{x}^1}\ \underbrace{\text{绿}^{③}\quad\text{红}^{④}}_{\boldsymbol{x}^2}\ \underbrace{\text{红}^{⑤}\quad\text{绿}^{⑥}}_{\boldsymbol{x}^3}\ \underbrace{\text{绿}^{⑦}\quad\text{红}^{⑧}}_{\boldsymbol{x}^4}$$

每个信源符号的发生概率为

$$P[\boldsymbol{x}^1]=P[\text{红}]\times P[\text{红}]=0.5^2,\quad P[\boldsymbol{x}^2]=P[\text{绿}]\times P[\text{红}]=0.5^2$$

$$P[\boldsymbol{x}^3]=P[\text{红}]\times P[\text{绿}]=0.5^2,\quad P[\boldsymbol{x}^4]=P[\text{绿}]\times P[\text{红}]=0.5^2$$

符号序列 $\boldsymbol{X}$ 的发生概率为

$$P[X]=P[\boldsymbol{x_1},\boldsymbol{x_2},\boldsymbol{x_3},\boldsymbol{x_4}]=P[\boldsymbol{x_1}]\times P[\boldsymbol{x_2}]\times P[\boldsymbol{x_3}]\times P[\boldsymbol{x_4}]=0.5^8$$

序列 $\boldsymbol{X}$ 所包含的自信息量 $I_2(\boldsymbol{X})=-\log_2 P[\boldsymbol{X}]=8\text{bit}$，平均每个信源符号所携带的自信息量 $I_2(\boldsymbol{x})=\dfrac{8\text{bit}}{4}=2\text{bit}$，平均每个基本符号所携带的自信息量 $I_2^2=\dfrac{2\text{bit}}{2}=1\text{bit}$。

在 $N=4$ 的情况下，一个信源符号中含有 4 个基本符号（红灯或者绿灯），此时信源符号为一个四维随机矢量 $\boldsymbol{x}=(x_1x_2x_3x_4)$，则序列 $\boldsymbol{X}$ 由 2 个信源符号组成：

$$\boldsymbol{X}=\underbrace{\text{红}^{①}\text{红}^{②}\text{绿}^{③}\text{红}^{④}}_{\boldsymbol{x}^1}\ \underbrace{\text{红}^{⑤}\text{绿}^{⑥}\text{绿}^{⑦}\text{红}^{⑧}}_{\boldsymbol{x}^2}$$

每个信源符号的发生概率为

$$P[\boldsymbol{x}^{\mathbf{1}}] = P[\text{红}] \times P[\text{红}] \times P[\text{绿}] \times P[\text{红}] = 0.5^4$$

$$P[\boldsymbol{x}^{\mathbf{2}}] = P[\text{红}] \times P[\text{绿}] \times P[\text{绿}] \times P[\text{红}] = 0.5^4$$

符号序列 $\boldsymbol{X}$ 的发生概率为

$$P[\boldsymbol{X}] = P[\boldsymbol{x}^{\mathbf{1}}, \boldsymbol{x}^{\mathbf{2}}] = P[\boldsymbol{x}^{\mathbf{1}}] \times P[\boldsymbol{x}^{\mathbf{2}}] = 0.5^8$$

符号序列 $\boldsymbol{X}$ 所携带的自信息量 $I_4(\boldsymbol{X}) = -\log_2 P[\boldsymbol{X}] = 8\text{bit}$

平均每个信源符号所携带的自信息量 $I_4^2 = \dfrac{8\text{bit}}{2} = 4\text{bit}$

平均每个基本符号所携带的自信息量 $I_4^4 = \dfrac{4\text{bit}}{4} = 1\text{bit}$

在 $N = 8$ 的情况下，一个信源符号中含有 8 个基本符号（红灯或者绿灯），此时信源符号为一个八维随机矢量 $\boldsymbol{x} = (x_1x_2x_3x_4x_5x_6x_7x_8)$。则序列 $\boldsymbol{X}$ 由一个信源符号组成：

$$\boldsymbol{X} = \underbrace{\text{红}^{①}\text{红}^{②}\text{绿}^{③}\text{红}^{④}\text{红}^{⑤}\text{绿}^{⑥}\text{绿}^{⑦}\text{红}^{⑧}}_{\boldsymbol{x}^{\mathbf{1}}}$$

每个信源符号的发生概率为

$$P[\boldsymbol{x}^{\mathbf{1}}] = P[\text{红}]P[\text{红}]P[\text{绿}]P[\text{红}]P[\text{红}]P[\text{绿}]P[\text{绿}]P[\text{红}] = 0.5^8$$

符号序列 $\boldsymbol{X}$ 的发生概率为

$$P[\boldsymbol{X}] = P[\boldsymbol{x}^{\mathbf{1}}] = 0.5^8$$

符号序列 $\boldsymbol{X}$ 所携带的自信息量 $I_8(X) = -\log_2 P[X] = 8\text{bit}$

平均每个信源符号所携带的自信息量 $I_8^1 = \dfrac{8\text{bit}}{1} = 8\text{bit}$

平均单个基本符号所携带的自信息量 $I_8^8 = \dfrac{8\text{bit}}{8} = 1\text{bit}$

3.4.5 离散平稳有记忆信源

前面介绍了离散平稳信源中最简单的离散平稳无记忆信源，而实际信源往往是有记忆信源。假定信源输出 N 长符号序列，则它的数学模型是 N 维随机变量序列（随机矢量）$\boldsymbol{X} = X_1X_2\cdots X_N$，其中每个随机变量 $X_n(n = 1, 2, \cdots, N)$ 之间存在统计依赖关系。

1. 离散平稳有记忆信源的信源熵

平稳有记忆信源输出符号之间的相互依存关系不仅存在于相邻两个符号之间，而且存在于多个符号之间。若离散平稳有记忆信源的输出为一个 N 长序列 $\boldsymbol{X} = X_1X_2\cdots X_N$，则此信源 $\boldsymbol{X}$ 的平均不确定程度可以利用联合熵表示：

$$H(\boldsymbol{X}) = H(X_1X_2\cdots X_N)$$

$$= H(X_1) + H(X_2X_3\cdots X_N|X_1) = H(X_1) + H(X_2|X_1) + H(X_3\cdots X_N|X_1X_2)$$

$$= H(X_1) + H(X_2|X_1) + H(X_3|X_2X_1) + \cdots + H(X_N|X_{N-1}X_{N-2}\cdots X_2X_1) \tag{3.32}$$

式 (3.32) 称为熵函数的**链规则**，即 N 维随机变量的联合熵等于随机变量 X_1 的熵与各阶条件熵之和。

2. 离散平稳有记忆信源的信源熵性质

对于离散平稳有记忆信源 $\boldsymbol{X} = X_1X_2\cdots X_N$ 的信源熵有下面的定理。

定理3.2 信源熵性质

- 条件熵 $H(X_N|X_{N-1}X_{N-2}\cdots X_2X_1)$ 随 N 的增加是递减的；
- N 给定时平均符号熵大于或等于条件熵，即

$$H_N(\boldsymbol{X}) \geqslant H(X_N|X_{N-1}X_{N-2}\cdots X_2X_1) \tag{3.33}$$

- 平均符号熵 $H_N(\boldsymbol{X})$ 随 N 的增加是递减的；
- 若 $H(X_1) < \infty$，则极限熵 $H_\infty = \lim\limits_{N\to\infty} H_N(\boldsymbol{X})$ 存在，并且

$$H_\infty = \lim_{N\to\infty} H(X_N|X_{N-1}X_{N-2}\cdots X_2X_1)$$

证明：（1）条件熵随 N 的增加而递减：

$$\begin{aligned}
H(X_N|X_{N-1}X_{N-2}\cdots X_2X_1) &= H(\overbrace{X_N|X_{N-1}X_{N-2}\cdots X_2}^{\text{定义为新的随机变量 } y}|X_1) \\
&\leqslant H(y) \quad \text{条件熵小于或等于无条件熵：式 (2.51)} \\
&= H(X_N|X_{N-1}X_{N-2}\cdots X_2) \\
&= H(X_{N-1}|X_{N-2}X_{N-3}\cdots X_1) \quad \text{平稳信源性质：式 (3.17)}
\end{aligned}$$

所以条件熵 $H(X_N|X_{N-1}X_{N-2}\cdots X_2X_1)$ 随 N 的增加而递减。

条件熵的递减性说明记忆长度越长，条件熵越小，即信源符号之间的依赖关系增加时，信源的不确定性降低。

（2）平均符号熵大于或等于条件熵：

$$\begin{aligned}
&NH_N(\boldsymbol{X}) \\
&= H(X_1X_2\cdots X_N) \\
&= H(X_1) + H(X_2|X_1) + \cdots + H(X_N|X_{N-1}X_{N-2}\cdots X_2X_1) \\
&= H(X_N) + H(X_N|X_{N-1}) + \cdots + H(X_N|X_{N-1}X_{N-2}\cdots X_2X_1) \quad \text{平稳信源性质：式 (3.17)}
\end{aligned}$$

$$\geqslant NH(X_N|X_{N-1}X_{N-2}\cdots X_2X_1) \quad \text{条件熵小于或等于无条件熵：式 (2.51)}$$

（3）**平均符号熵随 N 的增加而递减：**

$$\begin{aligned}
NH_N(\boldsymbol{X}) &= H(X_1X_2\cdots X_N) \\
&= \underbrace{H(X_N|X_{N-1}X_{N-2}\cdots X_2X_1)}_{\text{平均符号熵大于或等于条件熵：式 (3.33)}} + \overbrace{H(X_{N-1}X_{N-2}\cdots X_2X_1)}^{(N-1)H_{N-1}(\boldsymbol{X})} \\
&\leqslant H_N(\boldsymbol{X}) + (N-1)H_{N-1}(\boldsymbol{X})) \\
&\downarrow \\
(N-1)H_N(\boldsymbol{X}) &\leqslant (N-1)H_{N-1}(\boldsymbol{X})) \\
&\downarrow \\
H_N(\boldsymbol{X}) &\leqslant H_{N-1}(\boldsymbol{X}))
\end{aligned}$$

信源符号之间依赖关系增加时，平均每个符号所携带的信息量减少。

（4）**极限熵存在性：**只要 X_1 的样本空间是有限的，必然有 $H(X_1) < \infty$。因此有

$$0 \leqslant H(X_N|X_{N-1}X_{N-2}\cdots X_1) \leqslant H(X_{N-1}|X_{N-2}X_{N-3}\cdots X_1) \leqslant \cdots \leqslant H(X_1)$$

所以 $H(X_N|X_{N-1}X_{N-2}\cdots X_1)$ 是单调有界序列，极限 $\lim\limits_{N\to\infty} H(X_N|X_{N-1}X_{N-2}\cdots X_1)$ 必然存在，且有 $0 \leqslant \lim\limits_{N\to\infty} H(X_N|X_{N-1}X_{N-2}\cdots X_1) \leqslant H(X_1)$。同时，对于收敛的实数序列，有下面的结论成立：若 $a_1, a_2, a_3, \cdots$ 是一个收敛的实数序列，则有

$$\lim_{N\to\infty} \frac{1}{N}\left[a_1 + a_2 + a_3 + \cdots + a_N\right] = \lim_{N\to\infty} a_N \tag{3.34}$$

根据式 (3.34) 可得

$$\begin{aligned}
\lim_{N\to\infty} H_N(\boldsymbol{X}) &= \lim_{N\to\infty} \frac{1}{N} H(X_1X_2\cdots X_N) \\
&= \lim_{N\to\infty} \left[\overbrace{H(X_1)}^{a_1} + \overbrace{H(X_2|X_1)}^{a_2} + \cdots + \overbrace{H(X_N|X_{N-1}X_{N-2}\cdots X_2X_1)}^{a_N}\right] \\
&= \lim_{N\to\infty} H(X_N|X_{N-1}X_{N-2}\cdots X_2X_1)
\end{aligned}$$

离散平稳信源的信源熵性质定理表明，由于信源输出序列前后符号之间的统计依赖关系，随着序列长度 N 的增加，意味着具有相互依赖关系的符号数目增加，信源符号的依赖关系增强，平均符号熵 $H_N(\boldsymbol{X})$ 和条件熵 $H(X_N|X_1X_2\cdots X_{N-1})$ 均随之减小。当 $N\to\infty$ 时，即信源所有符号之间都存在依赖关系时，平均符号熵 $H_N(\boldsymbol{X}) = H(X_N|X_1X_2\cdots X_{N-1})$ 是所有条件熵的最小值。

3.4.6　一维离散平稳信源的信源熵

本节仅介绍一维离散平稳信源的熵，更为一般的 m 维离散平稳信源的熵将放在 3.5节“马尔可夫信源”中介绍。

1. 一维离散平稳信源的本质

在求取一维离散平稳信源的信源熵之前，先思考一维离散平稳信源和单符号离散无记忆信源有什么关系？一维离散平稳信源是否为单符号离散无记忆信源？下面举一个例子。

例3.9 红绿灯。

已知：小学生春凤和楠楠骑自行车，所经过的红绿灯序列可以建模为单符号离散信源所发出的符号序列。假设红绿灯序列满足 $N=1$ 时的平稳性条件，即不同时刻遇到红灯的概率相同，遇到绿灯的概率也相同：$P\big[X_i=绿\big]=P\big[X_j=绿\big],P\big[X_i=红\big]=P\big[X_j=红\big]$。假设相邻时刻遇到红灯或者绿灯非独立，关联关系如下：

$$P\big[绿|绿\big]=0.8,\quad P\big[红|绿\big]=0.2$$

$$P\big[绿|红\big]=0.2,\quad P\big[红|红\big]=0.8$$

式中，$P\big[绿|红\big]=0.2$ 表示当前时刻遇到红灯的情况下，下一时刻遇到绿灯的概率是 0.2，其余类推。

求 t 为 2、3、4 时刻遇到红灯的概率。

解：假设时刻 t 遇到红灯的概率为 $P\big[X_t=红\big]$。据题意，此概率与前一时刻的概率分布有关，利用式 (2.4) 可得

$$P\big[X_t=红\big]=\sum_{X_{t-1}}P\big[X_{t-1}\big]P\big[X_t=红|X_{t-1}\big]$$

由此式可以发现，欲求解某一时刻红灯的概率分布，最后将递归到初始时刻（$t=1$）红绿灯的概率分布。假设初始时刻红灯和绿灯的概率分布：$P\big[X_1=红\big]=0.6,P\big[X_1=绿\big]=0.4$。

$t=2$ 时刻遇到红灯的概率:

$$\begin{aligned}P\big[X_2=红\big]&=\sum_{X_1}P\big[X_1\big]P\big[X_2=红|X_1\big]\\&=P\big[X_1=绿\big]P\big[X_2=红|X_1=绿\big]+\\&\quad P\big[X_1=红\big]P\big[X_1=红|X_1=红\big]\\&=0.4\times0.2+0.6\times0.8=0.56\end{aligned}$$

$$P\big[X_2=绿\big]=0.44$$

$t=3$ 时刻遇到红灯的概率：

$$\begin{aligned}P[X_3=\text{红}]&=\sum_{X_2}P[X_2]P[X_3=\text{红}|X_2]\\&=P[X_1=\text{绿}]P[X_3=\text{红}|X_2=\text{绿}]+\\&\quad P[X_2=\text{红}]P[X_3=\text{红}|X_2=\text{红}]\\&=0.44\times0.2+0.56\times0.8=0.536\end{aligned}$$

$P[X_3=\text{绿}]=0.464$

$t=4$ 时刻遇到红灯的概率：

$$\begin{aligned}P[X_4=\text{红}]&=\sum_{X_3}P[X_3]P[X_4=\text{红}|X_3]\\&=P[X_3=\text{绿}]P[X_4=\text{红}|X_3=\text{绿}]+\\&\quad P[X_3=\text{红}]P[X_4=\text{红}|X_3=\text{红}]\\&=0.464\times0.2+0.536\times0.8=0.5216\end{aligned}$$

总结：

$$P[X_1=\text{红}]=0.6,\quad P[X_2=\text{红}]=0.56$$
$$P[X_3=\text{红}]=0.536,\quad P[X_4=\text{红}]=0.5216$$

由上可见，不同时刻遇到红灯的概率不同，这与已知（X 是一维离散平稳信源）相矛盾，说明假设（红绿灯不是相互独立的）错误，即**一维离散平稳信源是无记忆信源**。

据此，可以利用离散单符号无记忆信源的性质求取一维离散平稳信源的信息熵、条件熵和联合熵。

2. 一维离散平稳信源的信息熵

由于平稳性，任意时刻信源 X 的信息熵 $H(X_t)$ 相等，则信息熵为

$$H(X_t)=H(X)=-\sum_{x\in X}P[x]\log P[x] \tag{3.35}$$

3. 一维离散平稳信源的条件熵

任意两个时刻信源 X 的条件熵为

$$H(X_i|X_j)=H(X_i)=H(X) \tag{3.36}$$

4. 一维离散平稳信源的联合熵

任意两个时刻信源发出的消息符号 X_i 和 X_j 的联合熵为

$$H(X_iX_j)=H(X_i)+H(X_j|X_i)=H(X_i)+H(X_j)=2H(X) \tag{3.37}$$

3.5 马尔可夫信源

一般情况下，平稳信源输出符号序列中符号之间的相关性可以追溯到初始符号。因此，当信源输出序列长度 N 很大甚至趋于无穷大时，描述有记忆信源要比描述无记忆信源困难得多，例如平稳信源的平均符号熵的计算就很复杂。因此，在实际问题中往往采取限制记忆长度的做法来简化信源符号之间的相关性，例如假设任何时刻信源发出符号的概率只与前面已经发出的 $m(m < N)$ 个历史符号有关，而与更多的历史符号无关，即满足下面的公式：

$$P\big[x_n|x_{n-1},x_{n-2},\cdots,x_{n-m},\cdots,x_2,x_1,x_0\big]=P\big[x_n|x_{n-1},x_{n-2},\cdots,x_{n-m}\big]$$

这是一种具有马尔可夫性的信源，是十分重要而又常见的一种离散平稳有记忆信源。刻画这种信源的数学工具是马尔可夫链，本节从马尔可夫链的介绍入手，详细介绍马尔可夫信源的概念和性质。

3.5.1 有限状态马尔可夫链

在引入有限状态马尔可夫链之前，先分析下面的例题。

例3.10 青蛙跳。

已知小学生春风抓住了一只青蛙，放到画了棋盘格的操场上，观察发现青蛙蹦跳时朝四个方向（前、后、左、右）等概率瞎跳。假设初始时刻青蛙在方格一；时刻 1 在方格二；时刻 2 在方格三；时刻 3 在方格四，见图 3.4。

求时刻 4 青蛙所处位置的概率。

解：时刻 4 青蛙所处位置的概率

$$P\big[x_4=1|x_3=4,x_2=3,x_1=2,x_0=1\big]=P\big[x_4=1|x_3=4\big]$$

$$P\big[x_4=3|x_3=4,x_2=3,x_1=2,x_0=1\big]=P\big[x_4=3|x_3=4\big]$$

$$P\big[x_4=5|x_3=4,x_2=3,x_1=2,x_0=1\big]=P\big[x_4=5|x_3=4\big]$$

$$P\big[x_4=7|x_3=4,x_2=3,x_1=2,x_0=1\big]=P\big[x_4=7|x_3=4\big]$$

春风发现，青蛙在时刻 4 所处位置的概率分布，只与时刻 3 所处位置有关，而与更早的历史时刻（时刻 2、1 和 0）无关：**青蛙跳具有马尔可夫性**。

更进一步，春风还发现下面的条件概率成立：

$$P\big[x_4=1|x_2=3,x_1=2,x_0=1\big]=P\big[x_4=1|x_2=3\big]$$

$$P\big[x_4=3|x_2=3,x_1=2,x_0=1\big]=P\big[x_4=3|x_2=3\big]$$

$$P\left[x_4 = 5|x_2 = 3, x_1 = 2, x_0 = 1\right] = P\left[x_4 = 5|x_2 = 3\right]$$

$$P\left[x_4 = 7|x_2 = 3, x_1 = 2, x_0 = 1\right] = P\left[x_4 = 7|x_2 = 3\right]$$

根据前面的分析可知，在没有提供前一时刻（时刻 3）位置的情况下，所考察时刻（时刻 4）青蛙所处位置只与最近的历史时刻（时刻 2）有关。这也反映了青蛙跳所具有的马尔可夫性的实质：**概率分布与最近的历史时刻有关，而与再早的历史时刻无关**。分析更多的例子，可以发现马尔可夫性更为一般的本质：m **阶马尔可夫链的概率分布只与最近的** m **个历史时刻有关，而与再早的历史时刻无关**。

15	14	13	方格12
16	方格1	2	11
5	4	3	10
6	7	8	9

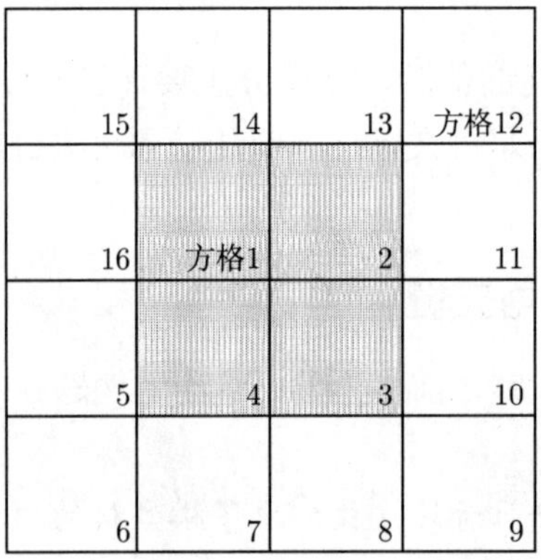

图 3.4　青蛙跳

马尔可夫性是物理世界中存在的一种性质，体现此性质的物理实体是**马尔可夫链**。

定义3.9 马尔可夫链

设 $\{X_n, n \in \mathbb{Z}^+\}$ 为一随机序列，时间参数集 $\mathbb{Z}^+ = \{0, 1, 2, \cdots\}$，状态空间 $S = \{S_1, S_2, \cdots, S_J\}$。若对所有 $n \in \mathbb{Z}^+$，则有

$$P\left[X_n = S_{i_n}|X_{n-1} = S_{i_{n-1}}, X_{n-2} = S_{i_{n-2}}, \cdots, X_1 = S_{i_1}\right] = P\left[X_n = S_{i_n}|X_{n-1} = S_{i_{n-1}}\right] \tag{3.38}$$

$\{X_n, n \in \mathbb{Z}^+\}$ 称为**马尔可夫链**。

1. 马尔可夫链的物理解释

所考察的系统可以利用随机过程 X_t（简记为 X）表示。任一离散时刻 $n \in \mathbb{Z}^+$ 系统所处的状态记为 X_n，系统可能所处的状态 $S = \{S_1, S_2, \cdots, S_J\}$。

系统在各个历史时刻所处的状态表示为 $X_{n-1} = S_{i_{n-1}}, X_{n-2} = S_{i_{n-2}}, \cdots, X_1 = S_{i_1}$。

已知系统的各个历史状态，当前时刻（n 时刻）系统处于状态 S_{i_n} 的概率 $P\left[X_n = S_{i_n}|X_{n-1} = S_{i_{n-1}}, X_{n-2} = S_{i_{n-2}}, \cdots, X_1 = S_{i_1}\right]$ 只与 $n-1$ 时刻系统所处状态 $X_{n-1} = S_{i_{n-1}}$ 有关。

简而言之，当前时刻系统所处状态，只与前一时刻有关，即具有**马尔可夫性**。

2. 转移概率与转移矩阵

式 (3.38) 表明，在状态空间 S 相同的情况下，不同的条件概率 $P\left[X_n = S_{i_n}|X_{n-1} = S_{i_{n-1}}\right]$ 对应不同的马尔可夫链，因此条件概率 $P\left[X_n = S_{i_n}|X_{n-1} = S_{i_{n-1}}\right]$ 是描述马尔可夫链性质的重要参数，定义为**转移概率**。

对于马尔可夫链 $\{X_n, n \in \mathbb{Z}^+\}$，转移概率定义为

$$p_{ij}(m,n) = P\left[X_n = S_j|X_m = S_i\right] = P\left[X_n = j|X_m = i\right] \quad (i,j \in S) \tag{3.39}$$

转移概率 $p_{ij}(m,n)$ 表示已知系统在时刻 m 处于状态 S_i（简记为 i）经过 $n-m$ 步后系统转移到状态 S_j（简记为 j）的概率；同时转移概率也可以理解为在时刻 m 系统处于状态 i 的条件下，在时刻 n 系统处于状态 j 的条件概率。由于转移概率是条件概率，所以有 $p_{ij}(m,n) \geqslant 0\ (\forall i,j \in S)$ 和 $\sum\limits_{j\in S} p_{ij}(m,n) = 1\ (\forall i \in S)$。

当 $n = m+1$ 时，$p_{ij}(m,n)$ 表示时刻 m 系统处于状态 i 的情况下，经过一步转移到了 $m+1$ 时刻，系统处于状态 j 的概率，故条件概率 $p_{ij}(m,m+1)$ 称为**一步转移概率**，也称为**基本转移概率**，即

$$p_{ij}(m) = P\left[X_{m+1} = S_j|X_m = i\right] \quad (\forall i,j \in S) \tag{3.40}$$

显然，**一步转移概率**满足下面的性质：

$$p_{ij}(m) \geqslant 0 \quad (\forall i,j \in S), \quad \sum_{j\in S} p_{ij}(m) = 1 \quad (\forall i \in S)$$

类似地，k 步转移概率定义为

$$p_{ij}^{(k)}(m) = P\left[X_{m+k} = j|X_m = i\right] \quad (\forall i,j \in S) \tag{3.41}$$

同样地，k **步转移概率**具有下面的性质：

$$p_{ij}^{(k)}(m) \geqslant 0 \quad (\forall i,j \in S), \quad \sum_{j\in \mathbb{S}} p_{ij}^{(k)}(m) = 1 \quad (\forall i \in S)$$

当 $k = 1$ 时，k 步转移概率即为一步转移概率：

$$p_{ij}^{(1)}(m) = p_{ij}(m)$$

当 $k = 0$ 时，可得 k 步转移概率：

$$p_{ij}^{(0)}(m) = \delta_{ij} = \begin{cases} 1, & i = j \\ 0, & i \neq j \end{cases}$$

系统在任意时刻可处于状态空间 $S=\{S_1,S_2,\cdots,S_J\}$ 中的任一状态，因此系统在时刻 m 所处状态和在时刻 $m+k$ 所处状态之间有多个转移概率，将这些转移概率按照行和列分别进行排列，组成k **步转移矩阵**：

$$\boldsymbol{P}^k(m)=\left[p_{ij}^k(m)\right]_{J\times J}=\begin{bmatrix} p_{11}^{(k)}(m) & p_{12}^{(k)}(m) & \cdots & p_{1J}^{(k)}(m)\\ p_{21}^{(k)}(m) & p_{22}^{(k)}(m) & \cdots & p_{2J}^{(k)}(m)\\ \vdots & \vdots & \ddots & \vdots\\ p_{J1}^{(k)}(m) & p_{J2}^{(k)}(m) & \cdots & p_{JJ}^{(k)}(m)\end{bmatrix} \tag{3.42}$$

由上述定义可知，k 步转移矩阵刻画了系统状态转移过程的概率法则，k 步转移矩阵中每行元素之和为 1。

3.5.2 齐次马尔可夫链及其平稳分布

由式 (3.40) 可知，基本转移概率 $p_{ij}(m)$ 和 k 步转移概率 $p_{ij}^{(k)}(m)$ 均与时刻 m 有关。可以对此性质做进一步假设得到最简单情况：基本转移概率 $p_{ij}(m)$ 和 k 步转移概率 $p_{ij}^{(k)}(m)$ 均与 m 无关，这就是**齐次马尔可夫链**。

定义 3.10 齐次马尔可夫链

在马尔可夫链 $X_n,n\in\mathbb{Z}^+$ 中，如果满足

$$p_{ij}(m)=P\left[X_{m+1}=j|X_m=i\right]=p_{ij}\quad(\forall i,j\in S) \tag{3.43}$$

则从状态 i 一步转移到状态 j 的概率与起始时刻 m 无关，这类马尔可夫链称为**齐次马尔可夫链或时齐马尔可夫链**。

1. 齐次马尔可夫链的性质

根据齐次马尔可夫链的定义可以得到如下性质：

（1）齐次马尔可夫链是具有平稳转移概率的马尔可夫链；

（2）$p_{ij}\geqslant 0\quad(\forall i,j\in S)$；

（3）$\sum\limits_{j\in S}p_{ij}=1\quad(\forall i\in S)$。

2. 齐次马尔可夫链的转移矩阵

由齐次马尔可夫链的一步转移概率可以写出

一步转移矩阵：

$$\boldsymbol{P}=\begin{bmatrix} p_{11} & p_{12} & \cdots & p_{1J}\\ p_{21} & p_{22} & \cdots & p_{2J}\\ \vdots & \vdots & \ddots & \vdots\\ p_{J1} & p_{J2} & \cdots & p_{JJ}\end{bmatrix} \tag{3.44}$$

k 步转移矩阵：

$$\boldsymbol{P}^{(k)}=\begin{bmatrix} p_{11}^{(k)} & p_{12}^{(k)} & \cdots & p_{1J}^{(k)} \\ p_{21}^{(k)} & p_{22}^{(k)} & \cdots & p_{2J}^{(k)} \\ \vdots & \vdots & \ddots & \vdots \\ p_{J1}^{(k)} & p_{J2}^{(k)} & \cdots & p_{JJ}^{(k)} \end{bmatrix} \tag{3.45}$$

3. 切普曼-柯尔莫哥洛夫方程

对于齐次马尔可夫链，有切普曼-柯尔莫哥洛夫方程。

定理3.3 切普曼-柯尔莫哥洛夫方程

对于具有 $m+r$ 步转移概率的**齐次马尔可夫链**，存在下述的切普曼-柯尔莫哥洛夫方程：

$$\boldsymbol{P}^{(m+r)}=\boldsymbol{P}^{(m)}\boldsymbol{P}^{(r)} \qquad (m,r\geqslant 1) \tag{3.46}$$

证明：$p_{ij}^{m+r}=P\left[X_{n+m+r}=j|X_n=i\right]$

$$=\frac{P\left[X_{n+m+r}=j,X_n=i\right]}{P\left[X_n=i\right]}$$

式（2.6）

$$=\sum_{\boldsymbol{k}\in \boldsymbol{S}}\frac{P\left[X_{n+m+r}=j,\boldsymbol{X_{n+m}=k},X_n=i\right]}{P\left[X_n=i\right]}$$

式（2.4）

$$=\sum_{k\in S}\frac{P\left[X_{n+m+r}=j,X_{n+m}=k,X_n=i\right]}{\boldsymbol{P\left[X_{n+m}=k,X_n=i\right]}}\times\frac{\boldsymbol{P\left[X_{n+m}=k,X_n=i\right]}}{P\left[X_n=i\right]}$$

分子分母同乘以$P\left[X_{n+m}=k,X_n=i\right]$

$$=\sum_{k\in S}\underbrace{P\left[X_{n+m+r}=j|X_{n+m}=k,X_n=i\right]}_{\text{马尔可夫性}\to \boldsymbol{P\left[X_{n+m+r}=j|X_{n+m}=k\right]}}\times P\left[X_{n+m}=k|X_n=i\right]$$

式（2.6）

$$=\sum_{k\in S}\underbrace{\boldsymbol{P[X_{n+m+r}=j|X_{n+m}=k]}}_{p_{kj}^{(r)}(n+m)}\times\underbrace{P[X_{n+m}=k|X_n=i]}_{p_{ik}^{(m)}(n)}$$

$$=\sum_{k\in S}p_{ik}^{(m)}(n)p_{kj}^{(r)}(n+m)=\sum_{k\in S}p_{ik}^{(m)}p_{kj}^{(r)}$$

齐次马尔可夫链

写成矩阵形式 $\rightarrow \boldsymbol{P}^{(m+r)}=\boldsymbol{P}^{(m)}\boldsymbol{P}^{(r)}$

推论：（1）$\boldsymbol{P}^{(2)}=\boldsymbol{P}^{(1)}\boldsymbol{P}^{(1)}=\boldsymbol{PP}=\boldsymbol{P}^2$；

（2）$\boldsymbol{P}^{(m)}=\boldsymbol{P}^m$；

（3）齐次马尔可夫链的 m 步转移矩阵可以利用一步转移矩阵求取。

4. 齐次马尔可夫链的平稳分布

（1）**转移矩阵的渐近性质**。

假设一有限状态马尔可夫链 $\{X_n, n \in \mathbb{Z}^+\}$，若存在一正整数 m，使得对状态空间 S 中的任意状态 i、j，有 $p_{ij}^{(m)} > 0$，则 n 步转移矩阵 $\boldsymbol{P}^{(n)}$ 存在下列极限（式 (D.1)）：

$$\lim_{n \to \infty} \boldsymbol{P}^{(n)} = \boldsymbol{\pi} = \begin{bmatrix} \pi_1 & \pi_2 & \cdots & \pi_J \\ \pi_1 & \pi_2 & \cdots & \pi_J \\ \vdots & \vdots & \ddots & \vdots \\ \pi_1 & \pi_2 & \cdots & \pi_J \end{bmatrix} \tag{3.47}$$

上式右侧的矩阵中，各列的 J 个元素相同，说明当状态转移步数 n 趋于无穷时，所对应的转移概率相同。例如矩阵 $\boldsymbol{\pi}$ 的第 j_0 列元素为 $[\pi_{j_0}, \pi_{j_0}, \cdots, \pi_{j_0}]$，说明从状态 $i(i = 1, 2, \cdots, J)$ 经过 $n(n \to \infty)$ 步转移，系统转移到状态 j_0 的概率均为 π_{j_0}，转移概率 p_{ij_0} 的值不随时间变化而变化，转移概率呈现出平稳性。

不论系统从何状态 i 出发，当转移步数 n 足够大时，转移到状态 j 的概率 $p_{ij}^{(n)}$ 都等于常数 P_j，转移概率只与系统转移到的状态有关，而与系统的初始状态无关（与 i 无关）。

由于 π_j 是极限值，因此，如果转移步数 n 足够大，可以利用常数 π_j 作为 n 步转移概率 $p_{ij}^{(n)}$ 的近似值。

例3.11 求解马尔可夫链的状态分布。

已知一有限状态马尔可夫链 $\{X_n, n \in \mathbb{Z}^+\}$，若存在一正整数 m，使得对状态空间 S 中的任意状态 i, j，有 $p_{ij}^{(m)} > 0$。

求经过 $M(M \to \infty)$ 步转移之后，系统所处状态的概率分布。

解：

此马尔可夫链 $\{X_n, n \in \mathbb{Z}^+\}$ 满足**转移概率的渐近性质**所要求的条件，因此当系统转移步数 M 趋于无穷时，M 步转移矩阵表示为

$$\lim_{M \to \infty} \boldsymbol{P}^{(M)} = \boldsymbol{\pi} = \begin{bmatrix} \pi_1 & \pi_2 & \cdots & \pi_J \\ \pi_1 & \pi_2 & \cdots & \pi_J \\ \vdots & \vdots & \ddots & \vdots \\ \pi_1 & \pi_2 & \cdots & \pi_J \end{bmatrix}$$

为了求取系统在 M 时刻所处状态的概率分布，还需要引入初始分布，即系统在初始时刻 $(t = 7)$ 所处状态的概率分布。设初始概率分布为 $\boldsymbol{P}_0 = \left[P_0^1, P_0^2, \cdots, P_0^J\right]$。其中，初始概率分布 $\boldsymbol{P_0}$ 中的第 j 个元素 P_0^j 表示系统在初始时刻处于状态 j 的概率。

已知系统在初始时刻所处状态的概率分布 $\boldsymbol{P}_0$，经过 M 步转移，系统在 $M + t = M$ 时刻所处状态的概率分布为 $\boldsymbol{P}_M = [P_M^1, P_M^2, \cdots, P_M^J]$。

根据式 (2.4) 可以求得经过 $M(M \to \infty)$ 步转移后系统处于状态 j 的概率为

$$P_M^j = \sum_{i \in S} P_0^i p_{ij}^{(M)} \rightarrow \lim_{M\to\infty} P_M^j = \lim_{M\to\infty} \sum_{i \in S} P_0^i p_{ij}^{(M)} = \sum_{i \in S} P_0^i \underbrace{\lim_{M\to\infty} p_{ij}^{(M)}}_{\pi_j} = \pi_j \overbrace{\sum_{i \in S} P_0^i}^{1}$$

$$\downarrow$$

$$\underline{\lim_{M\to\infty} P_M^j = \pi_j \quad \forall j \in S} \tag{3.48}$$

上式说明，对于任一齐次马尔可夫链 $\{X_n, n \in \mathbb{Z}^+\}$ 来说，若满足**转移矩阵的渐近性质**所要求的条件，则系统经过 $M(M \to \infty)$ 步转移后处于某一状态的概率会固定下来，不再随着时间的变化而发生变化，呈现出平稳性，故此时系统所处状态的概率称为**平稳分布**，并且平稳分布为状态转移概率的极限（$\lim\limits_{M\to\infty} P_M^j = \pi_j$ 为平稳分布）。

（2）**平稳分布性质**。

假设一有限状态马尔可夫链 $\{X_n, n \in \mathbb{Z}^+\}$，其转移矩阵为 $\boldsymbol{P}$。若存在一正整数 m，使得对状态空间 S 中的任意状态 i 和 j，有 $p_{ij}^{(m)} > 0$，则经过 $M(M \to \infty)$ 步转移后系统所处状态的概率分布变得平稳，不随时间而变化，称为**平稳分布**，记为 $\boldsymbol{\pi} = [\pi_1, \pi_2, \cdots, \pi_J]$。其中，第 i 个元素 π_i 表示系统处于平稳状态 i 的概率。同时，**平稳分布$\boldsymbol{\pi}$** 满足如下性质：

$$\boldsymbol{\pi} = \boldsymbol{\pi} \boldsymbol{P} \tag{3.49}$$

证明：假设系统经过 M 步转移后所处状态的概率分布为 $\boldsymbol{P}_M = [P_M^1, P_M^2, \cdots, P_M^J]$，则经过 $M+1$ 步转移后系统的状态分布为 $\boldsymbol{P}_{M+1} = [P_{M+1}^1, P_{M+1}^2, \cdots, P_{M+1}^J]$。可以认为 $\boldsymbol{P}_{M+1}$ 是 $\boldsymbol{P}_M$ 经过一步转移后得到的，根据式 (2.4) 可得

$$P_{M+1}^1 = \sum_{j=1}^{J} P_M^j p_{j1} = \boldsymbol{P}_M \underline{\boldsymbol{P}_{[:,1]}} \leftarrow \boldsymbol{P}_{[:,1]} = \left[p_{11}, p_{21}, \cdots, p_{J1}\right]^{\mathrm{T}}\text{：矩阵}\boldsymbol{P}\text{的第 1 列元素}$$

同理，可以求得

$$P_{M+1}^2 = \boldsymbol{P}_M \boldsymbol{P}_{[:,2]} \leftarrow \boldsymbol{P}_{[:,2]} = \left[p_{12}, p_{22}, \cdots, p_{J2}\right]^{\mathrm{T}}\text{：转移矩阵}\boldsymbol{P}\text{的第 2 列元素}$$

$$P_{M+1}^3 = \boldsymbol{P}_M \boldsymbol{P}_{[:,3]} \leftarrow \boldsymbol{P}_{[:,3]} = \left[p_{13}, p_{23}, \cdots, p_{J3}\right]^{\mathrm{T}}\text{：转移矩阵}\boldsymbol{P}\text{的第 3 列元素}$$

$$\vdots$$

$$P_{M+1}^J = \boldsymbol{P}_M \boldsymbol{P}_{[:,J]} \leftarrow \boldsymbol{P}_{[:,J]} = \left[p_{1J}, p_{2J}, \cdots, p_{JJ}\right]^{\mathrm{T}}\text{：转移矩阵}\boldsymbol{P}\text{的第}J\text{ 列元素}$$

对上述 J 个等式两边求取极限，可得

$$\overbrace{\lim_{M\to\infty} P_{M+1}^1}^{\pi_1} = \overbrace{\left[\lim_{M\to\infty} \boldsymbol{P}_M\right]}^{\boldsymbol{\pi}=[\pi_1,\pi_2,\cdots,\pi_J]} \boldsymbol{P}_{[:,1]} \quad \rightarrow \quad \underline{\pi_1 = \boldsymbol{\pi} \boldsymbol{P}_{[:,1]}}$$

$$\underbrace{\lim_{M\to\infty} P_{M+1}^2}_{\pi_2} = \underbrace{\left[\lim_{M\to\infty} \boldsymbol{P}_M\right]}_{\boldsymbol{\pi}=[\pi_1,\pi_2,\cdots,\pi_J]} \boldsymbol{P}_{[:,2]} \quad \rightarrow \quad \underline{\pi_2 = \boldsymbol{\pi} \boldsymbol{P}_{[:,2]}}$$

$$\vdots \qquad\qquad\qquad\qquad \vdots$$

$$\underbrace{\lim_{M\to\infty} P_{M+1}^{J}}_{\pi_J} = \underbrace{\left[\lim_{M\to\infty} \boldsymbol{P}_M\right]}_{\boldsymbol{\pi}=[\pi_1,\pi_2,\cdots,\pi_J]} \boldsymbol{P}_{[:,J]} \quad \rightarrow \quad \pi_J = \boldsymbol{\pi}\boldsymbol{P}_{[:,J]}$$

↓ 排列成矩阵形式

$$\boldsymbol{\pi} = \boldsymbol{\pi}\boldsymbol{P}$$

（3）**平稳分布的意义**如下：

①可以建模为齐次马尔可夫链的系统，若满足平稳分布所要求的条件，则初始时刻系统所处的状态并不影响系统平稳后的状态分布。

②系统最后所处状态的概率与初始时刻（或者历史时刻）所处状态无关，也说明系统（指满足平稳分布条件的齐次马尔可夫链）的状态仅与前一时刻有关（取决于一步转移矩阵）。

（4）**平稳分布 π 具有唯一性**。

证明：假设另有一概率分布矢量 $\boldsymbol{\omega} = [\omega_1, \omega_2, \cdots, \omega_J]$ 满足平稳分布的性质，即

$$\boldsymbol{\omega} = \boldsymbol{\omega}\boldsymbol{P}$$

$$\omega_1 + \omega_2 + \cdots + \omega_J = 1$$

根据平稳分布的性质可得

$$\boldsymbol{\omega} = \boldsymbol{\omega}\boldsymbol{P} = [\boldsymbol{\omega}\boldsymbol{P}]\boldsymbol{P} = [\boldsymbol{\omega}\boldsymbol{P}]\boldsymbol{P}^2 = \cdots = \boldsymbol{\omega}\boldsymbol{P}^M = \boldsymbol{\omega}\boldsymbol{P}^{(M)}$$

$$\lim_{M\to\infty} \boldsymbol{\omega} = \boldsymbol{\omega} \lim_{M\to\infty} \boldsymbol{P}^{(M)} \qquad \boldsymbol{\Omega}: \text{式 (3.47)}$$

$$\boldsymbol{\omega} = \boldsymbol{\omega}\boldsymbol{\Omega} \longrightarrow \begin{array}{l} \omega_1 = [\omega_1 + \omega_2 + \cdots + \omega_J]\pi_1 = \pi_1 \\ \omega_2 = \underbrace{[\omega_1 + \omega_2 + \cdots + \omega_J]}_{1}\pi_2 = \pi_2 \\ \vdots \\ \omega_J = [\omega_1 + \omega_2 + \cdots + \omega_J]\pi_J = \pi_J \end{array}$$

$$\downarrow$$

$$\boldsymbol{\omega} = \boldsymbol{\pi}$$

例3.12 求取平稳分布。

已知一齐次马尔可夫链的状态转移矩阵为

$$\boldsymbol{P} = \begin{bmatrix} 0 & 0 & 1 \\ 1/2 & 1/3 & 1/6 \\ 1/2 & 1/2 & 0 \end{bmatrix}$$

是否存在平稳分布？若存在，求此平稳分布。

解：

（1）平稳分布存在性：

$$\boldsymbol{P}=\begin{bmatrix}0 & 0 & 1\\ 1/2 & 1/3 & 1/6\\ 1/2 & 1/2 & 0\end{bmatrix},\quad \boldsymbol{P}^2=\boldsymbol{P}\boldsymbol{P}=\begin{bmatrix}* & * & 0\\ * & * & *\\ * & * & *\end{bmatrix},\quad \boldsymbol{P}^3=\begin{bmatrix}* & * & *\\ * & * & *\\ * & * & *\end{bmatrix}$$

式中，星号“*”表示非零元素。根据平稳分布存在的条件知 $m=3$ 时转移矩阵 $\boldsymbol{P}^m$ 中各元素均大于 0，故存在平稳分布。

（2）求取平稳分布。设平稳分布为 $\boldsymbol{\pi}=[\pi_1\ \ \pi_2\ \ \pi_3]$。根据平稳分布的性质可得

$$\boldsymbol{\pi}=\boldsymbol{\pi}\boldsymbol{P}\longrightarrow\begin{aligned}&\pi_1=\frac{1}{2}\pi_1+\frac{1}{2}\pi_2\\&\pi_2=\frac{1}{3}\pi_2+\frac{1}{2}\pi_3\\&\pi_3=\pi_1+\frac{1}{6}\pi_2\\&\pi_1+\pi_2+\pi_3=1\ \text{限制条件}\end{aligned}\longrightarrow\begin{aligned}&\pi_1=\frac{1}{3}\\&\pi_2=\frac{2}{7}\\&\pi_3=\frac{8}{21}\end{aligned}$$

3.5.3 齐次马尔可夫信源

一般情况下，信源发出的符号序列中信源符号之间的依赖关系是有限的，即信源符号之间具有有限记忆性。例如，当人们说话时，所说的第 20 个字与第 1 个字之间的依存关系可能会非常微弱。从概率角度讲，任一时刻信源符号发生的概率仅与前面已经发出的若干个符号有关，而与更早发出的符号无关，表现出马尔可夫性，此类信源称为**马尔可夫信源**。

定义3.11 马尔可夫信源

若信源输出的符号序列和状态序列满足下面的条件：

（1）某一时刻信源输出的符号 x_n 只与当前信源状态 z_n 有关，而与历史状态无关，即

$$P[x_n=a_{i_n}|z_n=S_{j_n},x_{n-1}=a_{i_{n-1}},z_{n-1}=S_{j_{n-1}},\cdots]=P[x_n=a_{i_n}|z_n=S_{j_n}]\tag{3.50}$$

（2）信源状态只由当前输出符号和前一时刻信源状态唯一决定，即

$$P[z_n=S_{j_n}|x_n=a_{i_n},z_{n-1}=S_{j_{n-1}}]=\begin{cases}1 & (S_{j_n},S_{j_{n-1}}\in S;a_{i_n}\in\mathscr{A})\\ 0 & (\text{其他})\end{cases}\tag{3.51}$$

式中，$\mathscr{A}=\{a_1,a_2,\cdots,a_Q\}$ 为信源符号集，$a_{i_n},a_{i_{n-1}}\in\mathscr{A}$；$S=\{S_1,S_2,\cdots,S_J\}$ 为信源状态集，$S_{i_n},S_{i_{n-1}}\in S$。

1. 一阶马尔可夫信源及数学模型

例3.13 一阶马尔可夫信源引例。

已知设有一信源，信源符号集 $\mathscr{A}=\{0,1\}$。已知信源所发出符号的情况由下述条件概率描述：

$P[0|0]=0.25$：信源已发出符号 0 的情况下，再发出符号 0 的概率

$P[1|0]=0.75$：信源已发出符号 0 的情况下，再发出符号 1 的概率

$P[0|1]=0.50$：信源已发出符号 1 的情况下，再发出符号 0 的概率

$P[1|1]=0.50$：信源已发出符号 1 的情况下，再发出符号 1 的概率

分析：根据条件概率可知，信源发出某一符号的概率仅与已发出的前一个符号有关，而与已发出的其他符号无关。据此，可以将信源符号集 $\mathscr{A}=\{0,1\}$ 中的每个符号定义为信源状态 $S_1=0,S_2=1,S=\{S_1,S_2\}$，符合马尔可夫信源定义中所要求的第一项：**某一时刻信源符号 x_n 的输出只与当前信源状态 z_n 有关，而与历史状态无关**。同时，如此定义的信源状态和符号关系，符合马尔可夫信源定义中所要求的第二项：**信源状态只由当前输出符号和前一时刻信源状态唯一决定**。由此，可以求得信源状态转移概率和状态转移矩阵为

$$\left.\begin{aligned}p_{11}&=P[S_1|S_1]=P[0|0]=0.25\\p_{12}&=P[S_2|S_1]=P[1|0]=0.75\\p_{21}&=P[S_1|S_2]=P[0|1]=0.50\\p_{22}&=P[S_2|S_2]=P[1|1]=0.50\end{aligned}\right.\longrightarrow \boldsymbol{P}=\begin{bmatrix}0.25&0.75\\0.50&0.50\end{bmatrix}$$

所对应的状态转移图见图 3.5。

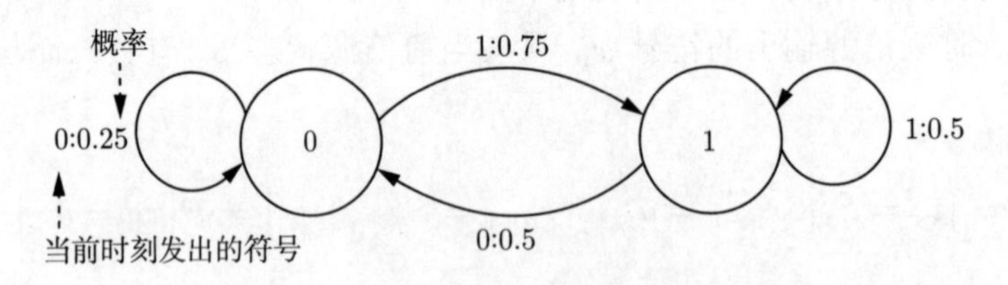

图 3.5 一阶马尔可夫信源的状态转移图

由例 3.13 可知，若信源在当前时刻发出符号的概率仅与前一时刻所发符号有关，则在利用马尔可夫链对信源进行描述时，信源符号与信源状态具有一一对应的关系。此时，信源性质**当前时刻发出符号的概率仅与前一时刻所发符号有关**也可以理解为**信源当前状态仅与前一时刻信源所处状态有关**，即状态转移概率满足

$$P\left[X_t|X_{t-1}\cdots X_1\right]=P\left[X_t|X_{t-1}\right] \tag{3.52}$$

具有这种特性的马尔可夫信源称为**一阶马尔可夫信源**（例 3.13中的信源就是一阶马尔可夫信源）。

2. 一阶齐次马尔可夫信源

据式 (3.43) 中**齐次马尔可夫链**性质，若状态转移概率与时间无关，即

$$P\left[X_t|X_{t-1}\cdots X_1\right]=P\left[X_t|X_{t-1}\right]=P\left[X_2|X_1\right] \tag{3.53}$$

则称此信源为**一阶齐次马尔可夫信源**。

例3.14 一阶齐次马尔可夫信源

假设例 3.9中相邻时刻红绿灯的关联关系为

$$P\left[\text{绿}|\text{绿}\right]=0.8,\ P\left[\text{红}|\text{绿}\right]=0.2,\ P\left[\text{绿}|\text{红}\right]=0.2,\ P\left[\text{红}|\text{红}\right]=0.8$$

分析：可以发现，相邻时刻红绿灯间的关联关系与时间无关，因此可以建模为**一阶齐次马尔可夫信源**。下面通过这个例子介绍**一阶齐次马尔可夫信源**的各种熵计算方法和特性。

3. 一阶齐次马尔可夫信源的信息熵

已求得 t 在 1、2、3、4 时刻红绿灯的概率分布如下（例 3.9）：

$$\begin{aligned}&P[X_1=\text{红}]=0.6,\ P[X_2=\text{红}]=0.56,\ P[X_3=\text{红}]=0.536,\ P[X_4=\text{红}]=0.5216\\&P[X_1=\text{绿}]=0.4,\ P[X_2=\text{绿}]=0.44,\ P[X_3=\text{绿}]=0.464,\ P[X_4=\text{绿}]=0.4784\end{aligned}$$

↓

$$\begin{aligned}H(X_1)=0.809\text{比特/符号},H(X_2)=0.830\text{比特/符号}\\H(X_3)=0.839\text{比特/符号},H(X_4)=0.843\text{比特/符号}\end{aligned}$$

4. 一阶齐次马尔可夫信源相邻符号间的条件熵

相邻两符号的联合分布：

一阶马尔可夫信源 ↓

X_4仅与X_3有关

X_3仅与X_2有关

X_2仅与X_1有关

齐次马尔可夫信源 ↓

$P[X_4|X_3]=P[X_2|X_1]$

$P[X_3|X_2]=P[X_2|X_1]$

$P[X_2|X_1]=$符号发送概率

↓

$$P[\underset{①\,②}{\text{绿绿}}]=0.32,\quad P[\underset{①\,②}{\text{绿红}}]=0.08,\quad P[\underset{①\,②}{\text{红绿}}]=0.12,\quad P[\underset{①\,②}{\text{红红}}]=0.48$$

条件熵 $H(X_2|X_1)$：

$$H(X_2|X_1) = 0.722\text{比特/符号} \qquad \leftarrow H(X_2|X_1) = \sum_{X_1}\sum_{X_2} P[X_1X_2]\log P[X_2|X_1]$$

条件熵 $H(X_3|X_2)$：

$$H(X_3|X_2) = \sum_{a_i} P[X_2 = a_i]\boldsymbol{H(X_3|X_2 = a_i)}$$

$$\boldsymbol{H(X_3|X_2=\text{绿})} = -P[\overset{③}{\text{绿}}|\overset{②}{\text{绿}}]\log P[\overset{③}{\text{绿}}|\overset{②}{\text{绿}}] - P[\overset{③}{\text{红}}|\overset{②}{\text{绿}}]\log P[\overset{③}{\text{红}}|\overset{②}{\text{绿}}]$$

$$H(0.2, 0.8) \qquad H(0.8, 0.2)$$

$$\boldsymbol{H(X_3|X_2=\text{红})} = -P[\underset{③}{\text{绿}}|\underset{②}{\text{红}}]\log P[\underset{③}{\text{绿}}|\underset{②}{\text{红}}] - P[\underset{③}{\text{红}}|\underset{②}{\text{红}}]\log P[\underset{③}{\text{红}}|\underset{②}{\text{红}}]$$

$$H(X_3|X_2) \overset{\downarrow}{=} P[\overset{②}{\text{绿}}]H(0.8, 0.2) + P[\overset{②}{\text{红}}]H(0.2, 0.8) = 0.722\text{比特/符号} = H(X_2|X_1)$$

条件熵 $H(X_4|X_3)$：

$$H(X_4|X_3) = P[\overset{③}{\text{绿}}]H(0.8, 0.2) + P[\overset{③}{\text{红}}]H(0.2, 0.8) = 0.722\text{比特/符号} = H(X_2|X_1)$$

总结：对于一阶齐次马尔可夫信源，任意相邻两个符号间的条件熵相同。

5. 一阶齐次马尔可夫信源多符号间的条件熵

条件熵 $H(X_3|X_2X_1)$： **一阶马尔可夫信源**

$$\begin{aligned}
H(X_3|X_2X_1) &= \sum_{X_3}\sum_{X_2}\sum_{X_1} P[X_3X_2X_1]\log \underbrace{P[X_3|X_2X_1]}_{P[X_3|X_2]} \\
&= \sum_{X_3}\sum_{X_2} P[X_3X_2]\log P[X_3|X_2] \underbrace{\sum_{X_1} P[X_1|X_3X_2]}_{1} \\
&= \sum_{X_3}\sum_{X_2} P[X_3X_2]\log P[X_3|X_2] = H(X_3|X_2) = 0.722\text{比特/符号}
\end{aligned}$$

说明：$H(X_3|X_2X_1) = H(X_3|X_2)$ 之所以成立，是因为信源为一阶马尔可夫信源。

条件熵 $H(X_4|X_3X_2X_1)$：

$$H(X_4|X_3X_2X_1) = H(X_4|X_3) = H(X_2|X_1) = 0.722\text{比特/符号}$$

总结：对于一阶齐次马尔可夫信源，多符号间的条件熵 $H(X_N|X_{N-1}\cdots X_2X_1)$ 为相邻符号间的条件熵：$H(X_N|X_{N-1}) = H(X_{N-1}|X_{N-2}) = \cdots = H(X_3|X_2) = H(X_2|X_1)$。

6. 一阶齐次马尔可夫信源的平均符号熵

每个信源符号（所遇交通灯）均来自同一符号集 $\mathscr{A}=\{绿,红\}$，因此小学生春风和楠楠所遇交通灯序列可以建模为一个 N 次扩展信源。

当 $N=1$ 时，N 次扩展信源的平均符号熵

$$H_1(X)=H(X_1)=0.809\text{比特/符号}$$

$$H_2(X)=\frac{1}{2}H(X_1X_2)\overset{H(X_1X_2)=H(X_1)+H(X_2|X_1)}{=}0.766\text{比特/符号}$$

当 $N=2$ 时，N 次扩展信源的平均符号熵

$H_N(X)$平均符号熵→定义 3.4

$$\boxed{H_N(X)=\frac{1}{N}H(X_1X_2\cdots X_{N-1}X_N)}$$

当 $N=100$ 时，N 次扩展信源的平均符号熵：

根据式 (3.32) 可得

$$H(X^N)=H(X_1)+\overbrace{H(X_2|X_1)+\underbrace{H(X_3|X_2X_1)}_{H(X_2|X_1)}+\cdots+\underbrace{H(X_N|X_{N-1}X_{N-2}\cdots X_2X_1)}_{H(X_N|X_{N-1})=H(X_2|X_1)}}^{\text{一阶齐次马尔可夫信源：只与最近的一个符号有关 + 条件概率与时间无关}}$$

（后 $N-1$ 项之和为 $(N-1)H(X_2|X_1)$）

$$H(X^N)=H(X_1)+(N-1)H(X_2|X_1) \tag{3.54}$$

$$H_{100}(X)=\frac{1}{100}\left[H(X_1)+99H(X_2|X_1)\right]$$
$$=\frac{1}{100}\left[0.809+99\times 0.722\right]\approx 0.723(\text{比特/符号})$$

当 $N=\infty$ 时，N 次扩展信源的平均符号熵：

根据式 (3.54) 可得

$$H_\infty=\lim_{N\to\infty}H_N(X)=\lim_{N\to\infty}\left[\frac{H(X_1)}{N}+\frac{N-1}{N}H(X_2|X_1)\right]$$
$$=H(X_2|X_1)=0.722(\text{比特/符号})$$

7. 一阶齐次马尔可夫信源熵关系

条件熵与信源熵的关系：

$$\boxed{0.989\text{比特/符号}}\leqslant\boxed{1.2241\text{比特/符号}}\leqslant\boxed{1.4591\text{比特/符号}}$$

$\boldsymbol{H(X_2|X_1)}$　　$\boldsymbol{H_2(X)}$　　$\boldsymbol{H(X)}$

扩展信源平均符号熵间的关系：

$\boldsymbol{H_{100}(X)}$　　$\boldsymbol{H_2(X)}$　　$\boldsymbol{H_1(X)}$

$\boxed{0.994\text{比特/符号}} \leqslant \boxed{1.2241\text{比特/符号}} \leqslant \boxed{1.4591\text{比特/符号}}$

随着 N 的增大，N 次扩展信源的平均符号熵 $H_N(X)$ 是**非递增的**，与定理 3.2中的结论一致。

8. 二阶齐次马尔可夫信源

如果一马尔可夫信源，消息符号的发生概率仅与前面两个消息符号有关，则此类信源称为**二阶马尔可夫信源**，即有

$$P\big[X_n|X_{n-1}X_{n-2}X_{n-3}\cdots X_2X_1\big] = P\big[X_n|X_{n-1}X_{n-2}\big] \tag{3.55}$$

例3.15 二阶马尔可夫信源。

假设例 3.9中红绿灯间的关联关系为（为表示方便：0= 绿灯；1= 红灯）：

$P[0|00] = 0.8$： 已遇到灯 00 的情况下，再遇到灯 0 的概率

$P[1|00] = 0.2$： 已遇到灯 00 的情况下，再遇到灯 1 的概率

$P[0|01] = 0.5$： 已遇到灯 01 的情况下，再遇到灯 0 的概率

$P[1|01] = 0.5$： 已遇到灯 01 的情况下，再遇到灯 1 的概率

$P[0|10] = 0.5$： 已遇到灯 10 的情况下，再遇到灯 0 的概率

$P[1|10] = 0.5$： 已遇到灯 10 的情况下，再遇到灯 1 的概率

$P[0|11] = 0.2$： 已遇到灯 11 的情况下，再遇到灯 0 的概率

$P[1|11] = 0.8$： 已遇到灯 11 的情况下，再遇到灯 1 的概率

分析：根据关联关系（条件概率）可知，信源发出某一符号（遇到交通灯）的概率由最近两个历史时刻发出的符号（最近遇到的两个交通灯）决定，而与其他历史符号（其他历史时刻遇到的交通灯）无关。据此，将源自信源符号集 $\mathscr{A} = \{0,1\}$ 的任意两个符号定义为一个状态，共有 $Q^m = 2^2 = 4$ 种状态，其中，Q 表示信源符号集 $\mathscr{A}$ 中符号的个数，m 表示马尔可夫阶数（符号关联阶数）。

不妨将状态定义：$S_1 = 00$,　$S_2 = 01$,　$S_3 = 10$,　$S_4 = 11$。

利用条件概率和信源状态的定义，可以求取状态之间的相互转换及其条件：

$$X_1 = \overbrace{\overset{①}{0} \qquad \underbrace{\overset{②}{0}}_{}}^{S_1}\!\!\underbrace{\qquad \overset{③}{0}}_{S_1}$$

前 2 个时刻（时刻①和②）信源发出了符号 00，此时信源处于状态 S_1（$z_2 = S_1 = \overset{①②}{00}$）。在时刻③信源以概率 $P[0|00] = P[0|S_1] = 0.8$ 发出符号 0，并进入新的状态 S_1（$z_3 = S_1 = \overset{②③}{00}$），实现状态一步转移，一步转移概率为 $p_{11} = P[z_3 = S_1|z_2 = S_1] = 0.8$。

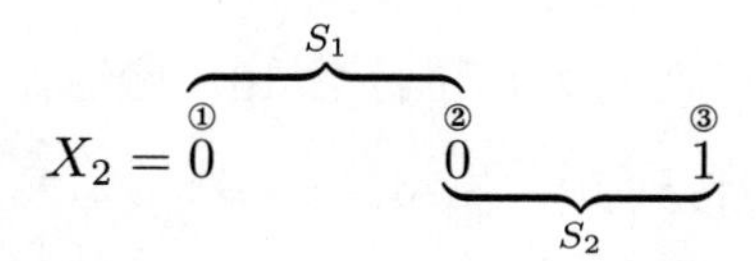

前 2 个时刻(时刻①和②)信源发出了符号 00,此时信源处于状态 S_1($z_2 = S_1 = \overset{①②}{00}$)。在时刻③信源以概率 $P[1|00] = P[1|S_1] = 0.2$ 发出符号 1,并进入新的状态 S_2($z_3 = S_2 = \overset{②③}{01}$),实现状态一步转移,一步转移概率为 $p_{12} = P[z_3 = S_2|z_2 = S_1] = 0.2$。

$$X_3 = \overbrace{\overset{①}{0}\qquad \overset{②}{1}}^{S_2}\qquad \overset{③}{0}$$
$$\phantom{X_3 = \overset{①}{0}\qquad}\underbrace{\overset{②}{1}\qquad \overset{③}{0}}_{S_3}$$

前 2 个时刻(时刻①和②)信源发出了符号 01,此时信源处于状态 S_2($z_2 = S_2 = \overset{①②}{01}$)。在时刻③信源以概率 $P[0|01] = P[0|S_2] = 0.5$ 发出符号 0,并进入新的状态 S_3($z_3 = S_3 = \overset{②③}{10}$),实现状态一步转移,一步转移概率为 $p_{23} = P[z_3 = S_3|z_2 = S_2] = 0.5$。

$$X_4 = \overbrace{\overset{①}{0}\qquad \overset{②}{1}}^{S_2}\qquad \overset{③}{1}$$
$$\phantom{X_4 = \overset{①}{0}\qquad}\underbrace{\overset{②}{1}\qquad \overset{③}{1}}_{S_4}$$

前 2 个时刻(时刻①和②)信源发出了符号 01,此时信源处于状态 S_2($z_2 = S_2 = \overset{①②}{01}$)。在时刻③信源以概率 $P[1|01] = P[1|S_2] = 0.5$ 发出符号 1,并进入新的状态 S_4($z_3 = S_4 = \overset{②③}{11}$),实现状态一步转移,一步转移概率为 $p_{24} = P[z_3 = S_4|z_2 = S_2] = 0.5$。

同理,可以求得下列状态一步转移概率:

$$p_{31} = P[S_1|S_3] = 0.5,\quad p_{32} = P[S_2|S_3] = 0.5,$$
$$p_{43} = P[S_3|S_4] = 0.2,\quad p_{44} = P[S_4|S_4] = 0.8$$

特别地,有

$$p_{13} = P[S_3|S_1] = 0,\quad p_{14} = P[S_4|S_1] = 0,\quad p_{21} = P[S_1|S_2] = 0,\quad p_{22} = P[S_2|S_2] = 0$$
$$p_{33} = P[S_3|S_3] = 0,\quad p_{34} = P[S_4|S_3] = 0,\quad p_{41} = P[S_1|S_4] = 0,\quad p_{42} = P[S_2|S_4] = 0$$

下面以 $p_{34} = 0$ 为例说明转移概率为 0 的原因:

$$X_5 = \overbrace{\overset{①}{1}\qquad \overset{②}{0}}^{S_3}$$
$$\underbrace{\overset{②}{1}\qquad \overset{③}{1}}_{S_4}$$

前 2 个时刻（时刻①和②）信源发出了符号 10，信源处于状态 S_3（$z_2 = S_3 = \overset{①②}{10}$）。此时系统无法只经过一步就转移到新状态 S_4（$z_3 = S_4 = \overset{②③}{11}$），故一步转移概率为 $p_{34} = P[z_3 = S_4|z_2 = S_3] = 0$。

总结上述结果，得到状态转移矩阵为

$$\boldsymbol{P} = \begin{bmatrix} 0.8 & 0.2 & 0.0 & 0.0 \\ 0.0 & 0.0 & 0.5 & 0.5 \\ 0.5 & 0.5 & 0.0 & 0.0 \\ 0.0 & 0.0 & 0.2 & 0.8 \end{bmatrix}$$

所对应的状态转移图见图 3.6。

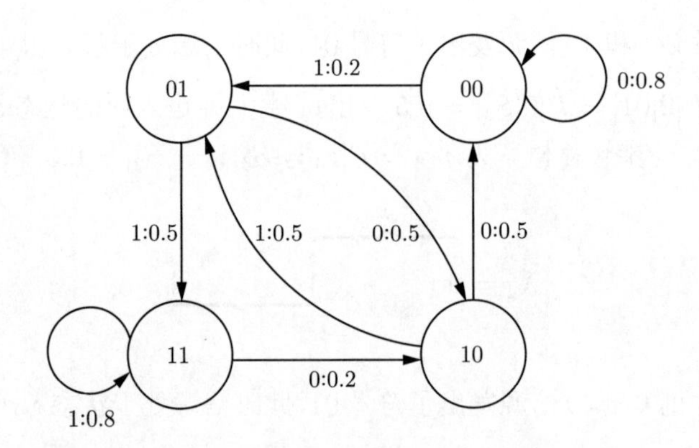

图 3.6 二阶马尔可夫信源状态转移图

如果式 (3.55) 与时间无关，即

$$P\big[X_n|X_{n-1}X_{n-2}X_{n-3}\cdots X_2X_1\big] = P\big[X_n|X_{n-1}X_{n-2}\big] = \cdots = P\big[X_3|X_2X_1\big] \tag{3.56}$$

则此二阶马尔可夫信源为**二阶齐次马尔可夫信源**。例 3.15中符号发送概率与时间无关，故可判定此例中的信源为二阶齐次马尔可夫信源。

3.5.4 m 阶齐次马尔可夫信源

1. m 阶马尔可夫信源

上述一阶和二阶马尔可夫信源概念可以很自然地推广到一般情况，m 阶马尔可夫信源。假设信源符号集 $\mathscr{A} = \{a_1, a_2, \cdots, a_Q\}$，如果信源发出的符号 x_n 只与最近的 m 个历史时刻所发出的符号（$x_{n-1}, x_{n-2}, \cdots, x_{n-m}$）有关，即满足

$$P\big[x_n = a_{i_n}|\underset{\cdots\cdots\cdots\cdots\cdots\cdots\cdots\cdots\cdots\cdots\cdots\cdots\cdots\cdots}{x_{n-1} = a_{i_{n-1}}, x_{n-2} = a_{i_{n-2}}, \cdots, x_{n-m} = a_{i_{n-m}}}, \cdots, x_2 = a_{i_2}, x_1 = a_{i_1}\big]$$

$$= P\big[x_n = a_{i_n}|x_{n-1} = a_{i_{n-1}}, x_{n-2} = a_{i_{n-2}}, \cdots, x_{n-m} = a_{i_{n-m}}\big] \tag{3.57}$$

则此类信源称为 m **阶马尔可夫信源**。

2. m **阶马尔可夫信源的状态转移概率**

根据定义 3.11**马尔可夫信源**，需将 m **阶马尔可夫信源**符号发送情况建模为马尔可夫信源状态的转换情况，以便利用马尔可夫链这一数学工具进行研究。根据前面的例子，不失一般性，信源发送符号与信源状态可利用如下方法进行转换并进一步得到 m **阶马尔可夫信源**的状态转移概率矩阵。

根据马尔可夫性可得

$$
\begin{aligned}
&P\big[x_n = a_{i_n} | x_{n-1} = a_{i_{n-1}}, x_{n-2} = a_{i_{n-2}}, \cdots, x_{n-m} = a_{i_{n-m}}, \cdots, x_2 = a_{i_2}, x_1 = a_{i_1}\big] \\
= &P\big[x_n = a_{i_n} | \underbrace{x_{n-1} = a_{i_{n-1}}, x_{n-2} = a_{i_{n-2}}, \cdots, x_{n-m} = a_{i_{n-m}}}_{m\text{ 个信源符号取值定义为信源状态}}\big]
\end{aligned}
$$

信源状态中的 m 个符号取自同一个符号集 $\mathscr{A}$，所以共有 Q^m 个信源状态。所有这些信源状态组成信源状态空间 S，$S = \{S_1, S_2, \cdots, S_{Q^m}\}$。第 $i(i = 1, 2, \cdots, Q^m)$ 个信源状态为 $S_i = a_{i_1} a_{i_2} \cdots a_{i_m}$。其中，$a_{i_1}, a_{i_2}, \cdots, a_{i_m} \in \mathscr{A}$。

状态转移概率：

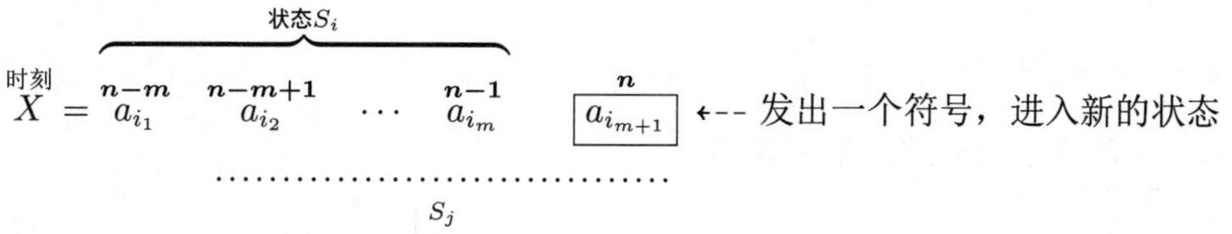

$$
\begin{array}{l}
\qquad\qquad\qquad\overbrace{\qquad\qquad\qquad\qquad\qquad}^{\text{状态}S_i} \\
\text{时刻}\qquad \boldsymbol{n-m} \qquad \boldsymbol{n-m+1} \qquad\qquad \boldsymbol{n-1} \qquad\qquad \boldsymbol{n} \\
X = \; a_{i_1} \qquad\quad a_{i_2} \qquad\quad \cdots \qquad a_{i_m} \qquad \boxed{a_{i_{m+1}}} \;\leftarrow\text{-- 发出一个符号，进入新的状态} \\
\qquad\qquad\qquad\qquad\qquad\; S_j
\end{array}
$$

$$
\begin{aligned}
\downarrow \\
P\left[z_n = S_j | z_{n-1} = S_i\right] &= P\big[a_{i_{m+1}} | z_{n-1} = S_i\big] \;\leftarrow\text{-- 发出的符号，由信源状态决定} \\
&= \underbrace{P\big[a_{i_{m+1}} | a_{i_m} a_{i_{m-1}} \cdots a_{i_2} a_{i_1}\big]}_{\text{符号发送概率}} \\
&= p_{ij}(n)
\end{aligned}
$$

据此，时刻 n 处的**一步状态转移概率**为

$$
\begin{aligned}
p_{ij}(n) = &P\big[a_{i_{m+1}} | a_{i_m} a_{i_{m-1}} \cdots a_{i_2} a_{i_1}\big], \qquad i, j \in \{1, 2, \cdots, Q^m\} \\
&S_i = a_{i_m} a_{i_{m-1}} \cdots a_{i_2} a_{i_1} \\
&S_j = a_{i_{m+1}} a_{i_m} \cdots a_{i_3} a_{i_2} \\
&a_{i_{m+1}}, a_{i_m}, a_{i_{m-1}}, \cdots, a_{i_2}, a_{i_1} \in \mathscr{A}
\end{aligned}
\tag{3.58}
$$

3. m **阶齐次马尔可夫信源**

如果式 (3.58) 的一步转移概率与时间 n 无关，则此信源为 m **阶齐次马尔可夫信源**：

$$
p_{ij}(n) = p_{ij}(n-1) = \cdots = p_{ij}(1) = p_{ij} \tag{3.59}
$$

4. m 阶齐次马尔可夫信源的极限熵

m 阶齐次马尔可夫信源的极限熵存在下面的定理。

定理3.4 m 阶齐次马尔可夫信源极限熵

m 阶齐次马尔可夫信源的极限熵为

$$H_\infty = H(X_{m+1}|X_m X_{m-1}\cdots X_2 X_1) = H_{m+1}$$

证明：据式 (3.27) 中极限熵定义可得

$$\begin{aligned}
H_\infty &= \lim_{N\to\infty} H(X_N|X_{N-1}X_{N-2}\cdots X_{N-m}X_{N-m-1}\cdots X_2X_1)\\
&= \lim_{N\to\infty} H(X_N|X_{N-1}X_{N-2}\cdots X_{N-m}) \quad \text{m 阶马尔可夫链}\\
&= H(X_{m+1}|X_mX_{m-1}\cdots X_1) \quad \text{处于平稳状态的齐次马尔可夫链}\\
&= H_{m+1}
\end{aligned} \tag{3.60}$$

H_{m+1} 表达式为

$$H_{m+1} = H(X_{m+1}|X_mX_{m-1}\cdots X_2X_1)$$

$$= -\sum_{a_{i_{m+1}}}\sum_{a_{i_m}}\cdots\sum_{a_{i_2}}\sum_{a_{i_1}} \underbrace{P\begin{bmatrix} x_{m+1}=a_{i_{m+1}}\\ x_m=a_{i_m}\\ \vdots\\ x_2=a_{i_2}\\ x_1=a_{i_1}\end{bmatrix}}_{\text{①}} \log P\left[x_{m+1}=a_{i_{m+1}} \middle| \begin{matrix} x_m=a_{i_m}\\ \vdots\\ x_2=a_{i_2}\\ x_1=a_{i_1}\end{matrix}\right]$$

$$P\big[a_{i_{m+1}},a_{i_m},\cdots,a_{i_2},a_{i_1}\big]=P\big[a_{i_{m+1}}|a_{i_m},\cdots,a_{i_2},a_{i_1}\big]P\big[a_{i_m},\cdots,a_{i_2},a_{i_1}\big]$$

定义：$S_i = a_{i_m},\cdots,a_{i_2},a_{i_1}$

$$\overset{①}{=} -\sum_{a_{i_{m+1}}}\underbrace{\sum_{a_{i_m}}\sum_{a_{i_{m-1}}}\cdots\sum_{a_{i_3}}\sum_{a_{i_2}}\sum_{a_{i_1}}}_{\sum_{S_i\in S}} P\big[a_{i_{m+1}}|S_i\big]P\big[S_i\big]\log P\big[a_{i_{m+1}}|S_i\big]$$

$$= -\sum_{S_i\in S}P\big[S_i\big]\underbrace{\sum_{a_{i_{m+1}}\in\mathscr{A}} P\big[a_{i_{m+1}}|S_i\big]\log P\big[a_{i_{m+1}}|S_i\big]}_{\text{定义为}-H(X|S_i)}$$

最后得到

$$H_{m+1} = \sum_{S_i \in S} P[S_i] H(X|S_i) \tag{3.61}$$

式中，$P[S_i]$ 为平稳分布 $\pi_i(i \in S)$，这是因为 H_{m+1} 为 m 阶齐次马尔可夫信源的极限熵，是当 N 趋于无穷时信源的平均符号熵，此时遍历的齐次马尔可夫信源已经处于平稳状态。$H(X|S_i) = -\sum_{a_j \in \mathscr{A}} P[a_j|S_i] \log P[a_j|S_i]$ 为信源处于状态 $S_i(i = 1, 2, \cdots, Q^m)$ 时的信源熵，即处于状态 S_i 的信源，发出一个信源符号所具有的平均自信息量（或者具有的平均不确定性）。

在例 3.15 中已经求得平稳分布，说明经过无穷步（$N \to \infty$）转移后，信源以不变的概率遍历各平稳状态，并且在以固定概率发出一个新的符号后，转入下一个平稳状态。例如：信源平稳运行后，当其处于 $S_1 = 00$ 状态时，以固定概率 $P[0|00] = 0.8$ 发出符号 0，信源仍处于 $S_1 = 00$ 状态；当其以固定概率 $P[1|00] = 0.2$ 发出符号 1 后，信源进入 $S_2 = 01$ 状态。

根据**全概率公式**和**平稳分布**，可以求得信源处于平稳状态后的单符号分布：

$$P[X_N = 0] = \sum_{S_i \in S} P[X_{N-1} = S_i] P[X_N = 0|X_N = S_i]$$

$$\lim_{N\to\infty} P[X_N = 0] = \sum_{S_i \in S} \underbrace{\lim_{N\to\infty} P[X_{N-1} = S_i]}_{\text{平稳分布}\pi_i\to\text{与时间无关}} \times \underbrace{\lim_{N\to\infty} P[X_N = 0|X_N = S_i]}_{\text{与时间无关}\to P[0|S_i]}$$

$\lim_{N\to\infty} P[X_N = 0]$ --→	**与时间无关**	←-- $\lim_{N\to\infty} P[X_N = 1]$

总结：二阶齐次马尔可夫信源处于平稳状态后，其**单符号分布与时间无关**。

信源处于平稳状态后，其相邻符号的联合分布与时间无关：

$$\lim_{N\to\infty} P[X_{N-1} = a_{i_{N-1}} X_N = a_{i_N}] = P[a_{i_{N-1}} a_{i_N}] = \pi_i$$

同理，可以得到结论：**处于平稳状态后，m 阶齐次马尔可夫信源的多维联合分布与时间无关**。

例3.16 极限熵计算举例。

例 3.15 所示的交通灯间的关联关系与时间无关，因此可以建模为二阶齐次马尔可夫信源，其状态转移矩阵为

$$\boldsymbol{P} = \begin{bmatrix} 0.8 & 0.2 & 0.0 & 0.0 \\ 0.0 & 0.0 & 0.5 & 0.5 \\ 0.5 & 0.5 & 0.0 & 0.0 \\ 0.0 & 0.0 & 0.2 & 0.8 \end{bmatrix}$$

求此信源的极限熵。

解：（1）判断是否存在平稳分布。经计算可知：

$$\boldsymbol{P}^2 = \begin{bmatrix} 0.64 & 0.16 & 0.10 & 0.10 \\ 0.25 & 0.25 & 0.10 & 0.40 \\ 0.40 & 0.10 & 0.25 & 0.25 \\ 0.10 & 0.10 & 0.16 & 0.64 \end{bmatrix}$$

即存在一个正整数 $m = 2$，使得 $\boldsymbol{P}^m$ 中各个元素均大于 0，满足平稳分布存在条件，故所述二阶马尔可夫信源存在平稳分布。

（2）求取平稳分布。设所述马尔可夫信源的平稳分布为 $\boldsymbol{\pi} = [\pi_1 \ \ \pi_2 \ \ \pi_3 \ \ \pi_4]$，据式 (3.49) 中平稳分布性质，有

$$\boldsymbol{\pi} = \boldsymbol{\pi P} \rightarrow \begin{array}{l} \pi_1 = \pi_4 \\ \pi_2 = \pi_3 \\ \pi_1 = \frac{5}{2}\pi_2 \\ \underbrace{\pi_1 + \pi_2 + \pi_3 + \pi_4 = 1}_{\text{限制条件}} \end{array} \rightarrow \begin{array}{l} \pi_1 = \dfrac{5}{14} \\ \pi_2 = \dfrac{1}{7} \\ \pi_3 = \dfrac{1}{7} \\ \pi_4 = \dfrac{5}{14} \end{array} \tag{3.62}$$

（3）求取极限熵。根据式 (3.61) 中极限熵计算公式可得

$$\begin{aligned} H_\infty &= H_{m+1} = H_3 \\ &= P[S_1]H(X|S_1) + P[S_2]H(X|S_2) + P[S_3]H(X|S_3) + P[S_4]H(X|S_4) \\ &\qquad \underline{H(X|S_1) = -P[0|S_1]\log P[0|S_1] - P[1|S_1]\log P[1|S_1] = H(0.8, 0.2)} \\ &\qquad \underline{H(X|S_2) = -P[0|S_2]\log P[0|S_2] - P[1|S_2]\log P[1|S_2] = H(0.5, 0.5)} \\ &\qquad \underline{H(X|S_3) = -P[0|S_1]\log P[0|S_3] - P[1|S_3]\log P[1|S_3] = H(0.5, 0.5)} \\ &\qquad \underline{H(X|S_4) = -P[0|S_4]\log P[0|S_4] - P[1|S_4]\log P[1|S_4] = H(0.2, 0.8)} \\ &= P[S_1]H(0.8, 0.2) + P[S_2]H(0.5, 0.5) + P[S_3]H(0.5, 0.5) + P[S_4]H(0.2, 0.8) \\ &\qquad \underbrace{P[S_1] = \pi_1 \ \ \pi_4 = P[S_4]}_{5/14} \qquad \underbrace{P[S_2] = \pi_2 \ \ \pi_3 = P[S_3]}_{1/7} \\ &= 0.8(\text{比特/符号}) \end{aligned}$$

3.6 信源的相关性和剩余度

3.6.1 信源的相关性

上面已经讨论了离散平稳信源及其熵率，但实际的离散信源往往是非平稳的，对于非平稳信源来说，极限熵 H_∞ 不一定存在，但为了方便研究通常利用平稳信源来近似非平稳信源，从而可以利用平稳信源的极限熵来近似刻画非平稳信源中单个符号所携带的平均信息量。即便对于一般的离散平稳信源，极限熵的求取也有一定的困难。这时可以进一步简化处理：假定平稳信源是 m 阶马尔可夫信源，用 m 阶马尔可夫信源的极限熵表达式 $H_\infty = H_{m+1}$ 来近似信源熵。幸运的是，大多数平稳信源在利用马尔可夫信源近似时都可以达到实用要求。这说明在实际应用时，信源符号之间的依赖关系或者相关性可以认为只存在于 $m+1$ 个符号之间，即认为当前输出符号只与 m 个历史符号有关。

在利用马尔可夫信源近似时，马尔可夫信源的阶数 m 是一个最重要的参数。阶数越大，符号间的依赖长度越长，符号相关性表现得越明显，信源的记忆长度越大。在离散平稳有记忆信源中，$m=1$ 的马尔可夫信源是其中最简单的一类，说明信源符号只与 1 个历史符号有关，信源的记忆长度为 1，这类信源的极限熵为 $H_{m+1} = H_2 = H(X_2|X_1)$。若再进一步简化，就是离散平稳无记忆信源。可认为离散平稳无记忆信源是 $m=0$ 的马尔可夫信源，因为在这类信源中信源当前时刻发送的符号，只与 $m=0$ 个历史符号有关，信源的记忆长度为 0，自然是无记忆信源。这时可用离散单符号信源的信源熵表示单个符号所携带的平均信息量，即 $H_\infty = H_{m+1} = H_1 = H(X)$。在求取离散无记忆信源的信源熵 $H(X)$ 时，需要全面掌握信源符号的概率统计分布，这显然还可以进一步简化：信源输出符号等概率分布，而符号等概率分布说明信源的不确定程度最大，单个信源所携带的平均信息量最多，信源熵达到其极值（称为最大熵），$H(X) = H_{\max} = \log Q$。沿用前述的马尔可夫信源表示方法，可以认为符号等概率分布的离散无记忆信源为 -1 阶马尔可夫信源（$m=-1$），则符号等概率分布的离散无记忆信源的极限熵为 $H_\infty = H_{m+1} = H_0 = H_{\max} = \log Q$。

因此，对于有 Q 个信源符号的离散平稳有记忆信源，可以分别用不同阶的马尔可夫信源来近似，如表 3.2所示。

根据定理 3.2可得

$$\log Q = H_{\max} = H_0 \geqslant H_1 \geqslant H_2 \geqslant \cdots \geqslant H_{m+1} \geqslant \cdots \geqslant H_\infty \tag{3.63}$$

由此可见，信源符号间的依赖关系使信源熵减小。信源符号记忆长度越长，信源熵越小，仅当信源符号间彼此无依赖且为等概率分布时，信源熵才最大。对于信源来说，其输出的单个符号实际所携带的平均信息量为熵率 H_∞。由于信源输出符号间的依赖关系（信源的相关性），信源符号所携带的平均信息量减小。信源输出符号间依赖关系越强，记忆长度越大，信源中单个符号所携带的平均信息量就越小。当信源输出符号间彼此不存在依赖关系，记忆长度为 0 且符号为等概率分布时，信源单个符号所携带的平均信息量才最大。

表 3.2 马尔可夫信源近似

信源特性	对应的 马尔可夫信源阶数	极限熵$H_\infty = H_{m+1}$
符号等概率分布的离散无记忆信源	-1	$H_0 = \log Q$
符号非等概率分布的离散无记忆信源	0	$H_1 = H(X)$
与 1 个历史符号有关、记忆长度为 1 的离散有记忆信源	1	$H_2 = H(X_2\|X_1)$
与 2 个历史符号有关、记忆长度为 2 的离散有记忆信源	2	$H_3 = H(X_3\|X_2X_1)$
⋮	⋮	⋮
与 m 个历史符号有关、记忆长度为 m 的离散有记忆信源	m	$H_{m+1}= H(X_{m+1}\|X_m \cdots X_1)$
⋮	⋮	⋮
与所有历史符号有关、记忆长度为无穷的离散有记忆信源	∞	$H_\infty= \lim\limits_{n\to\infty} H(X_{n+1}\|X_n \cdots X_1)$

例3.17 英文信源的相关性及信息熵。

已知英文信源包括 26 个英文字母和 1 个空格符号。英文信源所发送符号有相关性，对相关程度做不同近似，会得到不同的信源模型：

（1）英文符号等概率分布且相互独立；

（2）统计英文符号实际出现的概率（表 3.3），并假设英文信源为离散无记忆信源；

（3）英文信源建模为一阶马尔可夫信源；

（4）英文信源建模为二阶马尔可夫信源；

（5）英文信源建模为四阶马尔可夫信源；

（6）考虑全部符号具有相关性。

求上述各种模型下的英文信源的信源熵。

表 3.3 英文符号概率

符号	概率	符号	概率	符号	概率
A	0.0642	J	0.0008	S	0.0514
B	0.0127	K	0.0049	T	0.0796
C	0.0218	L	0.0321	U	0.0228
D	0.0317	M	0.0198	V	0.0228
E	0.1031	N	0.0574	W	0.0175
F	0.0208	O	0.0632	X	0.0013
G	0.0152	P	0.0152	Y	0.0164
H	0.0467	Q	0.0008	Z	0.0005
I	0.0575	R	0.0484	空格	0.1859

解：假设英文信源的各符号统计独立，并且等概率发生，即英文信源建模为符号等概率分布的离散无记忆信源，此时的信源熵为最大熵，可表示为

$$H_0 = \log Q = \log 27 = 4.76(\text{比特/符号})$$

符号非等概率分布的离散无记忆信源。实际的英文信源中，符号并非等概率发生。先对英文书中各符号出现的概率加以统计，得到各个符号的先验概率分布如表 3.3所示，进而可以求得一般情况下离散无记忆信源的信源熵。

因此，若认为英文信源所发出符号之间是离散无记忆的，则根据表中的先验概率可求得信源熵为

$$H_1 = -\sum_{i=1}^{27} P[x_i] \log P[x_i] = 4.03(\text{比特/符号})$$

若认为英文信源中前后 2 个符号之间存在相关性，即记忆长度为 1，则可根据字母出现的条件概率 $P[x_i|x_j]$ 求得信源熵为

$$H_2 = 3.32(\text{比特/符号})$$

若认为英文信源中前后 3 个符号之间存在相关性，说明记忆长度为 2，则可根据字母出现的条件概率 $P[x_i|x_{j_1}x_{j_2}]$ 求得信源熵为

$$H_3 = 3.10(\text{比特/符号})$$

若认为英文信源中前后 5 个符号之间存在相关性，即信源记忆长度为 4，则可根据字母出现的条件概率 $P[x_i|x_{j_1}x_{j_2}x_{j_3}x_{j_4}]$ 求得信源熵为

$$H_5 = 1.65(\text{比特/符号})$$

若考虑所有符号之间存在相关性，则可根据字母出现的条件概率求得信源熵为（利用统计推断方法求得，由于逼近方法不同或选取的样本不同，H_∞ 会有一定的差异，这里采用香农本人求得的极限熵）

$$H_\infty = 1.40(\text{比特/符号})$$

注意事项：在求取 m 阶马尔可夫信源的极限熵时，需要知道条件概率分布情况，但是计算量相当大。例如，若信源近似为二阶马尔可夫信源，则需要计算 $27^3 = 19683$ 项二阶条件概率 $P[x_i|x_{j_1}x_{j_2}], x_i \in \{\text{英文符号集}\}, x_{j_1} \in \{\text{英文符号集}\}, x_{j_2} \in \{\text{英文符号集}\}$。

3.6.2 信源剩余度

1. 剩余度的引入

根据 **例** 3.17，如果要传输 100bit 的信息量，那么不同的信源模型各需要多少符号？

符号等概率分布并且独立：$N=\left\lceil\frac{100}{H_0}\right\rceil=\left\lceil\frac{100}{4.76}\right\rceil=21$ 个英文符号

非等概率分布的无记忆信源：$N=\left\lceil\frac{100}{H_1}\right\rceil=\left\lceil\frac{100}{4.03}\right\rceil=25$ 个英文符号

信源建模为一阶马尔可夫信源：$N=\left\lceil\frac{100}{H_2}\right\rceil=\left\lceil\frac{100}{3.32}\right\rceil=31$ 个英文符号

信源建模为二阶马尔可夫信源：$N=\left\lceil\frac{100}{H_3}\right\rceil=\left\lceil\frac{100}{3.10}\right\rceil=33$ 个英文符号

信源建模为四阶马尔可夫信源：$N=\left\lceil\frac{100}{H_5}\right\rceil=\left\lceil\frac{100}{1.65}\right\rceil=61$ 个英文符号

考虑全部符号具有相关性：$N=\left\lceil\frac{100}{H_\infty}\right\rceil=\left\lceil\frac{100}{1.4}\right\rceil=72$ 个英文符号

由此可以发现，如果信源输出符号之间没有相关性且符号等概率发生，则传输 100bit 的信息量只需要 21 个字符，而其他类型的信源所需字符数远大于 21，说明这些信源相对于等概率分布的离散无记忆信源来说传输了过多的信源符号，符号存在剩余。符号记忆长度不同，信源符号剩余程度不同，故引入**剩余度**这一概念。

2. 信源剩余度

定义3.12 信源效率

信源熵率（极限熵）与具有相同符号集的最大熵之间的比值称为**信源效率**，其表达式为

$$\eta=\frac{H_\infty}{H_0} \tag{3.64}$$

信源效率表明了信源符号携带信息的能力。信源效率越大，信源符号所携带的信息量越接近于最大熵，符号利用率越高。

定义3.13 信源剩余度

信源剩余度定义为

$$\gamma=1-\eta=1-\frac{H_\infty}{H_0}=1-\frac{H_\infty}{\log Q} \tag{3.65}$$

信源剩余度也称**冗余度**。

3. 信源剩余度的性质

（1）H_0-H_∞ 越大，信源剩余度越大；

（2）如果信源为符号等概率分布的离散无记忆信源，则信源剩余度为 0；

（3）信源符号的记忆长度越长，相关性越强，H_∞ 就越小，信源剩余度越大。

4. 信源剩余度的来源

信源会存在剩余度，其原因有以下两方面：

（1）**信源符号间的相关性**：信源符号间的相关性越大，符号间的依赖程度越大，信源剩余度就越大。

（2）**信源符号分布的不均匀性**。

5. 信源剩余度的意义

在实际应用中，信源实际所包含的信息量为 H_∞，即考虑了信源符号全部相关性的极限熵。若用二元符号来携带这些需要传输的信息量，则只需要用 H_∞ 个二元符号，这是所需要的最小符号个数，但这需要掌握信源的全部统计特性，即任意维的概率分布，但这显然是不现实的。实际上，往往只能掌握有限 N 维的概率分布。在这种情况下，需要传送的信息量为 H_N，与理论值 H_∞ 相比，相当于多传送了 $H_N - H_\infty$ 的信息量。

为了更经济有效地传送信息，需要尽量压缩信源的剩余度，压缩的方法就是尽量降低符号间的相关性，并尽可能地使信源符号等概率分布，第 5 章将介绍具体的信源剩余度压缩方法。

从提高信息传输效率的观点出发，人们总是希望尽量去掉信源剩余度。比如发电报，尽可能把电文写得简洁一些以去掉相关性，如“**母病愈**”三个字的中文电报库可以表达母亲身体状况好转的消息。

从提高抗干扰能力角度看，却希望增加或保留信源的剩余度，因为剩余度大的消息抗干扰能力强。比如，收到电文**母病** *，**身体健康**，很容易把电文纠正为**母病愈**，**身体健康**；而收到电文**母病** *，我们就很难确定对方发的是**母病愈**还是**母病危**，符号间相互独立，剩余度小抗干扰能力差。

例3.18 英文信源的信源剩余度。

根据例 3.17的结果，计算英文信源的信源剩余度。

解：

$$\eta = \frac{H_\infty}{H_0} = \frac{1.40}{4.76} = 0.29, \quad \gamma = 1 - \eta = 0.71$$

这说明，写英文文章时，71% 是由语言结构决定的，属于多余成分，只有 29% 是写文章的人可以自由选择的。直观地说，100 页英文书，理论上看仅有 29 页是有效的，71 页是多余的。但正是由于这一多余量的存在，才有可能对英文信源进行压缩编码。

例3.19 5 种文字在不同近似程度下的熵。

英文信源的分析带动了各国对本国语言文字信源的分析，分析结果如表 3.4所示。

例3.20 汉字剩余度。

假设常用汉字约为 10000 个，其中 140 个汉字出现的概率占 50%，625 个汉字（含 140 个）出现的概率占 85%，2400 个汉字（含 625 个）出现的概率占 99.7%，其余 7600 个汉字出现的概率占 0.3%。不考虑符号间的相关性，计算汉字的剩余度。

解：为了计算方便，假设上述所统计的每类汉字等概率出现，则可得如表 3.5所示的概率分布。

表 3.4　5 种文字在不同近似程度下的熵

文字	H_0	H_1	H_2	H_3	$\cdots$	H_∞	熵的相对率 η	信源剩余度 γ
英文	4.7	4.03	3.32	3.10		1.4	0.29	0.71
法文	4.7					3	0.63	0.37
德文	4.7					1.08	0.23	0.77
西班牙文	4.7					1.97	0.42	0.58
中文	13.288	9.41	8.1	7.7		4.1	0.315	0.685

表 3.5　汉字的近似概率分布

类别	汉字个数	所占概率	每个汉字的概率
1	140	0.5	0.5/140
2	625−140=485	0.85−0.5=0.35	0.35/485
3	2400−326=1775	0.997−0.85=0.147	0.147/1775
4	7600	0.003	0.003/7600

不考虑汉字间的相关性，将中文建模为离散无记忆信源，则得到信源熵 $H(X) = 9.773$ 比特/汉字，而根据表 3.4可知 $H_0 = 13.288$ 比特/汉字。故得

$$\gamma = 1 - \frac{H(X)}{H_0} = 0.264$$

习　题

1. 一无记忆信源，符号集为 {0,1,2}，概率分别为 1/2、1/4、1/4。试求：
   （1）该信源的 2 次扩展信源的符号集及其概率分布；
   （2）该信源的 3 次扩展信源的符号集及其概率分布；
   （3）该信源 N 次扩展信源的熵。
2. 一个二阶马尔可夫信源 X，符号集 $\mathscr{A} = \{0,1,2\}$，符号转移概率为 $P[0|00] = 0.75$，$P[0|10] = 0.5$，$P[0|01] = 0.8$，$P[0|11] = 0.6$。试求：
   （1）信源的状态转移概率矩阵；
   （2）信源的极限熵；
   （3）信源单符号平稳概率分布 $P[x_1]$；
   （4）一步转移概率 $P[x_2|x_1]$；
   （5）条件熵 $H(X_2|X_1)$。
3. 布袋中有手感完全相同的 3 个红球和 3 个蓝球，每次从中随机取出一个球，取出后不放回布袋。用 X_i 表示第 i 次取出的球颜色 $(i = 1, 2, \cdots, 6)$。试求 $H(X_1)$、$H(X_2)$ 和 $H(X_2|X_1)$，随着 i 的增加，$H(X_i|X_1X_2\cdots X_{i-1})$ 是增加还是减少？
4. 盒子里有两枚偏畸硬币，硬币 1 正面向上的概率为 p，硬币 2 正面向上的概率为 $1-p(0 < p < 0.5)$。随机取一枚硬币并且连续抛掷，用 $Z \in \{1,2\}$ 表示所选择的硬币，$X_1, X_2, X_3, \cdots$ 表示每次抛掷的结果（正面或反面）。
   试问 $X_1, X_2, X_3, \cdots$ 是否为平稳过程？是否为马尔可夫过程？并求 $H(X_1X_2\cdots X_n|Z)$、$I(X_1;X_2|Z)$、$H(X_1X_2)$、$I(X_1;X_2)$、$H(X_3;X_{729})$、熵率 $H_\infty = \lim\limits_{n\to\infty}\frac{1}{n}H(X_1X_2\cdots X_n)$、熵率

$\lim\limits_{n\to\infty} H(Z|X_1X_2\cdots X_n)$。

5. 设 $X_{-1}X_0X_1\cdots X_{n-1}X_n\cdots$ 为平稳序列（未必是马尔可夫链），判断下面的论断的正确性，并证明正确的论断，错误的论断举出反例。
（1）$H(X_n|X_0)=H(X_{-n}|X_0)$；
（2）$H(X_n|X_0)\geqslant H(X_{n-1}|X_0)$；
（3）$H(X_n|X_1X_2\cdots X_{n-1})$ 是 n 的递增函数；
（4）$H(X_n|X_1X_2\cdots X_{n-1}X_{n+1}\cdots X_{2n})$ 是 n 的非递增函数。
6. 一个两状态马尔可夫链的转移概率矩阵为 $\boldsymbol{P}=\begin{bmatrix}3/4 & 1/4\\ 1/4 & 3/4\end{bmatrix}$，并假定初始状态概率矢量为 $\boldsymbol{p}^{(0)}=(1\ 0)$。试求：
（1）$\boldsymbol{P}^n$ 和 $\boldsymbol{p}^{(n)}(n=1,2,3)$；
（2）$\boldsymbol{P}^n$ 和 $\boldsymbol{p}^{(n)}$ 的一般形式。
7. 证明：若 (X,Y,Z) 为马尔可夫链，则 (Z,Y,X) 也是马尔可夫链。
8. 证明：对于一个马尔可夫链 $\cdots x_0\cdots x_{n-1}x_n\cdots$，有 $H(X_0|X_N)\geqslant H(X_0|X_{N-1})$。该结论表明，随着序列的不断延长，初始条件越来越难以恢复。
9. 黑白气象传真图的消息只有黑和白两种颜色，即信源 $X=\{黑, 白\}$。设黑色出现的概率 $P[黑]=0.3$。
（1）假设图上黑白消息出现前后没有关联，求熵 $H(X)$；
（2）假设消息前后有关联，其依赖关系为 $P[白\mid白]=0.9$，$P[黑\mid黑]=0.8$，求此信源的熵；
（3）分别求取上述两种信源的剩余度，并比较 $H(X)$ 和 H_2 的大小，并说明其物理意义。
10. 一个二元一阶马尔可夫信源的状态转移图如图所示。计算当 $p_{12}=0.2, p_{21}=0.3$ 时该马尔可夫信源的熵率，并求具有相同符号概率分布的离散无记忆信源的熵。

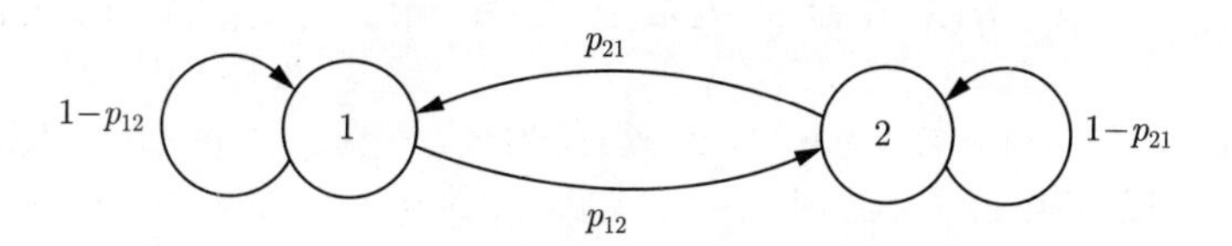

习题 10 图 二元一阶马尔可夫信源状态转移图

11. 证明 $\lim\limits_{n\to\infty}\dfrac{1}{2}H(X_nX_{n-1}|X_1X_2\cdots X_{n-1}=H_\infty)$。
12. 有一无记忆信源的符号集为 $\{0,1\}$，信源的概率空间为

$$\begin{bmatrix}X\\ P\end{bmatrix}=\begin{bmatrix}0 & 1\\ 1/4 & 3/4\end{bmatrix}$$

试求（1）信源熵；
（2）由 m 个 0 和 $100-m$ 个 1 组成的某特定序列的自信息量；
（3）由 100 个符号构成的符号序列的熵。
13. 有一离散无记忆信源，其输出为 $X\in\mathscr{A}=\{0,1,2\}$，相应的概率为 $P[0]=1/4$，$P[1]=1/4$ 和 $P[2]=1/2$。现设计两个独立实验去观察它，其结果分别为 $Y_1\in\mathscr{B}=\{0,1\}$ 和 $Y_2\in\mathscr{B}=\{0,1\}$，且已知条件概率如表所示。试问哪个实验的效果较好。

习题 13 表　实验一结果

$P[Y_1\|X]$	0	1
0	1	0
1	0	1
2	1/2	1/2

习题 13 表　实验二结果

$P[Y_2\|X]$	0	1
0	1	0
1	1	0
2	0	1

14. 某信源的符号概率分布和对应的二进制代码如表所示。试求：

（1）信源符号熵；

（2）平均每个消息符号所需要的二进制码元的个数或平均代码长度，进而用这一结果求码序列中二进制码元的熵；

（3）当消息是由符号序列组成时，各符号之间若相互独立，求其对应的二进制码序列中出现 0 和 1 的概率，以及相邻码元间的条件概率 $P[0|0]$、$P[1|0]$、$P[0|1]$ 和 $P[1|1]$。

习题 14 表　信源符号概率分布和二进制代码

信源符号	x_1	x_2	x_3	x_4
概率	1/2	1/4	1/8	1/8
代码	0	10	110	111

15. 设以 8000Sa/s 的速率抽样一语音信号，并以 $M = 2^8 = 256$ 级对抽样均匀量化，设抽样值取各量化值的概率相等，且抽样间相互独立。试求：

（1）每抽样的信息熵；

（2）信源的信息输出率。

16. 二次扩展信源的熵为 $H(X^2)$，而一阶马尔可夫信源的熵为 $H(X_2|X_1)$。试比较两者的大小，并说明原因。

17. 一个马尔可夫过程的基本符号为 0、1、2，这三个符号等概率出现，并具有相同的转移概率。试画出一阶和二阶马尔可夫过程的状态图，并求稳定状态下的一阶和二阶马尔可夫信源熵和信源剩余度。

18. 一阶马尔可夫信源的状态转移图如图所示，信源 X 的符号集为 {0,1,2}。试求

（1）平稳后的信源的概率分布；

（2）信源熵 H_∞；

（3）当 $p = 0$ 和 $p = 1$ 时信源的熵，并说明理由。

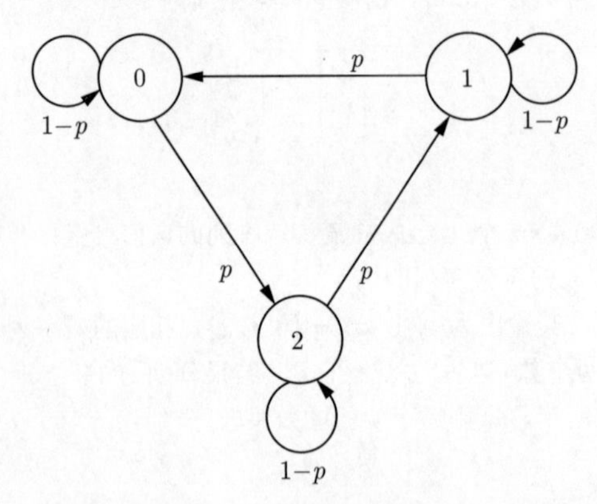

习题 18 图　一阶马尔可夫信源状态转移图

19. 给定状态转移概率矩阵 $\boldsymbol{P}=\begin{bmatrix}1-p & p\\ 1 & 0\end{bmatrix}$，试求：

（1）此两状态马尔可夫链的熵率 H_∞；

（2）此熵率的最大值及相应的 p；

（3）在达到最大熵率的情况下每个 n 长序列的概率。

20. 给定状态转移概率矩阵 $\boldsymbol{P}=\begin{bmatrix}1-\alpha & \alpha\\ \beta & 1-\beta\end{bmatrix}$，试求此二状态马尔可夫信源的熵率 H_∞。

第 4 章 离散信道及其容量

CHAPTER 4

信道是信息的传输通道，包括空间传输信道和时间传输信道。实际通信系统中所利用的各种物理通道是空间传输信道的最典型例子，如电缆、光纤、电波传输空间以及载波线路等；时间传输信道是指将信息保存以便以后读取的通道，如磁带和光盘等在时间上将信息进行传输的通道。

信道中所传输的信息并不是信息本身而是其载体（信号）。信号是现实世界中存在的物理实体，可检测可叠加。信号具有的这种物理特性，使得信号很容易受到各类噪声的干扰。例如，手机与基站之间的通信，传输信号是电磁波，因此移动通信信道（自由空间）中存在的电磁波会干扰移动通信信号，降低移动通信信号的信噪比，从而影响信息的正确传输。因此，作为通信系统必需的一部分，信道的信息传输能力是信息论研究和分析的重要内容。

信息论中并不考虑信道的物理特性，而是考虑信道的概率特性，关于信道的主要问题有：

（1）**信道建模**：信道统计特性的描述。

（2）**信道容量**：信道传输信息的能力。

（3）**有噪信道的信息可靠传输**。

本书将全面介绍上述三个基本问题。

4.1 信道的数学模型及其分类

通信系统中，信道按物理性质常分为微波信道、光纤信道和无线信道等。之所以这样划分，是因为信号在信道中传输时会遵循不同的物理规律，表现出不同的传播性质，通信技术会研究这些规律以获得信号在不同类型信道中的传输特性。信息论并不研究如何获取信号的传输特性，而假定传输特性已知，并在此基础上研究信息的传输问题。本节简单介绍信道的数学模型和其分类方法。

4.1.1 信道的基本概念和研究方法

1. 信道基本特性概述

如前所述，信息论并不研究信号在信道中传输的物理过程，它假定信道的传输特性是已知的，因此信道就可以利用图 4.1 所示抽象模型来描述。

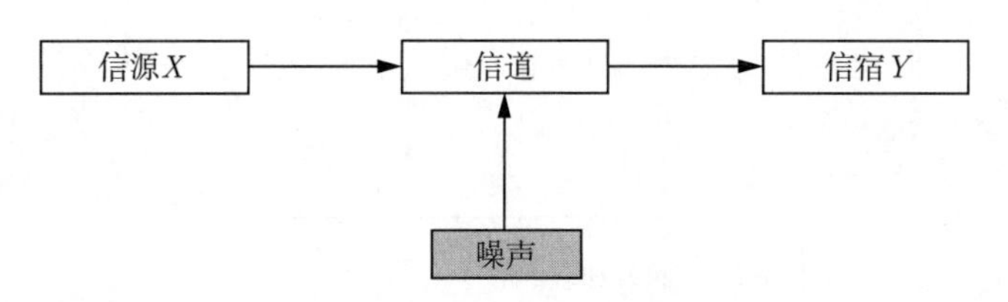

图 4.1　信道抽象模型

信源会生成消息并将消息调制为信号，然后将信号注入信道中，信号在信道中传输并呈现出特定的传输特性（如衰减、频散等），同时也会受到信道中各类噪声和干扰的影响，最后饱受信道随机噪声和干扰影响的信号在信宿进行解调处理恢复出消息。因此，信道的作用类似于“信号与系统”课程中的系统，对其进行研究的方法也类似于对系统的研究：通过分析比较信道输入和信道输出信息的特点来刻画信道特性（信道的信息传输能力）。

对于信道而言，信道输入的消息（信息的载体）是随机的，信道中的噪声和干扰也呈现随机性，其对消息的影响也具有随机性，因此信道输出的消息符号也是随机变量。

2. 信道对消息的影响

本节以二进制离散信源为例，简单说明信道影响消息传输的基本过程。

（1）信源生成消息符号。设式（3.5）中离散无记忆二进制信源的信源符号集为 $\mathscr{A}=\{0,1\}$，因此信源输出为 0 和 1 组成的符号序列。为描述方便，假设信源生成的符号序列为 $X=01$，由于是无记忆信源，输出符号序列中单个符号的发生概率为所对应符号的先验概率 $P[0]$ 和 $P[1]$，如图 4.2所示。

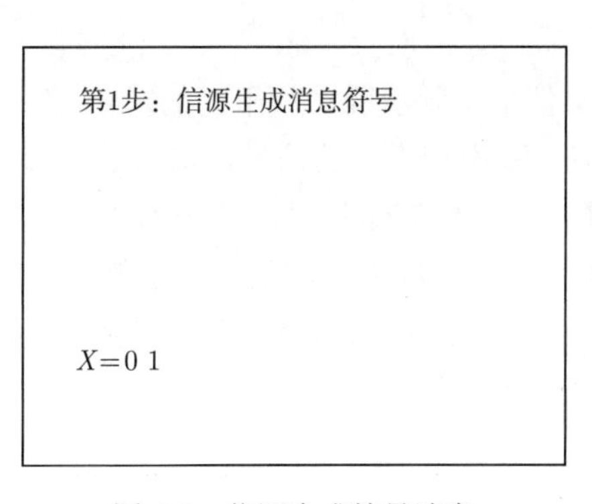

图 4.2　信源生成符号消息

（2）符号加载于信号。信源生成的符号会加载于信号以便在信道中传输（信号调制）。假设采用的信号形式是持续时间为 1s 的方波（技术细节可参阅通信系统书籍中**信号调制**部分的内容）。符号 0 加载于 +5V 的方波（持续时间 1s、幅值为 +5V 的方波表示符号 0）；符号 1 加载于 −5V 的方波（持续时间 1s、幅值为 +5V 的方波表示符号 1），如图 4.3 所示。

（3）信号在信道中传输。携带了信源信息的信号被注入信道。信道中存在随机噪声和干扰，不同类型的信道中噪声和干扰的类型也不同，对于 ±5V 的方波而言，信道中存在的其他电流就是噪声。信道中所有这些噪声和干扰会和信道中正在传输的 ±5V 的方波叠加在一起，如图 4.4所示。

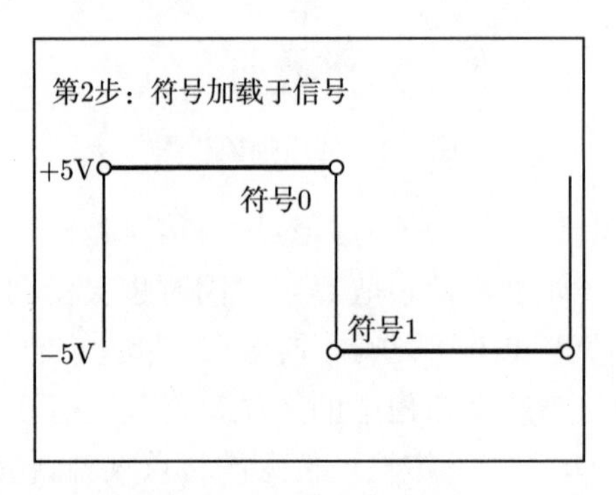

图 4.3　符号加载于信号

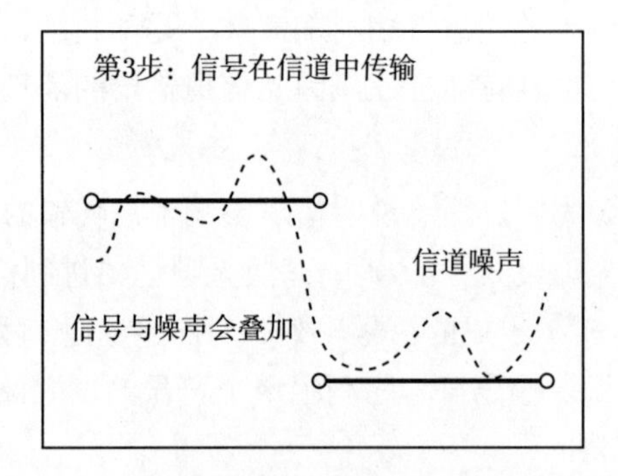

图 4.4　信号在信道中传输

（4）信道输出信号。由于信道中随机噪声和干扰的影响，信道输出的信号已经不是 ±5V 的方波，而是叠加了信道随机噪声和干扰的信号，信号的幅值已经发生了较大的变化。对于其他类型的调制信号（通信系统中表示符号的信号为调制信号），受到信道噪声和干扰的物理量可能是相位，也可能是频率，或者调制信号的幅值、相位和频率等参量都受到影响。简而言之，信宿接收到的信号（信道输出信号）已经发生了畸变，畸变的程度与信道随机噪声和干扰的特性有关，如图 4.5所示。

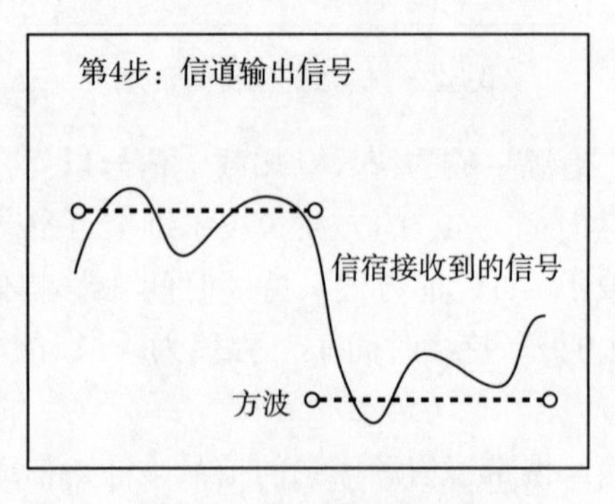

图 4.5　信道输出信号

（5）设置判断阈值。信宿接收到信道输出信号之后，会对信号进行解调处理以恢复符号。对于 ±5V 的调制信号，假设采用最简单直观的阈值判断方法：判断阈值设定为 0V，在方波持续周期（本例中为 1s）内信号的平均幅度大于判断阈值，则解调出的符号为 0；如果信号的平均幅度小于判断阈值，则解调出的符号为 1，如图 4.6所示。

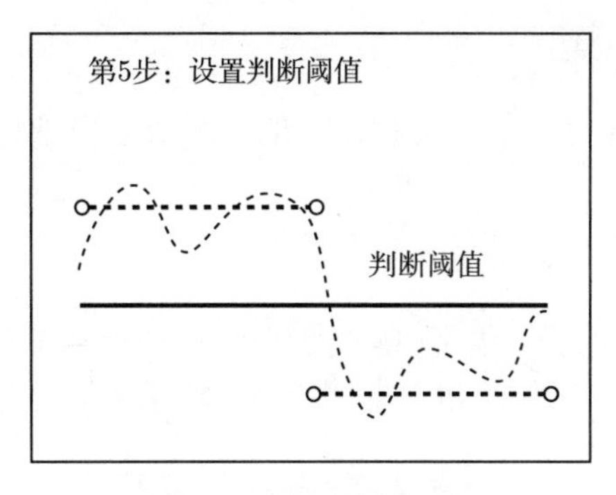

图 4.6　设置判断阈值

（6）恢复符号。在所示的例子中，可以发现所恢复出的符号序列为 $Y=01$，与信源发送的符号序列 $X=01$ 是相同的。但可以想象得到，若信道中随机噪声和干扰较强，则解调出的符号序列 Y 与发送符号序列 X 可能会有不同，如图 4.7所示。

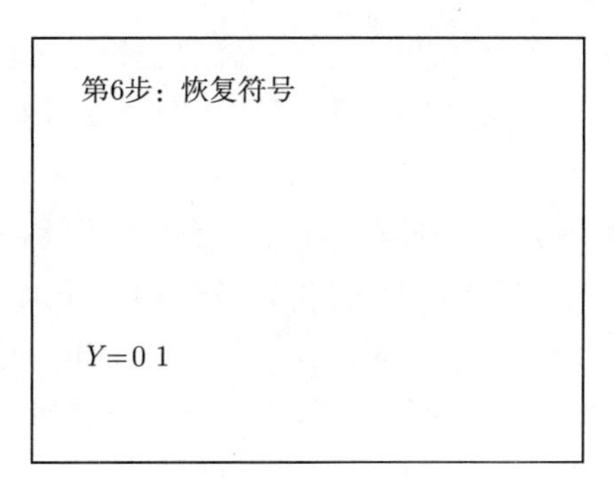

图 4.7　恢复符号

总结：

（1）信道转移概率的引入。

根据前面的介绍可以发现，信道输出端恢复出的消息可能与信道输入端发送的消息相同，也可能不同，这取决于信道中随机噪声和干扰的特性。由于信道噪声和干扰的随机性，信道输出端所恢复的符号也具有随机性：假设信道输入端的符号为 $X=a_i\in\mathscr{A}$，则信道输出端所恢复的符号为 $Y=b_j\in\mathscr{B}$ 的概率为 $P\big[b_j|a_i\big]$。考虑信道输入与输出的随机特性，自然可以利用条件概率 $P[y_j|a_i]$ 来刻画信道特性，即输入为随机变量 a_i 的情况下，输出为随机变量 b_j 的概率。这个概率称为**信道传递概率**或**信道转移概率**，简称为**传递概率**或**转移概率**。不同的信道特性，其信道转移概率不同；不同的转移概率，对应不同的信道特性。

（2）信道输入输出为矢量。

当信源输出为一个 N 长信号序列 $\boldsymbol{x}$ 时，信道输出也为一个 N 长信号序列，记为 $\boldsymbol{y}$，则**信道转移概率**为 $P[\boldsymbol{y}|\boldsymbol{x}]$，表示信道输入为序列 $\boldsymbol{x}$ 的情况下，信道输出为序列 $\boldsymbol{y}$ 的概率，同样刻画了信道的特性。

4.1.2 信道的数学模型

根据前面所述的信道研究方法，离散信道的一般数学模型为

$$\{\boldsymbol{X}, P[\boldsymbol{y}|\boldsymbol{x}], \boldsymbol{Y}\} \tag{4.1}$$

式中，$\boldsymbol{X}$ 为信道输入符号序列，为一个随机序列；$\boldsymbol{Y}$ 为信道输出符号序列，为一个随机序列；$\boldsymbol{x}$ 为随机序列 $\boldsymbol{X}$ 的具体取值；$\boldsymbol{y}$ 为随机序列 $\boldsymbol{Y}$ 的具体取值。

4.1.3 信道的分类

由式（4.1）所定义的信道**数学模型**可知，信道由输入序列、输出序列和输入输出间的条件概率三个部分组成。根据这三个组成部分所呈现的特性，可以利用不同的划分标准对信道进行分类。

1. 随机变量的类型

根据取值的连续性与否一般将随机变量分为离散型和连续型。据此，信道也可以分为离散信道和连续信道两种类型。输入空间 $\boldsymbol{X}$ 和输出空间 $\boldsymbol{Y}$ 均为离散事件集，此类信道称为**离散信道**。

输入空间 $\boldsymbol{X}$ 和输出空间 $\boldsymbol{Y}$ 均为连续事件集，此类信道称为**连续信道**，又称为**模拟信道**。连续信道又分为半连续信道和时间离散的连续信道。输入空间 $\boldsymbol{X}$ 和输出空间 $\boldsymbol{Y}$ 中，一个是离散事件集，另一个是连续事件集，此类信道称为**半连续信道**。如果输入空间是离散的，而输出空间是连续的，此类信道称为**输入离散输出连续信道**。信道输入和输出均为有限个（或者无限但可数个）元素的随机序列，同时每个元素均取自连续集，此类信道称为**时间离散的连续信道**。

2. 输入端和输出端数目

根据信道输入和输出端的个数可以分为两端信道和多端信道两种类型。信道的输入和输出都只有一个事件集，此类信道称为**两端信道**。两端信道是只有一个输入端和一个输出端的单向通信信道，故又称为**单路信道**或者**两用户信道**。

信道的输入和输出中，至少有一个具有两个或者以上的事件集，即有三个或者更多个用户之间相互通信，此类信道称为**多端信道**，又称**多用户信道**或**网络信道**。

3. 信道统计特性

根据信道的统计特性，信道可以分为恒参信道和随参信道两种类型。

信道的统计特性（如信道中输入与输出间的条件概率 $P\big[\boldsymbol{y}|\boldsymbol{x}\big]$）不随时间变化，此类信道称为**恒参信道**。

信道的统计特性随时间而变化，此类信道称为**随参信道**。相较于恒参信道，随参信道更接近于实际信道，但恒参信道是研究信道特性的基础。

4. 信道的记忆特性

根据信道的记忆特性，可以将信道分为无记忆信道和有记忆信道两种类型。

信道输出 $\boldsymbol{y}_i$ 仅与信道当前的输入 $\boldsymbol{x}_i$ 有关，而与历史输入 $\boldsymbol{x}_{i-1},\cdots,\boldsymbol{x}_2,\boldsymbol{x}_1$ 无关，此类信道称为**无记忆信道**。结合输入集和输出集特点，无记忆信道又可以分为**离散无记忆信道**和**连续无记忆信道**两类。**离散无记忆信道**理论发展最为完整，本章重点介绍此类信道的特点和定理。

信道输出 $\boldsymbol{y}_i$ 不仅与信道当前的输入 $\boldsymbol{x}_i$ 有关，而且与历史输入 $\boldsymbol{x}_{i-1},\cdots,\boldsymbol{x}_2,\boldsymbol{x}_1$ 有关，此类信道称为**有记忆信道**。若这种关联关系只存在于输入输出中的有限个历史符号，即信道输出 $\boldsymbol{y}_i$ 只与有限个历史输入符号有关，则称为**有限记忆信道**，比较典型的有限记忆信道是码间串扰信道和衰落信道。

5. 输入与输出消息序列中符号个数

根据输入与输出消息序列长度 N 的取值,可以分为单符号信道和多符号信道两种类型。

消息序列长度 $N=1$ 时，信道称为**单符号信道**，即对输入输出的消息序列中的单个消息符号进行建模分析研究。

信号序列长度 $N\neq 1$ 时，信道称为**多符号信道**，即对输入输出消息序列中的 N 个符号进行建模分析研究。

4.2 离散无记忆信道

与有记忆信道相比，**离散无记忆信道**是最简单的一类信道，也是研究其他更复杂信道的基础。

4.2.1 离散信道的数学模型

据信道的一般模型（式（4.1）），可以进一步明确离散信道的数学模型。

具体地，设信道的输入空间 $\mathscr{A}=\{a_1,a_2,\cdots,a_R\}$，其概率分布为 $\{p_i=P[a_i],i=1,2,\cdots,R\}$。输出空间 $\mathscr{B}=\{b_1,b_2,\cdots,b_S\}$,相应的概率分布为 $\{q_j=P[b_j],j=1,2,\cdots,S\}$。这表明信道的输入符号有 R 个可能取值，而信道的输出符号则有 S 种可能取值。

假设信道输入序列为 $\boldsymbol{X}=\{X_1,X_2,\cdots,X_N\}$，其取值为 $\boldsymbol{x}=\{x_1,x_2,\cdots,x_N\}$；信道输出序列为 $\boldsymbol{Y}=\{Y_1,Y_2,\cdots,Y_N\}$，其取值为 $\boldsymbol{y}=\{y_1,y_2,\cdots,y_N\}$；$x_n\in\mathscr{A},y_n\in\mathscr{B}$；$1\leqslant n\leqslant N$ 表示时刻；并且 $\mathscr{A}$ 和 $\mathscr{B}$ **均为离散集**，故此类信道称为**离散信道**。离散信道的特性可以利用转移概率 $P[\boldsymbol{y}|\boldsymbol{x}]=P\big[(y_1,y_2,\cdots,y_N)|(x_1,x_2,\cdots,x_N)\big]$ 描述，离散信道的数学模型为 $\{\boldsymbol{X},P[\boldsymbol{y}|\boldsymbol{x}],\boldsymbol{Y}\}$。

离散信道中有四类比较重要的信道，分别为**离散无记忆信道**、**无噪信道**、**有干扰无记忆信道**和**有干扰有记忆信道**。其中单符号的离散无记忆信道是最简单的信道，也是实际信道的基本组成单元。

1. 离散无记忆信道的定义和模型

定义4.1 离散无记忆信道

若离散信道的转移概率满足

$$P\left[\boldsymbol{y}|\boldsymbol{x}\right]=\prod_{n=1}^{N}P\left[y_n|x_n\right] \tag{4.2}$$

则为**离散无记忆信道**。

- **性质**

  对于离散无记忆信道，信道的输出只与当前时刻信道的输入有关。

  证明：以信道输入序列和输出序列长度 $N=2$ 为例，根据（式 4.2）可得

$$P\left[\boldsymbol{y}|\boldsymbol{x}\right]\overset{N=2}{\overset{\downarrow}{=}}P\left[y_1y_2|x_1x_2\right]=\frac{P[y_1y_2;x_1x_2]}{P[x_1x_2]}=\frac{P[y_1|y_2;x_1x_2]}{P[x_1x_2]}\times P[y_2;x_1x_2]$$

$$=\underbrace{P[y_1|y_2;x_1x_2]}_{\text{无记忆信道}\rightarrow y_1,y_2\text{独立}}\times\frac{P[y_2|x_1x_2]\times P[x_1x_2]}{P[x_1x_2]}$$

$$P\left[y_1y_2|x_1x_2\right]\overset{\downarrow}{=}P\left[y_1|x_1x_2\right]P\left[y_2|x_1x_2\right]\qquad\text{对任意随机变量均成立}$$

$$\downarrow$$

$$P[y_1y_2|x_1x_2]=P[y_1|x_1]\times P[y_2|x_2]$$

  同理，可得

$$\underbrace{P[y_1\cdots y_N|x_1\cdots x_N]=P[y_1|x_1\cdots x_N]\times P[y_2|x_1\cdots x_N]\times\cdots P[y_N|x_1\cdots x_N]}_{\text{对任意随机变量均成立}}$$

$$\downarrow$$

$$P\left[y_1\cdots y_N|x_1\cdots x_N\right]=P\left[y_1|x_1\right]\times\cdots\times P\left[y_N|x_N\right]$$

- **离散无记忆信道的简化模型**

  根据上述的离散无记忆信道性质，其数学模型可以简化为

$$\{\boldsymbol{X},P[y_n|x_n],\boldsymbol{Y}\} \tag{4.3}$$

2. 离散无记忆平稳信道

定义4.2 离散无记忆平稳信道

离散无记忆信道的数学模型为 $\{\boldsymbol{X}, P[y_n|x_n], \boldsymbol{Y}\}$，若对任意时刻 n 和 m，任意离散符号 a_i 和 b_j，信道转移概率 $P[y_n|x_n]$ 满足

$$P\big[y_n = b_j|x_n = a_i\big] = P\big[y_m = b_j|x_m = a_i\big] = P\big[b_j|a_i\big] \tag{4.4}$$

即信道转移概率与时刻无关（描述信道特性的参数不随时间而变化），则称为**离散无记忆平稳信道或离散无记忆恒参信道**。

4.2.2 单符号离散信道

前面已经介绍过，离散无记忆信道的简化模型为 $\{\boldsymbol{X}, P[y_n|x_n], \boldsymbol{Y}\}$，其信道转移概率表示的是单个输出符号和单个输入符号之间的依赖关系。此类利用单个符号之间的转移概率描述信道特性的离散信道，称为**单符号离散信道**。

1. 单符号离散信道的模型

假设**单符号离散信道**的输入随机变量为 X，取值为 $x, x \in \mathscr{A} = \{a_1, a_2, \cdots, a_R\}$；输出随机变量为 Y，取值为 $y, y \in \mathscr{B} = \{b_1, b_2, \cdots, b_S\}$，则单符号离散信道的特性可以利用信道转移概率来表征：

$$P\big[y|x\big] = P\big[Y = b_j|X = a_i\big] = P\big[b_j|a_i\big] \quad (i = 1, 2, \cdots, R; j = 1, 2, \cdots, S) \tag{4.5}$$

2. 信道转移概率性质

作为一个条件概率，**信道转移概率**满足下列性质：

（1）$P[b_j|a_i] \geqslant 0 \qquad (i \in \{1, 2, \cdots, R\}, \qquad j \in \{1, 2, \cdots, S\})$

（2）$\sum\limits_{j=1}^{S} P[b_j|a_i] = 1 \qquad (i \in \{1, 2, \cdots, R\})$

3. 信道矩阵

将所有的信道转移概率按照行和列排列成矩阵的形式，所得到的矩阵称为**信道矩阵**：

$$\begin{aligned} \boldsymbol{P} &= \{P\big[b_j|a_i\big], i = 1, 2, \cdots, R; \quad j = 1, 2, \cdots, S\} \\ &= \begin{bmatrix} p_{11} & p_{12} & \cdots & p_{1S} \\ p_{21} & p_{22} & \cdots & p_{2S} \\ \vdots & \vdots & \ddots & \vdots \\ p_{R1} & p_{R2} & \cdots & p_{RS} \end{bmatrix} \end{aligned} \tag{4.6}$$

信道矩阵 $\boldsymbol{P}$ 的第 i 行第 j 元素 $p_{ij} = P\big[b_j|a_i\big]$，表示输入为 a_i 输出为 b_j 情况下的信道转移概率。

例4.1 具有一一对应关系的无噪无损信道。

当信道为理想信道（信道中不存在噪声），或者近似理想信道（信道噪声与信道信号相比非常小，可以忽略不计）时，输出符号 y_n 与输入符号 x_n 存在一一对应的关系，即

$$P\big[y_n|x_n\big] = \begin{cases} 1, & y_n = f(x_n) \\ 0, & y_n \neq f(x_n) \end{cases} \tag{4.7}$$

求具有一一对应关系的无噪无损信道的信道矩阵。

解：据具有一一对应关系的无噪无损信道的性质，即式(4.7)，可以求得此类无噪信道的信道矩阵为

$$\boldsymbol{P} = \begin{bmatrix} 1 & 0 & \cdots & 0 \\ 0 & 1 & \cdots & 0 \\ \vdots & \vdots & \ddots & \vdots \\ 0 & 0 & \cdots & 1 \end{bmatrix} = \boldsymbol{I}_{R\times R}$$

函数关系 $y_n = f(x_n)$ 表示符号 x_n 和符号 y_n 建立了一一对应的关系，只要输入的符号 $x_n = a_i$，输出必定是符号 $y_n = b_j$；并且输入符号集和输出符号集中的符号个数相同。例如，当信道中不存在噪声时，输入符号 0，信道输出的符号也必定是 0。具有一一对应关系的无噪无损信道是一类非常特殊的信道。

例4.2 二元对称信道。

一离散信道，其输入符号集和输出符号集分别为 $\mathscr{A} = \{0,1\}$ 和 $\mathscr{B} = \{0,1\}$。信道转移概率为

$$\begin{aligned} P[b_1|a_1] &= P[0|0] = 1-p \\ P[b_2|a_1] &= P[1|0] = p \\ P[b_1|a_2] &= P[0|1] = p \\ P[b_2|a_2] &= P[1|1] = 1-p \end{aligned}$$

求二元对称信道的信道矩阵。

解：根据已知的信道转移概率，可以求得信道矩阵：

$$\boldsymbol{P} = \begin{bmatrix} 1-p & p \\ p & 1-p \end{bmatrix}$$

分析：根据已知可以发现，在下面这两种情况下信道转移概率为 p，即 $P[0|1] = P[1|0] = p$。概率 p 表示输入为 1 时，输出为 0 的概率（或输入为 0 时，输出为 1 时的概率），这是**符号传输错误**的概率，故称为**错误传输概率**；相反，$1-p$ 则是**正确传输概率**。

例4.3 信道输出符号的概率分布。

已知单符号离散信道的信道矩阵 $\boldsymbol{P}$。

求信道输出符号的分布。

解：根据式（2.4）可得信道输出符号 b_j 的概率为

$$P\big[b_j\big]=\sum_{i=1}^{R}P\big[a_i\big]P\big[b_j|a_i\big]$$

$$\downarrow\ j=1,2,\cdots,S$$

$$\underbrace{\big[P(b_1),P(b_2),\cdots,P(b_S)\big]}_{\boldsymbol{P}_Y}=\underbrace{\big[P(a_1),P(a_2),\cdots,P(a_R)\big]}_{\boldsymbol{P}_X}\times\boldsymbol{P}$$

因此，信道输出符号的概率分布为

$$\boldsymbol{P}_Y=\boldsymbol{P}_X\boldsymbol{P} \tag{4.8}$$

4.2.3　信道疑义度

第 2 章介绍了随机变量集合 X 和 Y 之间的条件熵 $H(X|Y)$：**随机变量集合 Y 发生的情况下，随机变量集合 X 仍具有的平均不确定程度或者所提供的平均信息量**。当随机变量集合 X 表示信道的输入集，Y 表示信道的输出集时，条件熵 $H(X|Y)$ 定义为**信道疑义度**。

定义4.3 信道疑义度

输入 X 对输出 Y 的条件熵 $H(X|Y)$ 定义为**信道疑义度**：

$$H(X|Y)=\sum_i\sum_j P[a_ib_j]\log P[a_i|b_j] \tag{4.9}$$

根据定义，求取信道疑义度时会用到概率 $P\big[a_i|b_j\big]$，此概率表示信道输出符号为 b_j 时信道输入符号为 a_i 的概率，即为**后验概率**。根据式（2.6）可以求得此后验概率为

$$P[a_i|b_j]=\frac{P[a_i]P[b_j|a_i]}{\boldsymbol{P[b_j]}}=\frac{P[a_i]P[b_j|a_i]}{\boldsymbol{P[a_1]P[b_j|a_1]+\cdots+P[a_R]P[b_j|a_R]}} \tag{4.10}$$

例4.4 无噪信道的信道疑义度。

假设一无噪信道的输入集为 $\mathscr{A}=\{0,1,2\}$，输出集为 $\mathscr{B}=\{红,黄,绿\}$。输入和输出的对应关系为：0→红，　1→黄，　2→绿。

求无噪信道的信道疑义度。

解：

$$P[a_i|b_j]=\frac{P[a_i]P[b_j|a_i]}{\sum\limits_{k=1}^{3}P[a_k]P[b_j|a_k]}\quad 式（4.10）$$

$$P[y_n|x_n]=\begin{cases}1 & y_n=f(x_n)\\ 0 & y_n\neq f(x_n)\end{cases}\quad 式（4.7）$$

$$
\begin{array}{ll}
P[a_1=0|b_1=\text{红}]=1 & P[b_1=\text{红}|a_1=0]=1 \\
P[a_1=0|b_2=\text{黄}]=0 & P[b_2=\text{黄}|a_1=0]=0 \\
P[a_1=0|b_3=\text{绿}]=0 & P[b_3=\text{绿}|a_1=0]=0 \\
P[a_2=1|b_1=\text{红}]=0 & P[b_1=\text{红}|a_2=1]=0 \\
P[a_2=1|b_2=\text{黄}]=1 & P[b_2=\text{黄}|a_2=1]=1 \\
P[a_2=1|b_3=\text{绿}]=0 & P[b_3=\text{绿}|a_2=1]=0 \\
P[a_3=2|b_1=\text{红}]=0 & P[b_1=\text{红}|a_3=2]=0 \\
P[a_3=2|b_2=\text{黄}]=0 & P[b_2=\text{黄}|a_3=2]=0 \\
P[a_3=2|b_3=\text{绿}]=1 & P[b_3=\text{绿}|a_3=2]=1
\end{array}
$$

$$H(X|Y)=0\text{比特/符号}$$

分析：当信道中的噪声为零时，所求取的信道疑义度 $H(X|Y)$ 为 0，说明在已知信道输出 Y 的分布情况下，信道输入 X 没有任何不确定性。换而言之，根据信道输出 Y 的概率分布情况，完全可以得到信道输入 X 的概率分布。其原因在于输入符号和输出符号具有一一对应的关系，自然可以通过输出符号的概率分布情况推测出输入符号的分布；而输入符号和输出符号之间所具有的这种一一对应关系，是因为信道中没有噪声，信道没有造成信号的畸形，对输入信号的分布情况没有任何影响。简而言之，信道并没有增强输入集 X 的不确定性，所以信道疑义度 $H(X|Y)=0$。Y 的出现，完全消除了 X 的不确定性。

例4.5 输入与输出独立情况下的信道疑义度。

已知信道输入和输出完全独立。

求信道疑义度 $H(X|Y)$。

解：由于输入集 X 和输出集 Y 相互独立，可以求得 $H(X|Y)=H(X)$。

分析：本例说明，在已知信道输出集 Y 的分布情况下，信道输入集 X 的不确定程度没有减少，这说明信道对输入信息产生了很大的负面影响，以至于完全不能从信道输出推测信道输入情况，信道影响的程度就是**信道疑义度**。若信道对输入信息没有任何影响，则信道对所传输信息的影响程度为**零**，其**信道疑义度为** 0（见例 4.4）。

例 4.5中信道的输入输出相互独立，具有此种特点的信道是否存在呢？下面展示一种输入与输出相互独立的信道，如图 4.8所示。

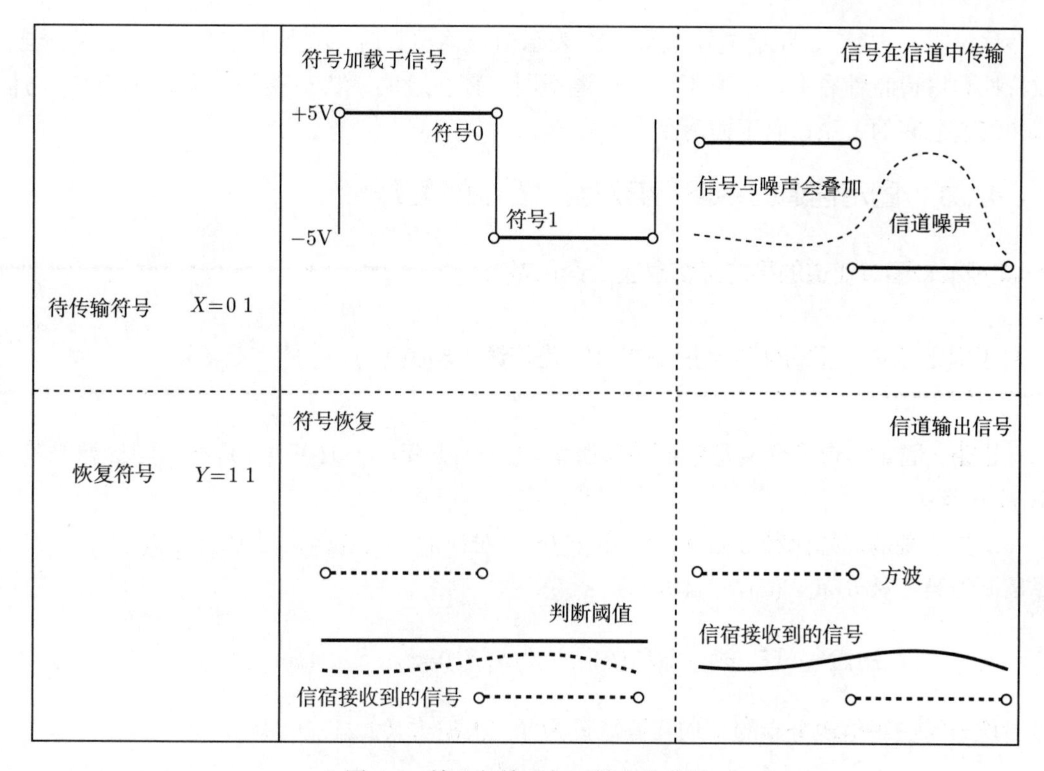

图 4.8　输入与输出相互独立的信道

在这个信道中，信道中的随机噪声所具有的特性，使得信道输出信号的幅值小于判断阈值，造成解调出的符号为 $Y=11$，而信道输入符号为 $X=01$。比较输入符号和输出符号可以发现，无论信道输入符号为 0 还是 1，输出符号均为 1，这表明信道输出符号与输入符号没有关系，输入符号与输出符号呈现相互独立的特性。尽管信道输出端已经获得了符号集 Y 的分布情况，但完全无法从其分布获得输入集 X 的任何信息，符号集 X 的不确定程度没有任何减少，从信源角度看，这种不确定程度是信道造成的，因此定义为**信道疑义度**。

4.3　离散信道中平均互信息量定理

根据（定义 2.22）平均互信息量可以发现

$$I(X;Y)=\sum_X\sum_Y p(xy)\log\frac{p(y|x)}{p(y)}=\sum_X\sum_Y p(x)p(y|x)\log\frac{p(y|x)}{\sum\limits_X p(x)p(y|x)}$$

$$=\mathscr{F}\left[p(x),p(y|x)\right]:\ \underline{I(X;Y)\text{是 } p(x) \text{ 和 } p(y|x) \text{ 的函数}}$$

$p(x)$: 信源符号的先验概率，描述**信源特性**

$p(y|x)$: 信道转移概率，描述**信道特性**

这说明，当 X 表示信道输入集、Y 表示信道输出集时，平均互信息量 $I(X;Y)$ 与信源特性和信道特性有关。信源不同，信道不同，都会造成 $I(X;Y)$ 的差异。$I(X;Y)$ 与信源和信道之间的关系，有下面两个重要定理。

4.3.1 固定信道的平均互信息量上凸函数定理

> **定理4.1 固定信道的平均互信息量上凸函数**
>
> 对于固定信道，平均互信息量 $I(X;Y)$ 是信源先验概率 $p(x)$ 的上凸函数。

证明： 固定信道的含义是信道转移概率 $p(y|x)$ 不变，故 $I(X;Y)$ 现在只与信源先验概率 $p(x)$ 有关。

选择信源的任意两种分布 $P_1(x)$ 和 $P_2(x)$，对应的平均互信息量分别为 I_1 和 I_2。再选择信源的第三种分布 $P(x)$，且满足

$$P(x) = \alpha P_1(x) + \beta P_2(x) \qquad (\forall \alpha, \beta, 0 < \alpha, \beta < 1, \alpha + \beta = 1) \tag{4.11}$$

设对应于第三种信源分布的平均互信息量为 I。根据式（2.24）可得

$$\textbf{平均互信息量} = \sum_{XY} p(xy) \log \frac{p(y)|p(x)}{p(x)} \rightarrow \left[\begin{aligned} & p(x) = P_1(x) : I_1 = \sum_{XY} \underbrace{P_1(x)P(y|x)}_{P_1(xy)} \log \frac{P(y|x)}{P_1(x)} \\ & p(x) = P_2(x) : I_2 = \sum_{XY} \underbrace{P_2(x)P(y|x)}_{P_2(xy)} \log \frac{P(y|x)}{P_2(x)} \\ & p(x) = P(x) \;\; : I \;\; = \sum_{XY} \underbrace{P(x)P(y|x)}_{P(xy)} \log \frac{P(y|x)}{P(x)} \end{aligned} \right.$$

$$\downarrow$$

$$\alpha I_1 + \beta I_2 - I = \sum_{XY} \alpha P_1(xy) \log \frac{P(y|x)}{P_1(x)} + \sum_{XY} \beta P_2(xy) \log \frac{P(y|x)}{P_2(x)} - \sum_{XY} P(xy) \log \frac{P(y)|x)}{P(x)}$$

$$\boxed{P(xy) = P(x)P(y|x) = \alpha P_1(xy) + \beta P_2(xy)}$$

$$\uparrow$$

式（4.11）

$$\downarrow$$

$$\alpha I_1 + \beta I_2 - I = \alpha \overbrace{\sum_{XY} P_1(xy) \log \frac{P(y)}{P_1(y)}}^{✤} + \beta \overbrace{\sum_{XY} P_2(xy) \log \frac{P(y)}{P_2(y)}}^{❀}$$

$$\boxed{E\left[\log(\bullet)\right] \leqslant \log\left[E(\bullet)\right] \leftarrow \text{詹森不等式（定理 A.1）}}$$

$$
\begin{aligned}
✤ = \sum_{XY} P_1(xy) \log \frac{P(y)}{P_1(y)} &\leqslant \log\left[E(\frac{P(y)}{P_1(y)})\right] \\
&= \log \sum_{XY} P_1(xy) \frac{P(y)}{P_1(y)} \\
&= \log \sum_{Y} \frac{P(y)}{P_1(y)} \underbrace{\sum_{X} P_1(xy)}_{P_1(y)} \\
&= \log \sum_{Y} P(y) = 0
\end{aligned}
$$

$$✤ = \sum_{XY} P_1(xy) \log \frac{P(y)}{P_1(y)} \leqslant 0$$

同理，可得

$$❀ = \sum_{XY} P_1(xy) \log \frac{P(y)}{P_1(y)} \leqslant 0$$

即

$$\alpha I_1 + \beta I_2 - I \leqslant 0 \rightarrow \quad I \geqslant \alpha I_1 + \beta I_2$$

根据式（A.1）可知，平均互信息量 $I(X;Y)$ 是信源先验概率 $p(x)$ 的上凸函数。

4.3.2 固定信源的平均互信息量下凸函数定理

定理4.2 固定信源的平均互信息量下凸函数

对于固定信源，平均互信息量 $I(X;Y)$ 是信道转移概率 $p(y|x)$ 的下凸函数。

证明： 固定信源的含义是信源先验概率 $p(x)$ 不变，故 $I(X;Y)$ 现在只与信道转移概率 $p(y|x)$ 有关。选择两种信道转移概率 $P_1(y|x)$ 和 $P_2(y|x)$，对应的平均互信息量分别为 I_1 和 I_2。再选择第三种信道 $P(y|x)$，且满足

$$P(y|x) = \alpha P_1(y|x) + \beta P_2(y|x) \qquad (\forall \alpha, \beta, 0 < \alpha, \beta < 1, \alpha + \beta = 1) \tag{4.12}$$

设对应于第三种信道的平均互信息量为 I。根据式（2.24）可得

$$\text{平均互信息量} = \sum_{XY} p(xy)\log\frac{p(y|x)}{p(x)} \rightarrow \left[\begin{array}{l} \underline{p(y|x)=P_1(y|x)} : I_1 = \sum_{XY} \underbrace{P(x)P_1(y|x)}_{P_1(xy)} \log\frac{P_1(y|x)}{P(x)} \\ \underline{p(y|x)=P_2(y|x)} : I_2 = \sum_{XY} \underbrace{P(x)P_2(y|x)}_{P_2(xy)} \log\frac{P_2(y|x)}{P(x)} \\ \underline{p(y|x)=P(y|x)} : I = \sum_{XY} \underbrace{P(x)P(y|x)}_{P(xy)} \log\frac{P(y|x)}{P(x)} \end{array}\right.$$

↓

$$I-\alpha I_1-\beta I_2 = \sum_{XY} P(xy)\log\frac{P(y|x)}{P(x)} - \sum_{XY}\alpha P_1(xy)\log\frac{P(y|x)}{P_1(x)} - \sum_{XY}\beta P_2(xy)\log\frac{P(y|x)}{P_2(x)}$$

$$\boxed{P(xy)=P(x)P(y|x)=\alpha P_1(xy)+\beta P_2(xy)}$$

↑ 式(4.12)

$$I-\alpha I_1-\beta I_2 = \alpha\overbrace{\sum_{XY} P_1(xy)\log\frac{P(x|y)}{P_1(x|y)}}^{✤} + \beta\overbrace{\sum_{XY} P_2(xy)\log\frac{P(x|y)}{P_2(x|y)}}^{❀}$$

$$\boxed{E[\log(\bullet)] \leqslant \log[E(\bullet)] \leftarrow \text{詹森不等式(定理 A.1)}}$$

$$\begin{aligned} ✤ = \sum_{XY} P_1(xy)\log\underline{\frac{P(x|y)}{P_1(x|y)}}_{\bullet} &\leqslant \log\left[E\left(\frac{P(x|y)}{P_1(x|y)}\right)\right] \\ &= \log\sum_{XY} P_1(xy)\frac{P(x|y)}{P_1(x|y)} \\ &= \log\sum_{Y} P_1(y)\underbrace{\sum_{X} P(x|y)}_{1} \\ &= \log\sum_{Y} P_1(y) = 0 \end{aligned}$$

$$✤ = \sum_{XY} P_1(xy)\log\frac{P(x|y)}{P_1(x|y)} \leqslant 0$$

同理，可得

$$❀ = \sum_{XY} P_2(xy)\log\frac{P(x|y)}{P_2(x|y)} \leqslant 0$$

即

$$I-\alpha I_1-\beta I_2\leqslant 0\rightarrow\quad I\leqslant\alpha I_1+\beta I_2$$

根据式（A.3）可知，平均互信息量$I(X;Y)$是信道转移概率$p(y|x)$的下凸函数。

例4.6 信道中平均互信息量计算。

已知二元信道的信源概率空间为

$$\begin{bmatrix}X\\P\end{bmatrix}=\begin{bmatrix}0 & 1\\ \omega & 1-\omega\end{bmatrix}$$

信道矩阵为

$$P=\begin{bmatrix}1-p & p\\ p & 1-p\end{bmatrix}$$

其中：P 为错误传输概率。

求信道中输入 X 和输出 Y 间的平均互信息量 $I(X;Y)$。

解：信道输出分布为

$$\underset{\cdots\cdots}{P[y=0]}=\overbrace{P[\boldsymbol{x}=\boldsymbol{0}]P[y=0|x=0]+P[\boldsymbol{x}=\boldsymbol{1}]P[y=0|x=1]}^{\text{全概率公式}}$$

$$=\omega[1-p]+[1-\omega]p$$

$$\underset{\cdots\cdots}{P[y=1]}=\underbrace{P[\boldsymbol{x}=\boldsymbol{0}]P[y=1|x=0]+P[\boldsymbol{x}=\boldsymbol{1}]P[y=1|x=1]}_{\text{全概率公式}}$$

$$=\omega p+[1-\omega][1-p]$$

信息熵为

$$H(Y)=[\omega(1-p)+(1-\omega)p]\log\frac{1}{[\omega(1-p)+(1-\omega)p]}+$$

$$[\omega p+(1-\omega)(1-p)]\log\frac{1}{[\omega p+(1-\omega)(1-p)]}$$

$$=H(\omega[1-p]+[1-\omega]p)$$

条件熵为

$$H(Y|X)=\sum_{XY}p(xy)\log\frac{1}{p(y|x)}=\sum_{XY}p(x)p(y|x)\log\frac{1}{p(y|x)}$$

$$=P[\boldsymbol{x}=\boldsymbol{0}]\underbrace{\sum_{\mathbf{Y}}P[y|x=0]\log\frac{1}{P[y|x=0]}}_{p\log 1/p+[1-p]\log 1/[1-p]=H(p)}+$$

$$P[\boldsymbol{x}=\mathbf{1}]\overbrace{\sum_{\mathbf{Y}}P[y|x=1]\log\frac{1}{P[y|x=1]}}^{p\log 1/p+[1-p]\log 1/[1-p]=H(p)}$$
$$=H(p)$$

信道输入与输出之间的平均互信息量为

$$I(X;Y)=H(Y)-H(Y|X)=H(\omega[1-p]+[1-\omega]p)-H(p) \tag{4.13}$$

信道固定时，信道转移概率为常数，参数 p 不变，平均互信息量 $I(X;Y)$ 仅是参数 ω 的函数，与信源符号的先验概率有关。如图 4.9所示，固定信道中，输入符号集 X 的先验概率分布不同，信道输入与输出符号之间的平均互信息量就不同。当输入符号等概率分布时，平均互信息量最大。

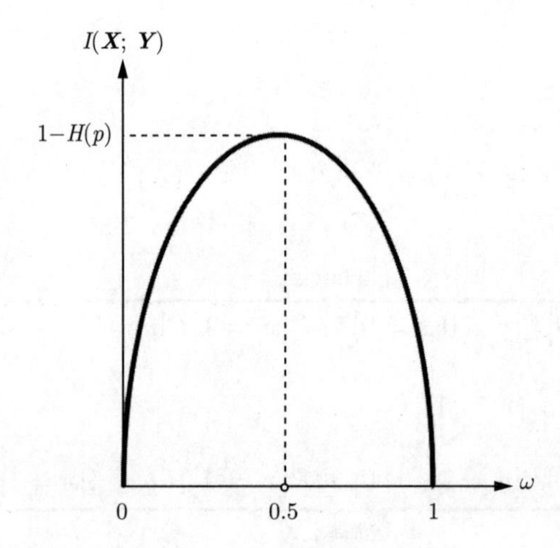

图 4.9 固定信道的平均互信息量

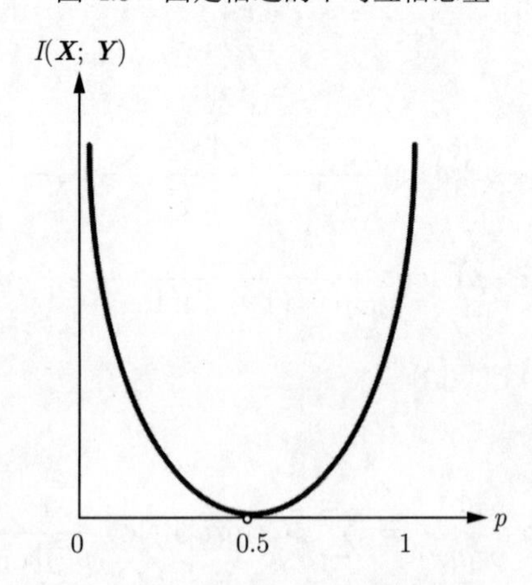

图 4.10 固定信源的平均互信息量

信源固定时，信源先验概率分布为常数，参数 ω 不变，平均互信息量 $I(X;Y)$ 仅是参数 p 的函数，与信道转移概率关。如图 4.10所示，固定信源中，信道特性 $P[y|x]$ 不同，信

道输入与输出符号之间的平均互信息量就不同。当 $p=0.5$ 时，平均互信息量为其极小值 0，表明无法从接收到的符号判断信源符号的分布情况，信源所包含的信息在信道噪声的干扰下全部消失在信道中。

4.4 离散无记忆扩展信道

正如扩展信源是从单符号信源扩展而成的一样，**扩展信道**则是从单符号信道扩展而来的一种新信道。那么信道是如何扩展的？**二次扩展信道**的输入与输出均为**二维**随机矢量，并且输入序列和输出序列中的**两**个元素分别取自同一个输入符号集和输出符号集；**三次扩展信道**的输入与输出均为**三维**随机矢量，并且输入序列和输出序列中的**三**个元素分别取自同一个输入符号集和输出符号集；以此类推，N **次扩展信道**的输入与输出均为N **维**随机矢量，并且输入序列和输出序列中的N 个元素分别取自同一个输入符号集和输出符号集。

4.4.1 离散无记忆扩展信道的定义

定义 4.4 离散无记忆扩展信道

设有单符号离散无记忆信道，其数学模型为 $\{X,p(y_n|x_n),Y\}$，其输入为随机变量 X，取值于输入符号集 $\mathscr{A}=\{a_1,a_2,\cdots,a_R\}$；其输出为随机变量 Y，取值于输出符号集 $\mathscr{B}=\{b_1,b_2,\cdots,b_S\}$。

现将此信道的连续 N 个输入符号 $X_1X_2\cdots X_N$ 作为一个输入整体（输入随机变量 X 变为随机矢量 $\boldsymbol{X}=X_1X_2\cdots X_N$），将此信道的连续 N 个输出符号 $Y_1Y_2\cdots Y_N$ 作为一个输出整体（输出随机变量 Y 变为随机矢量 $\boldsymbol{Y}=Y_1Y_2\cdots Y_N$）。

由于输入随机序列中的 N 个符号均取值于同一集 $\mathscr{A}$，输出随机序列中的 N 个符号均取值于同一集 $\mathscr{B}$，故此类型的信道称为**离散无记忆扩展信道**，或更具体地称为**离散无记忆 N 次扩展信道**。

4.4.2 离散无记忆 N 次扩展信道的数学模型

1. 单符号离散无记忆信道

信道输入符号序列: $\cdots$ x_N $\cdots$ x_1

信道输出符号序列: $\cdots$ y_N $\cdots$ y_1

$\rightarrow$
$$\left[\begin{array}{l}\text{数学模型：}\{X,p(y|x),Y\}\\ x=a_i\in\mathscr{A}\\ y=b_j\in\mathscr{B}\\ i\in\{1,2,\cdots,R\},j\in\{1,2,\cdots,S\}\end{array}\right.$$

2. 离散无记忆 N 次扩展信道

信道输入符号序列: $\cdots$ $x_N \cdots x_1$

信道输出符号序列: $\cdots$ $y_N \cdots y_1$

$$\rightarrow \left[\begin{array}{l} \text{数学模型：}\{X, p(\boldsymbol{\beta}_h|\boldsymbol{\alpha}_k), \boldsymbol{Y}\} \\ \boldsymbol{\alpha}_k = (a_{k_1}a_{k_2}\cdots a_{k_N}), a_{k_n} \in \mathscr{A} \\ \boldsymbol{\beta}_h = (b_{h_1}b_{h_2}\cdots b_{h_N}), b_{h_n} \in \mathscr{B} \\ k = 1, 2, \cdots, R^N; h = 1, 2, \cdots, S^N \end{array}\right.$$

在任何类型的信道中，信道的输入和输出都是符号流，但是在N **次扩展信道**中把这些符号流按照相邻关系，每 N 个相邻符号划分为一个 N 长的矢量，通过研究 N 长输入矢量和 N 长输出矢量之间的关系来描述多符号信道特性。由于 N 长矢量中的所有元素（单个符号）都取自同一符号集（例如，输入矢量中的所有元素都取自输入集 $\mathscr{A}$，输出矢量中的所有元素都取自输出集 $\mathscr{B}$)，所以此类型的多符号信道称为N **次扩展信道**。

3. 离散无记忆 N 次扩展信道的信道矩阵

根据信道的无记忆特性可得

$$p(\boldsymbol{y}|\boldsymbol{x}) = p(y_1y_2\cdots y_N|x_1x_2\cdots x_N) = \prod_{n=1}^{N} p(y_n|x_n) \tag{4.14}$$

由此得到离散无记忆 N 次扩展信道的信道矩阵为

$$\boldsymbol{P} = \begin{bmatrix} p_{11} & p_{12} & \cdots & p_{1R^N} \\ p_{21} & p_{22} & \cdots & p_{2R^N} \\ \vdots & \vdots & \ddots & \vdots \\ p_{S^N1} & p_{S^N2} & \cdots & p_{S^NR^N} \end{bmatrix}$$

式中

$$\begin{aligned} p_{kh} &= p(\boldsymbol{\beta}_h|\boldsymbol{\alpha}_k) && (k = 1, 2, \cdots, R^N; \quad h = 1, 2, \cdots, S^N) \\ \boldsymbol{\alpha}_k &= a_{k_1}a_{k_2}\cdots a_{k_N} && (k_i \in \{1, 2, \cdots, R\}; \quad i = 1, 2, \cdots, N) \\ \boldsymbol{\beta}_h &= b_{h_1}b_{h_2}\cdots b_{h_N} && (h_j \in \{1, 2, \cdots, S\}; \quad j = 1, 2, \cdots, N) \end{aligned}$$

$$p_{kh} = \prod_{n=1}^{N} p(b_{h_n}|a_{k_n}) \tag{4.15}$$

根据信道矩阵的定义可知，信道矩阵中各行之和为 1，即 $\sum\limits_{h=1}^{S^N} p_{kh} = 1(k = 1, 2, \cdots, R^N)$。

例4.7 二元无记忆对称信道的二次扩展信道。

已知二元无记忆对称信道（例 4.2）。

求二元无记忆对称信道的二次扩展信道的信道矩阵。

解：（1）二元无记忆对称信道：

输入集$\mathscr{A}=\{0,1\}$，　输入符号个数$R=2$

输出集$\mathscr{B}=\{0,1\}$，　输出符号个数$S=2$

信道矩阵$\boldsymbol{P}=\begin{bmatrix}1-p & p\\ p & 1-p\end{bmatrix}$

（2）二次扩展信道的符号。二次扩展信道中，输入和输出序列中元素个数 $N=2$。输入序列个数 $R^N=4$, 输出序列个数 $S^N=4$。

输入符号：$\boldsymbol{\alpha}_1=00$，$\boldsymbol{\alpha}_2=01$，$\boldsymbol{\alpha}_3=10$，$\boldsymbol{\alpha}_4=11$

输出符号：$\boldsymbol{\beta}_1=00$，$\boldsymbol{\beta}_2=01$，$\boldsymbol{\beta}_3=10$，$\boldsymbol{\beta}_4=11$

（3）二次扩展信道的信道矩阵。根据离散无记忆 N 次扩展信道性质（式 (4.15)），可以求得二次扩展信道的转移概率 $P_{kh}=P[\boldsymbol{\beta}_h|\boldsymbol{\alpha}_k]$（$k,h=1,2,3,4$）：

$$P_{11}=p(\boldsymbol{\beta}_1|\boldsymbol{\alpha}_1)=P[\overset{①}{0}\ \overset{②}{0}|\overset{❶}{0}\ \overset{❷}{0}]=p(\overset{①}{0}|\overset{❶}{0})\times p(\overset{②}{0}|\overset{❷}{0})=[1-p]^2$$

$$P_{12}=p(\boldsymbol{\beta}_2|\boldsymbol{\alpha}_1)=P[\underset{①}{0}\ \underset{②}{1}|\underset{❶}{0}\ \underset{❷}{0}]=p(\underset{①}{0}|\underset{❶}{0})\times p(\underset{②}{1}|\underset{❷}{0})=[1-p]p$$

$$P_{13}=p(\boldsymbol{\beta}_3|\boldsymbol{\alpha}_1)=P[\overset{①}{1}\ \overset{②}{0}|\overset{❶}{0}\ \overset{❷}{0}]=p(\overset{①}{1}|\overset{❶}{0})\times p(\overset{②}{0}|\overset{❷}{0})=p[1-p]$$

$$P_{14}=p(\boldsymbol{\beta}_4|\boldsymbol{\alpha}_1)=P[\overset{①}{1}\ \overset{②}{1}|\overset{❶}{0}\ \overset{❷}{0}]=p(\overset{①}{1}|\overset{❶}{0})\times p(\overset{②}{1}|\overset{❷}{0})=p^2$$

同理，可以求得信道矩阵中的其他元素，最后得到信道矩阵 $\boldsymbol{P}$：

$$\boldsymbol{P}=\begin{bmatrix}(1-p)^2 & (1-p)p & p(1-p) & p^2\\ (1-p)p & (1-p)^2 & p^2 & p(1-p)\\ p(1-p) & p^2 & (1-p)^2 & (1-p)p\\ p^2 & p(1-p) & (1-p)p & (1-p)^2\end{bmatrix}$$

图 4.11为扩展信道示意图。

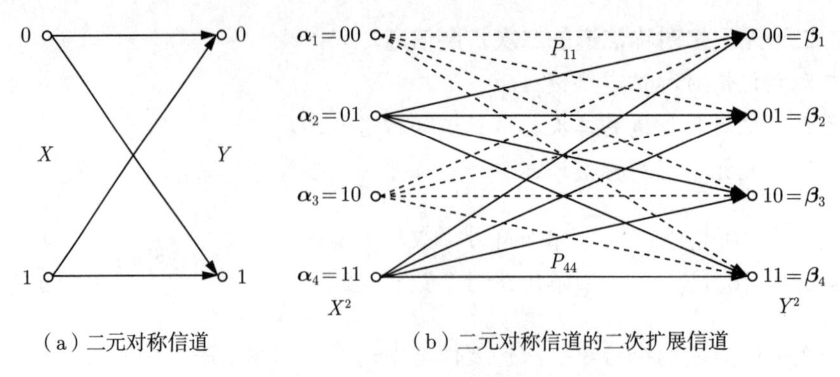

（a）二元对称信道　（b）二元对称信道的二次扩展信道

图 4.11　二元对称信道的二次扩展信道

4.4.3　多符号信道平均互信息量定理

对于多符号信道中输入集和输出集间的平均互信息量，更关心其与单符号信道中平均互信息量间的关系。实际上，在一般离散信道中 N 长随机序列所包含的平均互信息量存在两个重要定理。

1. 多符号信道平均互信息量的一般公式

根据平均互信息量公式可得

$$I(\boldsymbol{X};\boldsymbol{Y})=\begin{cases} H(\boldsymbol{X})-H(\boldsymbol{X}|\boldsymbol{Y}) & =\displaystyle\sum_{k=1}^{R^N}\sum_{h=1}^{S^N}p(\boldsymbol{\alpha}_k\boldsymbol{\beta}_h)\log\frac{p(\boldsymbol{\alpha}_k|\boldsymbol{\beta}_h)}{p(\boldsymbol{\alpha}_k)}=E\left[\log\frac{p(\boldsymbol{\alpha}_k|\boldsymbol{\beta}_h)}{p(\boldsymbol{\alpha}_k)}\right] \\ H(\boldsymbol{Y})-H(\boldsymbol{Y}|\boldsymbol{X}) & =\displaystyle\sum_{k=1}^{R^N}\sum_{h=1}^{S^N}p(\boldsymbol{\alpha}_k\boldsymbol{\beta}_h)\log\frac{p(\boldsymbol{\beta}_h|\boldsymbol{\alpha}_k)}{p(\boldsymbol{\beta}_h)}=E\left[\log\frac{p(\boldsymbol{\beta}_h|\boldsymbol{\alpha}_k)}{p(\boldsymbol{\beta}_h)}\right]\end{cases} \tag{4.16}$$

2. 无记忆多符号信道平均互信息量定理

定理4.3 无记忆多符号信道平均互信息量

信道输入和输出分别是 N 长序列 $\boldsymbol{X}$ 和 $\boldsymbol{Y}$。如果信道是无记忆的，则存在下列不等式：

$$I(\boldsymbol{X};\boldsymbol{Y})\leqslant\sum_{n=1}^{N}I(X_n;Y_n) \tag{4.17}$$

式中：X_n 和 Y_n 分别为随机序列 $\boldsymbol{X}$ 和 $\boldsymbol{Y}$ 中的第 n 个随机变量。

证明：（1）无记忆多符号信道的转移概率为

$$p(\boldsymbol{y}|\boldsymbol{x})=P(\boldsymbol{\beta}_h|\boldsymbol{\alpha}_k)=\prod_{n=1}^{N}p(b_{h_n}|a_{k_n}) \qquad \boldsymbol{y}=\boldsymbol{\beta}_h=b_{h_1}b_{h_2}\cdots b_{h_N} \quad \boldsymbol{x}=\boldsymbol{\alpha}_k=a_{k_1}a_{k_2}\cdots a_{k_N}$$

（2）无记忆多符号信道的平均互信息量为

根据式 (4.16) 可得

$$I(\boldsymbol{X};\boldsymbol{Y}) = E\left[\log \frac{p(b_{h_1}|a_{k_1}) \times p(b_{h_2}|a_{k_2}) \times \cdots \times p(b_{h_N}|a_{k_N})}{p(\boldsymbol{\beta}_h)}\right] \tag{4.18}$$

（3）多个单符号离散信道平均互信息量的和 $\sum_{n=1}^{N} I(X_n;Y_n)$。

以 $N=2$ 为例，有

$$I(X_1;Y_1) = \sum_{X_1Y_1} p(a_{k_1}b_{h_1}) \log \frac{p(b_{h_1}|a_{k_1})}{p(b_{h_1})} = \sum_{X_1Y_1} \underbrace{\sum_{X_2Y_2} p(a_{k_1}b_{h_1}a_{k_2}b_{h_2})}_{p(a_{k_1}b_{h_1})} \log \frac{p(b_{h_1}|a_{k_1})}{p(b_{h_1})}$$

$$I(X_2;Y_2) = \sum_{X_2Y_2} p(a_{k_2}b_{h_2}) \log \frac{p(b_{h_2}|a_{k_2})}{p(b_{h_2})} = \sum_{X_2Y_2} \overbrace{\sum_{X_1Y_1} p(a_{k_1}b_{h_1}a_{k_2}b_{h_2})}^{p(a_{k_2}b_{h_2})} \log \frac{p(b_{h_2}|a_{k_2})}{p(b_{h_2})}$$

$$\begin{aligned}\downarrow\\ I(X_1;Y_1) + I(X_2;Y_2) &= \sum_{X_1Y_1} \sum_{X_2Y_2} p(a_{k_1}b_{h_1}a_{k_2}b_{h_2}) \log \frac{p(b_{h_1}|a_{k_1})p(b_{h_2}|a_{k_2})}{p(b_{h_1})p(b_{h_2})} \\ &= E\left[\log \frac{p(b_{h_1}|a_{k_1})p(b_{h_2}|a_{k_2})}{p(b_{h_1})p(b_{h_2})}\right]\end{aligned}$$

推广到一般情形，有

$$\boxed{\sum_{n=1}^{N} I(X_n;Y_N) = E\left[\log \frac{p(b_{h_1}|a_{k_1})p(b_{h_2}|a_{k_2})\cdots p(b_{h_N}|a_{k_N})}{p(b_{h_1})p(b_{h_2})\cdots p(b_{h_N})}\right]} \tag{4.19}$$

根据式（4.19）和式（4.16）可得

$$I(\boldsymbol{X};\boldsymbol{Y}) - \sum_{n=1}^{N} I(X_n;Y_N) = E\left[\log \underbrace{\frac{P(b_{h_1})P(b_{h_2})\cdots P(b_{h_N})}{P(\boldsymbol{\beta}_h)}}_{✪}\right] \tag{4.20}$$

根据詹森不等式 (定理 A.1)：$E\big[\log(\bullet)\big] \leqslant \log E\big[(\bullet)\big]$，可得

$$\begin{aligned} E\big[\log ✪\big] \leqslant \log E\big[✪\big] &= \log \sum_{\boldsymbol{XY}} P[\boldsymbol{\alpha}_k\boldsymbol{\beta}_h]\left[\frac{P(b_{h_1})P(b_{h_2})\cdots P(b_{h_N})}{P(\boldsymbol{\beta}_h)}\right] \\ &= \log \sum_{\boldsymbol{XY}} \underbrace{\frac{P[\boldsymbol{\alpha}_k\boldsymbol{\beta}_h]}{P(\boldsymbol{\beta}_h)}}_{P[\boldsymbol{\alpha}_k|\boldsymbol{\beta}_h]} P[b_{h_1}]P[b_{h_2}]\cdots P[b_{h_N}] \end{aligned}$$

$$= \log \sum_{\boldsymbol{Y}} P[b_{h_1}]P[b_{h_2}]\cdots P[b_{h_N}] \underbrace{\sum_{X} P[\boldsymbol{\alpha}_k|\boldsymbol{\beta}_h]}_{1}$$

$$= \log \underbrace{\sum_{\boldsymbol{Y}} P[b_{h_1}]P[b_{h_2}]\cdots P[b_{h_N}]}_{1} = 0$$

即

$$I(\boldsymbol{X};\boldsymbol{Y}) \leqslant \sum_{n=1}^{N} I(X_n;Y_n)$$

特别地，有

$I(\boldsymbol{X};\boldsymbol{Y}) \leqslant \sum_{n=1}^{N} I(X_n;Y_n)$

当信源无记忆时，式（4.17）中等号成立，即有

$$I(\boldsymbol{X};\boldsymbol{Y}) = \sum_{n=1}^{N} I(X_n;Y_n) \tag{4.21}$$

证明：信源无记忆特性为

$$P[\boldsymbol{\alpha}_k] = P[a_{k_1}]P[a_{k_2}]\cdots P[a_{k_N}] \qquad k = 1, 2, \cdots, R^N$$

信道输出分布特性为

$$P[\boldsymbol{\beta}_h] = \overbrace{\sum_{\boldsymbol{X}} P[\boldsymbol{\alpha}_k]P[\boldsymbol{\beta}_h|\boldsymbol{\alpha}_k]}^{\text{全概率公式}}$$

$$= \sum_{\boldsymbol{X}} \underbrace{P[a_{k_1}]P[a_{k_2}]\cdots P[a_{k_N}]}_{\text{无记忆信源：}P[\boldsymbol{\alpha}_k]} \times \underbrace{P[b_{h_1}|a_{k_1}]P[b_{h_1}|a_{k_1}]\cdots P[b_{h_1}|a_{k_1}]}_{\text{无记忆信道：}P[\boldsymbol{\beta}_h|\boldsymbol{\alpha}_k]}$$

$$= \sum_{\boldsymbol{X}} P[a_{k_1}]P[b_{h_1}|a_{k_1}] \times P[a_{k_2}]P[b_{h_2}|a_{k_2}] \times \cdots \times P[a_{k_N}]P[b_{h_N}|a_{k_N}]$$

$\boldsymbol{X} = X_1X_2\cdots X_N$

$$= \underbrace{\sum_{X_1} P[a_{k_1}]P[b_{h_1}|a_{k_1}]}_{P[b_{h_1}]} \times \underbrace{\sum_{X_2} P[a_{k_2}]P[b_{h_2}|a_{k_2}]}_{P[b_{h_2}]} \times \cdots \times \underbrace{\sum_{X_N} P[a_{k_N}]P[b_{h_N}|a_{k_N}]}_{P[b_{h_N}]}$$

$P[\boldsymbol{\beta}_h] = P[b_{h_1}] \times P[b_{h_2}] \times \cdots \times P[b_{h_N}]$：输出符号间相互独立

结论：将上式代入式（4.20），可得

$$I(\boldsymbol{X};\boldsymbol{Y})=\sum_{n=1}^{N}I(X_n;Y_n)$$

3. 多符号信道平均互信息量定理

定理4.4 多符号信道平均互信息量

信道的输入和输出分别是 N 长序列 $\boldsymbol{X}$ 和 $\boldsymbol{Y}$。若信源是无记忆的，则存在下列不等式：

$$I(\boldsymbol{X};\boldsymbol{Y})\geqslant\sum_{n=1}^{N}I(X_n;Y_n) \tag{4.22}$$

式中：X_n 和 Y_n 分别为随机序列 $\boldsymbol{X}$ 和 $\boldsymbol{Y}$ 中的第 n 个随机变量。

证明：（1）无记忆信源的先验概率为

$$P[\boldsymbol{x}]=P[\boldsymbol{\alpha}_k]=\prod_{n=1}^{N}P[a_{k_n}] \qquad \boxed{\boldsymbol{x}=\boldsymbol{\alpha}_k=a_{k_1}a_{k_2}\cdots a_{k_N}}$$

（2）根据式（4.16）可得无记忆信源下多符号信道的平均互信息量为

$$I(\boldsymbol{X};\boldsymbol{Y})=E\left[\log\frac{P(\boldsymbol{\alpha}_k|\boldsymbol{\beta}_h)}{P(\boldsymbol{\alpha}_k)}\right]=E\left[\log\frac{P(\boldsymbol{\alpha}_k|\boldsymbol{\beta}_h)}{P[a_{k_1}]P[a_{k_2}]\cdots P[a_{k_N}]}\right] \tag{4.23}$$

（3）多个单符号离散信道平均互信息量的和 $\sum\limits_{n=1}^{N}I(X_n;Y_n)$

以 N=2 为例，有

$$I(X_1;Y_1)=\sum_{X_1Y_1}P[a_{k_1}b_{h_1}]\log\frac{P[a_{k_1}|b_{h_1}]}{P[a_{k_1}]}=\sum_{X_1Y_1}\underbrace{\sum_{X_2Y_2}P[a_{k_1}b_{h_1}a_{k_2}b_{h_2}]}_{P[a_{k_1}b_{h_1}]}\log\frac{P[b_{h_1}|a_{k_1}]}{P[a_{k_1}]}$$

……………………………………………………………………

$$I(X_2;Y_2)=\sum_{X_2Y_2}P[a_{k_2}b_{h_2}]\log\frac{P[a_{k_2}|b_{h_2}]}{P[a_{k_2}]}=\sum_{X_2Y_2}\underbrace{\sum_{X_1Y_1}P[a_{k_1}b_{h_1}a_{k_2}b_{h_2}]}_{P[a_{k_2}b_{h_2}]}\log\frac{P[a_{k_2}|b_{h_2}]}{P[a_{k_2}]}$$

……………………………………………………………………

$$I(X_1;Y_1)+I(X_2;Y_2)=\sum_{X_1Y_1}\sum_{X_2Y_2}P[a_{k_1}b_{h_1}a_{k_2}b_{h_2}]\log\frac{P[a_{k_1}|b_{h_1}]P[a_{k_2}|b_{h_2}]}{P[a_{k_1}]P[a_{k_2}]}$$
$$=E\left[\log\frac{P[a_{k_1}|b_{h_1}]P[a_{k_2}|b_{h_2}]}{P[a_{k_1}]P[a_{k_2}]}\right]$$

……………………………………………………………………………………

上式结果可推广到一般情况，有

$$\sum_{n=1}^{N}I(X_n;Y_N)=E\left[\log\frac{P(a_{k_1}|b_{h_1})P(a_{k_2}|b_{h_2})\cdots P(a_{k_N}|b_{h_N})}{P(a_{k_1})P(a_{k_2})\cdots P(a_{k_N})}\right] \tag{4.24}$$

结论：根据式（4.23）和式（4.24）可得

$$\sum_{n=1}^{N}I(X_n;Y_N)-I(\boldsymbol{X};\boldsymbol{Y})=E\left[\log\underbrace{\frac{P(a_{k_1}|b_{h_1})P(a_{k_2}|b_{h_2})\cdots P(a_{k_N}|b_{h_N})}{P(\boldsymbol{\alpha}_k|\boldsymbol{\beta}_h)}}_{☆}\right]$$

根据詹森不等式（定理 A.1）：$E\big[\log(\bullet)\big]\leqslant\log E\big[(\bullet)\big]$，可得

$$E\big[\log ☆\big]\leqslant\log E\big[☆\big]=\log\sum_{\boldsymbol{XY}}P[\boldsymbol{\alpha}_k\boldsymbol{\beta}_h]\left[\frac{P(a_{k_1}|b_{h_1})P(a_{k_2}|b_{h_2})\cdots P(a_{k_N}|b_{h_N})}{P(\boldsymbol{\alpha}_k|\boldsymbol{\beta}_h)}\right]$$
$$=\log\sum_{\boldsymbol{XY}}P[\boldsymbol{\beta}_h]P[a_{k_1}|b_{h_1}]P[a_{k_2}|b_{h_2}]\cdots P[a_{k_N}|b_{h_N}]$$
$$=\log\sum_{\boldsymbol{Y}}P[\boldsymbol{\beta}_h]\sum_{X}P[a_{k_1}|b_{h_1}]P[a_{k_2}|b_{h_2}]\cdots P[a_{k_N}|b_{h_N}]$$
$$=\log\sum_{\boldsymbol{Y}}P[\boldsymbol{\beta}_h]\underbrace{\sum_{X_1}P[a_{k_1}|b_{h_1}]}_{1}\underbrace{\sum_{X_2}P[a_{k_2}|b_{h_2}]}_{1}\cdots\underbrace{\sum_{X_N}P[a_{k_N}|b_{h_N}]}_{1}$$
$$=\log\underbrace{\sum_{\boldsymbol{Y}}P[\boldsymbol{\beta}_h]}_{1}=0$$

即

$$I(\boldsymbol{X};\boldsymbol{Y})\geqslant\sum_{n=1}^{N}I(X_n;Y_n)$$

特别地，有

$$I(\boldsymbol{X};\boldsymbol{Y}) = \sum_{n=1}^{N} I(X_n;Y_n)$$

当信道无记忆时，式（4.22）中等号成立，即有

$$I(\boldsymbol{X};\boldsymbol{Y}) = \sum_{n=1}^{N} I(X_n;Y_n) \tag{4.25}$$

证明：信源和信道均为无记忆时的输入输出联合概率分布

$$P[\boldsymbol{\alpha}_k\boldsymbol{\beta}_h] = \overbrace{P[\boldsymbol{\alpha}_k]}^{\text{信源}} \times \overbrace{P[\boldsymbol{\beta}_h|\boldsymbol{\alpha}_k]}^{\text{信道}} = \overbrace{\prod_{n=1}^{N} P[a_{k_n}]}^{\text{信源无记忆}} \times \overbrace{\prod_{i=1}^{N} P[b_{h_i}|a_{k_i}]}^{\text{信道无记忆}} = \prod_{n=1}^{N} P[a_{k_n}b_{h_n}]$$

信道输出分布为

$$\begin{aligned}
P[\boldsymbol{\beta}_h] &= \sum_{X} P[\boldsymbol{\alpha}_k\boldsymbol{\beta}_h] = \sum_{X}\prod_{n=1}^{N} P[a_{k_n}b_{h_n}] \\
&= \sum_{k}\prod_{n=1}^{N} P[a_{k_n}b_{h_n}] \\
&= \sum_{k}\prod_{n=1}^{N} P[b_{h_n}] \times P[a_{k_n}|b_{h_n}] \\
&= \prod_{n=1}^{N} P[b_{h_n}] \times \overbrace{\sum_{k} P[a_{k_n}|b_{h_n}]}^{1} \\
&= \prod_{n=1}^{N} P[b_{h_n}]
\end{aligned}$$

结论：将上式代入式（4.20），可得

$$I(\boldsymbol{X};\boldsymbol{Y}) = \sum_{n=1}^{N} I(X_n;Y_n)$$

4. 信源与信道均为无记忆时的平均互信息量

根据定理 4.3和定理 4.4，有

定理4.5 无记忆信源信道平均互信息量

信源和信道均为离散无记忆时，输入和输出序列的平均互信息量满足

$$I(\boldsymbol{X};\boldsymbol{Y}) = \sum_{n=1}^{N} I(X_n;Y_n) \tag{4.26}$$

4.4.4 N 次扩展信道平均互信息量定理

上述两个定理说明了一般多符号信道中平均信息量的性质。若输入序列与输出序列中的符号分别取自同一个输入集和输出集，则所述多符号信道为**扩展信道**。对于扩展信道中输入集和输出集间的平均互信息量，人们更关心其与单符号信道中平均互信息量间的关系。在扩展信道中，可以进一步简化上述两个定理。

1. 扩展信道特性

对于扩展信道，只考虑最简单的情形：一维离散平稳信源 + 无记忆离散信道。

N 长输入序列特性：

$$\underbrace{\boldsymbol{X}=X_1X_2\cdots X_N}_{\text{输入序列}} \qquad \underbrace{X_1,X_2,\cdots,X_N\in\mathscr{A}}_{\text{符号集}} \qquad \underbrace{P[X_1]=P[X_2]=\cdots=P[X_N]}_{\text{先验概率}}$$

信道特性：

$$\underbrace{P[\boldsymbol{Y}|\boldsymbol{X}]=\prod_{n=1}^{N}P[Y_n|X_n]}_{\text{无记忆}} \qquad \underbrace{P[Y_1|X_1]=P[Y_2|X_2]=\cdots=P[Y_N|X_N]}_{\text{平稳性}}$$

N 长输出序列特性：

$$\underbrace{\boldsymbol{Y}=Y_1Y_2\cdots Y_N}_{\text{输出序列}} \qquad \underbrace{Y_1,Y_2,\cdots,Y_N\in\mathcal{B}}_{\text{符号集}} \qquad \underbrace{P[Y_1]=P[Y_2]=\cdots=P[Y_N]}_{\text{输出符号概率}}$$

平均互信息量：

$$I(X_1;Y_1)=I(X_2;Y_2)=\cdots=I(X_N;Y_N)=I(X;Y)$$

2. 离散无记忆信道的 N 次扩展信道的平均互信息量

在一维离散平稳信源（信源无记忆）下，离散无记忆信道 N 次扩展信道的平均互信息量为

$$\underbrace{I(\boldsymbol{Y}|\boldsymbol{X})=\sum_{n=1}^{N}I(X_n;Y_n)}_{\text{定理 4.5}}=NI(X;Y)$$

上式说明，在信源和信道均为无记忆的情况下，N 次扩展信道中输入序列和输出序列的平均互信息量是单符号离散无记忆信道平均互信息量的 N 倍。

4.5 信道容量

信道容量是信道最为重要的特性，本节将详细介绍信道容量的概念、性质和一些特殊类型信道的信道容量求取方法。

4.5.1　信道中平均互信息量的含义

为讨论方便，仅以单符号离散信道为例阐述。作为信道输入符号，信源中平均每个符号所包含的信息量为 $H(X)$，这也是信道待传输的信息量。信道中存在随机噪声，造成信道的信息传输机制具有一定程度的不确定性，从而影响信道中所传输的符号消息，导致符号消息包含的信息量会有所减少。

信源所发出的消息在信道输出端是以符号 Y 呈现的，根据输出端符号 Y 与输入端符号 X 之间的关联性，可以定量分析得到信息在信道中传输所损失的信息量（信道疑义度 $H(X|Y)$）。输入与输出符号之间的平均互信息量 $I(X;Y) = H(X) - H(X|Y)$ 可以表示信道实际传输的信息量（平均每个传输符号），如图 4.12所示。

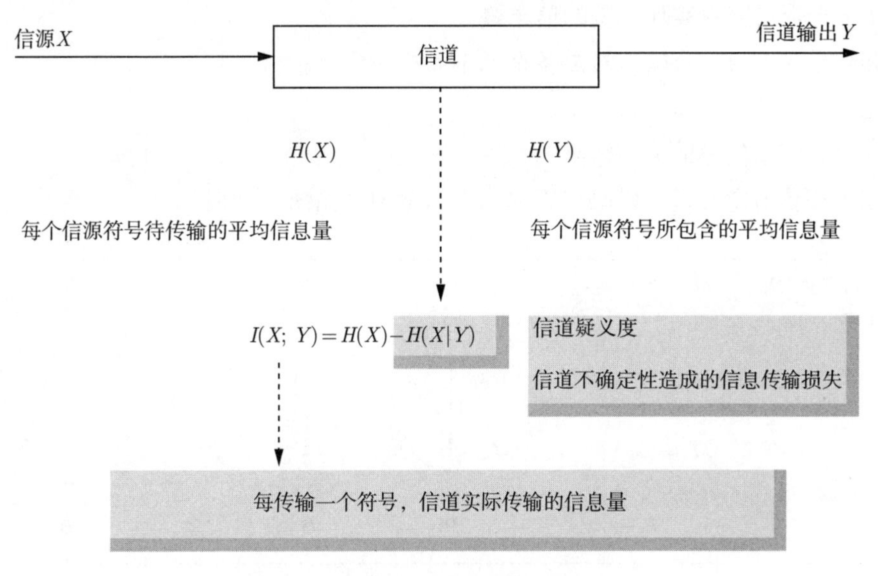

图 4.12　信道中平均互信息量的含义

例4.8

已知具有一一对应关系的无噪无损信道，即式（4.7）成立。

求无噪无损信道实际传输的信息量。

解：假设信源符号的先验分布为

$$\begin{bmatrix} X \\ P \end{bmatrix} = \begin{bmatrix} a_1 & a_2 & \cdots & a_N \\ P[a_1] & P[a_2] & \cdots & P[a_N] \end{bmatrix}$$

信道输出符号分布为

$$\begin{bmatrix} Y \\ P \end{bmatrix} = \begin{bmatrix} b_1 & b_2 & \cdots & b_N \\ P[b_1] & P[b_2] & \cdots & P[b_N] \end{bmatrix}$$

根据信道的特点可以得到具有一一对应关系的无噪无损信道的信道转移概率为

$$P[b_n|a_n] = 1 \qquad (n = 1, 2, \cdots, N)$$

根据例 4.4可知，具有一一对应关系的无噪无损信道的信道疑义度为零，即

$$H(X|Y) = 0$$

平均互信息量为

$$I(X;Y) = H(X) - H(X|Y) = H(X)$$

总结：由于是无噪无损信道，信道的不确定程度为零（信道疑义度 $H(\boldsymbol{X}|\boldsymbol{Y}) = 0$），信道不会对其所传输的信息造成损失，因此需要信道传输的信息量（信源熵 $H(\boldsymbol{X})$）会全部传输到信道输出端（$I(\boldsymbol{X};\boldsymbol{Y}) = I(\boldsymbol{X})$）。

例4.9 无损信道中实际传输的信息量。

无损信道定义为一个输入对应多个互不相交的输出。

求无损信道实际传输的信息量。

解：（1）无损信道的信道矩阵。

根据无损信道定义，可以画出无损信道示意图，如图 4.13所示。

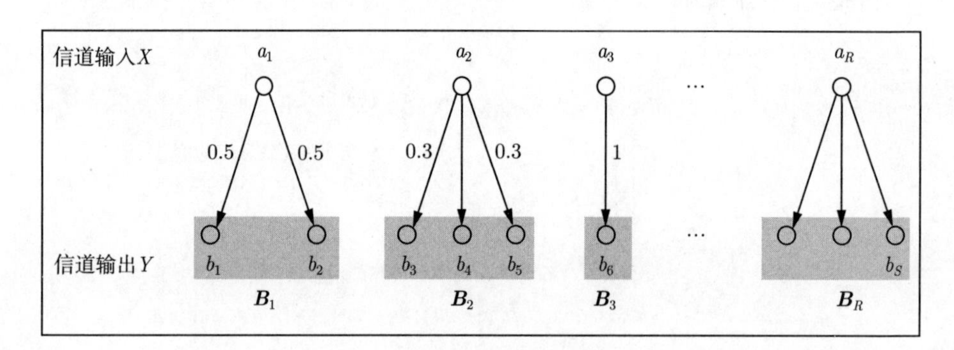

图 4.13　无损信道示意图

无损信道有 R 个输入符号和 S 个输出符号，根据输入与输出符号之间的关系，将输出符号划分为 R 个集合 $\boldsymbol{B}_1, \boldsymbol{B}_2, \cdots, \boldsymbol{B}_R$，其中集合 $\boldsymbol{B}_i (i = 1, 2, \cdots, R)$ 表示由所有与输入符号 a_i 有对应关系的输出符号组成的集合。据此，可得无损信道的转移概率（**前向概率**）：

$$P[b_j|a_i] = \begin{cases} P_{ij}, & b_j \in \boldsymbol{B}_i \\ 0, & b_j \notin \boldsymbol{B}_i \end{cases} \tag{4.27}$$

在无损信道中，一个输出符号只对应一个输入符号，因此信道矩阵 $\boldsymbol{P}$ 中每一列只有一个非零元素。例如，在图 4.13中只考虑前三个输入符号时（$R = 3$），对应的信道矩阵为

$$\boldsymbol{P} = \begin{bmatrix} 0.5 & 0.5 & 0 & 0 & 0 & 0 \\ 0 & 0 & 0.3 & 0.1 & 0.3 & 0 \\ 0 & 0 & 0 & 0 & 0 & 1 \end{bmatrix}$$

（2）无损信道的**信道疑义度**。无损信道的信道输出互不相交，则其**后向概率**为

$$P[a_i|b_j] = \begin{cases} 1, & b_j \in \boldsymbol{B}_i \\ 0, & b_j \notin \boldsymbol{B}_i \end{cases}$$

例如，在图 4.13中只考虑前三个输入符号时（$R=3$），对应的**后向概率**为

$$\begin{aligned}
&P[a_1|b_1]=1, \quad P[a_2|b_1]=0, \quad P[a_3|b_1]=0 \\
&P[a_1|b_2]=1, \quad P[a_2|b_2]=0, \quad P[a_3|b_2]=0 \\
&P[a_1|b_3]=0, \quad P[a_2|b_3]=1, \quad P[a_3|b_3]=0 \\
&P[a_1|b_4]=0, \quad P[a_2|b_4]=1, \quad P[a_3|b_4]=0 \\
&P[a_1|b_5]=0, \quad P[a_2|b_5]=1, \quad P[a_3|b_5]=0 \\
&P[a_1|b_6]=0, \quad P[a_2|b_6]=0, \quad P[a_3|b_6]=1
\end{aligned}$$

因此，得到无损信道的**信道疑义度**为

$$H(X|Y) = -\sum_{XY} P[y]P[x|y]\log P[x|y] = 0$$

（3）无损信道中**实际传输的信息量**：

$$I(X;Y) = H(X) - H(X|Y) = H(X)$$

总结：

（1）无损信道中，单个符号待传输的平均信息量为 $H(X)$ 比特/符号，而信道实际传输的信息量 $I(X;Y)=H(X)$，两者相等，说明信息在此类信道中传输时没有损失，故此类信道称为**无损信道**，即信息没有损失的信道。

（2）从**无损信道**的概念出发，可以将前述的**信道疑义度**$I(X|Y)$ 更形象地称为**损失熵**：信源符号经过信道传输后所引起的信息量损失。这也可以从其表达式得到进一步解释：

信道实际传输信息量

输入信道中的信息量 ↑

$$H(X|Y) = H(X) - I(X;Y)$$

信道中损失的信息量 ↓

信道输出端得到的信息量

4.5.2 信道容量的概念

作为信息传输的通道，信道实际传输的信息量是 $I(X;Y)$；但作为通信系统的一部分，其信息传输能力（信道所能传输的最大信息量）才是更重要的一个指标，信道的信息传输能力就是**信道容量**。

定义4.5 信道容量

信道容量定义为平均互信息量 $I(X;Y)$ 的最大值：

$$C = \max_{P[x]} I(X;Y) \tag{4.28}$$

其单位一般为**比特/符号**或**奈特/符号**。

1. 信道容量的存在性

对某一具体信道而言，信道矩阵（信道转移概率）是确定的、不变的，固定信道中平均互信息量 $I(X;Y)$ 是信源分布 $P[x]$ 的上凸函数，意味着存在一种信源分布 $P[\boldsymbol{x}] = P_{\max}^{x}$ 使得 $I(X;Y)$ 取得极大值。此时，这种信源分布 $P_{\max}^{x}$ 称为**最佳输入分布**，平均互信息量的极大值则为**信道容量**。从数学角度而言，**最佳输入分布**是平均互信息量取值为信道容量时所对应的自变量值，即

$$C = \max_{P[\boldsymbol{x}]} I(X;Y) = I(X;Y)\Big|_{P[\boldsymbol{x}]=P_{\max}^{\boldsymbol{x}}} \tag{4.29}$$

为什么信道的信息传输能力会与信源分布有关？信源分布是如何影响信道信息传输能力的？

信道在传输信息时，需要来自信源的符号承载信息，信道对信息传输的不良影响体现在损失熵（信道疑义度），不良影响程度的高低表现为损失熵（信道疑义度）的大小；而损失熵的大小则与信源符号的先验分布有关；同时信源符号的先验分布也决定了信道输出符号分布，从而进一步影响损失熵的大小。正如同一条路，机动车、非机动车和行人的通行能力各异，一条道路的交通容量同样取决于交通工具类型。

2. 与信息传输能力相关的几个工程概念

信道容量是信息论中的概念，在工程应用中通常使用下面几个相关的概念。

（1）**信息传输率**：信道中单个符号所传输的平均信息量。**信息传输率**就是信道中的平均互信息量：

$$R = I(X;Y) = H(X) - H(X|Y) \tag{4.30}$$

（2）**信息传输速率**：信息承载于消息（信源符号），以信号的形式在信道中传输。作为可测量的物理实体，信号会持续一段时间（例如，计算机基带传输系统中，表示符号 **0** 的矩形波会持续固定时长）。这样，抽象的信息量与具体的时间就建立了联系，信道在单位时间内所传输的信息量称为**信息传输速率**。其可表示为

$$R_t = \frac{R}{T} = \frac{1}{T} I(X;Y) b/s \tag{4.31}$$

式中：T 为传输单个符号所需平均时间。

（3）**最大信息量**：单位时间内信道所能传输的最多信息。其可表示为

$$C_t = \frac{C}{T} = \frac{1}{T}\max_{P[\boldsymbol{x}]} I(X;Y) b/s \tag{4.32}$$

例4.10 二元对称信道的信道容量。

已知二元对称信道（见例 **4.6**）。

求二元对称信道的信道容量。

解：根据式（4.13），可得其信道容量为

$$\begin{aligned} C = \max_{P[\boldsymbol{x}]} I(X;Y) &= \max_{P[\boldsymbol{x}]} \underset{\cdots\cdots\cdots\cdots\cdots\cdots\cdots\cdots}{H\big[\omega(1-p)+(1-\omega)p\big] - H\big[p\big]} \\ &= \max_{\omega} \underset{\cdots\cdots\cdots\cdots\cdots\cdots\cdots\cdots}{H\big[\omega(1-p)+(1-\omega)p\big] - H\big[p\big]} \\ &= \underbrace{\max_{\omega} H\big[\omega(1-p)+(1-\omega)p\big]}_{\text{对自变量}\omega\text{求导，令其为 0，得}\omega=0.5} - H(p) \\ &= 1 - H(p) \end{aligned}$$

结果分析:

（1）**最佳输入分布**。当 $\omega = 0.5$ 时，平均互信息量 $I(X;Y)$ 取得极大值，则所对应的**最佳输入分布**为

$$P[\boldsymbol{x}] = \begin{bmatrix} P[x_1 = 0] = \omega = 0.5 \\ P[x_2 = 1] = 1 - \omega = 0.5 \end{bmatrix}$$

二元对称信道的信道容量 $C = 1 - H(p)$，带有参数 p。这个参数正好是描述信道传输特性的**错误传输概率**，说明信道特性不同，信道的信息传输能力（信道容量）不同。

（2）$p = 0$。

信道矩阵为

$$\boldsymbol{P} = \begin{bmatrix} 1-p & p \\ p & 1-p \end{bmatrix} = \begin{bmatrix} 1 & 0 \\ 0 & 1 \end{bmatrix}$$

此时，信道为无噪信道，输入符号和输出符号具有一一对应的关系，损失熵（信道疑义度）为零，信道容量 $C = 1$ 比特/符号，正是二进制信源的信源熵的最大值。

（3）$p = 1$。

信道矩阵为

$$\boldsymbol{P} = \begin{bmatrix} 1-p & p \\ p & 1-p \end{bmatrix} = \begin{bmatrix} 0 & 1 \\ 1 & 0 \end{bmatrix}$$

$p = 1$ 说明**错误传输概率**为 1：信道输入的符号 **0** 在输出端全部变为符号 **1**；信道输入的符号 **1** 在输出端全部变为符号 **0**。如果单纯从**符号需要正确传输**的角度而言，那么所有符号都会传输错误的情形自然是不可接受的。

但是，从**信息传输**的角度而言，在错误传输概率为 1 的情况下输入符号和输出符号之间同样建立了**一一对应**的关系：当信宿接收到符号 **0** 时，可以推得输入符号为 **1** 的概率为 1，输入符号为 **0** 的概率为 0；接收到符号 **1** 时也是如此。这说明信宿完全可以从输出符号的分布情况推得输入符号的分布，意味着信道并没有引入新的不确定性，**信道疑义度为** 0，信道完全可以将信息全部传送到信宿，信道容量就是信源符号所能携带的最大信息量（1 比特/符号），最佳输入分布为信源符号等概率分布。

如前所述，错误传输概率 $p=1$ 时，信息并没有传输损失，但符号百分之百传输错误，岂不矛盾？

在信号解调时，符号解调规则改为信号大于判断阈值解调为符号 1，小于判断阈值解调为符号 0（见 4.1.1节）。这是一种最简单直观的方案，也说明通信系统传输信息的本质。

（4）$p=0.5$。

设信道矩阵为 $\boldsymbol{P}$，信道输出符号分布为 $P[y=0]$ 和 $P[y=1]$，信道输入符号集为 $X=\{0,1\}$，输出符号集为 $\boldsymbol{Y}=\{0,1\}$。它们之间的关系分析如下：

$$\boldsymbol{P}=\begin{bmatrix} P_{11} & P_{12} \\ P_{21} & P_{22} \end{bmatrix}=\begin{bmatrix} 1-p & p \\ p & 1-p \end{bmatrix}=\left[\begin{array}{l|l} P(\boldsymbol{y}=\boldsymbol{0}|x=0)=0.5 & 0.5=P(\boldsymbol{y}=\boldsymbol{1}|x=0) \\ P(\boldsymbol{y}=\boldsymbol{0}|x=1)=0.5 & 0.5=P(\boldsymbol{y}=\boldsymbol{1}|x=1) \end{array}\right]$$

输出符号分布

$$P[x=0]P_{11}+P[x=1]P_{21}=\boxed{P[\boldsymbol{y}=\boldsymbol{0}]=0.5} \quad ✿ \quad \boxed{0.5=P[\boldsymbol{y}=\boldsymbol{1}]}$$

↓ 输出符号 0 与输入符号 0 和 1 独立 ✿ ↓ 输出符号 1 与输入符号 0 和 1 独立

输出符号集 Y 与输入符号集 X 相互独立

由分析可见，当信源先验分布为最佳输入分布（$P[x=0]=P[x=1]=\omega=0.5$），错误传输概率 $p=0.5$ 时，输入符号集和输出符号集相互独立，信道疑义度（损失熵）$H(X|Y)=H(X)$，信道容量为

$$C=I(X;Y)\Big|_{P_{\max}^{\boldsymbol{x}}}=H(X)-H(X|Y)=0 \text{ 比特/符号。}$$

当错误传输概率 $p=0.5$ 时，信源所发符号的一半正确传输，一半变为另外一个符号。也就是说，信道输出的符号 **0** 和符号 **1** 均有两个来源并且这两个来源构成比例相同（均为 0.5），输出端难以正确判断所对应的输入端符号，因此信道所引入的不确定性最大，信道疑义度（损失熵）达到最大值，信道带来的不确定性完全销毁了信源符号所携带的信息量，信道已无法正确传输信息，其信道容量为 0。

信道研究的核心问题是求解信道容量 C 及其所对应的最佳输入分布 $P_{\max}^{\boldsymbol{x}}$。这是一个极大值求解问题，一般而言是十分困难的。因此，仅讨论几类较特殊信道的信道容量公式，并介绍一种较为通用的信道容量求解方法。

4.5.3 离散无噪信道的信道容量

离散无噪信道的基本特点是信道输出 Y 与信道输入 X 之间有确定关系。这种确定关系可以分为一对多、多对一和一对一三种，分别对应**无损信道**、**确定信道**和**无损确定信道**。

1. 无损信道的信道容量

根据例 4.9所得到的平均互信息量公式可得

$$C_{\text{lossless}} = \max_{P[\boldsymbol{x}]} H(X) = \log R \text{比特/符号}$$

↑ 等概率分布时信源熵具有最大值 →最佳输入分布：$P_{\max}^{\boldsymbol{x}} = 1/R$：输入符号等概率分布

2. 确定信道的信道容量

确定信道特点是一个输出对应多个互不相交的输入，如图 4.14所示。

确定信道有 R 个输入符号和 S 个输出符号，根据输入与输出符号之间的关系，将输入符号划分为 S 个集合 $\mathscr{A}_1, \mathscr{A}_2, \cdots, \mathscr{A}_S$，其中集合 $\mathscr{A}_i$ 表示所有与输出符号 b_i 有对应关系的输入符号所组成的集合。确定信道特点具有下列特点：

信道转移概率（前向概率）：

$$P[b_j|a_i] = \begin{bmatrix} 1, & a_i \in \mathscr{A}_j \\ 0, & a_i \notin \mathscr{A}_j \end{bmatrix} \tag{4.33}$$

在确定信道中，一个输入符号只对应一个输出符号，因此信道矩阵 $\boldsymbol{P}$ 中每一行只有一个非零元素，并且此元素的值为 1。例如，在图 4.4 中只考虑前三个输出符号时（$S = 3$），对应的信道矩阵为

$$\boldsymbol{P} = \begin{bmatrix} 1 & 0 & 0 \\ 1 & 0 & 0 \\ 0 & 1 & 0 \\ 0 & 1 & 0 \\ 0 & 1 & 0 \\ 0 & 0 & 1 \end{bmatrix}$$

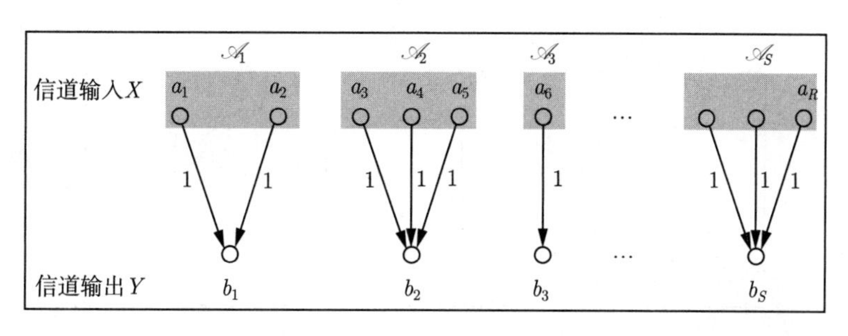

图 4.14 确定信道示意图

根据确定信道的信道矩阵，每个输入符号都有确定的输出符号相对应（前向概率为 1），这就是此种类型的信道命名为**确定信道**的缘由。

确定信道的**噪声熵**$H(Y|X)$：

$$H(Y|X) = -\sum_{xy} P[xy] \log P[y|x] = 0\text{比特/符号}$$

确定信道中**实际传输的信息量**：

$$I(X;Y) = H(Y) - H(Y|X) = H(Y)$$

确定信道的**信道容量**：

$$C_{\text{certainty}} = \max_{P[\boldsymbol{x}]} H(Y) = \log S\text{比特/符号}$$

↑
等概率分布时信源熵具有最大值
↓

最佳输入分布：使输出信号等概率分布的输入分布$P^{\boldsymbol{x}}_{\max}$

3. 无损确定信道的信道容量

无损确定信道融合了无损信道和确定信道的特点，其输入和输出之间具有一一对应的关系，如图 4.15所示。输入符号个数和输出符号个数相等（$R = S$）。

前向概率和后向概率：

$$P[b_j|a_i] = P[a_i|b_j] = \begin{cases} 1, & i = j \\ 0, & i \neq j \end{cases} \tag{4.34}$$

无损确定信道中，输入符号和输出符号之间具有一一对应的关系，因此信道矩阵 $\boldsymbol{P}$ 为单位矩阵。例如，在图 4.15 中只考虑前三个输出符号时（$R = S = 3$），信道矩阵为

$$\boldsymbol{P} = \begin{bmatrix} 1 & 0 & 0 \\ 0 & 1 & 0 \\ 0 & 0 & 1 \end{bmatrix}$$

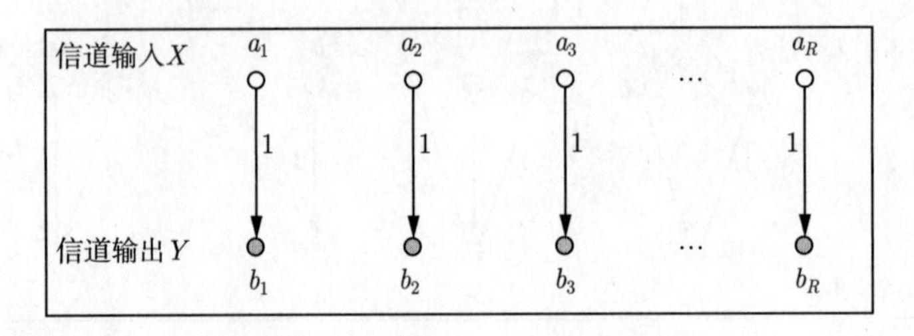

图 4.15 无损确定信道示意图

噪声熵和损失熵：

$$H(Y|X) = H(X|Y) = 0 \text{ 比特/符号}$$

实际传输的信息量：

$$\underbrace{I(X;Y) = H(X) - H(X|Y) = H(X)}_{\text{信息量没有损失}} = H(Y)$$

（$H(X) = H(Y)$：输入与输出一一对应）

信道容量：

$$C_{\text{oneTOone}} = \max_{P[\boldsymbol{x}]} H(Y) = \max_{P[\boldsymbol{x}]} H(X) = \log S = \log R \text{ 比特/符号}$$

↑ 等概率分布时信源熵具有最大值

↓

最佳输入分布：输入符号等概率分布：$P^{\boldsymbol{x}}_{\max} = 1/R$

4. 分析总结

对于离散无噪信道，信道容量 C 的求解已经从最初的平均互信息量 $I(X;Y)$ 极值求解转变为信息熵 $H(X)$ 或 $H(Y)$ 的极值求解，这一问题可以利用信息熵极大值定理解决。

4.5.4　离散对称信道的信道容量

在信道容量求解问题中，因为**离散对称信道**具有特殊的信道矩阵，故信道容量求解较为简单。根据信道矩阵对称性特点，离散对称信道分为**离散对称信道**和**离散强对称信道**两大类。

1. 离散对称信道

定义4.6 离散对称信道

若离散无记忆信道的信道矩阵中，每一**行**都是由同一概率集合 P_i（$i = 1, 2, \cdots, S$）中所有元素的不同排列组成，每一**列**都是由同一概率集合 Q_j（$i = 1, 2, \cdots, R$）中所有元素的不同排列组成，则称此类信道为**离散对称信道**。

例4.11 判断是否为离散对称信道：

$$\boldsymbol{P}_1 = \begin{bmatrix} 0.1 & 0.4 & 0.5 \\ 0.5 & 0.1 & 0.4 \\ 0.4 & 0.5 & 0.1 \end{bmatrix}, \qquad \boldsymbol{P}_2 = \begin{bmatrix} 0.1 & 0.5 & 0.4 \\ 0.5 & 0.1 & 0.4 \\ 0.4 & 0.5 & 0.1 \end{bmatrix}$$

信道矩阵 $\boldsymbol{P}_1$ 是离散对称信道，因为信道矩阵 $\boldsymbol{P}_1$ 中的每一行和每一列都是概率集合 $\{0.1, 0.4, 0.5\}$ 中元素的不同排列；

信道矩阵 $\boldsymbol{P}_2$ 则不是离散对称信道，因为这个矩阵中所有列的列元素并不相同，不是同一概率集合中元素的不同排列。

定理4.6 离散对称信道的信道容量

对于**离散对称信道**，当输入等概率分布时，平均互信息量取信道容量 C，且有

$$C = \log S - H(\mathring{\boldsymbol{p}}) \tag{4.35}$$

式中：S 为输出符号个数，$\mathring{\boldsymbol{p}} = (\mathring{P}_1, \mathring{P}_2, \cdots, \mathring{P}_S)$ 为信道矩阵 $\boldsymbol{P}$ 的任一行元素。

证明：噪声熵为

$$\begin{aligned}
H(Y|X) &= -\sum_{i=1}^{R}\sum_{j=1}^{S} P[a_i]P[b_j|a_i]\log P[b_j|a_i] \\
&= \sum_{i=1}^{R} P[a_i]\Bigg[\underbrace{-\sum_{j=1}^{S} P(b_j|a_i)\log P(b_j|a_i)}_{\text{涉及信道矩阵中的第 } i \text{ 行元素}}\Bigg]^{\text{熵不变性+离散对称信道特性}} \\
&= H(\mathring{\boldsymbol{p}})\underbrace{\sum_{i=1}^{S} P[a_i]}_{1} \\
&= H(\mathring{\boldsymbol{p}})
\end{aligned}$$

信道实际传输的信息量为

$$I(X;Y) = H(Y) - H(Y|X) = H(Y) - H(\mathring{\boldsymbol{p}})$$

信道容量为

$$\begin{aligned}
C &= \max_{P[\boldsymbol{x}]} I(X;Y) = \max_{P[\boldsymbol{x}]}\big[H(Y) - H(\mathring{\boldsymbol{p}})\big]_{\mathring{\boldsymbol{p}}\text{与}P[\boldsymbol{x}]\text{无关}} = \max_{P[\boldsymbol{x}]}\big[H(Y)\big] - H(\mathring{\boldsymbol{p}}) \\
&= \log S - H(\mathring{\boldsymbol{p}}) \quad \text{最佳输入分布}P_{\max}^{\boldsymbol{x}}\text{：使输出符号等概率分布的输入分布}
\end{aligned}$$

最佳输入分布为

以 $R = S = 2$ 为例，其信道矩阵为

$$\boldsymbol{P} = \begin{bmatrix} P_{11} & P_{12} \\ P_{21} & P_{22} \end{bmatrix}_{\text{离散对称信道}\rightarrow} = \begin{bmatrix} P_{11} & P_{21} \\ P_{21} & P_{11} \end{bmatrix}_{\text{每行元素之和为 }1\rightarrow} = \begin{bmatrix} P_{11} & 1-P_{11} \\ 1-P_{11} & P_{11} \end{bmatrix}$$

所求得的信道转移概率代入**全概率公式**，得信道输出符号 $P[b_j]$ 分布为

$$\begin{cases} P[b_1] = \sum_{i=1}^{2} P[a_i]P[b_1|a_i] = \boxed{P[a_1]P_{11} + P[a_2][1-P_{11}] = 0.5} \\ P[b_2] = \sum_{i=1}^{2} P[a_i]P[b_2|a_i] = \boxed{P[a_1][1-P_{11}] + P[a_2]P_{11} = 0.5} \end{cases}$$

$P[a_1]$和$P[a_2]$完全对称，可以互换

↓

最佳输入分布：$P[a_1] = P[a_2] = \cdots = P[a_R] = \dfrac{1}{R}$　　←-- 大胆推测 $P[a_1] = P[a_2]$

推测：离散对称信道的最佳输入分布为**输入等概率分布**。

证明：假设信道输入符号分布为等概率分布，即 $P[a_i] = 1/R\ (i = 1, 2, \cdots, R)$，有

$$P[b_j] = \sum_{i=1}^{R} P[a_i]P[b_j|a_i] = \frac{1}{R}\sum_{i=1}^{R} P[b_j|a_i]$$

信道矩阵中第 j 列元素之和，定义为κ_j

$$\boxed{\begin{aligned} \kappa_j &= \underbrace{\sum_{i=1}^{R} P[b_j|a_i]}_{\text{所有列元素之和相等}} = \frac{1}{S}\left[\kappa_1 + \cdots + \kappa_S\right] \\ &= \frac{1}{S}\sum_{j=1}^{S}\sum_{i=1}^{R} P[b_j|a_i] \times \frac{P[a_i]}{P[a_i]} \\ &= \frac{1}{S}\sum_{i=1}^{R}\frac{1}{P[a_i]}\underbrace{\sum_{j=1}^{S} P[a_ib_j]}_{P[a_i]} = \frac{R}{S} \end{aligned}}$$

因此，可求得

$$\underbrace{P[b_j] = \frac{1}{S} \qquad j = 1, 2, \cdots, S}_{\text{输出符号等概率分布，满足信道容量所要求的条件}}$$

例4.12 离散对称信道容量。

已知信道矩阵为

$$\boldsymbol{P} = \begin{bmatrix} 1/2 & 1/3 & 1/6 \\ 1/3 & 1/6 & 1/2 \\ 1/6 & 1/2 & 1/3 \end{bmatrix}$$

求此信道的信道容量和最佳输入分布。

解：由信道矩阵可知，此信道为对称离散信道。

根据定理 4.6，其信道容量为

$$C = \log S - H[\mathring{\boldsymbol{p}}] = \log 3 - H[1/6\,,1/2\,,1/3] = 0.126\text{比特/符号}$$

最佳输入分布为

$P_{\max}[a_1] = P_{\max}[a_2] = P_{\max}[a_3] = \frac{1}{3}$

2. 均匀信道

定义4.7 均匀信道

若信道输入符号和输出符号个数相等，且信道矩阵为

$$\boldsymbol{P} = \begin{bmatrix} 1-p & p/R-1 & p/R-1 & \cdots & p/R-1 \\ p/R-1 & 1-p & p/R-1 & \cdots & p/R-1 \\ \vdots & \vdots & \vdots & \ddots & \vdots \\ p/R-1 & p/R-1 & p/R-1 & \cdots & 1-p \end{bmatrix} \tag{4.36}$$

则称此信道为**均匀信道**或**强对称信道**。

根据上面的定义，可以看到：

（1）均匀信道是离散对称信道的一种特例；

（2）输入符号数和输出符号数相等；

（3）符号正确传输的概率为 $1-p$；

（4）符号错误传输的概率为 p，每种错误传输情况的发生概率相等，均为 $p/R-1$；

（5）$R=2$ 时的**离散对称信道**是一种均匀信道；

（6）均匀信道的信道矩阵各列之和为 1，一般信道的信道矩阵不具有此性质。

定理4.7 均匀信道的信道容量

均匀信道的信道容量为

$$C = \log R - p\log(R-1) - H(p) \tag{4.37}$$

证明：根据定理 4.6可得

$$\begin{aligned} C = \log S - H(\mathring{\boldsymbol{p}}) &= \log R - H[1-p, p/R-1\,,\cdots,p/R-1] \\ &= \log R + [1-p]\log[1-p] \\ &+ \end{aligned}$$

$$\underbrace{\frac{p}{R-1}\log\frac{p}{R-1}+\cdots+\frac{p}{R-1}\log\frac{p}{R-1}}_{\text{共 } R-1 \text{ 个}}$$

$$
\begin{aligned}
&= \log R + [1-p]\log[1-p] + p\log\frac{p}{R-1} \\
&= \log R - p\log[R-1] + [1-p]\log[1-p] + p\log p \\
&= \log R - p\log[R-1] - H[p]
\end{aligned}
$$

最佳输入分布：输入符号等概率分布

例4.13 二元对称信道的信道容量。

已知二元对称信道的信道矩阵（例 4.2）。

求二元对称信道的信道容量。

解：二元对称信道是 $R=2$ 时的**均匀信道**，根据定理 4.7可求得 $C=1-H(p)$。

4.5.5 一般离散信道的信道容量

固定信道的平均互信息量 $I(X;Y)$ 是信源先验分布 $P[X]$ 的上凸函数，因此固定信道平均互信息量的最大值 C 必定存在。对于一般的信道容量求解问题，可以建模为带有约束条件 $\sum_X P[X]=1$ 的平均互信息量 $I(X;Y)$ 极大值求解。对于带有约束条件的极值问题，数学上常用**拉格朗日乘子法**解决。

拉格朗日乘子法的基本步骤如下：

（1）引入拉格朗日乘子 λ。

（2）利用 λ 将约束条件整合进目标函数，形成新的目标函数 F。

（3）对新的目标函数 F 求偏导，得到极值和所对应的自变量函数值。

1. 最优化模型

设信道输入符号集为 $\mathscr{A}=\{a_1,a_2,\cdots,a_R\}$，信道输出符号集为 $\mathscr{B}=\{b_1,b_2,\cdots,b_S\}$。因此，平均互信息量

$$I(X;Y)=\sum_{a_i,b_j}P[a_i]P[b_j|a_i]\log\frac{P[b_j|a_i]}{P[b_j]}$$

是自变量为 $P[a_i]$ 的 $R-1$ 元函数。求解此函数极值的最优化模型为

$$\text{目标函数：} C=\max_{P[a_i]}I(X;Y)$$

$$\text{约束条件：} \sum_{i=1}^{R}P[a_i]=1$$

2. 构建新的目标函数

通过引入拉格朗日乘子，构建的新目标函数为

$$F=I(X;Y)-\lambda\sum_{a_i}P[a_i] \tag{4.38}$$

式中：λ 为**拉格朗日乘子**，为待定常数，可根据约束条件求出。

3. 求解极值

对新目标函数求一阶导数，并令其为零，可得

$$\frac{\partial F}{\partial P[a_i]}=\underbrace{\frac{\partial}{\partial P[a_i]}I(X;Y)}_{①}-\underbrace{\frac{\partial}{\partial P[a_i]}[\lambda\sum_X P(a_i)]}_{②}=0 \qquad (i=1,2,\cdots,R)$$

求解②：

$$②=\frac{\partial}{\partial P[a_i]}\left[\lambda\sum_{a_i}P(a_i)\right]=\lambda\frac{\partial}{\partial P[a_i]}\left[P(a_1)+P(a_2)+\cdots+P(a_R)\right]$$
$$=\lambda[0+\cdots+0+\underset{\text{第 }i\text{ 项}}{1}+0+\cdots+0]=\lambda$$

求解①：

$$①=\frac{\partial}{\partial P(a_i)}I(X;Y)=\frac{\partial}{\partial P(a_i)}\left[\sum_{r=1}^{R}\sum_{j=1}^{S}P(a_r)P(b_j|a_r)\log\frac{P(b_j|a_r)}{P(b_j)}\right]$$
$$=\sum_{j=1}^{S}\sum_{r=1}^{R}\frac{\partial}{\partial P(a_i)}\left[P(a_r)P(b_j|a_r)\log\frac{P(b_j|a_r)}{P(b_j)}\right]$$
$$=\underbrace{\sum_{j=1}^{S}\sum_{r=1}^{R}\log\frac{P(b_j|a_r)}{P(b_j)}\frac{\partial}{\partial P(a_i)}\left[P(a_r)P(b_j|a_r)\right]}_{①①}$$
$$+$$
$$\overbrace{\sum_{j=1}^{S}\sum_{r=1}^{R}P(a_r)P(b_j|a_r)\frac{\partial}{\partial P(a_i)}\left[\log\frac{P(b_j|a_r)}{P(b_j)}\right]}^{①②}$$

求解①①：

$$①①=\boxed{\begin{aligned}&\sum_{j=1}^{S}\sum_{r=1}^{R}\log\frac{P(b_j|a_r)}{P(b_j)}\frac{\partial}{\partial P(a_i)}\left[P(a_r)P(b_j|a_r)\right]^{\text{信道固定，转移概率与自变量}P(a_i)\text{无关}}_{\text{只有}r=i\text{时偏导}\neq 0}\\&=\sum_{j=1}^{S}P(b_j|a_i)\log\frac{P(b_j|a_i)}{P(b_j)}\end{aligned}}$$

求解①②：

$$①②=\sum_{j=1}^{S}\sum_{r=1}^{R}P(a_r)P(b_j|a_r)\frac{\partial}{\partial P(a_i)}\left[\log\frac{P(b_j|a_r)}{P(b_j)}\right]_{\text{信道输出符号分布}P(b_j)\text{与}P(a_i)\text{有关}}$$

$$= -\sum_{j=1}^{S}\sum_{r=1}^{R} P(a_r)P(b_j|a_r)\frac{\partial}{\partial P(a_i)}\left[\log P(b_j)\right]_{\text{转换为自然对数}}$$

$$= -\sum_{j=1}^{S}\sum_{r=1}^{R} P(a_r)P(b_j|a_r)\frac{\partial}{\partial P(a_i)}\left[\log \mathrm{e} \ln P(b_j)\right]$$

$$= -\log \mathrm{e}\sum_{j=1}^{S}\sum_{r=1}^{R} \underbrace{\frac{P(a_r)P(b_j|a_r)}{P(b_j)}}_{P(a_r|b_j)}\ \underbrace{\frac{\partial P(b_j)}{\partial P(a_i)}}_{P(b_j|a_i)}\ \ \frac{P(b_j)=\sum\limits_{k=1}^{R}P(a_k)P(b_j|a_k)}{\text{只有}k=i\text{时，导数}\neq 0}$$

$$= -\log \mathrm{e}\underbrace{\sum_{j=1}^{S} P(b_j|a_i)}_{1}\underbrace{\sum_{r=1}^{R} P(a_r|b_j)}_{1} = -\log \mathrm{e}$$

根据已有结果建立最终求解方程组：

$$①① = \sum_{j=1}^{S} P[b_j|a_i]\log\frac{P[b_j|a_i]}{P[b_j]}$$

$$①② = -\log \mathrm{e}$$

$$① = ①① + ①② = \sum_{j=1}^{S} P[b_j|a_i]\log\frac{P[b_j|a_i]}{P[b_j]} - \log \mathrm{e}$$

$$② = \lambda$$

$$\frac{\partial F}{\partial P[a_i]} = ① - ② = \sum_{j=1}^{S} P[b_j|a_i]\log\frac{P[b_j|a_i]}{P[b_j]} - \log \mathrm{e} - \lambda$$

新的方程组：

$$\begin{cases}\sum\limits_{j=1}^{S} P[b_j|a_i]\log\frac{P[b_j|a_i]}{P[b_j]} = \log \mathrm{e} + \lambda \qquad (i=1,2,\cdots,R)\\ \sum\limits_{i=1}^{R} P[a_i] = 1\end{cases}$$

方程组求解：假设最佳输入分布（即方程组的解）为 $P_{\max}^{a_i}(i=1,2,\cdots,R)$，则可得

$$\underbrace{\sum_{j=1}^{S} P[b_j|a_i]\log\frac{P[b_j|a_i]}{P[b_j]}}_{\text{随机变量}a_i\text{的函数，求其数学期望}} = \log \mathrm{e} + \lambda \tag{4.39}$$

$$E\left[\sum_{j=1}^{S} P(b_j|a_i)\log\frac{P(b_j|a_i)}{P(b_j)}\right] = E\left[\log \mathrm{e} + \lambda\right]$$

$$
\begin{aligned}
&= \sum_{i=1}^{R} P_{\max}^{a_i} \left[\sum_{j=1}^{S} P(b_j|a_i) \log \frac{P(b_j|a_i)}{P(b_j)} \right] \\
&= \underbrace{\sum_{i=1}^{R} \sum_{j=1}^{S} P_{\max}^{a_i} P(b_j|a_i) \log \frac{P(b_j|a_i)}{P(b_j)}}_{\text{信源分布为最佳输入分布时的平均互信息量} \ = \ \text{信道容量} \ C}
\end{aligned}
$$

$$\text{求得：} C = \log \mathrm{e} + \lambda \tag{4.40}$$

式中：λ 为待定参数，需做进一步假设才有可能得到最终结果，但过程十分复杂。

从以上讨论可知，求解信道容量的问题实际是约束条件下的多元函数极值的求解问题。通常情况下计算量非常大。由式（4.39）可以发现，式左边正好是输出端接收到符号 Y 后获得的关于输入符号 x_i 的信息量。结合式（4.40）可知

$$I(x_i;Y) = \sum_{j=1}^{S} P[b_j|a_i] \log \frac{P[b_j|a_i]}{P[b_j]} = C \tag{4.41}$$

由此可以得到一离散信道的平均互信息量 $I(X;Y)$ 达到信道容量的充要条件，有助于检验一种指定的符号分布 $P[x]$ 是否为最佳分布，从而判断其对应的 $I(X;Y)$ 是否达到信道容量，在某些情况下它可以帮助我们较快地找到极值点。

定理4.8 一般离散信道的信道容量

设有一般离散信道，有 R 个输入符号，S 个输出符号。当且仅当存在常数 C 使输入分布 $P[a_i]$ 满足

$$
\begin{aligned}
I(a_i;Y) = C, &\qquad P[a_i] \neq 0 \\
I(a_i;Y) \leqslant C, &\qquad P[a_i] = 0
\end{aligned}
\tag{4.42}
$$

时，$I(X;Y)$ 达到极大值。此时，常数 C 即为所求的信道容量。其中，$I(a_i;Y) = \sum_{j=1}^{S} P[b_j|a_i] \log \dfrac{P[b_j|a_i]}{P[b_j]}$ 称为**条件互信息量**。

定理 4.8表明，当达到信道容量时，信源符号集里的每个概率不为零的符号对于接收端贡献的平均互信息量是相等的。现在考虑一个特定的信道，当信源的分布特征不满足式（4.42）时，必定存在一些符号提供的平均互信息量比较大，而一个经过良好设计的信源势必会更多地发送这些传输特性“优良”的符号。然而，过多地发送这样的符号会改变信源的概率分布，使得“优良”符号的概率上升，从而降低这些符号提供的平均互信息量，与此同时非“优良”符号提供的平均互信息量增加。最终，所有发送概率不为零的符号所提供的平均互信息量将达到相同的水平。

例4.14 一般信道的信道容量。

已知离散信道的转移概率矩阵为

$$P = \begin{bmatrix} 1 & 0 & 0 \\ 1/3 & 1/3 & 1/3 \\ 0 & 1 & 0 \\ 0 & 0 & 1 \end{bmatrix}$$

求信道容量。

解：分析信道矩阵可知，该信道不是对称信道，也不是均匀信道。

设输入符号集为 $\{a_1, a_2, a_3, s_4\}$，输出符号集为 $\{b_1, b_2, b_3\}$。以信道矩阵 $\boldsymbol{P}$ 可以发现，输入符号 a_1、a_3、a_4 与输出符号 b_1、b_3、b_4 是一一对应的，而输入符号 a_2 等概率地映射到 3 个输出符号。如果将 a_2 的先验概率置为 0，则信道变为一个理想信道，从而可将 a_1、a_3、a_4 设置为等概率分布，即

$$P[a_2] = 0, \qquad P[a_1] = P[a_3] = P[a_4] = 1/3$$

上述分布是否为最佳输入分布？所对应的平均互信息量是否达到信道容量？根据定理4.8可以分别求出所有概率非零的符号所对应的互信息量：

$$I(x = a_1; Y) = \sum_{j=1}^{3} P[b_j|a_1] \log \frac{P[b_j|a_1]}{P[b_j]} = \log 3$$

$$I(x = a_2; Y) = \sum_{j=1}^{3} P[b_j|a_1] \log \frac{P[b_j|a_2]}{P[b_j]} = 0$$

$$I(x = a_3; Y) = \sum_{j=1}^{3} P[b_j|a_1] \log \frac{P[b_j|a_3]}{P[b_j]} = \log 3$$

$$I(x = a_4; Y) = \sum_{j=1}^{3} P[b_j|a_1] \log \frac{P[b_j|a_4]}{P[b_j]} = \log 3$$

可见，此分布所对应的互信息量满足式（4.42）：

$$I(a_i; Y) = \log 3, \qquad P[a_i] \neq 0$$

$$I(a_i; Y) = 0 < \log 3, \qquad P[a_i] = 0$$

所以，此分布为最佳输入分布，对应的信道容量 $C = \log 3$比特/符号。

实际上，例 4.14中的信道虽然不属于特殊信道，但是可以通过直接观察信道矩阵特征，轻易地变成理想信道，因此其最佳输入分布和信道容量还是比较容易求得的。此例验证了定理 4.8关于最佳输入分布的推断并导出了信道容量。

例4.15 最佳输入分布不唯一。

已知离散信道的输入符号集 $\{x_1,x_2,x_3,x_4\}$、输出符号集 $\{y_1,y_2\}$，信道矩阵为

$$\boldsymbol{P}=\begin{bmatrix}1 & 0\\1 & 0\\1/2 & 1/2\\0 & 1\\0 & 1\end{bmatrix}$$

求信道容量。

解：分析信道矩阵可知此信道不是对称信道。由于 x_3 转移到 y_1、y_2 是等概率的，若令 $P[x_3]=0$，则会减少信宿收到 Y 以后对输入 X 的不确定性。此时，x_1、x_2 与 x_4 、x_5 分别转移到 y_1 、y_2；若再令 $P[x_2]=P[x_4]=0$，则信道变为一一对应的信道，接收到 Y 后对输入端 X 是完全确定的。

- 第一个最佳输入分布

  进一步令 $P[x_1]=P[x_5]=1/2$，检查其是否满足信道容量定理 4.8的条件，若满足，则该输入分布就是最佳输入分布。

  计算可得

  $$I(x_1;Y)=I(x_5;Y)=I(x_2;Y)=I(x_4;Y)=\log 2,\qquad I(x_3;Y)=0$$

  满足信道容量定理的充要条件，因此最佳输入分布为

  $$P[x_1]=P[x_5]=1/2$$
  $$P[x_2]=P[x_3]=P[x_4]=0$$

  信道容量为

  $$C=\log 2=1\text{比特/符号}$$

- 第二个最佳输入分布

  设分布 $P[x_1]=P[x_2]=P[x_4]=P[x_5]=1/4, P[x_3]=0$ 也满足信道容量定理的充要条件，则有

  $$I(x_1;Y)=I(x_2;Y)=I(x_4;Y)=I(x_5;Y)=\log 2$$

  $$I(x_3;Y)<\log 2$$

因此，该分布也是最佳输入分布。由此可见，信道的最佳输入分布并不是唯一的，由于 $I(x_i;Y)$ 仅直接与信道转移概率以及输出符号概率分布有关，因而达到信道容量的输入概率分布不唯一，但输出概率分布是唯一的。

4.5.6 离散无记忆 N 次扩展信道的信道容量

对于一般的离散无记忆多符号信道，根据定理 4.3可得

$$I(X;Y) \leqslant \sum_{n=1}^{N} I(X_n;Y_n)$$

所以一般的离散无记忆多符号信道的信道容量为

$$C = \max_{P[\boldsymbol{x}]} I(\boldsymbol{X};\boldsymbol{Y}) = \max_{P[\boldsymbol{x}]} \left[\sum_{n=1}^{N} I(X_n;Y_n)\right] = \sum_{n=1}^{N} \underbrace{\overbrace{\max_{P[\boldsymbol{x}]} \left[I(X_n;Y_n)\right]}^{\text{最佳输入分布：} P_{\max}^{n}}}_{C_n} = \sum_{n=1}^{N} C_n \tag{4.43}$$

式 (4.43) 中已经使用了等号成立的条件**信源是无记忆的**，所以有

$$\max_{P[\boldsymbol{x}]} \left[I(X_n;Y_n)\right] = \max_{P[\boldsymbol{x}_n]} \left[I(X_n;Y_n)\right]$$

式中：$C_n = \max\limits_{P[\boldsymbol{x}_n]} I(X_n;Y_n)$ 为时刻 n 离散无记忆信道传输的最大信息量（$n = 1,2,\cdots,N$）。

若离散无记忆多符号信道为扩展信道，则输入的 N 长序列 $\boldsymbol{X} = (X_1X_2\cdots X_N)$ 中的每个符号是在同一信道中传输，所以有 $C_n = C(n = 1,2,\cdots,N)$，即任一时刻离散无记忆信道扩展信道的信息传输能力相同。于是可得

$$\text{离散无记忆信道的 } N \text{ 次扩展信道的信道容量} \qquad C^N = NC \tag{4.44}$$

$$\text{离散无记忆信道的 } N \text{ 次扩展信道的最佳输入分布} \qquad P_{\max}^{n} = P_{\max}^{\boldsymbol{x}} \quad (n = 1,2,\cdots,N) \tag{4.45}$$

式（4.44）表明，离散无记忆信道的 N 次扩展信道的信道容量是单符号离散无记忆信道容量的 N 倍。根据定理 4.3所述的等号成立条件，N 次扩展信道的最佳输入分布为 $P_{\max}^{n}(n = 1,2,\cdots,N)$。若输入信源是无记忆的，则输入序列中的每一元素 $X_n(n = 1,2,\cdots,N)$ 的最佳输入分布 $P_{\max}^{n}$ 相等，且为单符号离散无记忆信源 X 的最佳输入分布 $P_{\max}^{\boldsymbol{x}}$。

例4.16 扩展信道的信道容量。

已知二元对称信道（**例** 4.13）。

求二元对称信道的二次扩展信道的信道容量。

解：根据 **例** 4.13可知，二元对称信道的信道容量为 $C = 1 - H(p)$，因此其二次扩展信道的信道容量为

$$C^2 = 2C = 2\big[1 - H(p)\big]$$

习　题

1. 设一个二元信道如图所示，其输入概率空间为

$$\begin{bmatrix} X \\ P \end{bmatrix} = \begin{bmatrix} 0 & 1 \\ 0.2 & 0.8 \end{bmatrix}$$

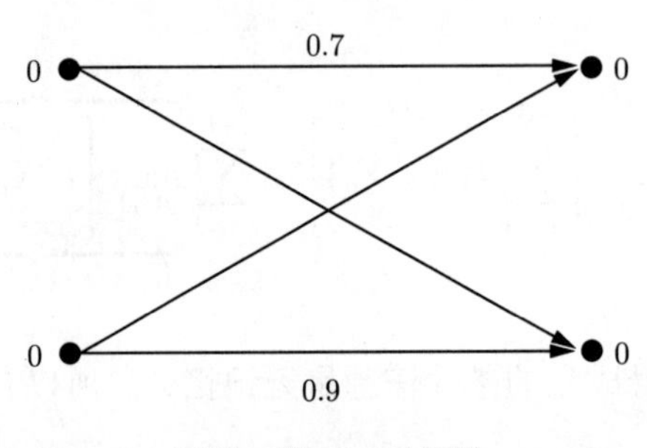

习题 1 图　二元信道

求 $I(X=0;Y=1)$、$I(X=1;Y)$ 和 $I(X;Y)$。

2. 设有干扰离散信道的输入端是等概率出现的 A、B、C、D 四个字母。该信道的正确传输概率为 1/2，错误传输概率平均分布在其他 3 个字母上。

证明：该信道上单个字母传输的平均信息量为 0.208bit。

3. 已知信道的输入与输出分布为 $x,y \in \{0,1\}$，且信道转移概率矩阵为 $\boldsymbol{P}[y|x] = \begin{bmatrix} \varepsilon & 1-\varepsilon \\ 1 & 0 \end{bmatrix}$。

试求：(1) 最佳输入分布；(2) $\varepsilon = 1/2$ 时的信道容量；(3) 当 $\varepsilon \to 0$ 和 $\varepsilon \to 1$ 时，最佳输入分布。

4. 如图所示。把 n 个二元对称信道串接起来，每个二元对称信道的错误传输概率为 p。

$$\xrightarrow{X_0} \boxed{\text{二元对称信道 1}} \xrightarrow{X_1} \boxed{\text{二元对称信道 2}} \xrightarrow{X_2} \cdots \xrightarrow{X_{n-1}} \boxed{\text{二元对称信道 } n} \xrightarrow{X_n}$$

证明：(1) 这 n 个串接信道可以等效于一个二元对称信道，其错误传输概率为 $\frac{1}{2}\left[1-(1-2p)^n\right]$。

(2) 设 $p=0$ 或 $p=1$，有 $\lim\limits_{n\to\infty} I(X_0;X_n) = 0$

5. 判断图中的信道是否对称，如对称求出信道容量。

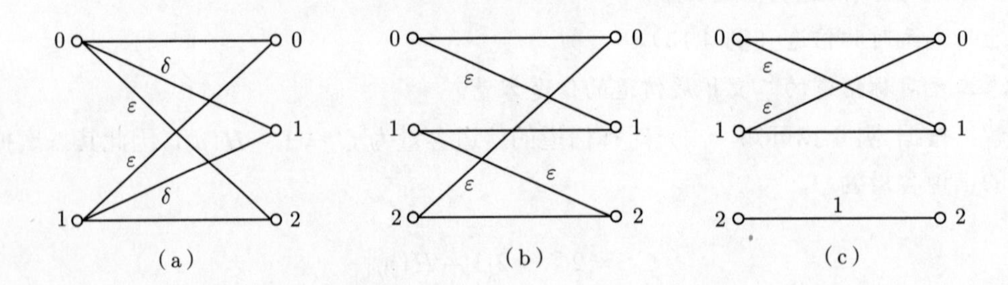

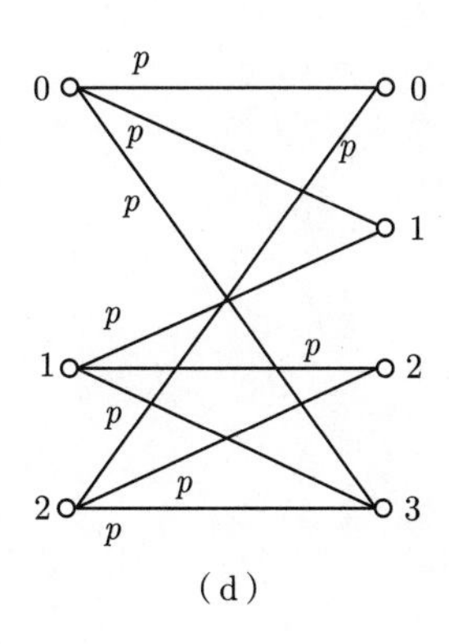

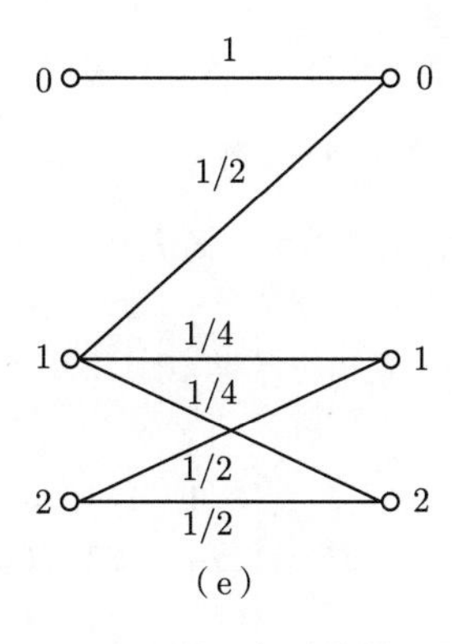

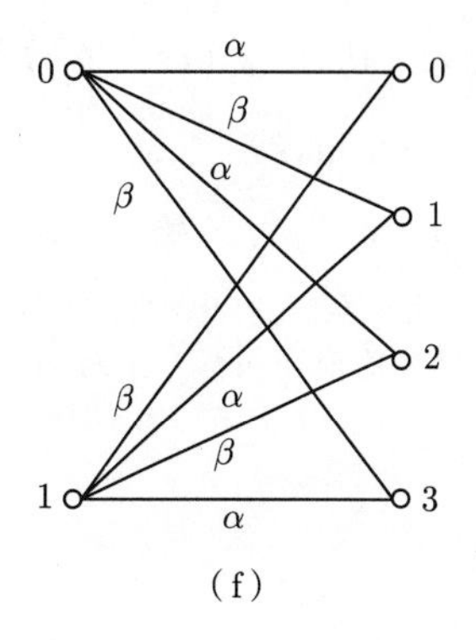

习题 5 图　各种信道

6. 一个快餐店只提供汉堡包和牛排，当顾客进店以后只需向厨房喊一声“B”或“Z”就表示他点的是汉堡包或牛排，不过通常厨师会听错的概率为 8%。一般来说进店顾客 90% 会点汉堡包，10% 会点牛排。试问：

（1）这个信道的信道容量；

（2）每次顾客点餐时提供的信息；

（3）这个信道是否可以正确地传递顾客点餐的信息。

7. 求图中信道的信道容量及其最佳输入分布，并求当 ε 为 0、1/2 时的信道容量。

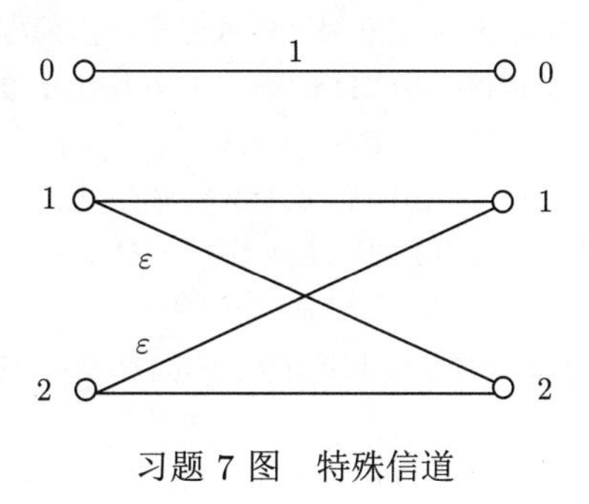

习题 7 图　特殊信道

8.（积信道）有两个离散无记忆信道 $\{X_1, P[Y_1|X_1], Y_1\}$ 和 $\{X_2, P[Y_2|X_2], Y_2\}$，信道容量分别为 C_1 和 C_2。两个信道同时分别输入 X_1、X_2，输出 Y_1、Y_2，这两个信道组成一个新的信道。求此积信道的信道容量。

9.（和信道）有两个离散无记忆信道 $\{X_1, P[Y_1|X_1], Y_1\}$ 和 $\{X_2, P[Y_2|X_2], Y_2\}$，信道容量分别为 C_1 和 C_2。这两个信道的输入与输出符号集各不相同，并且假定每次只有一个信道有输入。

证明：（1）$2^C = 2^{C_1} + 2^{C_2}$。

（2）如果 $C_1 > C_2$，那么只利用信道 1 是不是效率更高。

$$X\left\{\begin{array}{l} X_1 \rightarrow \boxed{P[Y_1|X_1]} \rightarrow Y_1 \\ \\ X_2 \rightarrow \boxed{P[Y_2|X_2]} \rightarrow Y_2 \end{array}\right\}Y$$

10.（时变信道）离散无记忆时变信道 $P[Y_1Y_2\cdots Y_n|X_1X_2\cdots X_n]=\prod_{i=1}^{n}P_i[Y_i|X_i]$。

求其信道容量 $\max_{p(x_1x_2\cdots x_n)} I(X_1X_2\cdots X_n;Y_1Y_2\cdots Y_n)$。

11. 假定 C 为 N 个输入、M 个输出的离散无记忆信道的信道容量。

证明：$C\leqslant\min\{\log_2 M,\log_2 N\}$。

12. 已知信道输入符号集为 $\{0,1,2\}$，输出符号集 $\{0,1,2\}$，信道矩阵为

$$\boldsymbol{P}=\begin{bmatrix}3/4 & 1/4 & 0\\ 1/3 & 1/3 & 1/3\\ 0 & 1/4 & 3/4\end{bmatrix}$$

试求：

（1）信道容量；

（2）若其输入概率分布为

$$P[X=0]=1/2-p$$

$$P[X=1]=2p$$

$$P[X=2]=1/2-p$$

画出 $I(X=0;Y)$，$I(X=1;Y)$ 和 $I(X=2;Y)$ 作为参数 $p(0\leqslant p\leqslant 1/2)$ 的函数曲线。可以从这些曲线得到关于这个信道的信道容量和最佳输入分布的什么结论？

13. CH1 和 CH2 级联构成级联信道,其中:CH1 的输入 X 与输出 Y 的符号集分别为 $\mathscr{A}=\{0,1,2\},\mathscr{B}=\{0,1,2,-1\}$；转移概率 $P_{Y|X}[0|0]=1,P_{Y|X}[1|1]=P_{Y|X}[-1|2]=1-\varepsilon,P_{Y|X}[2|1]=P_{Y|X}[2|2]=\varepsilon$；CH2 的输出 Z 与输入 Y 的关系由函数 $Z=Y^2$ 确定。试问这两个信道中哪个是有噪信道？哪个是无噪信道？并求出 CH1 和 CH2 的转移概率矩阵 $\boldsymbol{P}_1$ 和 $\boldsymbol{P}_2$，以及 CH1 和 CH2 的信道容量和最佳输入分布。

14. 某信源发出 8 个消息，它们的概率以及相应的码字如表所示。通过一无损确定信道传输，设接收码字为 $\mu_1\mu_2\mu_3$，试求：

（1）接收到第 1 个码元为“0”获得的关于 a_4 的信息量 $I(a_4;\mu_1=0)$；

（2）在接收到第 1 个码元为“0”的条件下，接收到第 2 个码元为“1”获得的关于 a_4 的信息量 $I(a_4;\mu_2=1|\mu_1=0)$；

（3）在接收到前两个码元为“01”的条件下，接收第 3 个码元为“1”获得的关于 a_4 的信息量 $I(a_4;\mu_3=1|\mu_1\mu_2=01)$；

（4）从码字 011 中获取的关于 a_4 的信息量 $I(a_4;\mu_1\mu_2\mu_3=011)$。

习题 14 表　消息与码字

消息	a_1	a_2	a_3	a_4	a_5	a_6	a_7	a_8
概率	1/4	1/4	1/8	1/8	1/16	1/16	1/16	1/16
码字	000	001	010	011	100	101	110	111

第 5 章 无失真信源编码

CHAPTER 5

由于信源符号承载了需要传输的信息量，因此通信的根本问题是在信宿端尽量准确地恢复信道所传输的信源符号。为此，首先需要解决两个问题：

（1）**信源到底输出多少信息量**。此为信息度量问题，已经在第 2 章中解决。

（2）**如何让消息来承载信息量**。此为信源编码问题，将在本章中介绍。

若信宿要求精确地复现信源的输出，则需保证信源产生的全部信息量无损地传送给信宿，此时的信源编码就是**无失真信源编码**。为分析方便，将信道编码看成信道的一部分，不考虑信道编码。

5.1 信源编码的相关概念

本节简单介绍与信源编码有关的基本概念和数学模型。

5.1.1 无失真信源编码的数学模型

由于无失真信源编码可以不考虑抗干扰问题，所以它的数学模型比较简单。根据符号个数可以分为单符号无失真信源编码和多符号无失真信源编码。

1. 单符号无失真信源编码

单符号的无失真信源编码，其数学模型为

$$S=\{s_1,s_2,\cdots,s_Q\} \longrightarrow \boxed{\text{编　　码　　器}} \longrightarrow C=\{\omega_1,\omega_2,\cdots,\omega_Q\}$$

$$\uparrow$$

$$X=\{x_1,x_2,\cdots,x_R\}$$

根据这个数学模型，简要介绍信源编码中的几个基本概念：

（1）**信源符号**：无失真信源编码的对象是原始的信源符号 S，其样本空间为信源符号集 $\{s_1,s_2,\cdots,s_Q\}$，共有 Q 个信源符号。

（2）**码字**：无失真信源编码的结果。码字与信源符号一一对应，因此共有 Q 个码字 $\omega_i(i=1,2,\cdots,Q)$。

（3）**代码组**：码字的集合称，简称**码**，表示为 $\boldsymbol{C}=\{\omega_1,\omega_2,\cdots,\omega_Q\}$。

（4）**码元**：码字 ω_i 的基本组成单位，即码字 ω_i 是由若干码元组成的码元序列。所有码元组成的集合称为码元集 $\boldsymbol{X}=\{x_1,x_2,\cdots,x_R\}$。码元又称为**码符号**。

（5）**码长**：组成码字 ω_i 的码元符号个数，用符号 l_i 表示。

（6）**编码器**：将信源符号 s_i 变换成码字 ω_i 的单元，表示为

$$s_i \leftrightarrow \omega_i = x_{i_1},x_{i_2},\cdots,x_{i_{l_i}} \qquad (i=1,2,\cdots,Q) \tag{5.1}$$

式中，$x_{i_k}\in\boldsymbol{X}(k=1,2,\cdots,l_i)$。编码器位于信源处，与此相对应，信宿处有一个**译码器**完成相反的功能（译码）。

由此可知，信源编码是信源符号和输出码字之间的一种映射。若要实现无失真信源编码，则这种映射必须一一对应并且可逆。

例5.1 二元码。

设有二元信道，其信道输入的符号分布（信源概率空间）为

$$\begin{bmatrix}\boldsymbol{S}\\P\end{bmatrix}=\begin{bmatrix}s_1 & s_2 & \cdots & s_Q\\ p(s_1) & p(s_2) & \cdots & p(s_q)\end{bmatrix}$$

二元信道是指信道中传输的消息，由基本符号集 $\{0,1\}$ 中的元素组成。因此，若信源发出的消息要通过二元信道传输，则需将信源符号 $s_i(i=1,2,\cdots,Q)$ 变换为由基本符号 0 和 1 组成的符号序列，此过程即为信源编码。

二元信道中信源编码的码元为 0 和 1，码元集 $\boldsymbol{X}=\{0,1\}$。实际上，存在多种信源编码方案使码元序列（码字）ω_i 与信源符号 s_i 一一对应，表 5.1所列的**代码组** 1 和**代码组** 2 都是**二元码**（码元集有 2 个元素）。

表 5.1 二元码

信源符号 s_i	信源符号概率 $p(s_i)$	代码组 1（及其码长）	代码组 2（及其码长）
s_1	$p(s_1)$	00（2）	0 （1）
s_2	$p(s_2)$	01（2）	01 （2）
s_3	$p(s_3)$	10（2）	001（3）
s_4	$p(s_4)$	11（2）	111（3）

2. 多符号无失真信源编码

多符号无失真信源编码的数学模型为（以 N 次扩展信源为例）

$$S^N=\{\alpha_1,\alpha_2,\cdots,\alpha_{Q^N}\} \longrightarrow \boxed{\text{编码器}} \longrightarrow \boldsymbol{C}=\{\omega_1,\omega_2,\cdots,\omega_{Q^N}\}$$

$$\uparrow$$

$$X=\{x_1,x_2,\cdots,x_R\}$$

编码器将 N 长信源符号序列 α_i 转换成码长为 l_i 的码字 ω_i。按照 N 次扩展信源的工作原理，输入的信源符号序列 α_i 共有 Q^N 个，输出的码字也有 Q^N 个。码字 ω_i 与信源符号序列 α_i 一一对应。因此，多符号无失真信源编码的编码器表示为

$$
\begin{aligned}
&\alpha_i \leftrightarrow \omega_i = x_{i_1}, x_{i_2}, \cdots, x_{i_{l_i}} \quad (i = 1, 2, \cdots, Q^N) \\
&\alpha_i = s_{i_1}, s_{i_2}, \cdots, s_{i_N} \\
&s_{i_n} \in S = \{s_1, s_2, \cdots, s_Q\} \quad (n = 1, 2, \cdots, N) \\
&a_{i_k} \in \boldsymbol{X} = \{x_1, x_2, \cdots, x_R\} \quad (k = 1, 2, \cdots, l_i)
\end{aligned}
$$

例5.2 二次扩展码。

表 5.1中代码组 2 的二次扩展码如表 5.2所示。

表 5.2 二次扩展码

二次扩展信源符号 α_i	二次扩展码字 ω_i
$\alpha_1 = s_1 s_1$	00
$\alpha_2 = s_1 s_2$	001
$\alpha_3 = s_1 s_3$	0001
$\cdots$	$\cdots$
$\alpha_{16} = s_4 s_4$	111111

5.1.2 信源编码的分类

由例 5.1可知，同一个信源可以有不同的编码方案（代码组）。这个多个编码方案可以根据编码特性将信源编码分为以下类别：

（1）**分组码和非分组码。**

信源编码过程可以抽象为一种映射，即将信源符号集 $S = \{s_i, i = 1, 2, \cdots, Q\}$ 中的每个符号 s_i 映射为码字 $\omega_i (i = 1, 2, \cdots, Q)$。

定义5.1 分组码

信源符号集中的每个信源符号 s_i 固定地映射为相对应的码字 ω_i，这样的码称为**分组码**，分组码又称为**块码**。

与分组码对应的是**非分组码**，又称为**树码**。树码编码器输出的码符号通常与所有信源符号都有关。例 5.1中的编码就是分组码，信源输出的符号序列分成组，从信源符号序列到码字序列的变换是在分组的基础上进行的，即特定的信源符号组唯一地确定了特定的码字组。

（2）**奇异码和非奇异码。**

定义5.2 奇异码和非奇异码

若一种分组码中的所有码字都不相同，则称此分组码为**非奇异码**；否则，称为**奇异码**。

表 5.3中，码一是奇异码，码二是非奇异码。非奇异码是分组码能够正确译码的必要条件，而不是充分条件。例如，传输分组码二，当接收端接收到序列 00 时，并不能确定发送端发送的消息是 s_1s_1 还是 s_3。

表 5.3 奇异码和非奇异码

信源符号 s_i	码一	码二
s_1	0	0
s_2	11	10
s_3	00	00
s_4	11	01

（3）**唯一可译码和非唯一可译码**。

定义 5.3 唯一可译码

任意有限长的码元序列，若只能唯一地分割成一个个码字，则称为**唯一可译码**。

唯一可译码不但要求不同的码字表示不同的信源符号，而且要求对信源符号序列进行编码时，在接收端仍能正确译码而不发生混淆。唯一可译码首先是非奇异码，且任意有限长的码字序列不能相同。

若对于任意有限的整数 N，分组码的 N 次扩展码均为非奇异的，则为唯一可译码；否则，为**非唯一可译码**。

（4）**即时码和非即时码**。

定义 5.4 即时码

不考虑后续码元就可以从码元序列中译出码字，这样的唯一可译码称为**即时码**。

表 5.4列出了两组唯一可译码。当传输码一时，信宿接收到一个码字后不能立即译码，还需等到下一个码字接收到时才能判断是否可以译码；传输码二时，无此限制，接收到一个完整码字后立即可以译码，这是一种即时码，是唯一可译码的一种。

表 5.4 唯一可译码与即时码

信源符号 s_i	码一	码二
s_1	1	1
s_2	10	01
s_3	100	001
s_4	1000	0001

信源编码分类，如图 5.1所示。

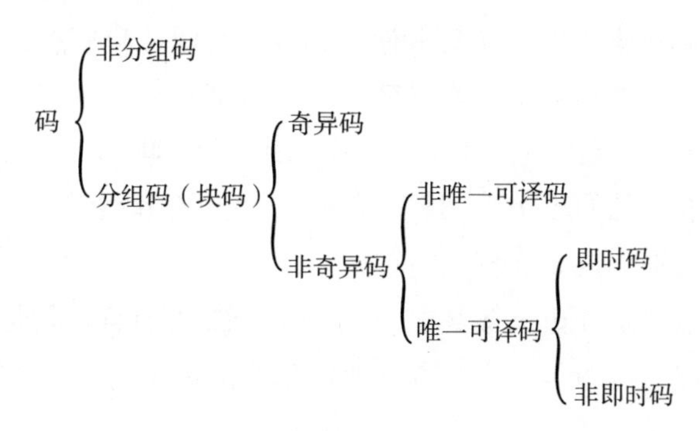

图 5.1 信源编码分类

除了上述的分类，还可以根据码长和码元的性质分类如下：

（1）**定长码和变长码**。

若码字集合 $\boldsymbol{C}$ 中所有码字的码长相同，则称为**定长码**或**等长码**；反之，码长不同，则称为**变长码**。

（2）**二元码和多元码**。

若码元集合有两个元素 $\boldsymbol{X}=\{0,1\}$，则对应的码字为**二元码**。二元码是数字通信系统中常用的一种码。若码元集合中的码元有多个，则称为**多元码**。

5.1.3 即时码存在定理和构造方法

1. 即时码存在定理

定义5.5 码字前缀

设 $\omega_i=x_{i_1}x_{i_2}\cdots x_{i_l}$ 为一码字，对于任意的 $1\leqslant j\leqslant l$，码元符号序列的前 j 个元素 $x_{i_1}x_{i_2}\cdots x_{i_j}$ 称为码字 ω_i 的前缀。

根据码字前缀的定义，有下述定理：

定理5.1 即时码存在

唯一可译码成为即时码的充要条件是代码组中的任何码字都不是其他码字的前缀。

证明：（1）**充分性**。若所有码字都不是其他码字的前缀，则接收到一个码元符号序列（长度为一个完整码字的码长）后，便可以立即译码，而无须考虑后面的码元。

（2）**必要性**。设码字 ω_i 是码字 ω_j 的前缀，若接收到一个码元符号序列，其长度为码字 ω_i 的码长，则不能立即判定这个码元序列是一个完整的码字，还必须参考后续的码元。这与即时码的定义相矛盾。因此，即时码存在的必要条件为任何一个码字都不是其他码字的前缀。

2. 即时码构造方法

即时码可以利用码树来构造，非常方便。码树中有**树枝**和**节点**。码树最顶部的节点称为**根节点**，不再产生分支的节点称为**终端节点**，其他节点称为**中间节点**。每个节点能够生成的树枝数目等于码元数 r。一个 r 进制码树的生成过程如下：

（1）从根节点出发，延伸出 r 条树枝，产生 r 个**一阶节点**；

（2）在树枝旁边分别标以码元 $0,1,\cdots,r-1$；

（3）每个一阶节点再延伸出 r 条树枝，产生 r 个**二阶节点**，因此共有 r^2 个二阶节点；

（4）重复上述过程，从 $N-1$ 阶节点出发再延伸出 r 条树枝，产生 r 个N **阶节点**，因此共有 r^N 个节点。

若指定某个 N 阶节点为终端节点，表示一个信源符号，则该节点不再延伸。从根节点到指定终端节点所经过的树枝形成一条路径，该路径所对应的码元序列就构成一个码字。

根据码树构造的码字满足即时码的条件，因为从根节点到每个终端节点所经过的路径均不相同，并且中间不安排码字，故一定满足**即时码**对前缀的限制。若有 Q 个信源符号，则在码树上就要选择 Q 个终端节点，相应地有 Q 个码字。

例5.3 二元即时码的码树。

已知一个码 C 包含 4 个码字，码字集合为 $\{1,01,000,001\}$，试用码树表示。

解：码树采用二进制码，如图 5.2所示。

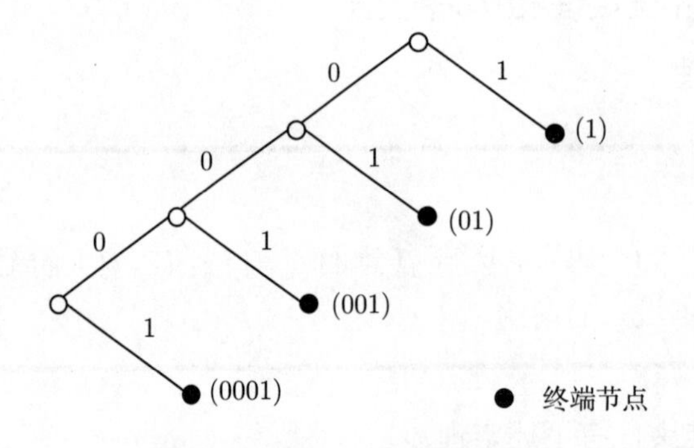

图 5.2 码的二进制码树表示

5.2 定长码及定长编码定理

一般而言，实现无失真信源编码，码必须是唯一可译码；否则，就会因译码带来错误与失真。本节主要讨论定长码实现无失真编码的条件和性质。

5.2.1 唯一可译定长码存在的一般条件

对定长码来说，若定长码是非奇异码，则它的任意有限长 N 次扩展码一定也是非奇异码，因此定长非奇异码一定是唯一可译码。

1. 一般条件

若信源 S 有 Q 个信源符号，则信源 S 存在唯一可译定长码的条件为

$$Q \leqslant r^l \tag{5.2}$$

式中，r 为码元集合中的码元数；l 为定长码的码长。

例如，表 5.1中，信源 S 共有 $Q=4$ 个信源符号，进行二元等长编码时，$r=2$，则信源存在唯一可译定长码的条件是 $l \geqslant 2$。

2. N 次扩展信源存在唯一可译定长码的条件

对信源 S 的 N 次扩展信源 S^N 进行定长编码，若要编得的定长码是唯一可译码，则必须满足

$$Q^N \leqslant r^l \tag{5.3}$$

式中，Q 为信源 S 的符号个数，Q^N 为 N 次扩展信源 S^N 的符号个数；r 为码元集合 $\boldsymbol{X}$ 的码元数。

当把 N 次扩展信源 S^N 的信源符号 $\alpha_i(i=1,2,\cdots,Q^N)$ 变换成长度为 l 的码字 $\omega_i=x_{i_1}x_{i_2}\cdots x_{i_l}$ 时，若要求编得的定长码是唯一可译码，则每个信源符号 α_i 都有一个码字对应，所以必须满足式 (5.3)。换句话说，只有当 l 长的码元序列个数 r^l 不小于 N 次扩展信源的信源符号序列个数 Q^N 时，才能存在定长非奇异码。

对式 (5.3) 两边取对数，可得

$$N\log Q \leqslant l\log r$$

即

$$\frac{l}{N} \geqslant \frac{\log Q}{\log r} = \log_r Q \tag{5.4}$$

说明：（1）$\dfrac{l}{N}$ 表示扩展信源 S^N 中，单个原始信源符号所需的平均码元个数；

（2）对定长唯一可译码而言，平均每个原始信源符号至少需要 $\log_r Q$ 个码元表示；

（3）当 $r=2$ 时，$\dfrac{l}{N} \geqslant \log_2 Q$ 表示对二元定长唯一可译码，平均每个原始信源符号至少需要用 $\log_2 Q$ 个二元符号表示；

（4）当 $N=1$ 时，$l \geqslant \log_r Q$。

例5.4 英文电报编码。

已知英文电报有 32 个符号（26 个英文字母和 6 个标点符号）。若利用二元码对英文电报符号进行编码，至少需要多少个码元？

解：据式（5.4），$Q=32$。如果采用二元码，则 $r=2$。对信源 S 的每个符号 $s_i(i=1,2,\cdots,32)$ 进行二元编码，则 $N=1$，即有

$$l = \frac{l}{N} \geqslant \log_2 32 = 5$$

这说明，每个英文电报符号至少要用 5 位的二元码进行编码才能得到唯一可译码。

由例 3.17 可知，对实际英文电报信源，在考虑了符号出现概率以及符号之间的相关性后，平均每个英文电报符号所能提供的信息量约为 1.4bit，远小于 5bit。因此，定长编码后，每个码字只载荷约 1.4bit 信息量（5 个二元码符号只携带 1.4bit 信息量），而 5 个二元码符号却可以携带的最大信息量为 5bit。因此，定长编码的信息传输效率较低。那么如何才能提高信息传输效率？

（1）**考虑符号之间的依赖关系**。对信源 S 的扩展信源进行编码，考虑符号间的依赖关系后，某些信源符号序列不会出现，这样可能出现的信源符号序列个数会小于 Q^N 个。

（2）**小概率符号序列不予编码**。对概率为 0 或者非常小的符号序列可以不予编码，这样可能会造成一定的误差。但是，当 N 足够长以后，这种误差概率可以任意小，即可以做到**几乎无失真编码**。

5.2.2 定长编码定理

下面将讨论的定长编码定理给出了定长编码所需码长的理论极限值。根据渐近等同分割性和 ε 典型序列（见附录 E）的性质，可以得到以下**定长编码定理**。

定理5.2 定长编码

设离散无记忆信源的熵为 $H(S)$。若对信源长为 N 的序列进行定长编码，码元集合 X 中有 r 个符号，码长为 l。对于任意 $\varepsilon>0$，只要满足 $\dfrac{l}{N}\geqslant\dfrac{H(S)+\varepsilon}{\log r}$，当 N 足够大时，可实现**几乎无失真编码**，即译码错误概率 δ 任意小；若 $\dfrac{1}{N}\leqslant\dfrac{H(S)-2\varepsilon}{\log r}$，则不可能实现**几乎无失真编码**，即当 N 足够大时，译码错误概率为 1。

证明：（1）**ε 典型序列与非 ε 典型序列**。

离散无记忆信源的 N 次扩展信源的输出序列可以分为高概率的ε **典型序列**和低概率的**非 ε 典型序列**两类。当 $N\to\infty$ 时，ε 典型序列出现的概率趋于 1，非 ε 典型序列出现的概率趋于 0。

（2）**ε 典型序列的等长编码**。由于 ε 典型序列在全部序列中的比例很小，因此只对少数的 ε 典型序列进行一一对应的等长编码，这就要求码字总数不小于 M_{G}，即

$$r^l\geqslant M_{\mathrm{G}} \tag{5.5}$$

$$r^l\geqslant 2^{N\left[H(S)+\varepsilon\right]}\geqslant M_{\mathrm{G}} \tag{5.6}$$

$$l\log r\geqslant N\left[H(S)+\varepsilon\right] \tag{5.7}$$

$$\frac{l}{N}\geqslant\frac{H(S)+\varepsilon}{\log r} \tag{5.8}$$

这样就能使 S^N 中所有ε **典型序列**都有不同的码字与之对应。尽管**非** ε **典型序列**的总概率很小，但这些**非** ε **典型序列**仍可能出现，因而会造成译码错误，其错误概率 P_{E} 就是 $\overline{G_\varepsilon}$ 出现的概率。故

$$P_{\mathrm{E}} = P\big[\overline{G_\varepsilon}\big] \leqslant \delta(N,\varepsilon) = \frac{D\big[I(s_i)\big]}{N\varepsilon^2} \tag{5.9}$$

当 $N \to \infty$ 时，$P_{\mathrm{E}} \to 0$。

- **几乎无失真编码的条件**

若 $\dfrac{l}{N} \leqslant \dfrac{H(S)-2\varepsilon}{\log r}$，则有

$$r^l \leqslant 2^{N[H(S)-2\varepsilon]} \leqslant 2^{-N_\varepsilon}2^{N[H(S)-\varepsilon]} \leqslant \big[1-\delta(N,\varepsilon)\big]2^{N[\boldsymbol{H}(S)-\varepsilon]}$$

此时选取的码字总数小于ε **典型序列**的序列数，因而ε **典型序列**集将有部分序列没有码字与之对应。把有码字对应的序列的发生概率之和记作 $P\big[G_\varepsilon\text{中}r^l\text{个}s_j\big]$，则其满足

$$P\big[G_\varepsilon\text{中}r^l\text{个}s_j\big] \leqslant r^l 2^{-N[H(S)-\varepsilon]} \leqslant 2^{N[H(S)-2\varepsilon]}2^{-N[H(S)-\varepsilon]} = 2^{-N_\varepsilon}$$

G_ε 中的 r^l 个信源符号序列由于有不同的码字与之对应，所以在译码时能得到正确恢复。其他没有码字对应的信源符号序列中译码时均会产生错误，因而正确译码概率 $\overline{P}_{\mathrm{E}}$ 满足

$$\overline{P}_{\mathrm{E}} = 1 - P_{\mathrm{E}} = P\big[G_\varepsilon\text{中}r^l\text{个}s_j\big]$$

由于 $1-P_{\mathrm{E}} \leqslant \mathrm{e}^{-N_\varepsilon}$，则 $P_{\mathrm{E}} \geqslant 1-2^{-N_\varepsilon}$。当 $N \to \infty$ 时，$P_{\mathrm{E}} \to 1$。所以定长编码时，如果码长 l 满足 $\dfrac{l}{N} \leqslant \dfrac{H(\boldsymbol{S})-2\varepsilon}{\log r}$，当 N 很大时，许多经常出现的 ε 典型序列被舍弃而没有编码，这样会造成很大的译码错误，不可能实现**几乎无失真编码**。

说明：（1）定理 5.2是在**离散平稳无记忆信源**的条件下得到的，但它同样适用于**平稳有记忆信源**，只需将式中的 $H(S)$ 修改为极限熵 H_∞ 即可，条件是**有记忆信源的极限熵** H_∞ **和极限方差** σ_∞^2 **存在**。

（2）定长编码定理给出了定长编码时每个信源符号所需的最少码元的理论极限，该极限值由信源熵 $H(S)$ 决定。

（3）对二元编码，$r=2$，有

$$\frac{l}{N} \geqslant H(S) + \varepsilon \tag{5.10}$$

这是定长编码时平均每个信源符号所需的二元码元数的理论极限。

（4）编码效率的提高

$$\text{式 (5.4)：}\quad \frac{l}{N} \geqslant \underbrace{\log_2 Q \qquad\qquad H(S)+\varepsilon}_{\text{当符号等概率分布时 } H(S)=\log_2 Q} \leqslant \frac{l}{N} \quad \text{：定理 5.2}$$

当信源符号等概率分布时，根据式（5.4）得到的码元个数，与根据定理 5.2所得到的结果是一致的。但一般情况下信源符号并非等概率分布，这就意味着根据式（5.4）得到的结果偏大；同时，信源符号之间存在相关性，某些信源符号间的相关性会很强，信源熵 H_∞ 会远小于信源熵最大值 $\log_2 Q$，因此式（5.4）得到的结果又会进一步变大。故而根据定理 5.2，单个信源符号平均所需的二元码元可大大减少，从而使编码效率提高。

（5）定理 5.2中的条件 $\underline{\dfrac{l}{N} \geqslant \dfrac{H(S)+\varepsilon}{\log r}}$ 还可以写为下面的形式：

$$\underbrace{l\log r}_{l\text{ 个码元所能携带的最大信息量}} > \underbrace{NH(\boldsymbol{S})}_{N\text{ 长信源符号序列所携带的信息量}} \tag{5.11}$$

式（5.11）表明，只要 l 长码元序列所能携带的最大信息量大于 N 长信源符号序列的信息熵，就可以实现无失真传输，条件是N 足够大。

例5.5 提高英文电报编码效率。

已知英文电报有 32 个符号（26 个英文字母和 6 个标点符号）。

若考虑信源符号间的相关性，利用二元码对英文电报符号进行编码时，至少需要多少个码元？

解：考虑英文信源符号之间的相关性，信源熵 $H_\infty \approx 1.4$ 比特/符号。根据定理 5.2，码长 l 需满足 $\dfrac{l}{N} = l > 1.4$ 个二元码元符号/信源符号。这说明，平均每个英文电报符号只需大约 1.4 个二元符号来编码，与例 5.4计算的 5 个二元符号相比减少了许多，信息传输效率得到提高。

定义5.6 编码速率

熵为 $H(S)$ 的离散无记忆信源，若对 N 长的信源符号序列进行定长编码，码元集的码元个数为 r。

码长为l，定义**编码速率**$R' = \dfrac{l}{N}\log r$ (5.12)

编码速率表示平均每个信源符号编码后所能载荷的最大信息量。

根据**编码速率**的概念，可以将定理 5.2中的条件 $\underline{\dfrac{l}{N} \geqslant \dfrac{H(S)+\varepsilon}{\log r}}$ 改写为 $R' \geqslant H(S)+\varepsilon$。

这说明，编码速率大于信源熵才能实现**几乎无失真编码**。

定义5.7 编码效率

编码效率定义为

$$\eta = \frac{H(S)}{R'} = \frac{H(S)}{\frac{l}{N}\log r} \tag{5.13}$$

根据定理 5.2可得最佳编码效率 $\eta_{\text{OPT}} = \dfrac{H(S)}{H(S)+\varepsilon}$ 且 $\varepsilon > 0$。所以可得

$$\varepsilon = \frac{1-\eta_{\text{OPT}}}{\eta_{\text{OPT}}} \tag{5.14}$$

同时，根据错误概率的表达式可得

$$P_{\text{E}} = P\left[\overline{G_\varepsilon}\right] \leqslant \delta(N,\varepsilon) = \frac{D[I(s_i)]}{N\varepsilon^2}$$

当方差 $D[I(s_i)]$ 和 ε 均为定值时，

只要 N 足够大，$\delta(N,\varepsilon)$ 就可以任意小，

错误概率 P_{E} 就可以小于任一正数 δ

$$N \geqslant \frac{D[I(s_i)]}{\varepsilon^2\delta} = \frac{D[I(s_i)]}{H^2(S)}\frac{\eta_{\text{OPT}}^2}{(1-\eta_{\text{OPT}})^2\delta} \tag{5.15}$$

式（5.14）
允许错误概率 P_{E} 不大于给定的某个 δ

说明：（1）式（5.15）给出了在已知方差和信息熵的条件下，信源符号序列长度 N 与最佳编码效率 η_{OPT} 和允许错误概率 P_{E} 之间的关系；

（2）允许错误概率越小，编码效率越高，则信源符号序列长度 N 越长；

（3）实际情况下，要实现**几乎无失真定长编码**，N 需要的长度将会大到难以实现。

例5.6 几乎无失真定长编码所要求的信源序列长度。

已知离散无记忆信源的概率空间为

$$\begin{bmatrix} S \\ P \end{bmatrix} = \begin{bmatrix} s_1 & s_2 & s_3 & s_4 & s_5 & s_6 & s_7 & s_8 \\ 0.40 & 0.18 & 0.10 & 0.10 & 0.07 & 0.06 & 0.05 & 0.04 \end{bmatrix}$$

如果对信源符号采用定长二元编码，要求编码效率 $\eta = 90\%$，允许错误概率 $P_{\text{E}} \leqslant 10^{-6}$。求所需信源序列长度 N。

解：信息熵为

$$H(S) = E[-\log p(s_i)] = -\sum_{i=1}^{8}\log p(s_i) = 2.55 \text{（比特/信源符号）}$$

自信息的方差为

$$D[I(s_i)] = \sum_{i=1}^{8} p(s_i)[-\log p(s_i)]^2 - H^2(S) = 7.82$$

$$\varepsilon = \frac{1-\eta_{\text{OPT}}}{\eta_{\text{OPT}}}H(S) = 0.28 \quad \text{式（5.14）}$$

信源序列长度为

$$N \geqslant \frac{D[I(s_i)]}{\varepsilon^2\delta} = \frac{7.82}{0.28^2 \times 10^{-6}} \approx 9.8 \times 10^7 \approx 10^8$$

由结果可知，信源序列长度 N 需 10^8 以上才能满足要求，实际中是不太可能实现的

例5.7 几乎无失真定长编码所要求的信源序列长度。

已知离散无记忆信源的概率空间为

$$\begin{bmatrix} \boldsymbol{S} \\ \boldsymbol{P} \end{bmatrix} = \begin{bmatrix} s_1 & s_2 \\ 3/4 & 1/4 \end{bmatrix}$$

如果对信源符号采用定长二元编码，要求编码效率 $\eta = 96\%$，$\delta \leqslant 10^{-5}$。

求所需信源序列长度 N。

解：信息熵为

$$H(S) = E\big[-\log p(s_i)\big] = -\sum_{i=1}^{2} \log p(s_i) = 0.811 \text{（比特/信源符号）}$$

自信息的方差为

$$D[I(s_i)] = \sum_{i=1}^{8} p(s_i)\big[-\log p(s_i)\big]^2 - H^2(S) = 0.4715$$

$$\varepsilon = \frac{1-\eta_{\mathrm{OPT}}}{\eta_{\mathrm{OPT}}} H(S) \quad \text{式 (5.14)}$$

信源序列长度为

$$N \geqslant \frac{D[I(s_i)]}{\varepsilon^2\delta} = \frac{D[I(s_i)]}{\delta} \frac{\eta^2}{(1-\eta)^2 H^2(S)} = \frac{0.4715}{10^{-5}} \times \frac{0.96^2}{0.04^2 \times 0.811^2} \approx 4.13 \times 10^7$$

根据结果，信源序列长度 N 需 4×10^7 以上才能满足要求，这在实际中是很难实现的。

一般来说，当 N 有限时，高传输效率的定长码往往要引入一定的失真和错误。但是，**变长码**在 N 不大时就可以实现无失真编码。

5.3 变长码和变长码定理

变长码要成为唯一可译码，其本身应是**非奇异**的，而且其**有限长 N 次扩展码**也应是非奇异的。例如，表 5.5中码二是非奇异码，但当信宿收到 00 时，并不能判断是 s_1s_1 还是 s_3，所以不是唯一可译码。码三和码四是唯一可译码，其中码四还是即时码。

什么样的码是唯一可译码或即时码？信源符号数、码元数和码长之间满足什么条件才可以构成即时码和唯一可译码？Kraft 不等式和 McMillan 不等式分别给出了即时码和唯一可译码的码长条件。

表 5.5 变长码

信源符号 s_i	概率分布 $P[s_i]$	码一	码二	码三	码四
s_1	1/2	0	0	1	1
s_2	1/4	11	10	10	01
s_3	1/8	00	00	100	001
s_4	1/8	11	01	1000	0001

5.3.1 Kraft 不等式和 McMillan 不等式

对于一个给定信源的编码，根据 Kraft 不等式和 McMillan 不等式可以从码长来判断它是否满足即时码和唯一可译码的条件。这两个不等式在形式上是完全一样的。

定理5.3 Kraft 不等式

设信源符号集 $\boldsymbol{S}=\{s_1,s_2,\cdots,s_Q\}$，码元集 $\boldsymbol{X}=\{x_1,x_2,\cdots,x_r\}$。对信源进行编码，得到的码 $\boldsymbol{C}=\{\omega_1,\omega_2,\cdots,\omega_Q\}$，码长分别为 $l_1,l_2,\cdots,l_Q$，则即时码存在的充要条件为

$$\sum_{i=1}^{Q} r^{-l_i} \leqslant 1 \tag{5.16}$$

此即为 Kraft 不等式。

证明：（1）**充分性**（证明若码长满足式（5.16），则可以得到即时码）。假设码长满足 $l_1 \leqslant l_2 \leqslant \cdots \leqslant l_Q \leqslant l$（这样的假设只会影响码字的编号）。对于码长最大值为 l、深度为 l 的 r 进制码树（例 5.3），如果所有分枝都延伸到最后一节，则有 r^l 个终端节点，可以编出 r^l 个码字。如果从根出发，取一个 l_1 阶节点作为码字 ω_1，则应该砍去后续的树枝，因此共有 r^{l-l_1} 个 l 阶节点不能得到使用。

同理，在 l_i 阶节点上的终端节点会造成 r^{l-l_i} 个 l 节点不能得到使用。最后，l 阶节点只剩下 $r^l-r^{l-l_1}-r^{l-l_2}-\cdots-r^{l-l_Q}=r^l-\sum\limits_{i=1}^{Q} r^{l-l_i}$ 个可以使用的终端节点。

如果码长满足式（5.16），即 $1-\sum\limits_{i=1}^{Q} r^{-l_i} \geqslant 0$，那么 $r^l-\sum\limits_{i=1}^{Q} r^{l-l_i} \geqslant 0$，即可以使用的 r 阶节点数大于或等于 0，可以构造一个即时码。

（2）**必要性**（需证明即时码必然满足式（5.16））。由于即时码必然可以用码树来构造，并且安排了码字的终端节点不会再生出树枝，可取一个有 l 阶节点的 r 叉树且 $l \geqslant \max\limits_i l_i$。树的第 0 阶为根，在第 l 阶上可有 r^l 个节点。长为 l_i 的码字相当于砍去了第 l 阶上的 r^{l-l_i} 个节点，Q 个码字共砍去第 l 阶的节点数必小于 r^l，即 $\sum\limits_{i=1}^{Q} r^{l-l_i} \leqslant r^l$，则有 $\sum\limits_{i=1}^{Q} r^{-l_i} \leqslant 1$。

由 Kraft **不等式**可知，给定 r 和 Q，只要码长足够长，则总可以满足 Kraft **不等式**而得到即时码。Kraft **不等式**指出了**即时码**的码长必须满足的条件。后来，McMillan 证明了唯一可译码的码长也必须满足此不等式。在码长的选择上唯一可译码并不比即时码有更宽松的条件。对于唯一可译码，该不等式又称为 McMillan **不等式**。

定理5.4 McMillan 不等式

唯一可译码存在的充要条件为

$$\sum_{i=1}^{Q} r^{-l_i} \leqslant 1 \tag{5.17}$$

式中：r 为码元个数，l_i 为码字长度，Q 为信源符号个数。

此即为 McMillan **不等式**。

证明：（1）**充分性**。由于即时码就是唯一可译码，所以根据定理 5.3可知，满足该不等式的条件便可以构造一个即时码，因此可以构造出一个唯一可译码。

（2）**必要性**（证明唯一可译码满足式（5.17））。略。

定理 5.4指出了唯一可译码中 r、Q 和 l_i 之间的关系。如果满足 McMillan 不等式，则一定能够构造出至少一种唯一可译码；否则，无法构造唯一可译码。因此 McMillan 不等式指出了唯一可译变长码的存在性。例如表 5.5中：

（1）码一和码二的码长分别为 $l_1=1,l_2=l_3=l_4=2$。$\sum\limits_{i=1}^{4} 2^{-l_i}=5/4>1$，不能构成唯一可译码。

（2）码三和码四的码长分别为 $l_1=1,l_2=2,l_3=3,l_4=4$。$\sum\limits_{i=1}^{4} 2^{-l_i}=15/16<1$，可构成唯一可译码。

（3）满足 McMillan **不等式**的代码组不一定就是唯一可译码。例如，$\boldsymbol{C}=\{1,01,011,0001\}$，但至少可以找到一种唯一可译码。

（4）满足 Kraft **表达式**的代码组也可能不是即时码，但至少可以找到一种即时码。

从定理 5.3和定理 5.4可以得到一个重要结论：**任何一个唯一可译码均可用一个相同码长的即时码来代替**。因为即时码很容易利用码树构造，若要构造唯一可译码，只要构造即时码就可以了。

5.3.2 唯一可译码的判别准则

定理 5.4只给出了唯一可译码的码长条件，不能作为一个具体的码是否是唯一可译码的判别方法，因为满足 McMillan **不等式**的码不一定是唯一可译码，因此只能根据唯一可译码的定义来判断；但是，在实际中又不可能一一检查所有 N 次扩展码的奇异性。

A.A.Sardinas 和 G.W.Patterson 于 1957 年提出算法判读码 C 的唯一可译性，原理如图 5.3所示。

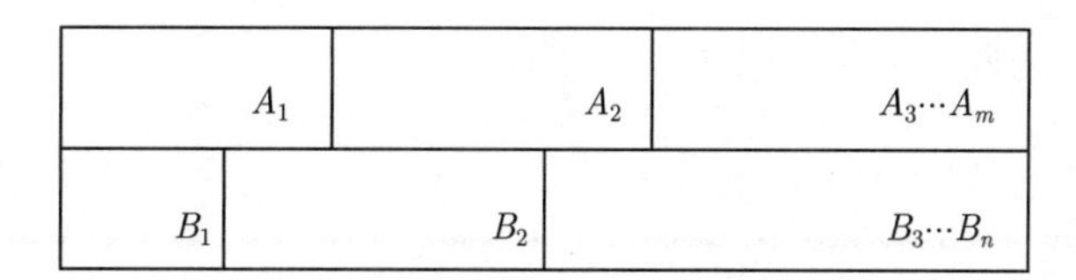

图 5.3 唯一可译码判别准则

图 5.3中，A_i 和 B_i 都是码字。当且仅当某个有限长的码元序列能译成两种不同的码字序列时，此码才不是唯一可译码。此时，B_1 一定是 A_1 的前缀，A_1 的尾随后缀一定是另外一个码字 B_2 的前缀，B_2 的尾随后缀又是其他码字的前缀，码元序列的尾部一定是一个码字。

设 $\boldsymbol{C}$ 为码字集合，按以下步骤构造此码的尾随后缀的集合 $\boldsymbol{F}_1, \boldsymbol{F}_2, \cdots, \boldsymbol{F}_i$：

- $\boldsymbol{F}_1$ 是 $\boldsymbol{C}$ 中所有码字尾随后缀的集合：若码字 ω_j 是码字 ω_i 的前缀，即 $\omega_i = \omega_j A$，则将尾随后缀 A 放入集合 $\boldsymbol{F}_1$ 中，所有这样的尾随后缀构成了 $\boldsymbol{F}_1$。
- 考察 $\boldsymbol{C}$ 和 $\boldsymbol{F}_i$ 两个集合。若 $\boldsymbol{C}$ 中任一码字是 $\boldsymbol{F}_i$ 中元素的前缀，或者 $\boldsymbol{F}_i$ 中任一元素是 $\boldsymbol{C}$ 中码字的前缀，则将其相应的尾随后缀放入集合 $\boldsymbol{F}_{i+1}$ 中。
- $\boldsymbol{F} = \bigcup\limits_i \boldsymbol{F}_i$。
- 一旦 $\boldsymbol{F}$ 中出现了 $\boldsymbol{C}$ 中的元素，算法终止，并由此判断 $\boldsymbol{C}$ 不是唯一可译码；若出现 $\boldsymbol{F}_{i+1}$ 为空集，则算法终止，并由此判断 $\boldsymbol{C}$ 是唯一可译码（**唯一可译码的充要条件是 $\boldsymbol{F}$ 中不含有 $\boldsymbol{C}$ 中的码字**）。

例5.8 唯一可译码之判断准则。

已知消息集合 $\{s_1, s_2, s_3, s_4, s_5, s_6, s_7\}$ 有 7 个元素，分别被编码为 a、c、ad、abb、bad、deb 和 bbcde。

判断是否为唯一可译码。

解：按照上述方法构造尾随后缀集，见表 5.6。$\boldsymbol{F}_5$ 中的第一个元素正好是 $\boldsymbol{C}$ 中的第三个码字，所以 $\boldsymbol{C}$ 不是唯一可译码。

表 5.6 唯一可译码的判别准则

$\boldsymbol{C}$	$\boldsymbol{F}_1$	$\boldsymbol{F}_2$	$\boldsymbol{F}_3$	$\boldsymbol{F}_4$	$\boldsymbol{F}_5$
a	d	eb	de	b	**ad**
c	bb	cde			bcde
ad					
abb					
bad					
deb					

5.3.3 紧致码平均码长界限定理

根据前面的讨论，利用同一码元集合对同一信源编码时，编成的即时码或唯一可译码有很多种，从高效传输信息的角度，希望尽可能选择码元序列长度较短的码字，也就是采用码长较短的码字，为此引入码的平均长度的概念。

定义 5.8 平均码长

设有信源

$$\begin{bmatrix}\mathbf{S}\\P\end{bmatrix}=\begin{bmatrix}s_1 & s_2 & \cdots & s_Q\\p(s_1) & p(s_2) & \cdots & p(s_Q)\end{bmatrix}$$

编码后的码字分别为 $\omega_1,\omega_2,\cdots,\omega_Q$，各码字相应的码长分别为 $l_1,l_2,\cdots,l_Q$。因为是唯一可译码，信源符号 s_i 与码字 ω_i 一一对应，则**平均码长**定义为

$$\overline{L}=\sum_{i=1}^{Q}p(s_i)l_i\text{码元/信源符号} \tag{5.18}$$

根据定义，$\overline{L}$ 表示单个信源符号需要的平均码元数。

定义 5.9 编码后的信息传输率

编码后单个码元载荷的平均信息量定义为**编码后的信息传输率**：

$$R=H(X)=\frac{H(S)\text{比特/信源符号}}{\overline{L}\text{码元/信源符号}}=\frac{H(S)}{\overline{L}}\text{比特/码元} \tag{5.19}$$

根据上述定义可知：

（1）当信源给定时，就确定了信源熵 $H(S)$，而编码后单个信源符号平均需用 $\overline{L}$ 个码元表示，则单个码元所载荷的平均信息量为 R。

（2）若传输一个码元平均需要时间 t 秒，则编码后信源单位时间所提供的信息量为

$$R_t=\frac{H(S)}{\overline{L}\times t} \tag{5.20}$$

（3）R_t 越大，信息传输率就越高，因此感兴趣的是平均码长 $\overline{L}$ 为最小的码。

定义 5.10 紧致码

对于给定的信源和码元集合，若存在一个唯一可译码，其平均码长 $\overline{L}$ 小于所有其他唯一可译码的平均码长，则这个码称为**紧致码**或**最佳码**。

无失真信源编码的核心问题就是寻找**紧致码**。下面讨论紧致码的平均码长 $\overline{L}$ 可能达到的理论极限值。

定理5.5 紧致码平均码长界限

若一个离散无记忆信源 S 信息熵为 $H(S)$，码元集 $\boldsymbol{X}=\{x_1,x_2,\cdots,x_r\}$，则总可以找到一种唯一可译码，其平均码长 $\bar{L}$ 满足

$$\frac{H(S)}{\log r}\leqslant \bar{L}<1+\frac{H(S)}{\log r} \tag{5.21}$$

上述定理说明：

（1）平均码长 $\bar{L}$ 不能小于极限值 $\dfrac{H(S)}{\log r}$，否则唯一可译码不存在。

（2）平均码长存在上界。但这并不是说大于该上界就不能构成唯一可译码，而是希望平均码长 $\bar{L}$ 尽可能小，因此关心的是**紧致码**的平均码长的存在范围。

（3）式（5.21）中的 $\bar{L}$ 是**紧致码**的平均码长，与 $H(S)$ 有关。

证明：（1）下界成立（$H(S)-\bar{L}\log r\leqslant 0$）。

$$\begin{aligned}
H(S)-\bar{L}\log r &= -\sum_{i=1}^{Q}p(s_i)\log p(s_i)-\sum_{i=1}^{Q}p(s_i)l_i\log r\\
&= -\sum_{i=1}^{Q}p(s_i)\log p(s_i)+\sum_{i=1}^{Q}p(s_i)\log r^{-l_i}\\
&= \sum_{i=1}^{Q}p(s_i)\log\frac{r^{-l_i}}{p(s_i)}\\
&\leqslant \log\left[\sum_{i=1}^{Q}p(s_i)\frac{r^{-l_i}}{p(s_i)}\right]\\
&= \log\underbrace{\left[\sum_{i=1}^{Q}r^{-l_i}\right]}_{\text{Kraft 不等式（5.16）}}\\
&\leqslant \log 1=0
\end{aligned}$$

即 $\bar{L}\geqslant\dfrac{H(S)}{\log r}$。等号成立的条件是 $\forall i, r^{-l_i}=p(s_i)$，则有

$$l_i=-\frac{\log p(s_i)}{\log r}=-\log_r p(s_i) \tag{5.22}$$

$$H(S)-\bar{L}\log r=\sum_{i=1}^{Q}p(s_i)\log 1=0$$

$$\bar{L}=\frac{H(S)}{\log r} \tag{5.23}$$

这说明，只有当每个码字的码长 $l_i = -\log_r p(s_i)$ 时，$\bar{L}$ 才能达到下界 $\dfrac{H(S)}{\log r}$。

（2）上界成立（满足条件 $\bar{L} \leqslant 1 + \dfrac{H(S)}{\log r}$ 的唯一可译码是存在的）。

根据式（5.22），平均码长要达到下界，每个信源符号的概率分布恰好使得码长为整数，这自然是一个比较苛刻的条件。如果不能满足，那么 l_i 应该是小于 $-\log_r p(s_i)+1$ 的一个整数，即

$$l_i < -\log_r p(s_i) + 1$$

$$p(s_i) < r^{-(l_i-1)}$$

总结前面所述，选择码长 l_i，使其满足

$$r^{-l_i} \leqslant p(s_i) < r^{-(l_i-1)} \tag{5.24}$$

左边不等式求和

$$\sum_{i=1}^{Q} r^{-l_i} \leqslant \sum_{i=1}^{Q} p(s_i) = 1 \tag{5.25}$$

满足 McMillan 不等式（5.17）→ 可以构造一个唯一可译码

对右边不等式 $P[s_i] \leqslant r^{-(l_i-1)}$ 略加变化，可得

$$\underbrace{\sum_{i=1}^{Q} p(s_i)\log p(s_i)}_{-H(S)} < \sum_{i=1}^{Q} p(s_i)\log r^{-(l_i-1)} \tag{5.26}$$

$$H(S) > \log r \sum_{i=1}^{Q} p(s_i)\big[l_i - 1\big] = \big[\bar{L} - 1\big]\log r$$

$$\bar{L} < \frac{H(S)}{\log r} + 1 \tag{5.27}$$

（3）综合上下界。

$$\frac{H(S)}{\log r} \leqslant \bar{L} < 1 + \frac{H(S)}{\log r}$$

说明：（1）若信息熵以 r 为底，则式（5.21）可写为

$$H_r(S) \leqslant \bar{L} < H_r(S) + 1 \tag{5.28}$$

（2）码字的平均长度 $\bar{L}$ 不能小于极限值 $H_r(S)$，否则唯一可译码不存在。

（3）平均码长 $\bar{L}$ 存在一个上界，但这并不是说大于这个上界就不能构成唯一可译码，而是说**平均码长小于上界一定存在唯一可译码**。

（4）平均码长的极限值与无失真定长编码定理 5.2中的极限值一致。

5.3.4　香农第一定理（无失真变长信源编码定理）

定理 5.2表明，在满足一定条件下存在无失真的信源编码，是一个存在性定理。与无失真定长信源编码定理一样，无失真变长信源编码定理（香农第一定理）也是一个极限定理，说明无失真变长编码的存在性。这两个定理中所涉及的极限是一致的。

1. 香农第一定理

定理5.6 香农第一定理

设离散无记忆信源 S 的信源熵 $H(S)$，它的 N 次扩展信源 $\{S^N=\boldsymbol{s}_1,\boldsymbol{s}_2,\cdots,\boldsymbol{s}_{Q^N}\}$ 的熵为 $H(S^N)$。采用码元 $\boldsymbol{X}=\{x_1,x_2,\cdots,x_r\}$ 对信源 S^N 进行编码，总可以找到一种唯一可译码，使得信源 S 中单个信源符号所需的平均码长 $\dfrac{\bar{L}_N}{N}$ 满足

$$\frac{H(S)}{\log r}\leqslant\frac{\bar{L}_N}{N}\leqslant\frac{H(S)}{\log r}+\frac{1}{N} \tag{5.29}$$

或者

$$H_r(S)\leqslant\frac{\bar{L}_N}{N}\leqslant H_r(S)+\frac{1}{N} \tag{5.30}$$

式中，$\bar{L}_N=\sum\limits_{i=1}^{Q^N}P[s_i]\lambda_i$，$\lambda_i$ 为 N 次扩展信源 S^N 的第 i 个信源符号 s_i 所对应的码字 ω_i 的长度；$\bar{L}_N$ 为 N 次扩展信源 S^N 中单个符号（实为 N 长的符号序列）所对应码字的平均码长；$\dfrac{\bar{L}_N}{N}$ 为信源 S 中单个信源符号所需的平均码长。

证明：将 N 次扩展信源 S^N 视为一个新的离散无记忆信源，其信源熵为 $H_r(S^N)$，平均码长为 $\bar{L}_N$。

根据定理 5.5可得

$$H_r(S^N)\leqslant\bar{L}_N<H_r(S^N)+1 \tag{5.31}$$

离散无记忆信源的 N 次扩展信源 S^N 的熵 H_rS^N 是信源熵 $H_r(S)$ 的 N 倍

$$H_r(S^N)=NH_r(S)$$

$$NH_r(S)\leqslant\bar{L}_N<NH_r(S)+1$$

$$H_r(S)\leqslant\frac{\bar{L}_N}{N}<H_r(S)+\frac{1}{N} \tag{5.32}$$

说明：（1）当 $N\to\infty$ 时，$\dfrac{\bar{L}_N}{N}=H(S)$。

（2）推广到平稳遍历有记忆信源（例如马尔可夫信源），便有

$$\lim_{N\to\infty}\frac{\overline{L}_N}{N}=\frac{H_\infty}{\log r},\quad H_\infty \text{ 为有记忆信源的极限熵} \tag{5.33}$$

（3）**香农第一定理**是香农信息论的主要定理之一。

（4）**香农第一定理**指出，要做到无失真信源编码，单个信源符号平均所需最少的 r 元码元个数，就是信源的熵值（以 r 进制单位为信息量单位）。

（5）若编码的平均码长小于信源的熵值，则唯一可译码不存在，在译码时必然要带来失真或者差错。

（6）**香农第一定理**指出，可以通过对扩展信源进行变长编码，使得平均码长 $\dfrac{\overline{L}_N}{N}$ 达到极限值 $H_r(S)$（$N\to\infty$）。

（7）信源的信息熵是无失真信源编码平均码长的极限值，也可以认为信源的信息熵（$H(S)$ 或者 H_∞）是表示单个信源符号平均所需的最少的二元码元个数。

由上可以看到，定长码和变长码的平均码长的理论极限是一致的，而且要达到这个极限，即单个信源符号平均所需的码元个数最少，所使用的方法都是对信源的 N 次扩展信源进行编码。变长码与定长码的区别：变长码在 N 不是很大时就能达到这个极限；定长码的 N 值通常会大到设备难以实现，而且定长码在达到这个码长极限时往往还会引入一定的失真，而变长码不会引入失真。

2. 香农第一定理的物理意义

根据式（5.29）可得

$$\overline{L}=\frac{\overline{L}_N}{N}\geqslant\frac{H(S)}{\log r}$$

因此编码后的信息传输率满足

$$R=\frac{H(S)}{\overline{L}}\leqslant\log r \tag{5.34}$$

当平均码长 $\overline{L}$ 达到极限值 $\dfrac{H(S)}{\log r}$ 时，编码后的信息传输率 $R=\log r$，等于有 r 个码元的无噪无损信道的信道容量 C，这时信息传输效率最高。因此，无失真信源编码的实质是对离散信源进行适当的变换，使得变换后新的码元信源（信道输入）尽可能为等概率分布，这样就可以让码元信源的单个码元所载荷的平均信息量达到最大，从而使信道的信息传输率达到无噪无损信道的信道容量，实现信源与信道理想的统计匹配。这就是香农第一定理的物理意义。

无失真信源编码定理通常又称为**无噪信道编码定理**，此定理可以表述为总能对信源的输出进行适当的编码，使得在无噪无损信道上能无差错地以最大信息传输率 C 传输信息，但要使信道的信息传输率 R 大于 C 且无差错传输是不可能的。

3. 变长码编码效率

为了更直观地衡量各种编码是否已达到极限情况，定义**变长码编码效率**这一概念。

定义5.11 变长码编码效率

设对信源 S 进行编码得到的平均码长为 $\bar{L}$，则 $\bar{L} \geqslant H_r(S)$。变长码编码效率定义为

$$\eta = \frac{H(S)}{\bar{L}} \tag{5.35}$$

根据变长码编码效率的定义可知，$\eta \leqslant 1$。对同一信源来说，码的平均长度 $\bar{L}$ 越短，越接近极限 $H_r(S)$，信息传输率越高，也越接近无噪无损信道的信道容量，这时编码效率就越接近于 1。因此，可以利用编码效率来衡量各种编码的优劣。

4. 码的剩余度

为了衡量各种编码与最佳码的差距，引入**码的剩余度**这一概念。

定义5.12 码的剩余度

码的剩余度定义为

$$\gamma = 1 - \eta = 1 - \frac{H_r(S)}{\bar{L}} \tag{5.36}$$

在二元无噪无损信道中，$r = 2, \eta = \dfrac{H(S)}{\bar{L}}$，所以在二元无噪无损信道中信息传输率 $R = \dfrac{H(S)}{\bar{L}} = \eta$。

注意，它们的数值相同，单位不同。η 是一个无单位的比值，而 R 的单位是比特/符号。因此，在二元信道中可直接用码的效率来衡量编码后信道的信息传输率是否提高。当 $\eta = 1$，即 $R = 1$ 时，达到二元无噪无损信道的信道容量，编码效率最高，码剩余度为零。

例5.9 变长码之信息传输率。

设离散无记忆信源为

$$\begin{bmatrix} \boldsymbol{S} \\ \boldsymbol{P} \end{bmatrix} = \begin{bmatrix} s_1 & s_2 \\ 3/4 & 1/4 \end{bmatrix}$$

求信息传输率及二次、三次和四次扩展信源的信息传输率。

解：

（1）信源熵为

$$H(S) = \frac{1}{4}\log 4 + \frac{3}{4}\log\frac{4}{3} = 0.811\text{比特/信源符号}$$

（2）用二元码元 $\{0,1\}$ 来构造一个即时码：$s_1 \to 0, s_2 \to 1$

（3）信息传输率为

$$\bar{L} = 1$$

$$\eta = \frac{H(S)}{\bar{L}} = 0.811$$

二元码编码后的信息传输率 = 编码效率

$$R = 0.811\text{比特/码元}$$

（4）二次扩展信源的编码效率和信息传输率。对信源 S 的二次扩展信源 S^2 进行编码，则 S^2 和它的一种即时码如表 5.7所示。可得

表 5.7 二次扩展码

信源符号 $\boldsymbol{s}_i$	$P[\boldsymbol{s}_i]$	即时码
s_1s_1	9/16	0
s_1s_2	3/16	10
s_2s_1	3/16	110
s_2s_2	1/16	111

平均码长为

$$\bar{L}_2 = \frac{9}{16} \times 1 + \frac{3}{16} \times 2 + \frac{3}{16} \times 3 + \frac{1}{16} \times 3 = \frac{27}{16}\text{二元码元/两个信源符号}$$

单个信源符号所对应的平均码长为

$$\frac{\bar{L}_2}{2} = \frac{27}{32}\text{二元码元/信源符号}$$

编码效率为

$$\eta_2 = \frac{0.811 \times 32}{27} = 0.961$$

信息传输率为

$$R_2 = 0.961\text{比特/码元}$$

（5）三次扩展信源的编码效率和信息传输率分别为

$$\eta_3 = 0.985, \qquad R_3 = 0.985\text{比特/码元}$$

（6）四次扩展信源的编码效率和信息传输率分别为

$$\eta_4 = 0.991, \qquad R_4 = 0.991\text{比特/码元}$$

根据上面的结果可以发现，$R < R_2 < R_3 < R_4$。也就是说，通过对扩展信源进行编码，虽然编码变得复杂，但是信息传输率得到了提高。

将本例与例 5.7比较，对于同一信源，要求编码效率达到 96% 时，变长码只需对二次扩展信源（$N = 2$）进行编码，而定长码则要求 $N \geqslant 4.03 \times 10^7$。因此，利用变长码进行编码，$N$ 不需要很大就可以达到相当高的编码效率，而且可实现绝对无失真编码；随着扩展信源次数 N 的增加，编码效率越来越接近于 1，编码后信息传输率 R 也越来越接近于无噪无损二元信道的信道容量 $C = 1$ 比特/二元码元，从而达到信源与信道的匹配，使得信道得到充分利用。

5.4 变长码的编码方法

本节所介绍的变长码常见编码方法，如香农编码、香农-费诺-埃利斯编码、霍夫曼编码和费诺编码等，均为**匹配编码**，也称**统计编码**。这类编码都是通过使用较短的码字对出现概率较高的信源符号进行编码，对出现概率较低的信源符号用较长的码字进行编码，从而使平均码长最短，达到最佳编码的目的。

5.4.1 香农编码

1. 编码思路

香农第一定理指出了平均码长与信源熵之间的关系，也指出了可以通过编码使码长达到极限值。那么如何构造这种码？香农编码的方法是选择每个码字长度满足

$$l_i = \left\lceil \log \frac{1}{p(s_i)} \right\rceil \quad (i = 1, 2, \cdots, Q) \tag{5.37}$$

式中，$\lceil x \rceil$ 表示不小于 x 的整数；x 为整数时等于 x, x 不是整数时，等于 x 取整加 1。

根据**定理** 5.6，这样选择的码长一定满足式（5.16），所以一定存在即时码。然后按照这个码长利用码树就可以构造出一组即时码。

香农编码，其平均码长 $\bar{L}$ 不超过其上界，即 $\bar{L} \leqslant H_r(S) + 1$。

只有当信源符号的概率分布满足 $\left[\dfrac{1}{r}\right]^{l_i}$（$l_i$ 是正整数）时，$\bar{L}$ 才能达到极限值 $H_r(S)$。一般情况下，香农编码的 $\bar{L}$ 不是最短的，即不是紧致码（最佳码）。

2. 编码方法

香农编码的具体方法如下：

（1）将所有 Q 个信源符号按其概率的递减次序排列，即

$$p(s_1) \geqslant p(s_2) \geqslant \cdots \geqslant p(s_Q)$$

（2）依次计算每个信源符号所对应的二元码码长，即

$$l_i = \left\lceil \log \frac{1}{p(s_i)} \right\rceil \quad (i = 1, 2, \cdots, Q)$$

（3）计算每个信源符号的累加概率 $F(s_i)$，将十进制的累加概率变换成二进制小数，根据码长 l_i 取小数点后 l_i 位数作为第 i 个信源符号的码字。累加概率为

$$F(s_i)=\sum_{j=1}^{i-1}p(s_j)\ \ (i=1,2,\cdots,Q)$$

例5.10 香农编码。

已知信源符号的概率分布如表 5.8所示。

求香农编码。

表 5.8 香农编码

信源符号 s_i	信源符号概率 $p(s_i)$	累加概率 $F(s_i)$	$-\log p(s_i)$	码长 l_i	二元码
s_1	0.20	0	2.34	3	000
s_2	0.19	0.20	2.41	3	001
s_3	0.18	0.39	2.48	3	011
s_4	0.17	0.57	2.56	3	100
s_5	0.15	0.74	2.74	3	101
s_6	0.10	0.89	3.34	4	1110
s_7	0.01	0.99	6.66	7	1111110

解：以 $i=4$ 为例介绍计算过程。

（1）求第 4 个信源符号 s_4 的二元码的码长：

$$l_4=\left\lceil-\log p(s_4)\right\rceil=3$$

即码长为 3。

（2）计算累加概率：

$$F(s_4)=\sum_{j=1}^{3}p(s_j)=p(s_1)+p(s_2)+p(s_3)=0.57$$

（3）转换为二进制小数：

$$F(s_4)=0.57=0\times2^0+1\times2^{-1}+0\times2^{-2}+0\times2^{-3}+1\times2^{-4}+\cdots$$

即

$$F(s_4)=(0.57)_{10}=(0.1001\cdots)_2$$

（4）生成二元码。根据码长 $l_4=3$，取小数点后三位作为第 4 个信源符号的二元码，即 100。

由表 5.8可以看出，有 5 个三位的二元码，各码字至少有一位码元不同。这个码是唯一可译码，而且是即时码。

平均码长为

$$\overline{L} = \sum_{i=1}^{7} p(s_i) l_i = 3.15 \text{ 码元/信源符号}$$

编码后的信息传输率

$$R = \frac{H(S)}{\overline{L}} = \frac{2.61}{3.14} = 0.831 \text{ 比特/码元}$$

5.4.2 香农-费诺-埃利斯编码

将香农编码中的累加概率换成修正累加概率即可得到香农-费诺-埃利斯编码。

（1）计算各个信源符号的修正累加概率：

$$\overline{F}(s_i) = \sum_{j=1}^{i-1} p(s_j) + \frac{1}{2} p(s_i), \quad (i = 1, 2, \cdots, Q) \tag{5.38}$$

（2）计算第 i 个信源符号的二元码码长：

$$l_i = \left\lceil \log \frac{1}{p(s_i)} \right\rceil + 1, \quad (i = 1, 2, \cdots, Q) \tag{5.39}$$

（3）将修正累加概率 $\overline{F}(s_i)$（十进制小数）变换成二进制小数，根据码长 l_i 取小数点后 l_i 位作为第 i 个信源符号的码字。

香农-费诺-埃利斯编码与香农编码不同，它不需要对信源符号的概率进行排序，直接计算修正累加概率即可。

5.4.3 二元霍夫曼编码

1. 编码方法

二元霍夫曼编码是霍夫曼于 1952 年提出的一种紧致码构造方法。

（1）将所有 Q 个信源符号按其概率的递减次序排列，即

$$p(s_1) \geqslant p(s_2) \geqslant \cdots \geqslant p(s_Q)$$

（2）用 0 和 1 分别代表概率最小的两个信源符号，并将这两个最小概率合并成一个，从而得到只包含 $Q-1$ 个符号的新信源 S_1，称为**缩减信源**S_1。

（3）把**缩减信源**S_1 中的符号仍按概率递减的次序排列，将最后两个概率最小的信源符号分别用 0 和 1 表示，并且合并成一个符号，形成包含 $Q-2$ 个信源符号的**缩减信源**S_2。

（4）依次继续下去，直至信源只剩下两个信源符号为止，并将这最后两个信源符号分别用码元 0 和 1 表示。

（5）从最后一级**缩减信源**开始回溯，得到各个信源符号所对应的码元序列，即码字。

例5.11 霍夫曼编码

已知信源符号及其分布如表 5.8所示。

求二元霍夫曼编码。

解：霍夫曼编码过程如图 5.4所示。

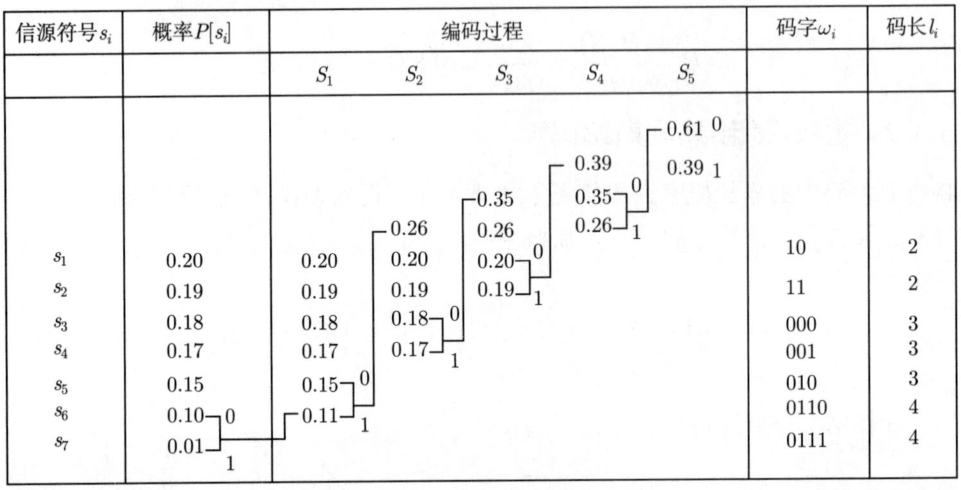

信源符号s_i	概率$P[s_i]$	编码过程					码字ω_i	码长l_i
		S_1	S_2	S_3	S_4	S_5		
						0.61 0		
					0.39	0.39 1		
				0.35	0.35 0			
			0.26	0.26	0.26 1			
s_1	0.20	0.20	0.20	0.20 0			10	2
s_2	0.19	0.19	0.19	0.19 1			11	2
s_3	0.18	0.18	0.18 0				000	3
s_4	0.17	0.17	0.17 1				001	3
s_5	0.15	0.15 0					010	3
s_6	0.10 0	0.11 1					0110	4
s_7	0.01 1						0111	4

图 5.4 霍夫曼编码过程

平均码长：

$$\overline{L}=\sum_{i=1}^{7}p(s_i)l_i$$

$$=0.2\times 2+0.19\times 2+0.18\times 3+0.17\times 3+0.15\times 3+0.10\times 4+0.01\times 4$$

$$=2.72(\text{比特/码字})$$

编码效率：

$$\eta=\frac{H_r}{\overline{L}}=\frac{2.61}{2.72}=0.96$$

2. 霍夫曼编码不唯一

从霍夫曼编码方法可知，霍夫曼编码不唯一。

每次对信源缩减时，概率最小的两个信源符号所对应的码元 0 和 1 可以互换，所以可以得到不同的霍夫曼编码。

对信源进行缩减时，若两个概率最小的信源符号合并后的概率与其他信源符号的概率相同，则在缩减信源中进行概率排序的次序可以是任意的，因此会得到不同的霍夫曼编码。表 5.9给出了同一信源的两种霍夫曼编码，它们的平均码长和编码效率都相同，都是紧致码，但是质量不完全相同，因为它们的码长方差不同。

表 5.9　霍夫曼编码之间的比较

信源符号 s_i	信源符号概率 $p(s_i)$	码一	码一的码长	码二	码二的码长
s_1	0.4	1	1	00	2
s_2	0.2	01	2	10	2
s_3	0.2	000	3	11	2
s_4	0.1	0010	4	010	3
s_5	0.1	0011	4	011	3

平均码长为

$$\bar{L}=\sum_{i=1}^{5}p(s_i)l_i=202\text{码元/信源符号}$$

编码效率为

$$\eta=\frac{H_r(S)}{\bar{L}}=0.965$$

码一的码长方差为

$$\begin{aligned}\sigma_1^2&=\sum_{i=1}^{5}p(s_i)\left[l_i-\bar{L}\right]^2\\&=0.4\times[1-2.2]^2+0.2\times[2-2.2]^2+0.2\times[3-2.2]^2+0.1\times[4-2.2]^2+0.1\times[4-2.2]^2\\&=1.36\end{aligned}$$

码二的码长方差为

$$\begin{aligned}\sigma_2^2&=\sum_{i=1}^{5}p(s_i)\left[l_i-\bar{L}\right]^2\\&=0.4\times[2-2.2]^2+0.2\times[2-2.2]^2+0.2\times[2-2.2]^2+0.1\times[3-2.2]^2+0.1\times[3-2.2]^2\\&=0.16\end{aligned}$$

码二的码长方差要比码一的码长方差小，说明码二的码长更均匀，质量更好。

由此例可以看出，霍夫曼编码在信源缩减排列时，应使合并的信源符号位于缩减信源中尽可能高的位置上，这样可以使合并的信源符号码长较短，充分利用短码，而非合并的信源符号码长较长，这样可以得到方差最小的码。

3. 霍夫曼编码的特点

霍夫曼编码用概率匹配的方法进行信源编码，它有下面三个明显特点：

（1）霍夫曼编码保证了概率大的信源符号对应于短码，概率小的信源符号对应于长码，可充分利用短码。

（2）每次缩减信源的最后两个码字有相同的码长，并且总是最后一位码元不同，前面各位码元相同。

（3）霍夫曼编码一定是最佳码。

定理5.7 霍夫曼编码是紧致码

霍夫曼编码是紧致码。

证明：这里以二元霍夫曼编码为例，其结论可以推广到 r 元霍夫曼编码。

由于霍夫曼编码最后一步得到的缩减信源只有两个信源符号，编码为 0 或 1，它们是紧致码，所以假设缩减后的编码是紧致码，然后证明缩减前的编码也是紧致码，这样就可以证明最后得到的霍夫曼编码是紧致码。

设霍夫曼编码中第 j 步缩减信源为 S_j。S_j 中有 m 个信源符号，被编码为 C_j，其平均码长为 $\bar{L}_j$，则有 $\bar{L}_j=\sum\limits_{i=1}^{m}p(s_i)l_i$。

假设 S_j 中的某一元素由前一次缩减信源 S_{j-1} 中的两个概率最小的信源符号 s_{m_0} 和 s_{m_1} 合并而来，即 $p(s_m)=p(s_{m_0})+p(s_{m_1})$。

设 C_{j-1} 为第 $j-1$ 步缩减信源 S_{j-1}（S_{j-1} 中有 $m+1$ 个元素）的编码，其平均码长为

$$
\begin{aligned}
\bar{L}_{j-1}&=\sum_{i=1}^{m-1}p(s_i)l_i+p(s_{m_0})(l_m+1)+p(s_{m_1})(l_m+1)\\
&=\sum_{i=1}^{m}p(s_i)l_i+p(s_{m_0})+(s_{m_1})\\
&=\bar{L}_j+p(s_{m_0})+p(s_{m_1})
\end{aligned}
$$

缩减信源 S_j 和 S_{j-1} 的平均码长之差是一个与码长 l_i 无关的固定常数 $P[s_{m_0}]+P[s_{m_1}]$，所以如果平均码长 $\bar{L}_j$ 最小，则 $\bar{L}_{j-1}$ 也最小。也就是说，若 C_j 是缩减后信源 S_j 的紧致码，则 C_{j-1} 是缩减前信源 S_{j-1} 的紧致码。

由于最后一级缩减信源可以肯定是紧致码，霍夫曼编码得到的前面一级缩减信源的编码也是紧致码。由递推关系可得，信源 S 所对应的霍夫曼编码是紧致码。

5.4.4 r 元霍夫曼编码

二元霍夫曼编码的方法很容易推广到 r 元的情形，只是编码过程中构造缩减信源时，每次都将 r 个概率最小的信源符号合并，并分别用码元 $0,1,\cdots,r-1$ 表示。

为了充分利用短码，使霍夫曼编码的平均码长尽可能短，必须使最后一个缩减信源恰好有 r 个信源符号，因此对于 r 元霍夫曼编码，信源 S 的符号个数 Q 必须满足 $Q=(r-1)\theta+r$，θ 信源缩减次数。若不满足此式，则可以在最后增补一些概率为 0 的信源符号，因此此式

又可以写为 $Q+i=(r-1)\theta+r$，i 为增加的信源符号个数，是满足上式的最小正整数或者 0。对于 $r=2$ 的二元霍夫曼编码，信源 S 的符号个数 Q 必定满足 $Q=\theta+2$。

例5.12 三元霍夫曼编码。

设有离散无记忆信源

$$\begin{bmatrix} S \\ P \end{bmatrix} = \begin{bmatrix} s_1 & s_2 & s_3 & s_4 & s_5 & s_6 & s_7 & s_8 \\ 0.4 & 0.2 & 0.1 & 0.1 & 0.05 & 0.05 & 0.05 & 0.05 \end{bmatrix}$$

码元集 $X=\{0,1,2\}$。

试构造一种三元霍夫曼编码。

解：编码过程如图 5.5所示。

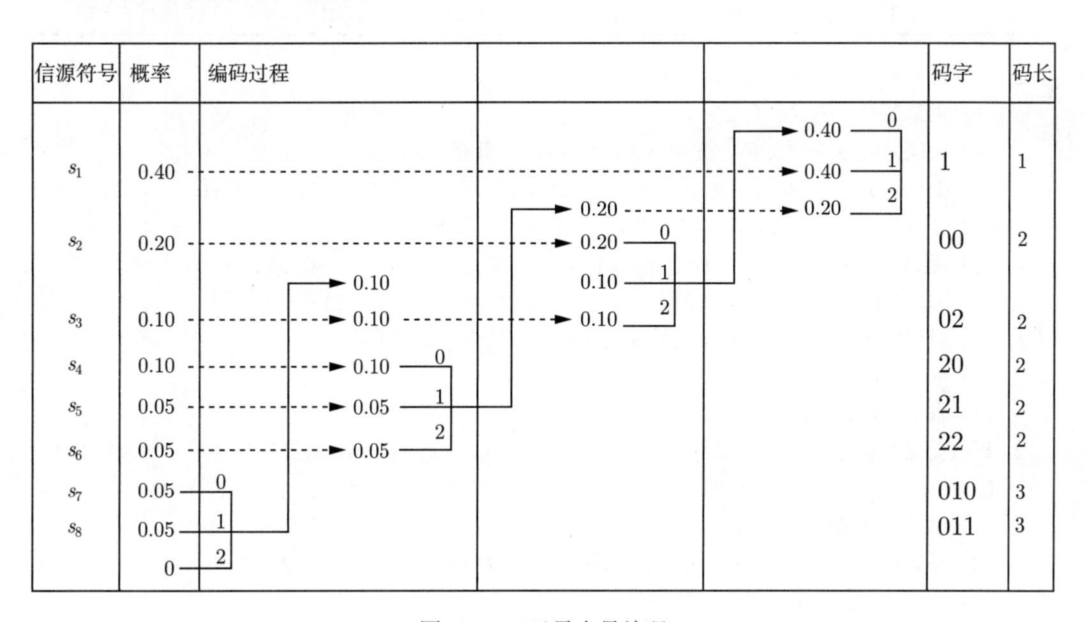

图 5.5 三元霍夫曼编码

图 5.5中，信源 s_9 是增补的，并令其概率为 0。这样 $Q+i=9$ 满足对信源数目的要求。平均码长为

$$\bar{L}=\sum_{i=1}^{8}P(s_i)l_i=1.7(\text{三进制码元/信源符号})$$

信息传输率为

$$R=\frac{H(S)}{\bar{L}}=\frac{3}{1.7}=1.765(\text{比特/三进制码元})$$

N 次扩展的信源同样可以使用霍夫曼编码方法。由于霍夫曼编码是紧致码，所以编码后单个信源符号平均码长随 N 的增加很快接近于极限值（即信源熵）。

习　题

1. 一信源有 6 个符号，其概率分布如表所示，表中也给出了对应的码 A、B、C、D、E、F。试问这些码中哪些是即时码？哪些是唯一可译码？并对所有唯一可译码求出其平均码长。

习题 1 表　信源输出的概率分布及其码字

信源符号	$p(a_i)$	A	B	C	D	E	F
a_1	1/2	000	0	0	0	0	0
a_2	1/4	001	01	10	10	10	100
a_3	1/16	010	011	110	110	1100	101
a_4	1/16	011	0111	1110	1110	1101	110
a_5	1/16	100	01111	11110	1011	1110	111
a_6	1/16	101	011111	111110	1101	1111	011

2. 设信源符号集 $S=\{s_1,s_2\}$，其中 $p(s_1)=0.1$。
   （1）求信源熵和信源剩余度；
   （2）设码元为 $X=\{0,1\}$，变长 S 的紧致码，求其平均码长；
   （3）把信源的 N 次扩展信源 S^N 编成紧致码，求 $N=2,3,4,\infty$ 时的平均码长；
   （4）计算当 N 为 1、2、3、4 时的编码效率和码剩余度。
3. 离散无记忆信源有 8 个信源符号 a_0、a_1、a_2、a_3、a_4、a_5、a_6、a_7，各符号的概率分别为 0.1、0.1、0.1、0.1、0.1、0.4、0.05、0.05。
   （1）对该信源符号进行二元霍夫曼编码（要求码长方差最小）；
   （2）求平均码长及码长方差；
   （3）求信源熵、编码速率和编码效率。
4. 离散无记忆信源有 8 个信源符号 s_1、s_2、s_3、s_4、s_5、s_6、s_7、s_8，所对应的概率分布为 0.2、0.12、0.08、0.15、0.25、0.1、0.05、0.05。
   （1）求信源熵及信源剩余度；
   （2）码元集为 $\{0,1,2\}$，对其进行三元霍夫曼编码；
   （3）求平均码长、编码效率和信息传输速率。
5. 离散无记忆信源有 9 个信源符号 a_1、a_2、a_3、a_4、a_5、a_6、a_7、a_8、a_9，所对应的概率分布为 0.4、0.2、0.1、0.1、0.07、0.05、0.05、0.02、0.01，码元集为 $\{0,1,2,3\}$。
   （1）求信源熵及信源剩余度；
   （2）对其进行四元霍夫曼编码；
   （3）求平均码长、编码效率和信息传输速率。
6. 设 S 为一离散无记忆信源，其符号集 $\{0,1\}$，概率分布为 $p(0)=0.995, p(1)=0.005$。令信源符号序列的长度 $n=100$，假定对所有只包含 3 个以下符号 1 的序列构造长度为 k 的非奇异二进制码。试求：
   （1）信源熵 $H(S)$ 及其剩余度。
   （2）k 的最小值应该为多少？试比较 k/n 和 $H(S)$。
   （3）信源产生的序列没有码字与其对应的概率。
7. 已知离散无记忆信源的概率空间为

$$\begin{bmatrix} S \\ P \end{bmatrix} = \begin{bmatrix} s_1 & s_2 & s_3 & s_4 & s_5 & s_6 & s_7 \\ 0.20 & 0.19 & 0.18 & 0.17 & 0.15 & 0.10 & 0.01 \end{bmatrix}$$

试求（1）信源熵 $H(S)$；

（2）相应的二元霍夫曼编码及其编码效率；

（3）相应的三元霍夫曼编码及其编码效率；

（4）若 $P_E \leqslant 10^{-3}$，采用定长二元码达到前述的二元霍夫曼编码的编码效率，则至少需要多少信源符号一起编码才能实现。

8. 离散无记忆信源有 4 个信源符号 a_1、a_2、a_3、a_4，对应的概率分布为 0.15、0.15、0.3、0.4。对该信源进行二元霍夫曼编码，码字集合为 $\{0,10,110,111\}$。

试求：（1）信源的熵 $H(X)$ 和码率 R；

（2）编码序列中 0 和 1 出现的概率；

（3）编码序列中的条件概率 $p(0|0)$、$p(1|1)$；

（4）长度为 j 的不同编码序列的个数。

9. 利用斐波那契（Fibonacci）数量的前 8 个非零元素构成相应的概率分布 $P_{\text{Fib}}^8=\left\{\frac{13}{34},\frac{8}{34},\frac{5}{34},\frac{3}{34},\frac{2}{34},\frac{1}{34},\frac{1}{34},\frac{1}{34}\right\}$。对于这样的一个概率分布存在多个不同码长的最优编码方案。

（1）为 P_{Fib}^8 构造一个霍夫曼编码并求其平均码长；

（2）求出最大码长最小的码的码长分布；

（3）求出最大码长最大的码的码长分布；

（4）求出一共有多少种码长分布不同的最优编码。

10. 设 X_1、X_2、X_3 为独立的二进制随机变量，并且有 $P[X_1=1]=1/2, P[X_2=1]=1/3, P[X_3=1]=1/4$。试给出联合随机变量 (X_1,X_2,X_3) 的霍夫曼编码，并求其平均码长。

11. 下面以码字集合的形式给出 5 种不同的编码，第一个码元集合为 $\{x,y,z\}$，其他 34 个码都是二进制码。

$$\{xx,xz,y,zz,xyz\}$$

$$\{000,10,00,11\}$$

$$\{100,101,0,11\}$$

$$\{01,100,011,00,111,1010,1011,1101\}$$

$$\{01,111,011,00,010,110\}$$

对于上面列出的 5 种编码，分别回答下述问题：

（1）码长分布是否满足 Kraft-McMillan 不等式？

（2）是否是即时码？若不是，则给出反例。

（3）是否是唯一可译码？若不是，则给出反例。

12. 下述编码中哪些不可能是任何概率分布对应的霍夫曼编码？

$\{0,10,11\}$，$\{00,01,10,110\}$，$\{01,10\}$

13. 设一信源有 2^k（k 为任意正整数）种不同的符号，对信源进行二进制霍夫曼编码。假设信源的概率分布满足 $p_i/p_j<2,\forall i,j\in\{1,2,\cdots,2^k\}$。试证明此霍夫曼编码中所有的码长都为 k。

14. 找出一个唯一可译码，既不满足前缀条件，也不满足后缀条件。

15. 证明对于一个有 n 个符号的等概率信源，其最佳前缀码（又称即时码）的各个码长之间最多相差 1 个码元。

16. 变长码的冗余度定义为 $L-H$。设一个随机变量 S 有 n 个等概率输出，其中 $2^m\leqslant n\leqslant 2^{m+1}$。

对此随机变量进行二进制的变长编码，得到的码的冗余度为 $L-\log_2 n$，试问 n 取何值时冗余度最大？当 $n\to\infty$ 时码的冗余度的极限值是多少？

17. 对于分布 $\left\{\frac{1}{5050},\frac{2}{5050},\cdots,\frac{100}{5050}\right\}$，试求其熵和相应的二进制编码的最小平均码长。

18. 考虑信源分布 $\left\{\frac{1}{3},\frac{1}{3},\frac{1}{4},\frac{1}{12}\right\}$：

（1）为此信源构造一个霍夫曼编码；

（2）为此信源找出两组不同的最佳码长方案；

（3）用实例说明在最佳码中某些码字的码长将会大于相应信源符号所对应的香农编码的码长 $l_i=\lceil\log\frac{1}{p_i}\rceil$。

19. 离散信源的符号集为 $\{a,b,c,d,e\}$，信源的观察序列 $\boldsymbol{x}=daadcadbea$。假设信源为具体分布未知的独立同分布随机过程。

（1）通过观察序列可以得到信源概率分布函数的一个估计，根据这个估计求信源熵。

（2）根据估计的信源概率分布函数构造一个霍夫曼编码，计算平均码长并指出对序列 $\boldsymbol{x}$ 编码所需的比特数与平均码长的关系。

（3）对序列 $\boldsymbol{x}$ 的前 4 个符号进行自适应霍夫曼编码。初始的估计分布为 $\left\{\frac{1}{5},\frac{1}{5},\frac{1}{5},\frac{1}{5},\frac{1}{5}\right\}$，此后每接收到一个符号，就用当前的码本对齐进行编码，然后根据此符号更新估计分布和码本。例如，当收到第一个符号 d 后，更新的概率分布为 $\left\{\frac{1}{6},\frac{1}{6},\frac{1}{6},\frac{2}{6},\frac{1}{6}\right\}$，更新的码本为 $\{00,010,011,10,11\}$

20. 当 $r=2$ 时，无限长的即时码 $l_1=1,l_2=2,\cdots,l_k=k,\cdots$ 是否满足 Kraft 不等式？并推广到任意 r 的情形。

21. 某人得到了 5 瓶酒，其中有一瓶酒是坏的，肉眼观察，发现坏酒的概率分布为 $\left\{\frac{1}{3},\frac{1}{4},\frac{1}{6},\frac{1}{6},\frac{1}{12}\right\}$。通过品尝则可以正确地找出坏酒。假设一瓶一瓶地品尝，并且选择一种品尝顺序使得确定出坏酒所必须的品尝次数的期望值最小。试问：

（1）所需的品尝次数的数学期望是多少？

（2）首先品尝的应该是哪一瓶？

（3）改变策略，每次不再品尝单独的一瓶酒，而是将数瓶酒混合起来一起品尝，直到找到坏酒为止。在这种方式下所需的品尝次数的期望值是多少？

（4）首先品尝的应该是哪几瓶酒的组合？答案是否唯一？若唯一，则请解释原因；若不唯一，则给出另一种方案。

22. 离散无记忆信源样本空间为 $\{W,B\}$，符号 W 出现的概率为 0.99。

试求：（1）信源的二次扩展信源的符号序列的概率分布，找出相应的霍夫曼编码并求平均码长。

（2）此信源的三次扩展信源的符号序列的概率分布，找出相应的霍夫曼编码并求平均码长。

（3）信源的单符号熵并与上（1）、（2）中的单符号平均码长进行比较。

（4）单符号平均码长 $\overline{L}_n/n$ 比单符号信源熵大 10% 时的扩展次数。

第6章 有噪信道编码

CHAPTER 6

无失真信源编码定理表明，在**无噪信道**中只要对信源进行适当编码，总能以最大信息传输率 $R_{\max}=$ 信道容量 C 无差错传输信息。但实际的信道总是存在噪声和干扰，信息传输会由此造成损失。那么在**有噪信道**中能不能无差错地传输信息？如果可以，无差错传输的最大信息传输率又是多少？这就是本章要研究的内容，即研究**通信的可靠性问题**。香农在 1948 年提出并证明了有噪信道中极限信息传输率的存在性，这个定理称为**有噪信道编码定理**，又称为**香农第二定理**。

6.1 信道编码的基本概念

6.1.1 编码信道

在研究信道编码时，可将信源编码器和信源译码器会分别归为信源和信宿，这样可以得到**编码信道**的模型，如图 6.1所示。

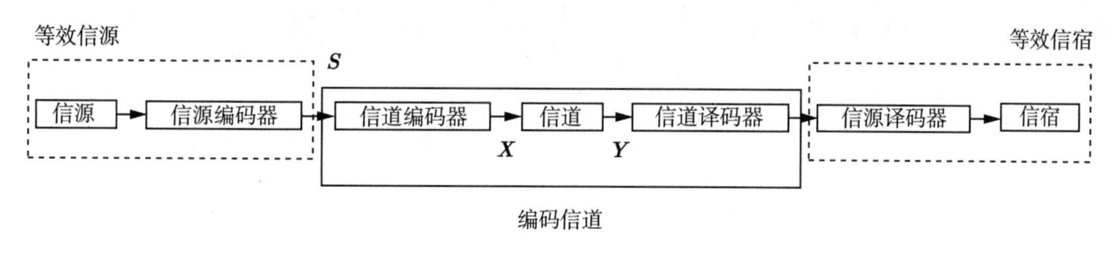

图 6.1 编码信道

在编码信道的模型中，等效信源发送给信道的信源符号 $\boldsymbol{S}$ 是经过了信源编码的 M 个码字，这样信道编码的对象就是这 M 个信源码字。通常情况下，这 M 个信源码字是由二元符号 0 和 1 构成的码元序列，故也称为**信息序列**。根据**无失真信源编码定理**可知，独立等概率的码元符号所携带的信息量最大，因此可以假定经过信源编码后，码元 0 和 1 是独立等概率分布的。**信道编码**就是按照一定规则给信息序列 $\boldsymbol{M}$ 增加一些多余的码元，使原本不具规律性的信息序列 $\boldsymbol{M}$ 变为具有某种规律性的信道码字序列$\boldsymbol{X}$。也就是说，码字序列 $\boldsymbol{X}$ 的码元之间是相关的，接收端的信道译码器可以利用这种相关性（已知的编码规则）

来译码，检测接收到的码字序列 $\boldsymbol{Y}$ 中是否有错，并且纠正其中的差错。根据**相关性**来检测并纠正传输过程中产生的差错就是信道编码的基本思想。

码元在有噪信道中传输时会发生错误，码元的错误概率与信道统计特性、译码过程以及译码规则有关。下面讨论这些问题。

6.1.2 错误概率的影响因素分析

1. 错误概率与信道统计特性有关

信道是码元传输的通道，因此信道统计特性会直接影响码元的错误概率。

例6.1 二元对称信道的错误概率。

已知二元对称信道（见例 4.2），信道输入为信源符号，其先验概率分布为

$$\begin{bmatrix} X \\ P \end{bmatrix} = \begin{bmatrix} 0 & 1 \\ \omega & 1-\omega \end{bmatrix}$$

求二元对称信道的码元错误概率。

解：

（1）信道输出的概率分布为

$$P[Y=0] = \omega(1-p) + (1-\omega)p$$

$$P[Y=1] = \omega p + (1-\omega)(1-p)$$

（2）译码规则：一般情况下，收到符号 **0** 后译为 **0**，收到符号 **1** 后译为 **1**

（3）有两种情况会造成译码错误：收到的符号是 **0**，而实际信道输入是 **1**；收到的符号是 **1**，而实际信道输入是 **0**。因此，错误概率为

$$P[X=1|Y=0] = \frac{P[X=1, Y=0]}{P[Y=0]} = \frac{1-\omega p}{\omega(1-p)+(1-\omega)p}$$

$$P[X=0|Y=10] = \frac{P[X=0, Y=1]}{P[Y=1]} = \frac{\omega p}{\omega p+(1-\omega)(1-p)}$$

（4）平均错误概率为

$$P_{\mathrm{E}} = P[Y=0]P[X=1|Y=0] + P[Y=1]P[X=0|Y=1] = p$$

可以看到，错误概率与信道特性 p 有关。

2. 错误概率与译码规则和译码过程有关

信道输出码元序列后，通信过程并没有结束，码元序列还要经过译码过程才能到达信宿，译码过程和译码规则也会引入码元错误，对错误概率的影响不容忽视。

例如，译码规则为**收到符号 0 后译为 0，收到符号 1 后译为 1** 时，例 6.1中的平均错误概率是 p；如果将译码规则改为**收到符号 0 后译为 1，收到符号 1 后译为 0**，则平均错误概率为 $1-p$。可见，错误概率与译码规则有很大的关系。

6.1.3 译码规则

1. 译码规则的概念

定义6.1 译码规则

设信道输入符号集为 $X = x_i(i = 1, 2, \cdots, R)$，输出符号集为 $\boldsymbol{Y} = y_j(j = 1, 2, \cdots, Q)$。若对每个输出符号 y_j 都有一个确定的函数 $F(y_j)$，使得 y_j 对应于唯一的输入符号 x_i，则称这样的函数 $F(y_j)$ 为**译码规则**，记为

$$F(y_j) = x_i \qquad (i = 1, 2, \cdots, R; j = 1, 2, \cdots, Q) \tag{6.1}$$

显然，对于有 R 个输入、Q 个输出的信道，译码规则共有 R^Q 种。例如，输入符号集为 a_1, a_2，输出符号集为 $0, 1, 2$，则可以构建的译码规则有 $R^Q = 2^3 = 8$ 种：

$$\underbrace{\mathbf{0} \longrightarrow a_1\text{或}a_2 \qquad \mathbf{1} \longrightarrow a_1\text{或}a_2 \qquad \mathbf{2} \longrightarrow a_1\text{或}a_2}_{\downarrow}$$

$\mathbf{0} \to a_1$	$\mathbf{0} \to a_1$	$\mathbf{0} \to a_1$	$\mathbf{0} \to a_1$	$\mathbf{0} \to a_2$	$\mathbf{0} \to a_2$	$\mathbf{0} \to a_2$	$\mathbf{0} \to a_2$
$\mathbf{1} \to a_1$	$\mathbf{1} \to a_1$	$\mathbf{1} \to a_2$	$\mathbf{1} \to a_2$	$\mathbf{1} \to a_1$	$\mathbf{1} \to a_1$	$\mathbf{1} \to a_2$	$\mathbf{1} \to a_2$
$\mathbf{2} \to a_1$	$\mathbf{2} \to a_2$	$\mathbf{2} \to a_1$	$\mathbf{2} \to a_2$	$\mathbf{2} \to a_1$	$\mathbf{2} \to a_2$	$\mathbf{2} \to a_1$	$\mathbf{2} \to a_2$

2. 错误概率

根据前面所述，译码规则有很多种，那么如何选择最佳的译码规则？这就需要考虑**错误概率**。下面讨论错误概率的求解方法。

在确定了译码规则 $F(y_j) = x_i(i = 1, 2, \cdots, R; j = 1, 2, \cdots, Q)$ 之后，若信道输出端接收到的符号为 y_j，则一定会译为符号 x_i。若发送端发送的符号就是 x_i，则实现正确译码；反之，若发送端发送的符号是 $x_k, k \neq i$，则认为是错误译码。因此可以得到正确概率：

$$P\Big[F(y_j)|y_j\Big] \xlongequal[F(y_j)=x_i]{\text{正确译码}} P\Big[x_i|y_j\Big] = p(x_i|y_j)\text{：}\quad \text{收到符号 } y_j \text{ 的情况下，译码的}\textbf{正确概率}$$

于是，可得错误概率为

$$P\Big[F(y_j)|y_j\Big] \xlongequal[F(y_j)\neq x_i]{\text{错误译码}} p(e|y_j) = 1 - p(x_i|y_j)\text{：}\quad \text{收到符号 } y_j \text{ 的情况下，译码的}\textbf{错误概率}$$

e 表示 $F(y_j) \neq x_i$ 的所有其他符号，译码错误概率是在收到符号 y_j 的条件下得到的，是一个随机变量，那么对 $\boldsymbol{Y}$ 空间上的数学期望就是**平均错误概率**：

$$P_{\mathrm{E}} = E\Big[p(e|y_j)\Big] = \sum_{j=1}^{Q} p(y_j)p(e|y_j) \tag{6.2}$$

平均错误概率表示对单个符号译码产生的平均错误大小。

3. 译码规则的常用类型

如前所述，若信道输入符号集有 R 个元素，输出符号集有 Q 个元素，则可以构造 R^Q 种候选的译码规则。每种候选的译码规则都有相应的平均错误概率，可以选择平均错误概率最小的候选译码规则作为最佳的译码规则。

进一步分析式（6.2）可得

$$P_{\mathrm{E}}=\sum_{j=1}^{Q}p(y_j)p(e|y_j)=\sum_{j=1}^{Q}p(y_j)\Big[1-p(x_i|y_j)\Big]=1-\sum_{j=1}^{Q}p(y_j)p(x_i|y_j)$$

$$\downarrow$$

$$\min P_{\mathrm{E}}=\min\left[1-\underbrace{\sum_{j=1}^{Q}p(y_j)p(x_i|y_j)}_{\text{使其最大}}\right]$$

$$\downarrow$$

$$\max\left[\sum_{j=1}^{Q}p(y_j)\underbrace{p(x_i|y_j)}_{\text{后验概率}}\right]:\ p(y_j)\text{与译码规则无关}$$

$$\downarrow$$

最大后验概率译码规则

定义6.2 最大后验概率译码规则

选择译码函数 $F(y_j)=x^*$，使之满足条件

$$p(x^*|y_j)\geqslant p(x_i|y_j),\qquad \forall x_i,x^*\in X \tag{6.3}$$

称为**最大后验概率译码规则**，又称为**最小错误概率准则**、**最优译码**或**最佳译码**。

最大后验概率译码规则表明，对于接收到的每个符号 $y_j(j=1,2,\cdots,Q)$，均译成具有最大后验概率的输入符号 x^*，则译码平均错误概率最小。但在实际中后验概率不是很好确定，应用不方便，这时引入**极大似然译码规则**。

定义6.3 极大似然译码规则

选择译码函数 $F(y_j)=x^*$，使之满足条件

$$p(y_j|x^*)p(x^*)\geqslant p(y_j|x_i)p(x_i),\quad \forall x_i\in X \tag{6.4}$$

称为**极大似然译码规则**。

证明：

$$p(x^*|y_j) \geqslant p(x_i|y_j) \qquad \text{式 (6.3)}$$

$$\frac{p(y_j|x^*)p(x^*)}{p(y_j)} \geqslant \frac{p(y_j|x_i)p(x_i)}{p(y_j)} \qquad \text{贝叶斯公式}$$

$$\downarrow$$

$$p(y_j|x^*)p(x^*) \geqslant p(y_j|x_i)p(x_i), \qquad \forall x_i \in X$$

经过无失真信源编码之后，编码信道输入的符号一般会呈等概率分布，有 $p(x_i) = p(x^*)(i=1,2,\cdots,R)$，则**最大似然概率译码规则**简化为

$$p(y_j|x^*) \geqslant p(y_j|x_i), \qquad \forall x_i \in X \tag{6.5}$$

信道输入符号等概率分布时，应用**极大似然译码规则**非常方便，式 (6.5) 中的条件概率就是信道矩阵中的元素。

4. 平均错误概率

根据所述的译码规则，可以进一步分析平均错误概率：

$$\begin{aligned}
P_{\mathrm{E}} = \sum_{j=1}^{Q} p(y_j)p(e|y_j) &= \sum_{Y} \left\{1 - p\Big[F(y_j)|y_j\Big]\right\} p(y_j) \\
&= \sum_{Y} p(y_j) - \sum_{Y} p\Big[F(y_j)|y_j\Big] p(y_j) \\
&= \sum_{XY} p(x_i y_j) - \sum_{Y} p\Big[F(y_j), y_j\Big] \\
&= \sum_{x\in X, y\in Y} p(xy) - \sum_{y\in Y} p\Big[F(y), y\Big] \\
&= \sum_{Y, X-x^*} p(x,y) \qquad (6.6) \\
&= \sum_{Y, X-x^*} p(y|x)p(x) \qquad (6.7) \\
&\downarrow \qquad \text{若输入为等概率分布} \\
&= \frac{1}{R} \sum_{Y, X-x^*} p(y|x) \qquad (6.8)
\end{aligned}$$

结果分析：

（1）式（6.6）中共有 $(R-1)Q$ 项求和。符号 $X - x^*$ 表示集合 X 中除去 x^* 后剩余的元素。公式表示对联合概率矩阵中除 $p(x^*, y_j)(j = 1,2,\cdots,Q)$ 以外的所有矩阵元素的和，就是平均错误概率。

（2）式（6.8）表明，在等概率输入的情况下，译码错误概率 P_{E} 可用信道矩阵中的元素 $p(y_j|x_i)$ 求和表示，信道矩阵每列中除去对应于 $F(y_j)=x_i$ 的那一项后，求取剩余元素的和。

（3）据此可得平均正确概率为

$$\overline{P_{\mathrm{E}}}=1-\mathrm{P_E}=\sum_{Y}p\Big[F(y),y\Big]=\sum_{Y}p(x^{*}y) \tag{6.9}$$

例6.2 极大似然译码规则。

已知信道矩阵为

$$\boldsymbol{P}=\begin{bmatrix}0.5 & 0.3 & 0.2\\0.2 & 0.3 & 0.5\\0.3 & 0.3 & 0.4\end{bmatrix}$$

求输入为等概率分布情况下的极大似然译码规则。

解：根据式（6.5），可得

$$\boldsymbol{P}=\begin{bmatrix}0.5 & 0.3 & 0.2\\0.2 & 0.3 & 0.5\\0.3 & 0.3 & 0.4\end{bmatrix}$$

↓

第一列 [0.5,0.2,0.3] 最大值对应的行元素：$x_1\longrightarrow F(y_1)=x_1$

第二列 [0.3,0.3,0.3] 最大值对应的行元素：任意

第三列 [0.2,0.5,0.4] 最大值对应的行元素：$x_2\longrightarrow F(y_3)=x_2$

↓

极大似然译码规则：$\begin{aligned}F(y_1)&=x_1\\F(y_2)&=x_3\\F(y_3)&=x_2\end{aligned}$

例6.3 平均错误概率。

已知信道矩阵为

$$\boldsymbol{P}=\begin{bmatrix}\dfrac{1}{2} & \dfrac{1}{3} & \dfrac{1}{6}\\[2mm]\dfrac{1}{6} & \dfrac{1}{2} & \dfrac{1}{3}\\[2mm]\dfrac{1}{3} & \dfrac{1}{6} & \dfrac{1}{2}\end{bmatrix}$$

求：(1) 输入等概率分布情况下的极大似然译码规则及其对应的平均错误概率；
(2) 输入等概率分布情况下，译码规则 B 的平均错误概率：

$$B: \begin{array}{l} F(y_1)=x_1 \\ F(y_2)=x_3 \\ F(y_3)=x_2 \end{array}$$

(3) 信道输入的符号分布为下列分布时，上述两种译码规则的平均错误概率：

$$p(x_1)=\frac{1}{4}, \qquad p(x_2)=\frac{1}{4}, \qquad p(x_3)=\frac{1}{2}$$

解：
(1) 输入等概率分布时的极大似然译码规则。根据式 (6.5) 可得

$$\boldsymbol{P}=\begin{bmatrix} \frac{1}{2} & \frac{1}{3} & \frac{1}{6} \\ \frac{1}{6} & \frac{1}{2} & \frac{1}{3} \\ \frac{1}{3} & \frac{1}{6} & \frac{1}{2} \end{bmatrix}$$

↓

第一列 $\left[\frac{1}{2},\frac{1}{6},\frac{1}{3}\right]$ 最大值对应的**行元素**：$x_1 \longrightarrow F(y_1)=x_1$

第二列 $\left[\frac{1}{3},\frac{1}{2},\frac{1}{6}\right]$ 最大值对应的**行元素**：$x_2 \longrightarrow F(y_2)=x_2$

第三列 $\left[\frac{1}{6},\frac{1}{3},\frac{1}{2}\right]$ 最大值对应的**行元素**：$x_3 \longrightarrow F(y_3)=x_3$

↓

极大似然译码规则 A：
$$\begin{array}{l} F(y_1)=x_1 \\ F(y_2)=x_2 \\ F(y_3)=x_3 \end{array}$$

(2) 极大似然译码规则的平均错误概率。
根据式 (6.8) 可得

$$\begin{aligned} P_{\mathrm{E}}(A) &= \frac{1}{R}\sum_{Y,X-x^*} p(y|x) \\ &= \frac{1}{3}\left[\left(\frac{1}{6}+\frac{1}{3}\right)+\left(\frac{1}{3}+\frac{1}{6}\right)+\left(\frac{1}{6}+\frac{1}{3}\right)\right]=\frac{1}{2} \end{aligned}$$

(3) 输入等概率分布情况下，译码规则 B 的平均错误概率。

根据式（6.8）可得

$$P_{\mathrm{E}}(B)=\frac{1}{R}\sum_{Y,X-x^*}p(y|x)$$

$$=\frac{1}{3}\Bigg[\underbrace{\left(\frac{1}{6}+\frac{1}{3}\right)}_{\text{第一列除去 }p(y_1|x_1)}+\underbrace{\left(\frac{1}{3}+\frac{1}{2}\right)}_{\text{第二列除去 }p(y_2|x_3)}+\underbrace{\left(\frac{1}{6}+\frac{1}{2}\right)}_{\text{第三列除去 }p(y_3|x_2)}\Bigg]=\frac{2}{3}$$

可见，$P_{\mathrm{E}}(A)<P_{\mathrm{E}}(B)$，极大似然译码规则是最优的。

（4）输入非等概率分布时的平均错误概率。

根据式（6.7）可得

$$P_{\mathrm{E}}(A)=\sum_{Y,X-x^*}p(y|x)p(x)$$

$$=\frac{1}{4}\underbrace{\left[\frac{1}{3}+\frac{1}{6}\right]}_{\text{第一行除去 }p(y_1|x_1)}+\frac{1}{4}\underbrace{\left[\frac{1}{6}+\frac{1}{3}\right]}_{\text{第二行除去 }p(y_2|x_2)}+\frac{1}{2}\underbrace{\left[\frac{1}{3}+\frac{1}{6}\right]}_{\text{第三行除去 }p(y_3|x_3)}=\frac{5}{12}$$

$$P_{\mathrm{E}}(B)=\sum_{Y,X-x^*}p(y|x)p(x)$$

$$=\frac{1}{4}\underbrace{\left[\frac{1}{3}+\frac{1}{6}\right]}_{\text{第一行除去 }p(y_1|x_1)}+\frac{1}{4}\underbrace{\left[\frac{1}{6}+\frac{1}{2}\right]}_{\text{第二行除去 }p(y_3|x_2)}+\frac{1}{2}\underbrace{\left[\frac{1}{3}+\frac{1}{2}\right]}_{\text{第三行除去 }p(y_2|x_3)}=\frac{17}{24}$$

由上可以看到，译码规则 A 的平均错误概率仍然小于译码规则 B。是不是总这样？将此题中的输入符号概率分布应用于 例 6.2中，结果又如何？

5. 费诺不等式

根据前面对信道的介绍，可以知道信道噪声造成了译码错误，信道噪声的影响使得在接收端收到输出符号 Y 后对发送端发送的符号 X 仍然存在不确定性，因此平均错误概率 P_{E} 与信道疑义度 $H(X|Y)$ 有关。表述这种关系的定理是费诺不等式。

定理6.1 费诺不等式

平均错误概率 P_{E} 与信道疑义度 $H(X|Y)$ 满足以下关系：

$$H(X|Y)\leqslant H(\boldsymbol{P}_E)+P_{\mathrm{E}}\log(R-1) \tag{6.10}$$

这个不等式称为**费诺不等式**。

证明：

$$H(P_{\mathrm{E}})+P_{\mathrm{E}}\log(R-1)=\overbrace{P_{\mathrm{E}}\log\frac{1}{P_{\mathrm{E}}}+(1-P_{\mathrm{E}})\log\frac{1}{1-P_{\mathrm{E}}}}^{H(P_{\mathrm{E}})}+P_{\mathrm{E}}\log(R-1)$$

$$=P_{\mathrm{E}}\log\frac{1}{P_{\mathrm{E}}}+P_{\mathrm{E}}\log(R-1)+(1-P_{\mathrm{E}})\log\frac{1}{1-P_{\mathrm{E}}}$$

$$=P_{\mathrm{E}}\log\frac{R-1}{P_{\mathrm{E}}}+(1-P_{\mathrm{E}})\log\frac{1}{1-P_{\mathrm{E}}}$$

$P_{\mathrm{E}}=\sum\limits_{Y,X-x^*}p(xy)$ 式（6.6）

$1-P_{\mathrm{E}}=\bar{P}_{\mathrm{E}}=\sum_Y p(x^*y)$ 式（6.9）

$$=\sum_{Y,X-x^*}p(xy)\log\frac{R-1}{P_{\mathrm{E}}}+\sum_Y p(x^*y)\log\frac{1}{1-P_{\mathrm{E}}}$$

$$\text{信道疑义度}H(X|Y)=\sum_{XY}p(xy)\log\frac{1}{p(x|y)}$$

$$=\sum_{Y,X-x^*}p(xy)\log\frac{1}{p(x|y)}+\sum_Y p(x^*y)\log\frac{1}{p(x^*|y)}$$

因此，有

$$H(X|Y)-H(P_{\mathrm{E}})-P_{\mathrm{E}}\log(R-1)$$

$$=\sum_{Y,X-x^*}p(xy)\log\frac{P_{\mathrm{E}}}{(R-1)p(x|y)}+\sum_Y p(x^*y)\log\frac{1-P_{\mathrm{E}}}{p(x^*|y)}$$

$$=\log\mathrm{e}\left[\sum_{Y,X-x^*}p(xy)\ln\underbrace{\frac{P_{\mathrm{E}}}{(R-1)p(x|y)}}_{x}+\sum_Y p(x^*y)\ln\underbrace{\frac{1-P_{\mathrm{E}}}{p(x^*|y)}}_{x}\right]$$

根据式（B.1），$\ln x\leqslant x-1$，可得

$$H(X|Y)-H(P_{\mathrm{E}})-P_{\mathrm{E}}\log(R-1)\leqslant\log\mathrm{e}\sum_{Y,X-x^*}p(xy)\left[\frac{P_{\mathrm{E}}}{(R-1)p(x|y)}-1\right]$$

$$+$$

$$\log\mathrm{e}\sum_Y p(x^*y)\left[\frac{1-P_{\mathrm{E}}}{p(x^*|y)}-1\right]$$

$$= \left[\frac{P_{\mathrm{E}}}{R-1}\sum_{Y,X-x^*}p(y) - \underbrace{\sum_{Y,X-x^*}p(xy)}_{P_{\mathrm{E}}} + (1-P_{\mathrm{E}})\sum_{Y}p(y) - \underbrace{\sum_{Y}p(x^*y)}_{1-P_{\mathrm{E}}}\right]\log \mathrm{e}$$

$$= \left[\frac{P_{\mathrm{E}}}{R-1}\underbrace{\sum_{X-x^*}\overbrace{\sum_{Y}p(y)}^{1}}_{R-1} - P_{\mathrm{E}} + (1-P_{\mathrm{E}}) - (1-P_{\mathrm{E}})\right]\log \mathrm{e} = 0$$ 由此证明了费诺不等式。

说明：（1）虽然 P_{E} 与译码规则有关，但是无论采用什么样的译码规则，费诺不等式都是成立的。说明信道噪声是码元传输错误的根本原因，最佳译码规则会尽可能减小译码错误，但无法根除传输错误。

（2）费诺不等式表明，接收到 Y 后 X 仍然具有的不确定性分为两部分，一部分是 P_{E}，另一部分是 $P_{\mathrm{E}}\log(R-1)$。

（3）$H(P_{\mathrm{E}})$ 是接收到 Y 后是否产生错误的不确定性。

（4）$P_{\mathrm{E}}\log(R-1)$ 表示，当错误 P_{E} 发生后，判断是哪个输入符号造成错误的最大不确定性，是 $R-1$ 个符号不确定性的最大值与发生概率 P_{E} 的乘积。

（5）P_{E} 是自变量，$H(P_{\mathrm{E}})+P_{\mathrm{E}}\log(R-1)$ 是随 P_{E} 变化的曲线，如图 6.2所示。

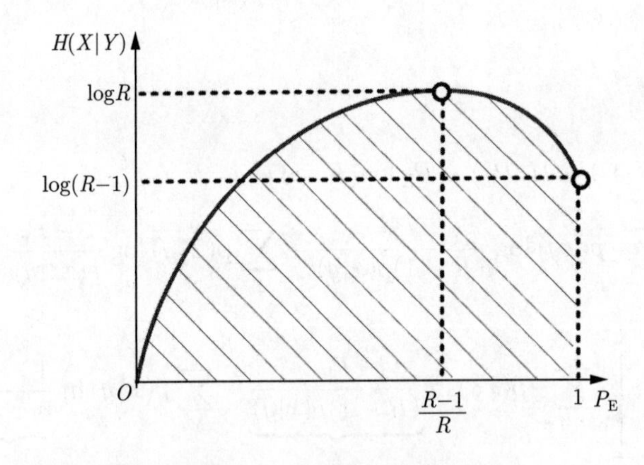

图 6.2 费诺不等式曲线

（6）$H(X|Y)$ 的值在曲线的下方。P_{E} 的最大值为 1，这时 $H(X|Y)\leqslant\log(R-1)$；当 $P_{\mathrm{E}}=\dfrac{R-1}{R}$ 时，曲线取到最大值 $\log R$，此时 $H(X|Y)\leqslant\log R$。

6.2 错误概率与编码方法

前面讨论了平均错误概率与译码规则的关系，选择最佳译码规则可以降低错误概率，但由费诺不等式知，降低到一定程度之后就不能再降低；但是，对符号进行编码可以进一步降低错误概率，这与费诺不等式并不矛盾，因为此时的编码相当于改变了信道。下面举例说明编码方法对错误概率的影响。

6.2.1 简单重复编码降低平均错误概率

例6.4 简单重复编码。

已知二元对称信道图 6.3的信道矩阵为

$$\boldsymbol{P}=\begin{bmatrix}0.99 & 0.01\\0.01 & 0.99\end{bmatrix}$$

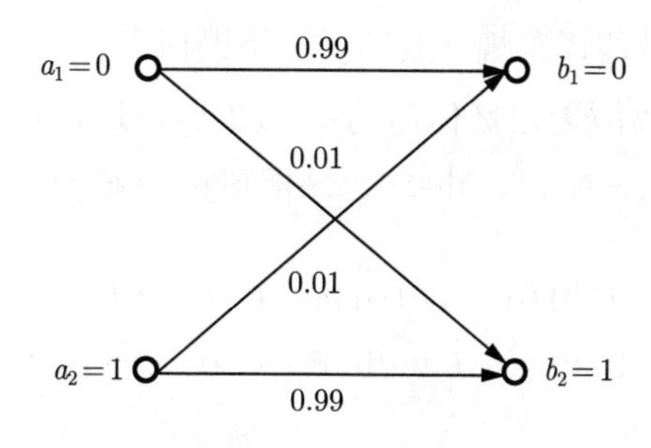

图 6.3 二元对称信道

（1）最佳译码规则及其平均错误概率。

根据式（6.5）可求得最佳译码规则（极大似然译码规则）为

$$F(y_1)=x_1,\qquad F(y_2)=y_2$$

根据式（6.8）可得输入等概率分布的情况下最佳译码规则的平均错误概率为

$$P_{\mathrm{E}}=\frac{1}{R}\sum_{Y,X-x^*}p(y|x)=\frac{1}{2}\left[0.01+0.01\right]=10^{-2}$$

对于数字通信系统，这个错误概率太大，常见的数字通信系统要求错误概率为 10^{-6}~10^{-9}，甚至要求错误概率更低。那么如何进一步降低上述最佳译码规则的错误概率？试试**简单重复编码**。

（2）简单重复编码。

信源发送符号 0 时，重复发送三个 0；信源发送符号 1 时，重复发送三个 1。根据简单重复编码的构造过程，可以将简单重复编码建模为离散无记忆信道的三次扩展信道。信道输入端有两个码字 000 和 111。经过信道传输后，由于信道干扰，各个码元都有可能发生错误，因此接收端会有 $2^3=8$ 种可能的输出序列。从编码译码的角度可以认为输入端也有 8 种输入序列，但是只选择其中的 2 个作为消息，如表 6.1所示。

表 6.1　简单重复编码

输入消息	未使用的码字	用作消息的码字	输出序列	输出消息
α_1		000	000	β_1
	001		001	β_2
	010		010	β_3
	011		011	β_4
	100		100	β_5
	101		101	β_6
	110		110	β_7
α_2		111	111	β_8

（3）简单重复编码的最佳译码规则及其平均错误概率。

简单重复编码建模为离散无记忆信道的 3 次扩展信道，扩展信道的输入为 $\alpha_1 = 000$ 和 $\alpha_2 = 111$，输出为 $\beta_1, \beta_2, \cdots, \beta_8$。因此，其信道矩阵为

$$\boldsymbol{P} = \begin{bmatrix} 0.99^3 & 0.99^2 0.01 & 0.99^2 0.01 & 0.01^2 0.99 & 0.99^2 0.01 & 0.01^2 0.99 & 0.01^2 0.99 & 0.01^3 \\ 0.01^3 & 0.01^2 0.99 & 0.01^2 0.99 & 0.99^2 0.01 & 0.01^2 0.99 & 0.99^2 0.01 & 0.99^2 0.01 & 0.99^3 \end{bmatrix}$$

假设输入等概率分布，根据式（6.5）（信道矩阵中每列最大值所对应的元素为 x^*）可求得最佳译码规则（极大似然译码规则）为

$$\text{极大似然译码规则：} \quad \begin{aligned} &F(\beta_1) = \alpha_1, \quad F(\beta_2) = \alpha_1 \\ &F(\beta_3) = \alpha_1, \quad F(\beta_4) = \alpha_2 \\ &F(\beta_5) = \alpha_1, \quad F(\beta_6) = \alpha_2 \\ &F(\beta_7) = \alpha_2, \quad F(\beta_8) = \alpha_2 \end{aligned} \tag{6.11}$$

根据式（6.8）可得输入等概率分布的情况下最佳译码规则的平均错误概率为

$$P_{\mathrm{E}} = \frac{1}{R} \sum_{Y, X - x^*} p(\beta_j | \alpha_i) = \frac{1}{2} \left[0.01^3 \times 2 + 0.01^2 0.99 \right] \approx 3 \times 10^{-4}$$

（4）平均错误概率降低原因分析。

可以发现，与原来的二元对称信道的平均错误概率 10^{-2} 相比，简单重复编码（重复 3 次）的平均错误概率降低了近 2 个数量级。这是因为接收码字中有一位码元发生错误，译码器还是能够正确译出所发送的码字；传输中有 2 位或者 3 位发生错误，译码器才会译错。所以，这种简单重复编码能够纠正 1 位码元的错误，使得平均错误概率降低。

（5）简单重复编码最佳译码原则的简化。

把极大似然译码原则即式（6.11）画成表格，如表 6.2所示。

表 6.2 简单重复编码的极大似然译码规则

接收序列	译码输出	接收序列	译码输出
000	000	011	111
001		101	
010		110	
100		111	

根据表 6.2 可以看出，简单重复编码的极大似然译码规则可以根据输出端接收序列中码元多少来判断：若接收序列中码元 0 的个数多，则译码器判断为 0；若接收序列中码元 1 的个数多，则译码器判断为 1。这称为**择多译码**。

根据**择多译码**的规则，同样可以得到

$$P_{\mathrm{E}} = \text{错 3 个码元的概率} + \text{错 2 个码元的概率}$$

$$= C_3^3 0.01^3 + C_3^2 0.99 \times 0.01^2 \approx 3 \times 10^{-4}$$

分析：根据简单重复编码的例题可发现，若进一步增大重复次数 N，则可以进一步降低平均错误概率 P_{E}。可算得

$$\begin{aligned}
&N = 5 \qquad && P_{\mathrm{E}} \approx 10^{-5} \\
&N = 7 && P_{\mathrm{E}} \approx 4 \times 10^{-7} \\
&N = 9 && P_{\mathrm{E}} \approx 10^{-8} \\
&N = 11 && P_{\mathrm{E}} \approx 5 \times 10^{-10}
\end{aligned}$$

可见，当 N 很大时，平均错误概率 P_{E} 可以变得很小。但这也带来了一个新问题：当 N 很大时，信息传输率会降低很多。经过信道编码后的信息传输率可以表示为

$$R = \frac{H(S)}{\bar{L}} = \frac{\log M}{N} \text{比特/码元}$$

这是因为一般假定 M 个信源符号（或序列）已接近等概率分布，则平均每个信源符号（或序列）所携带的信息量为 $\log M$bit，用 N 个码元的信道编码码字来传输，平均每个码元所携带的信息量即为信息传输率。

如果传输单个码元平均需要 t 秒，则信道编码后的信息传输速率为

$$R_t = \frac{\log M}{Nt} \text{b/s}$$

假设 1s 间隔内传输一个码元，$M = 2$，则有

$$\begin{aligned}
&N = 1\text{（无重复编码）} \qquad && R = 1 \\
&N = 3 && R = 1/3 \\
&N = 5 && R = 1/5 \\
&\quad\vdots && \quad\vdots \\
&N = 11 && R = 1/11
\end{aligned}$$

由此可见，利用简单重复编码减小平均错误概率，是以降低信息传输率为代价的。那么有没有可能找到一种编码方法，使得平均错误概率足够小而信息传输率又不至于太低？这就是**香农第二定理**所要回答的问题。在讨论香农第二定理之前，先讨论消息符号个数的问题。

6.2.2 消息符号个数

1. 简单重复编码降低信息传输率原因分析

为什么简单重复编码可以降低信息传输率？下面以例 6.4为例来进行分析。未重复编码前，输入端有两则消息（0 和 1），等概率分布时单个消息携带的信息量最大为 1bit。简单重复编码（$N=3$）后，可以把信道建模为离散无记忆信道的三次扩展信道，尽管这时输入端有 8 个二元序列可以作为消息，但是只选择了其中的两个二元序列作为消息（$M=2$），则单个消息（此时为 N 长符号序列）所携带的平均信息量仍为 1bit，而传送一则消息就需要 $N=3$ 个符号，所以信息传输率就降低到 1/3 比特/码元。

如果将扩展信道输入端的 8 个二元序列都用作消息，则 $M=8$，单个消息所携带的平均信息量就是 $\log M=\log 8=3$bit，而传递一个消息所需的码元仍为 3 个，这样信息传输率就可提高到 1 比特/码元。

2. $M=4$ 时的指标

当 $M=4$ 时，可以从 8 种可供选择的消息符号中取其中的 4 种，共有 $\mathrm{C}_8^4=70$ 种取法。对于不同的选取方法（不同的编码方法），可以设想其平均错误概率是不同的。已知消息符号 $\alpha_j(j=1,2,\cdots,8)$ 为

$$
\begin{aligned}
\alpha_1&=000, &\quad \alpha_5&=100\\
\alpha_2&=001, &\quad \alpha_6&=101\\
\alpha_3&=010, &\quad \alpha_7&=110\\
\alpha_4&=011, &\quad \alpha_8&=111
\end{aligned}
$$

第一种取法：

$$
\alpha_1=000,\quad \alpha_4=011,\quad \alpha_6=101,\quad \alpha_7=110
$$

则可以求得

$$
P_{\mathrm{E}}=\frac{1}{M}\sum_{Y,X-x^*}p(y|x)\approx 2\times 10^{-4}
$$

$$
R=\frac{\log M}{3}=\frac{\log 4}{3}=\frac{2}{3}(\text{比特/码元})
$$

第二种取法：

$$
\alpha_1=000,\quad \alpha_4=011,\quad \alpha_5=100,\quad \alpha_7=110
$$

则可以求得

$$P_{\mathrm{E}} = \frac{1}{M} \sum_{Y,X-x^*} p(y|x) \approx 2 \times 10^{-4}$$

$$R = \frac{\log M}{3} = \frac{\log 4}{3} = \frac{2}{3}(\text{比特/码元})$$

第三种取法：

$$\alpha_1 = 000, \qquad \alpha_2 = 001, \qquad \alpha_3 = 101, \qquad \alpha_5 = 100$$

则可以求得

$$P_{\mathrm{E}} = \frac{1}{M} \sum_{Y,X-x^*} p(y|x) \approx 2.28 \times 10^{-4}$$

$$R = \frac{\log M}{3} = \frac{\log 4}{3} = \frac{2}{3}(\text{比特/码元})$$

结论由此可见，输入消息符号个数 M 增大时，平均错误概率显然也是增大了，但信息传输率也增大了；反之亦然。

3. M、P_{E} 和 R 之间的关系

根据前面的分析，增大消息符号个数可以提高信息传输率，那么是不是把输入端的全部可用序列都用作消息传输信息？下面分析此时的平均错误概率。

假设输入端有 8 个二元序列均用作消息，因此译码时译码器所接收到的 8 个二元序列均需译成相对应的发送序列，只要接收序列中有一个码元发生错误，就会变成其他码字序列，使得译码产生错误。只有接收序列中每个码元都不发生错误，才能实现正确传输，所以可得正确传输概率为 $0.99^3 = 1 - P_{\mathrm{E}}$，于是平均错误概率为

$$P_{\mathrm{E}} = 1 - 0.99^3 \approx 3 \times 10^{-2}$$

P_{E} 比单符号信道传输时的 P_{E} 大了 3 倍。

因此可以看到这样一个现象：离散无记忆二元信道的 N 次扩展信道中，输入端有 2^N 个符号序列可以作为消息。如果选取其中的 M 个作为消息传递，若要使得 R 大一些，则应使 M 大一些，但会造成 P_{E} 也变大；若要求 P_{E} 小一些，则 M 应小一些，但造成 R 也要变小。

6.2.3 (5,2) 线性码

从前面的讨论看出，增大简单重复编码的重复次数 N 虽然可以降低平均错误概率，但也降低了信息传输率。如果增大输入消息符号个数，尽管可增大信息传输率，但又加大了平均错误概率。

采用 (5,2) 线性码，并适当增大 N 和 M，可以得到较低的平均错误概率和较高的信息传输率。

1. 构造方法

信道输入端选择 $M=4$ 个序列作为消息来传送信息，码字的长度增大为 $N=5$ 个。这时信道可以建模为二元对称信道的 5 次扩展信道，信道输入端共有 $2^5=32$ 个不同的二元序列，选取其中的 $M=4$ 个作为发送消息。因此信息传输率为

$$R=\frac{\log 4}{5}=\frac{2}{5}(\text{比特/码元})$$

设第 i 个输入序列表示为

$$\boldsymbol{x}_i = x_{i_1}x_{i_2}x_{i_3}x_{i_4}x_{i_5} \qquad (i=1,2,3,4,5)$$

$$x_{i_k}\in\{0,1\}\text{：序列}\boldsymbol{x}_i\text{的第}k\text{个分量}$$

$$k=1,2,3,4,5$$

$\boldsymbol{x}_i$ 中各分量满足方程

$$\begin{aligned} x_{i_1}&=x_{i_1}\\ x_{i_2}&=x_{i_2}\\ x_{i_3}&=x_{i_1}\oplus x_{i_2}\\ x_{i_4}&=x_{i_4}\\ x_{i_5}&=x_{i_1}\oplus x_{i_2}\end{aligned} \longrightarrow \text{矩阵形式：}\boldsymbol{x}_i=\begin{bmatrix}1&0&0&0&0\\0&1&0&0&0\\1&1&0&0&0\\1&0&0&0&0\\1&1&0&0&0\end{bmatrix}\begin{bmatrix}x_{i_1}\\x_{i_2}\\x_{i_3}\\x_{i_4}\\x_{i_5}\end{bmatrix}$$

式中，“$\oplus$”为模二和运算，也叫异或运算。由上述编码方法得到的码称为 (5,2) **线性码**：0000, 01101, 10111, 11010。

2. (5,2) 线性码的译码规则

根据极大似然译码规则，可以得到 (5,2) 线性码的极大似然译码规则，如表 6.3所示。

3. 平均错误概率

根据 (5,2) 线性码的特点（能够纠正码字中所有发生一位码元的错误，也能纠正其中两个两位码元的错误）可得正确译码概率为

$$\overline{P}_{\mathrm{E}}=0.99^5+5\times0.99^4\times0.001+2\times0.99^3\times0.01^2$$

表 6.3　(5,2) 线性码的极大似然译码规则

<table>
<tr><th>接收码字</th><th>译码输出</th><th>接收码字</th><th>译码输出</th><th>接收码字</th><th>译码输出</th><th>接收码字</th><th>译码输出</th></tr>
<tr><td>00000</td><td rowspan="8">00000</td><td>10111</td><td rowspan="8">10111</td><td>01101</td><td rowspan="8">01101</td><td>11010</td><td rowspan="8">11010</td></tr>
<tr><td>00001</td><td>10110</td><td>01100</td><td>11011</td></tr>
<tr><td>00010</td><td>10101</td><td>01111</td><td>11000</td></tr>
<tr><td>00100</td><td>10011</td><td>01001</td><td>11110</td></tr>
<tr><td>01000</td><td>11111</td><td>00101</td><td>10010</td></tr>
<tr><td>10000</td><td>00111</td><td>11101</td><td>01010</td></tr>
<tr><td>10001</td><td>00110</td><td>11100</td><td>01011</td></tr>
<tr><td>00011</td><td>10100</td><td>01110</td><td>11001</td></tr>
</table>

平均错误概率为

$$P_{\mathrm{E}} = 1 - \overline{P}_{\mathrm{E}} \approx 7.8 \times 10^{-4}$$

将 (5,2) 线性码与前述的 $M = 4, N = 3$ 时的简单重复编码相比，虽然信息传输率略降了些，但平均错误概率降低更多。再与 $M = 2, N = 3$ 时的简单重复码相比较，平均错误概率基本上在一个数量级，但 (5,2) 线性码的信息传输率更大。由此可见，增大 N 并适当增大 M，采用恰当的编码方法，既能降低 P_{E}，也可以使信息传输率保持在合理水平。

4. 汉明距离

定义6.4 汉明距离

长度为 N 的两个符号序列（码字）$\boldsymbol{x}_i$ 与 $\boldsymbol{y}_j$ 之间的距离是指序列 $\boldsymbol{x}_i$ 和 $\boldsymbol{y}_j$ 对应位置上码元不同的个数，通常称为**汉明距离**，记为 $D(\boldsymbol{x}_i, \boldsymbol{y}_j)$。

例如：

若二元序列 $\boldsymbol{x}_i = 101111, \boldsymbol{y}_j = 111100$，则汉明距离 $D(\boldsymbol{x}_i, \boldsymbol{y}_j) = 3$。

若四元序列 $\boldsymbol{x}_i = 1320120, \boldsymbol{y}_j = 1220310$，则汉明距离 $D(\boldsymbol{x}_i, \boldsymbol{y}_j) = 3$。

由例子可以看出，码字之间的汉明距离越大，由一个码字变为另外一个码字的可能性就越小。当码间距离为 1 时，说明它们在逻辑空间中是相邻的。

若二元码序列为

$$\boldsymbol{x}_i = x_{i_1} x_{i_2} \cdots x_{i_N} \qquad x_{i_k} \in \{0, 1\}$$

$$\boldsymbol{y}_i = y_{i_1} y_{i_2} \cdots y_{i_N} \qquad y_{i_k} \in \{0, 1\}$$

则根据定义，$\boldsymbol{x}_i$ 和 $\boldsymbol{y}_j$ 之间的**汉明距离**为

$$D(\boldsymbol{x}_i, \boldsymbol{y}_j) = \sum_{k=1}^{N} x_{i_k} \oplus y_{j_k} \tag{6.12}$$

汉明距离的性质：

（1）非负性：$D(\boldsymbol{x}_i, \boldsymbol{y}_j) \geqslant 0$，当且仅当 $\boldsymbol{x}_i = \boldsymbol{y}_j$ 时等号成立。

（2）对称性：$D(\boldsymbol{x}_i, \boldsymbol{y}_j) = D(\boldsymbol{y}_j, \boldsymbol{x}_i)$。

（3）三角不等式：$D(\boldsymbol{x}_i, \boldsymbol{z}_k) + D(\boldsymbol{z}_k, \boldsymbol{y}_j) \geqslant D(\boldsymbol{x}_i, \boldsymbol{y}_j)$。

定义6.5 码的最小距离

码 C 中，任意两个码字的汉明距离的最小值称为**码 C 的最小距离**：

$$d_{\min} = \min D(\omega_i, \omega_j), \qquad \omega_i \neq \omega_j; \omega_i, \omega_j \in C \tag{6.13}$$

例6.5 码的最小距离。

设有 $N=3$ 的两组码 C_1 和 C_2：

	C_1	C_2
ω_1	000	000
ω_2	011	001
ω_3	101	010
ω_4	110	100

根据定义，码 C_1 的最小距离 $d_{\min}=2$；码 C_2 的最小距离 $d_{\min}=1$。

5. 码的最小距离与平均错误概率之间的关系

码的最小距离与平均错误概率密切相关，可以用距离概念来考察 5 种码，见表 6.4。

表 6.4 码的最小距离与平均错误概率的关系

	码 1	码 2	码 3	码 4	码 5
码字	000	00000	000	000	000
	111	01101	011	001	001
		10111	101	100	010
		11010	110	100	011
					100
					101
					110
					111
消息数 M	2	4	4	4	8
信息传输率 R	1/3	2/5	2/3	2/3	1
码的最小距离 $d_{\min}$	3	3	2	1	1
极大似然译码规则下的平均错误概率 P_{E}	3×10^{-4}	7.8×10^{-4}	2×10^{-2}	2.28×10^{-2}	3×10^{-2}

根据表中的数据可以发现，从码 1 到码 5，码的最小距离从 3 降到 1，平均错误概率从 3×10^{-4} 增加到 3×10^{-2}。也就是说**码的最小距离越大，平均错误概率越小**。这是因为码的最小距离越大，受到干扰后一个码字就越不容易变为另外一个码字，因此错误概率越小；反之，码的最小距离越小，码字就越容易受到干扰的影响，越容易变为另外一个码字，错误概率就越大。这就表明，在选择码字时，要使码字之间的距离尽可能大。

6. 汉明距离与极大似然译码规则的关系

为了考察码的最小距离与译码规则之间的关系，现将码字表示为码元序列，则极大似然译码规则表示如下：

极大似然译码规则

$$F(\boldsymbol{y}_j) = \boldsymbol{x}^*$$

$$p(\boldsymbol{y}_j|\boldsymbol{x}^*) \geqslant p(\boldsymbol{y}_j|\boldsymbol{x}_i), \qquad \forall i$$

$\boldsymbol{x}_i = x_{i_1}x_{i_2}\cdots x_{i_N}$：信道输入端作为消息的码字，码长为 N

$\boldsymbol{y}_j = y_{j_1}y_{j_2}\cdots y_{j_N}$：信道输出端接收到的码字，码长为 N

$p(\boldsymbol{y}_j|\boldsymbol{x}_i)$：似然函数

假设在传输过程中输入码字 $\boldsymbol{x}_i$ 中有 d_{ij} 个位置发生错误，接收端接收序列为 $\boldsymbol{y}_j$，即 $d(\boldsymbol{x}_i,\boldsymbol{y}_j)=d_{ij}$，没有发生错误的位置有 $N-d_{ij}$：

$\boldsymbol{x}_i$ | x_{i_1} | x_{i_2} | x_{i_3} | $\cdots$ | $x_{i_{n-1}}$ | x_{i_n} | $\cdots$ | $x_{i_{N-1}}$ | x_{i_N}

↓ ↓ 受噪声影响，码元发送错误，变为另外的码元

$\boldsymbol{y}_j$ | x_{i_1} | y_{i_2} | x_{i_3} | $\cdots$ | $y_{i_{n-1}}$ | x_{i_n} | $\cdots$ | $x_{i_{N-1}}$ | x_{i_N}

$d(\boldsymbol{x}_i,\boldsymbol{y}_j)$ 表示 $\boldsymbol{x}_i$ 和 $\boldsymbol{y}_j$ 中有 $N-d(\boldsymbol{x}_i,\boldsymbol{y}_j)$ 个码元相同

例6.6 二元对称无记忆信道的极大似然译码规则。

假设编码信道可以建模为二元对称无记忆信道。

分析：如果编码信道可以建模为二元对称无记忆信道，则有

$$p(\boldsymbol{y}_j|\boldsymbol{x}_i) = \prod_{n=1}^{N} p(y_{j_n}|x_{i_n})$$

二元对称信道：$d(\boldsymbol{x}_i,\boldsymbol{y}_j)$ 个码元传输错误，$N-d(\boldsymbol{x}_i,\boldsymbol{y}_j)$ 个码元传输正确

$$= p^{d(\boldsymbol{x}_i,\boldsymbol{y}_j)} \times (1-p)^{N-d(\boldsymbol{x}_i,\boldsymbol{y}_j)}\text{：}p\ \text{为信道错误传输概率，如}\ p=0.01 \tag{6.14}$$

由上式可知，只要 $p<\dfrac{1}{2}$，则 $d(\boldsymbol{x}_i,\boldsymbol{y}_j)$ 越大，$p(\boldsymbol{x}_i,\boldsymbol{y}_j)$ 就越小；$d(\boldsymbol{x}_i,\boldsymbol{y}_j)$ 越小，$p(\boldsymbol{x}_i,\boldsymbol{y}_j)$ 就越大。因此二元对称无记忆信道中**极大似然译码规则**转化为**最小距离译码规则**：

最小距离译码规则

选择译码函数 $F(\boldsymbol{y}_j)=\boldsymbol{x}^*$，使得 $d(\boldsymbol{x}^*,\boldsymbol{y}_j)\leqslant d(\boldsymbol{x}_i,\boldsymbol{y}_j)$，即

$$d(\boldsymbol{x}^*,\boldsymbol{y}_j) = \min_i d(\boldsymbol{x}_i,\boldsymbol{y}_j)$$

这表明，接收到码字 $\boldsymbol{y}_j$ 后，在输入码字集合 $\{\boldsymbol{x}_i|i=1,2,\cdots,Q\}$ 中寻找一个与 $\boldsymbol{y}_j$ 的汉明距离最小的码字 $\boldsymbol{x}^*$，作为 $\boldsymbol{y}_j$ 译码后的输出。

最小距离译码规则分析：

（1）根据**最小距离译码规则**的定义，前面所介绍的**择多译码**就是一种最小距离译码规则。

（2）根据**最小距离译码规则**的推导过程可知，二元对称离散无记忆信道的**极大似然译码规则**和最小距离译码规则是一致的。

（3）在非二元对称信道中可以采用**最小距离译码规则**，但此时不一定等价于**极大似然译码规则**。

7. 平均错误概率与汉明距离

平均译码错误概率也可利用汉明距离来表示。设输入码字有 M 个，同时假设输入等概率分布，则有

$$
\begin{aligned}
P_{\mathrm{E}} = \frac{1}{M}\sum_{Y,X-x^*} p(\boldsymbol{y}_j|\boldsymbol{x}_i) &= \frac{1}{M}\sum_{j}\sum_{i\neq *} p^{d(\boldsymbol{x}_i,\boldsymbol{y}_j)}(1-p)^{N-d(\boldsymbol{x}_i,\boldsymbol{y}_j)} \qquad \text{式 (6.14)} \\
&= 1-\frac{1}{M}\sum_{\boldsymbol{Y}} p(\boldsymbol{y}|\boldsymbol{x})^* \\
&= 1-\frac{1}{M}\sum_{j} p^{d(\boldsymbol{x}^*,\boldsymbol{y}_j)}(1-p)^{N-d(\boldsymbol{x}^*,\boldsymbol{y}_j)}
\end{aligned}
$$

8. 编码与译码总结

根据前述的讨论可知：

（1）如果要保持一定的信息传输率（参数 M 和 N 固定的情况），选择不同的编码方法可取得具有不同最小距离的码，需要选择最小距离最大的码。

（2）在译码时，则需将接收序列译成与其距离最小的码字。

（3）通过距离最大编码和距离最小译码，可以使得平均错误概率最小。

（4）只要码长足够长，总可以通过恰当地选择 M 个消息所对应的码字使得 P_{E} 很小而 R 保持一定。

6.3 有噪信道编码定理

6.3.1 香农第二定理

定理6.2 香农第二定理

设有一个离散无记忆平稳信道，其信道容量为 C。当信息传输率 $R<C$ 时，只要码长 N 足够长，总存在一种编码，可以使平均错误概率任意小。此为香农第二定理，也就是**有噪信道编码定理**。

有噪信道编码定理表明：**存在一种编码，可以使平均错误概率任意小**。这就是说，可以在有噪信道中实现**几乎无失真传输**。这与人们的直观印象有很大不同。要想透彻理解有噪信道编码定理，还需要了解定理的证明过程，见**附录** F。

香农第二定理针对的是离散无记忆信道，但是对连续信道和有记忆信道同样成立。

香农第二定理也只是一个存在定理，它说明错误概率趋于零的好码是存在的，但是没有说明如何构造这个好码。尽管如此，香农第二定理仍然具有重要的理论意义和实践指导作用，可以指导各种通信系统的设计，有助于评价各种通信系统的性能和编码效率。

6.3.2 有噪信道编码逆定理

定理6.3 有噪信道编码逆定理

设有一离散无记忆平稳信道，其信道容量为 C。对于任意 $\varepsilon > 0$，若选用码字总数 $M = 2^{N(C+\varepsilon)}$，则无论 N 取多大，也找不到一种编码，使得译码错误概率任意小。

证明： 设选用 $M = 2^{N(C+\varepsilon)}$ 个码字组成一码，不失一般性，认为码字是等概率分布，即 $p(\boldsymbol{x}_i) = \dfrac{1}{M}(i = 1, 2, \cdots, M)$。于是，信源熵 $H(X^N) = \log M$ 。无记忆信道的平均互信息量为

$$I(X^N; Y^N) = H(X^N) - H(X^N|Y^N) \leqslant NC$$

$$H(X^N) = \log M = \log 2^{N(C+\varepsilon)} = N(C+\varepsilon)$$

$$\downarrow$$

$$\underline{H(X^N|Y^N) \geqslant N\varepsilon}$$

$$H(X^N|Y^N) \leqslant H(P_\mathrm{E}) + P_\mathrm{E}\log(M-1) \qquad \text{费诺不等式（6.1）}$$

$$H(P_\mathrm{E}) \leqslant \log_2^2 = 1$$

$$M - 1 < M = 2^{N(C+\varepsilon)}$$

$$\downarrow$$

$$\underline{H(X^N|Y^N) \leqslant 1 + N(C+\varepsilon)P_\mathrm{E}}$$

总结可得

$$N\varepsilon \leqslant H(X^N|Y^N) \leqslant 1 + N(C+\varepsilon)P_\mathrm{E} \tag{6.15}$$

因此，有

$$P_{\mathrm{E}} \geqslant \frac{N\varepsilon-1}{N(C+\varepsilon)}=\frac{\varepsilon-\dfrac{1}{N}}{C+\varepsilon} \tag{6.16}$$

由此可见，当 N 增大时，P_{E} 并不会趋于零。

由于消息个数 $M=2^{N(C+\varepsilon)}$，此时信息传输率为

$$R=\frac{H(S)}{\bar{L}}=\frac{\log M}{N}=C+\varepsilon \tag{6.17}$$

即 $R>C$。这说明当 $R>C$ 时，平均错误概率不可能趋于零。因此要想使 $R>C$ 而又无错误地传输消息是不可能的。有噪信道编码逆定理得证。

虽然逆定理是在离散无记忆信道的情况下证明的，但是对连续信道和有记忆信道同样成立。

由香农第二定理和其逆定理可知，在任何信道中信道容量等于进行可靠传输的最大信息传输率。

6.3.3 错误概率的上界

1. 可靠性函数

离散无记忆信道中，P_{E} 趋于零的速度与 N 呈指数关系，即当 $R>C$ 时平均错误概率

$$P_{\mathrm{E}} \leqslant \mathrm{e}^{-NE_{\mathrm{r}}(R)} \tag{6.18}$$

式中，$E_{\mathrm{r}}(R)$ 为**随机编码指数**，又称为**可靠性函数**或**加拉格**（Gallager）**函数**。一般情况下，可靠性函数 $E_{\mathrm{r}}(R)$ 与信息传输率 R 的关系曲线如图 6.4所示。可靠性函数是下凸函数，在 $R<C$ 范围内 $E_{\mathrm{r}}>0$，所以随 N 增大 P_{E} 以指数趋于零，因此实际编码的码长不需要很大。

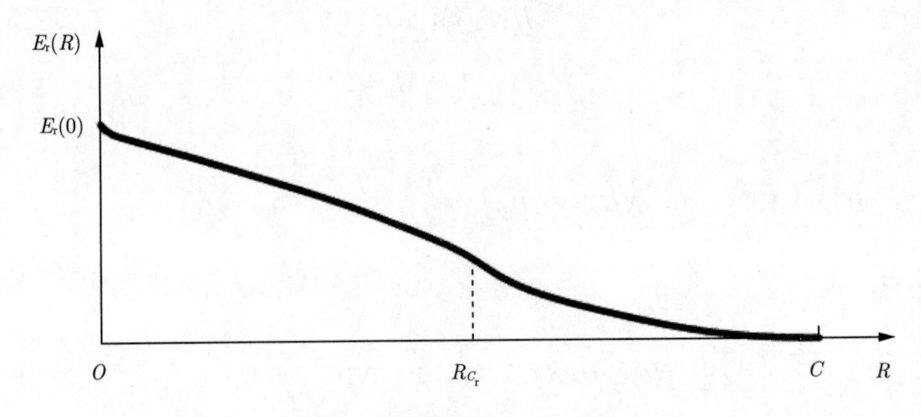

图 6.4　可靠性函数 $E_{\mathrm{r}}(R)$ 曲线

2. 可靠性函数的意义

可靠性函数 $E_r(R)$ 在信道编码中有极其重要的意义。它表示在 N 已定时 P_E 的上界。在实际问题中，为了达到一定的可靠性，要求错误概率小于某个值（如 10^6），可靠性函数 $E_r(R)$ 可以帮助人们选择信息传输率和编码长度。

综合上述定理和论述可知，信道的信道容量是可靠传输的分解点：当 $R < C$ 时，P_E 以指数趋于零；当 $R > C$ 时，P_E 很快就趋于 1。因此，在任何信道中，信道容量是可达的最大的可靠信息传输率。

3. 香农两个编码定理的意义

从香农第一定律和香农第二定理可以看出，要做到有效和可靠地传输信息，可以将编码分成信源编码和信道编码两部分。

（1）**信源编码**：首先，通过信源编码，用尽可能少的消息符号来表达信源，也就是对信源信息用最有效的方式进行表达，尽可能减少编码后数据的冗余度。

（2）**信道编码**：对信源编码后的数据设计信道编码，也就是适当增加一些冗余度以纠正和克服信道中干扰所引起的错误传输。

信源编码和信道编码可以独立考虑，分别设计。

信源编码和信道编码在实际通信系统中有重要的意义。近代大多数通信系统都是数字通信系统，与模拟通信系统相比有许多优点。数字通信系统中信道常常是数字信道（二元信道），语音、视频、图像和数据等都共用同一信道进行传输。因此，可以将语音和图像等先数字化，再对数字化的语音、图像等信源分别进行信源编码，针对不同信源的不同特点采用不同的数据压缩方法；而对于共用的数字信道进行信道编码时，由于输入端都是二元序列，所以信道编码只需针对信道特性进行，纠正信道带来的错误而无须考虑信源性质。这样可以大大降低通信系统设计的复杂度。

习 题

1. 已知信道矩阵为

$$\boldsymbol{P} = \begin{bmatrix} 0.5 & 0.3 & 0.2 \\ 0.2 & 0.3 & 0.5 \\ 0.3 & 0.3 & 0.4 \end{bmatrix}$$

求 P_E。

2. 设有一离散无记忆信道，信道矩阵为

$$\boldsymbol{P} = \begin{bmatrix} 1/2 & 1/3 & 1/6 \\ 1/6 & 1/2 & 1/3 \\ 1/3 & 1/6 & 1/2 \end{bmatrix}$$

若 $p(x_1) = 1/2, p(x_2) = p(x_3) = 1/4$，求最佳译码规则时的平均错误概率。

3. 设一离散无记忆信道的输入符号集为 $\{x_1, x_2, \cdots, x_K\}$，输出符号集为 $\{y_1, y_2, \cdots, y_J\}$，信道转移概率为 $p(y_j|x_k)$。若译码器以概率 γ_{kj} 对收到的符号 y_j 译为符号 $x_k(k = 1, 2, \cdots, K; j = 1, 2, \cdots, J)$。
试证明对于给定的输入分布，任何随机判决方法得到的错误概率不低于最大后验概率译码时的平均错误概率。
4. 信道输入 X 的符号集为 $\{0, 1/2, 1\}$，输出 Y 的符号集为 $\{0, 1\}$，信道矩阵为

$$\boldsymbol{P} = \begin{bmatrix} 1 & 0 \\ 1/2 & 1/2 \\ 0 & 1 \end{bmatrix}$$

现有 4 个消息的信源通过该信道传输（消息等概率出现）。
若对信源进行编码,编码方法为 $C:\{x_1, x_2, 1/2, 1/2\}, x_1, x_2 = 0$或1。译码规则为 $f(y_1, y_1, y_3, y_4) = (y_1, y_2, 1/2, 1/2)$。求编码后的信息传输率并证明对所有码字有 $P_{\mathrm{E}} = 0$。
5. 设有一离散无记忆信道，信道矩阵为

$$\boldsymbol{P} = \begin{bmatrix} 1/2 & 1/2 & 0 & 0 & 0 \\ 0 & 1/2 & 1/2 & 0 & 0 \\ 0 & 0 & 1/2 & 1/2 & 0 \\ 0 & 0 & 0 & 1/2 & 1/2 \\ 1/2 & 0 & 0 & 0 & 1/2 \end{bmatrix}$$

（1）计算信道容量。
（2）找出一个码长为 2 的重复码，其信息传输率为 $\frac{1}{2}\log 5$。当输入码字等概率分布时，如果按极大似然译码规则设计译码器，求译码器输出端的平均错误概率。
6. 考虑一个码长为 4 的二元码，其码字为 $\omega_1 = 0000, \omega_2 = 0011, \omega_3 = 1100, \omega_4 = 1111$。若将码字送入一个二元对称信道，改信道的单符号错误概率为 $p(p < 0.01)$，输入码字的概率分布为 $p(\omega_1) = 1/2, p(\omega_2) = 1/8, p(\omega_3) = 1/8, p(\omega_4) = 1/4$。试找出一种译码规则使平均错误概率最小。
7. 证明最小码间距离为 $D_{\min}$ 的码用于二元对称信道能够纠正小于 $D_{\min}/2$ 个错误的所有组合。
8. 给定二元对称信道，其输入符号为等概率分布，单个符号的错误传输概率为 0.01，求当码长为 80 时的平均错误概率。
9. 设有码 C，在用此码传输时能够使 $H(\boldsymbol{U}|\boldsymbol{Y}) = 0$，其中 $\boldsymbol{U}$ 表示码字矢量，$\boldsymbol{Y}$ 表示接收矢量，试证明此时的信息传输率必小于该信道的信道容量。

第 7 章 限失真信源编码

CHAPTER 7

无失真信源编码定理讨论了在不失真条件下如何用尽可能少的码元来传输信源信息。无失真信源编码定理表明，平均码长的极限是信源的熵值，超过这一极限则不可能实现无失真的译码。

信息是否必须无失真地传输到信宿？其实**大多数情况下没有必要无失真地传输信息**，归纳起来有以下几方面的原因：

（1）连续信源输出的信息量为无穷大，不可能实现无失真信源编码。

（2）若信息传输率大于信道容量，则不可能实现无失真的传输。这时必须对信源进行压缩，使得压缩后的信息传输率小于信道容量。

（3）信宿对信息量的要求并不是越高越好。例如：

视觉信息，大多数情况下，人类的视觉无法分辨每秒 25 帧以上的连续画面，因此每秒只需传输 25 帧图像就能满足人类通过视觉感知信息的要求，而无须占用更大的信息传输率。

听觉信息，对于人类的听觉，大多数人只能分辨几千赫兹到十几千赫兹的声音，即便受过专业训练的音乐家，一般也只能分辨小于 20kHz 的声音。

由此可见，对于信息传输而言，既不可能也不需要无失真地传输信息，只需信息处理过程中所引入的失真不超过一定的限度，就可以近似地恢复原来的信息，从而满足信宿的要求。那么，现在面临的问题就从无失真信源编码转变为**限失真信源编码**。在允许一定失真的条件下，信源信息可以压缩到什么程度？至少需要多大的信息率才能描述信源？这是香农信息论研究的又一个重点，而**限失真信源编码定理**则回答了这个问题。研究限失真信源编码等相关问题的**信息率失真理论**是信号量化、模数转换、频带压缩和数据压缩的理论基础，在图像处理和数字通信等领域得到广泛应用。

7.1 失真测度

本节主要介绍**信息率失真理论**中的基本问题：如何衡量失真。

7.1.1 试验信道

尽管信息率失真理论研究的是信源熵压缩的问题，却采用了信道研究的方法：在数学上将信源熵压缩建模为一类特殊信道，利用信道模型研究满足失真限度的平均互信息量的最小值。下面介绍信源熵压缩是如何建模为信道的。

典型的信息传输系统模型包括**信源**、**信道**和**信宿**，其中，**信源**包括限失真信源编码、无失真信源编码和信道编码，**信宿**包括相对应的信道译码、无失真信源译码和限失真信源译码。

研究限失真信源编码译码性能时，无失真信源编码、信道编码、信道译码和无失真信源译码与限失真信源编码译码没有关系，因此将这些部分等价为一个没有任何干扰的广义信道。为了定量地描述信息率和失真之间的关系，略去此广义信道，只保留限失真信源编码和译码部分。

限失真信源的编码和译码会引起接收信息的错误，这一点与信道随机噪声所引起的错误类似。因此，可以将信源的限失真编码和译码等效于一个特殊的信道，称为**试验信道**。试验信道的输入是信源的输出符号，试验信道的输出是限失真信源编码和译码的结果。与普通信道的研究方法相同，试验信道的信道转移概率用来描述限失真信源编码和译码的特性。如此一来，限失真信源编码译码系统就等效为**信源**、**试验信道**和**信宿**。

假设信源 X 的符号集 $X=\{x_1,x_2,\cdots,x_R\}$，信源符号 x_i 经过试验信道后，信宿 Y 接收到的符号 $y_j\in Y=\{y_1,y_2,\cdots,y_S\}$。限失真信源编码译码引起的错误可看作试验信道转移概率 $P[y_j|x_i]$ 产生的结果，不同限失真信源编码方法所造成的符号失真可以通过试验信道不同的信道转移概率反映出来，也可以说，不同的试验信道具有不同的信道转移概率，不同的信道转移概率对应不同的编码译码方法。**限失真信源编码译码系统**和**试验信道**的概念如图 7.1 所示。

从信息高效传输的角度考虑，在满足一定的失真要求下，信息率 $I(X;Y)$ 越小越好。这个下限值与所允许的失真程度有关，因此首先讨论信源的失真测度。

7.1.2 失真函数

1. 定义

假设离散信源为

$$\begin{bmatrix}X\\P\end{bmatrix}=\begin{bmatrix}x_1 & x_2 & \cdots & x_N\\p(x_1) & p(x_21) & \cdots & p(x_N)\end{bmatrix}$$

经过试验信道传输后的输出符号集 $Y=\{y_1,y_2,\cdots,y_M\}$。

现在引入一个非负函数 $d(x_i,y_j)$ 表示信源符号 x_i 与输出符号 y_j 之间的失真程度度量，称为**失真函数**。所有的失真函数 $d(x_i,y_j)$ 按照输入为行（$i=1,2,\cdots,N$）、输出为列

（$j=1,2,\cdots,M$）排列为**失真矩阵$\boldsymbol{D}$**：

$$\boldsymbol{D}=\begin{bmatrix} d(x_1,y_1) & d(x_1,y_2) & \cdots & d(x_1,y_M) \\ d(x_2,y_1) & d(x_2,y_2) & \cdots & d(x_2,y_M) \\ \vdots & \vdots & \ddots & \vdots \\ d(x_N,y_1) & d(x_N,y_2) & \cdots & d(x_N,y_M) \end{bmatrix} \tag{7.1}$$

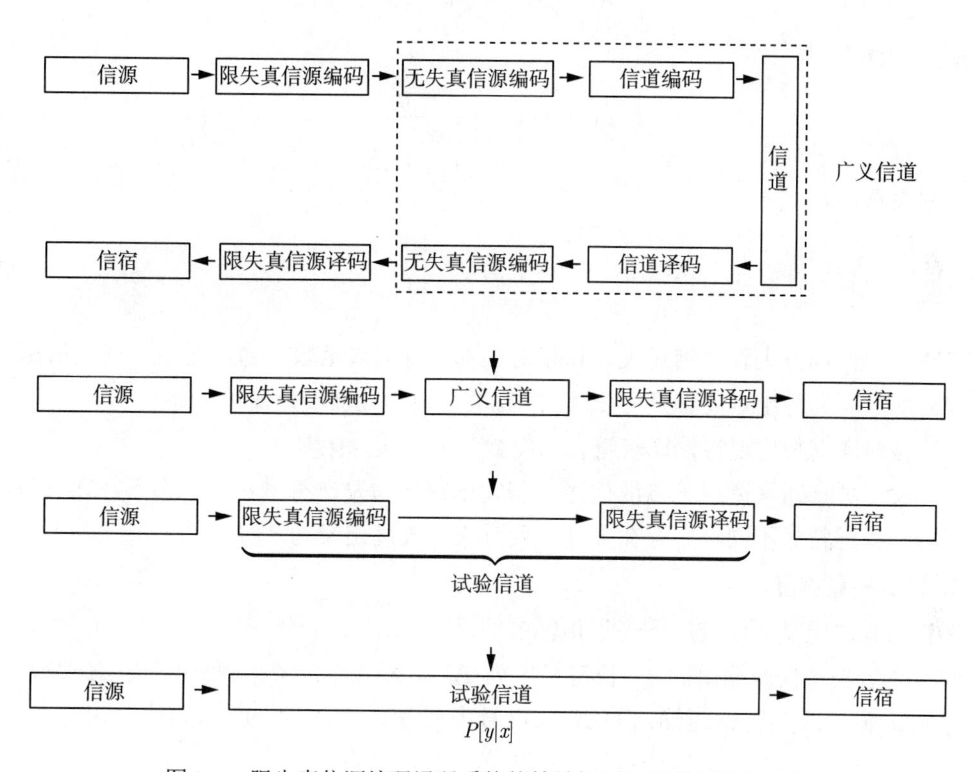

图 7.1 限失真信源编码译码系统的等效框图与试验信道的概念

例7.1 失真矩阵。

设信源符号集 $X=\{0,1\}$，信道输出符号集 $Y=\{0,1,2\}$。定义失真函数为

$$d(0,0)=d(1,1)=0$$
$$d(0,1)=d(1,1)=1$$
$$d(0,2)=d(1,2)=0.5$$

求失真矩阵。

解：根据失真矩阵的定义可得

$$\boldsymbol{D}=\begin{bmatrix} d(x_1,y_1) & d(x_1,y_2) & d(x_1,y_2) \\ d(x_2,y_1) & d(x_2,y_2) & d(x_2,y_3) \end{bmatrix}=\begin{bmatrix} d(0,0) & d(0,0) & d(0,2) \\ d(1,0) & d(1,1) & d(1,2) \end{bmatrix}=\begin{bmatrix} 0 & 1 & 0.5 \\ 1 & 0 & 0.5 \end{bmatrix}$$

2. 失真函数的常见形式

失真函数可以根据需要选取或者定义，常用的失真函数有下面四种：

均方失真：

$$d(x_i, y_j) = [x_i - y_j]^2 \tag{7.2}$$

绝对失真：

$$d(x_i, y_j) = |x_i - y_j| \tag{7.3}$$

相对失真：

$$d(x_i, y_j) = \left|\frac{x_i - y_j}{x_i}\right| \tag{7.4}$$

汉明失真：

$$d(x_i, y_j) = \delta(x_i, y_j) = \begin{bmatrix} 0 & x_i = y_j \\ 1 & x_i \neq y_j \end{bmatrix} \tag{7.5}$$

说明：（1）均方失真、绝对失真和相对失真三种失真函数，通常适用于连续信源。

（2）均方失真与绝对失真只与 $x_i - y_j$ 有关，数学处理较为简单。

（3）相对失真与主观特性比较符合，但数学处理较为困难。

（4）汉明失真通常适用于离散信源。若输出符号与发送符号相同，则不存在失真；若输出符号与发送符号不同，则存在失真，并且失真程度定义为常数 1。

3. 矢量失真测度

失真函数的定义可以推广到矢量传输的情况。

假设离散矢量信源输出的 N 长符号序列 $\boldsymbol{X} = X_1X_2\cdots X_N$，每个符号 X_i 均取值于集合 $\{x_1, x_2, \cdots, x_Q\}$；信道输出的 N 长符号序列 $\boldsymbol{Y} = Y_1Y_2\cdots Y_N$，每个输出符号 Y_j 均取值于集合 $\{y_1, y_2, \cdots, y_S\}$。矢量序列的失真函数定义为

$$d_N(\boldsymbol{X}, \boldsymbol{Y}) = \frac{1}{N}\sum_{n=1}^{N} d(X_n, Y_n) \tag{7.6}$$

注：矢量序列失真函数共有 $Q^N \times S^N$ 个。

例7.2 矢量序列失真。

假设离散矢量信源中 $N = 3$，信源输出矢量序列 $\boldsymbol{X} = X_1X_2X_3$，其中 $X_i(i = 1, 2, 3)$ 取值于集合 $\{0, 1\}$；信道输出序列 $\boldsymbol{Y} = Y_1Y_2Y_3$，其中 $Y_j(j = 1, 2, 3)$ 取值于集合 $\{0, 1\}$。定义失真函数为

$$d(0, 0) = d(1, 1) = 0$$
$$d(0, 1) = d(1, 0) = 1$$

求矢量失真矩阵。

解：由矢量失真函数的定义可得

$$d_N(\boldsymbol{X},\boldsymbol{Y})=\frac{1}{N}\sum_{n=1}^{N}d(X_n,Y_n)=\frac{1}{3}\big[d(X_1,Y_1)+d(X_2,Y_2)+d(X_3,Y_3)\big]$$

$$d_N(\overset{X_1}{0}\ \overset{X_2}{0}\ \overset{X_3}{0},\overset{Y_1}{0}\ \overset{Y_2}{0}\ \overset{Y_3}{0})=\frac{1}{3}\big[d(\overset{X_1}{0},\overset{Y_1}{0})+d(\overset{X_2}{0},\overset{Y_2}{0})+d(\overset{X_3}{0},\overset{Y_3}{0})\big]=\frac{1}{3}\big[0+0+0\big]=0$$

$$d_N(\overset{X_1}{0}\ \overset{X_2}{0}\ \overset{X_3}{0},\overset{Y_1}{0}\ \overset{Y_2}{0}\ \overset{Y_3}{1})=\frac{1}{3}\big[d(\overset{X_1}{0},\overset{Y_1}{0})+d(\overset{X_2}{0},\overset{Y_2}{0})+d(\overset{X_3}{0},\overset{Y_3}{1})\big]=\frac{1}{3}\big[0+0+1\big]=\frac{1}{3}$$

同理，可求得失真矩阵中的其他元素，矢量失真矩阵为

$$\boldsymbol{D}_N=\begin{bmatrix}0 & 1/3 & 1/3 & 2/3 & 1/3 & 2/3 & 2/3 & 1\\ 1/3 & 0 & 2/3 & 1/3 & 2/3 & 1/3 & 1 & 2/3\\ 1/3 & 2/3 & 0 & 1/3 & 2/3 & 1 & 1/3 & 2/3\\ 2/3 & 1/3 & 1/3 & 0 & 1 & 2/3 & 2/3 & 1/3\\ 1/3 & 2/3 & 2/3 & 1 & 0 & 1/3 & 1/3 & 2/3\\ 2/3 & 1/3 & 1 & 2/3 & 1/3 & 0 & 2/3 & 1/3\\ 2/3 & 1 & 1/3 & 2/3 & 1/3 & 2/3 & 0 & 1/3\\ 1 & 2/3 & 2/3 & 1/3 & 2/3 & 1/3 & 1/3 & 0\end{bmatrix}$$

7.1.3 平均失真

作为随机变量 x_i 和 y_j 的函数，失真函数也是随机变量，因此失真函数的数学期望定义为**平均失真**。

1. 单符号离散信道的平均失真

假设单符号离散信源为

$$\begin{bmatrix}X\\ P\end{bmatrix}=\begin{bmatrix}x_1 & x_2 & \cdots & x_N\\ p(x_1) & p(x_2) & \cdots & p(x_N)\end{bmatrix}$$

信道输出为随机变量 y，取值于符号集 $Y=\{y_1,y_2,\cdots,y_S\}$，则单符号平均失真为

$$\overline{D}=E\Big[d(X,Y)\Big]=\sum_{i=1}^{R}\sum_{j=1}^{S}p(x_iy_j)d(x_i,y_j) \tag{7.7}$$

2. 矢量信道的平均失真

矢量信道的输入为 N 长序列 $\boldsymbol{X}=X_1X_2\cdots X_N$，输出为 N 长序列 $\boldsymbol{Y}=Y_1Y_2\cdots Y_N$。矢量平均失真定义为

$$\overline{D}_N=E\Big[d_N(\boldsymbol{X},\boldsymbol{Y})\Big]=E\left[\frac{1}{N}\sum_{i=1}^{N}d(X_i,Y_i)\right]=\frac{1}{N}\sum_{i=1}^{N}\underbrace{E\Big[d(X_i,Y_i)\Big]}_{\overline{D}_i}=\frac{1}{N}\sum_{i=1}^{N}\overline{D}_i$$

显然，若矢量信源是离散无记忆信源的 N 次扩展信源，且矢量信道是离散无记忆信道的 N 次扩展信道，则 $\overline{D}_1=\overline{D}_2=\cdots=\overline{D}_N=\overline{D}$，从而得到

$$\overline{D_N}=\overline{D} \tag{7.8}$$

7.2 信息率失真函数

无失真信源编码定理表明，只要编码后的信息率 R' 不小于信源熵 $H(X)$，就存在无失真信源编码方法，使得信息率 R' 的最小值为 $H(X)$。

对于**限失真信源编码**，是否存在类似的结论？信息率 R' 的最小值又为多少？这就是将要介绍的**信息率失真函数**。

7.2.1 保真度准则与允许信道

1. 保真度准则

假设信道容量为 C，信息传输率为 R。若 $R>C$，则需要对信源进行压缩，信源压缩的基本准则是压缩后信息传输率 R' 小于信道容量 C，但同时要保证压缩所引入的平均失真不超过预先设定的限度。

若预先设定的平均失真为 D，则**信源压缩后的平均失真 $\overline{D}$ 不大于预先设定值 D** 的准则称为**保真度准则**。

2. 允许信道

信息压缩问题就是对于给定的信源，在满足**保真度准则**的前提下使得信息率尽可能小。满足保真度准则 $\overline{D}\leqslant D$ 的所有信道称为**失真度D 允许信道**（简称 **D 允许试验信道**或 **D 允许信道**），记为

$$\boldsymbol{B}_D=\left\{p(y|x):\overline{D}\leqslant D\right\} \tag{7.9}$$

式中，$\overline{D}$ 为信道 $p(Y|X)$ 的平均失真。

特别地，若试验信道是**离散无记忆信道**，则有

$$\boldsymbol{B}_D=\left\{p(y_j|x_i):\overline{D}\leqslant D\right\}\quad i=1,2,\cdots,R;\ j=1,2,\cdots,S \tag{7.10}$$

7.2.2 信息率失真函数的定义

根据定理 4.2 可知，信息率 $I(X;Y)$ 是试验信道转移概率 $p(y|x)$ 的下凸函数（由于此处的 $p(y|x)$ 表示试验信道的信道转移概率，因此它实际表示编码器输入为 x 的条件下译码器输出为 y 的条件概率）。

信息率的极小值为 $I_{\min}(X;Y)=0$，信息率为 0 意味着信源平均失真最大。因此，在满足保真度准则（$\overline{D}\leqslant D$）下，平均信息量 $I(X;Y)$ 存在极小值，此极小值定义为**信息率失真函数**（简称**率失真函数**）。

定义7.1 信息率失真函数

在 D 允许信道 $\boldsymbol{B}_D$ 中，存在一个特殊的信道 $p(y|x)$，使得信源 X 所发出的符号经过此试验信道传输时，其信息率 $I(X;Y)$ 最小，此最小值定义为**信息率失真函数**，即

$$R(D) = \min_{P[y|x]\in \boldsymbol{B}_D} I(X;Y) \tag{7.11}$$

说明：（1）$R(D)$ 的单位与信息率（平均互信息量）的单位相同，均为**比特/符号**。

（2）$R(D)$ 表示在满足保真度准则的所有试验信道（限失真信源编码译码方法）的信息率下限。根据前面的讨论，存在这样的信源编码方法，使得编码后的信息率为最小值 $R(D)$，而译码的平均失真 $\overline{D}$ 不超过给定的允许失真 D。

（3）$R(D)$ 是信息率允许压缩到的最小值。

7.3 信息率失真函数的性质

$R(D)$ 是允许失真 D 的函数，D 是 $R(D)$ 的自变量，不同的允许失真 D，对应不同的信息率最小值 R。下面通过信息率失真函数的定义来讨论它的性质。

7.3.1 定义域

信息率失真函数 $R(D)$ 是允许失真 D 的函数，$R(D)$ 的定义域就是自变量 D 的取值范围，而允许失真 D 又是信源的概率分布和失真函数 $d(x_i,y_j)$ 的函数，则允许失真 D 的取值范围需要根据信源概率分布和采用的失真函数 $d(x_i,y_j)$ 来确定，在不同的试验信道下求得平均失真的可能取值范围。

1. 允许失真 D 的最小值 $D_{\min}$

平均失真 $\overline{D}$ 是失真函数 $d(x_i,y_j)$ 的数学期望，而失真函数 $d(x_i,y_j)\geqslant 0$，所以平均失真 $\overline{D}\geqslant 0$，因此允许失真 D 的最小值 $D_{\min}=0$。若允许失真 $D=D_{\min}=0$，则不允许任何失真。

具体到每个失真函数，平均失真 $\overline{D}\geqslant 0$ 能否达到理论下限值 0，还需要根据单个符号的失真函数的定义来具体分析。由于信源概率分布和失真函数已经给定，因此

$$\begin{aligned} D_{\min} &= \min\sum_{ij} p(x_i)p(y_j|x_i)d(x_i,y_j) \\ &= \sum_i p(x_i)\min\sum_j \overbrace{p(y_j|x_i)}^{\text{权重}}\, \underset{\cdots\cdots}{d(x_i|y_j)} \quad \text{最小的失真度所占比重最大，其和才能最小} \end{aligned} \tag{7.12}$$

↓

试验信道选择原则：

对每个 x_i，找出 $d(x_i, y_j)$ 最小值所对应的 y_j，令对应的信道转移概率 $p(y_j|x_i)=1$，其他信道转移概率为 0 (7.13)

↓

只有失真矩阵每一行至少有一个零元素时，信源的平均失真才能达到下限值 0

否则，$D_{\min}>0$。但通常情况下都会定义 0 元素 (7.14)

↓

$$D_{\min}=\sum_i p(x_i)\min\sum_j d(x_i, y_j) \tag{7.15}$$

例7.3 删除信道的允许失真最小值。

已知删除信道中 $X=\{0,1\}$，$Y=\{0,1,2\}$，失真矩阵为

$$\boldsymbol{D}=\begin{bmatrix}0 & 1 & 1/2\\ 1 & 0 & 1/2\end{bmatrix}$$

求 $D_{\min}$。

解：根据式 (7.15)，最小允许失真为

$$D_{\min}=\sum_{i=1}^{2} p(x_i)\min\sum_{j=1}^{3} d(x_i, y_j)=\sum_{i=1}^{2} p(x_i)\times 0=0$$

当 $D_{\min}=0$ 时，不管何种信源分布都能达到最小允许失真。满足这个最小允许失真的试验信道是一个无噪无损的试验信道

$$\boldsymbol{P}=\begin{bmatrix}1 & 0 & 0\\ 0 & 1 & 0\end{bmatrix}$$

并且 $\boldsymbol{B}_D$ 中只有这样一个信道。这时

$$\begin{aligned} I(X;Y)&=H(X)\\ R(0)&=\underbrace{\min_{P[y|x]\in \boldsymbol{B}_D} I(X;Y)}_{\boldsymbol{B}_D\text{中只有试验信道 }\boldsymbol{P}}=H(X)\end{aligned}$$

例7.4 最小允许失真不为 0。

已知信源 X 和信宿 Y，Y 的符号集为 $\{0,1\}$，X 的概率空间和失真矩阵分别为

$$\begin{bmatrix}X\\ P\end{bmatrix}=\begin{bmatrix}0 & 1 & 2\\ 1/3 & 1/3 & 1/3\end{bmatrix},\qquad \boldsymbol{D}=\begin{bmatrix}0 & 1\\ 1/2 & 1/2\\ 1 & 0\end{bmatrix}$$

求 $D_{\min}$。

解：根据式（7.15）可得

$$D_{\min} = \sum_i p(x_i) \underbrace{\min \sum_j d(x_i, y_j)}_{\downarrow}$$

$$\boldsymbol{D} = \begin{bmatrix} 0 & 1 \\ 1/2 & 1/2 \\ 1 & 0 \end{bmatrix} \begin{matrix} \cdots\cdots d_{\min}^1 = 0 \\ \cdots\cdots d_{\min}^2 = 1/2 \\ \cdots\cdots d_{\min}^3 = 0 \end{matrix}$$

因此，有

$$D_{\min} = p(x_1)d_{\min}^1 + p(x_2)d_{\min}^2 + p(x_3)d_{\min}^3 = \frac{1}{3} \times 0 + \frac{1}{3} \times \frac{1}{2} + \frac{1}{3} \times 0 = \frac{1}{6}$$

满足这个最小允许失真 $D_{\min} = 1/6$ 的试验信道为

$$p(y_1|x_1) = 1$$

$$p(y_2|x_1) = 0$$

$$p(y_1|x_2) + p(y_2|x_2) = 1$$

$$p(y_1|x_3) = 0$$

$$p(y_2|x_3) = 1$$

由于 $p(y_1|x_2) + p(y_2|x_2) = 1$，因此 $\boldsymbol{B}_{D_{\min}}$ 的试验信道有无穷多个，一个输出可能对应多个输入，因此信道疑义度 $H(X|Y) \neq 0$，可得

$$R(D_{\min}) = R\left(\frac{1}{6}\right) = \min_{P[y|x] \in \boldsymbol{B}_{D_{\min}}} I(X;Y) < H(X)$$

2. 允许失真 D 的最大值 $D_{\max}$

根据信息率失真函数的定义，$R(D)$ 是在约束条件下平均互信息量 $I(X,Y)$ 的最小值。由于平均互信息量的非负性，$R(D) \geqslant 0$，是非负函数，其最小值应为零。

根据物理意义，在不允许有任何失真时，平均传送一个信源符号所需的信息量最大；而当允许一定失真存在时，传送信源符号所需的信息量就会小一些。反过来，信息率越小，失真就会越大。当 $R(D) = 0$ 时，对应的平均失真最大，这就是 $R(D)$ 函数定义域的最大值 $D_{\max}$。

事实上，满足 $R(D) = 0$ 的 D 可以有无穷多个，取其最小的一个定义为 $D_{\max}$。当 $D \geqslant D_{\max}$ 时，$R(D) = 0$。

$R(D)=0$ 意味着平均互信息量 $I(X;Y)$ 中的最小值为 0，说明此时的输入 X 与输出 Y 相互独立。这表明接收端收不到信源发送的任何信息，与信源不输出任何信息是等效的。换句话说，传送信源符号的信息率可以压缩为 0。

当 $D \geqslant D_{\max}$ 时，$R(D)=0$。任何 X 和 Y 相互独立的试验信道都可以使得 $R(D)=0$，这时 $p(y|x)=p(y)$。也就是说，只要 X 和 Y 独立，不管 Y 是什么概率分布，都可以使得 $R(D)=0$。但同时还需考虑 Y 的概率分布 $p(y)$ 不同，会造成平均失真 $\overline{D}$ 不同。此时，可以选择其中的最小值定义为 $D_{\max}$：

$$D_{\max}=\min_{p(y|x)\in P_D} E\Big[d(x,y)\Big] \tag{7.16}$$

式中，P_D 是使 $I(X,Y)=0$ 的全体转移概率集合。

如何求解 $D_{\max}$?

根据式（2.28）可知，$I(X,Y)=0$ 的充要条件是 X 与 Y 统计独立，即对于所有的 $x\in X$ 和 $y\in Y$ 满足 $p(y|x)=p(y)$，所以有

$$D_{\max}=\min_{p(y|x)\in P_D} E\Big[d(x,y)\Big]$$

$$\leftarrow \underline{P_D=\{p(y|x):p(y|x)=p(y)\}}$$

$$=\min\sum_Y p(y)\underbrace{\sum_X p(x)d(x,y)}_{\text{给定}} \tag{7.17}$$

$$\downarrow$$

试验信道选择原则：

$\sum_X p(x)d(x,y)$ 中的最小值所对应的 y，令其 $p(y)=0$，其他符号的概率为 1 (7.18)

$$\downarrow$$

$$D_{\max}=\min_Y\sum_X p(x)d(x,y) \tag{7.19}$$

例7.5 二元信源的 $D_{\max}$。

已知二元信源 X 的概率空间和失真矩阵分别为

$$\begin{bmatrix}X\\P\end{bmatrix}=\begin{bmatrix}0 & 1\\0.4 & 0.6\end{bmatrix},\qquad \boldsymbol{D}=\begin{bmatrix}\alpha & 0\\0 & \alpha\end{bmatrix}$$

求 $D_{\max}$。

解：根据式（7.19）可得

$$D_{\max}=\min_Y\sum_X p(x)d(x,y)$$

$$\downarrow$$

$$= \min_Y \boldsymbol{P}_X \boldsymbol{D} = \min_Y \begin{bmatrix} 0.4 & 0.6 \end{bmatrix} \begin{bmatrix} \alpha & 0 \\ 0 & \alpha \end{bmatrix} = \min_Y \begin{bmatrix} 0.4\alpha & 0.6\alpha \end{bmatrix}$$

$$= 0.4\alpha \quad \text{对应的输出符号：} y_1$$

$$\downarrow$$

$$D_{\max}\text{对应的条件：} p(y_1) = 1,\ p(y_2) = 0$$

7.3.2 $R(D)$ 是 D 的下凸函数

证明：（1）**保真度准则**。假定 D_1 和 D_2 是两个失真度，$p_1(y|x)$ 和 $p_2(y|x)$ 是满足**保真度准则** D_1 和 D_2 的前提下，使 $I(X|Y)$ 达到最小的信道，即

$$R(D_1) = \min_{p(y|x) \in \boldsymbol{B}_{D_1}} I\left[p(y|x)\right] = I\left[p_1(y|x)\right]$$

$$R(D_2) = \min_{p(y|x) \in \boldsymbol{B}_{D_2}} I\left[p(y|x)\right] = I\left[p_2(y|x)\right]$$

所以有

$$\sum_X \sum_Y p(x) p_1(y|x) \leqslant D_1$$

$$\sum_X \sum_Y p(x) p_2(y|x) \leqslant D_1$$

（2）**特殊信道**。令 $0 < \alpha < 1$，则区间 $\begin{bmatrix} D_1 & D_2 \end{bmatrix}$ 内任一自变量 D 可表示为 $D = \alpha D_1 + (1-\alpha) D_2$。

现在考察一个特殊的信道 $p_0(y|x) = \alpha p_1(y|x) + (1-\alpha) p_2(y|x)$：

记 D_0 是 $p_0(y|x)$ 所对应的失真度，则有

$$\begin{aligned} D_0 &= \sum_X \sum_Y p(x) \underline{p_0(y|x)} d(x,y) \\ &= \alpha \underbrace{\sum_X \sum_Y p(x) p_1(y|x) d(x,y)}_{\leqslant D_1} + (1-\alpha) \underbrace{\sum_X \sum_Y p(x) p_1(y|x) d(x,y)}_{\leqslant D_2} \\ &\leqslant \alpha D_1 + (1-\alpha) D_2 = D \end{aligned}$$

因此，$p_0(y|x) \in \boldsymbol{B}_D$，即 $p_0(y|x)$ 是满足**保真度准则** D 的信道。

（3）**下凸性质**。由信息率失真函数定义可得

$$p_0(y|x) \in \boldsymbol{B}_D$$

$$\downarrow$$

$$R(D)=\min_{p(y|x)\in \boldsymbol{B}_D} I\big[p(y|x)\big]\leqslant I\big[p_0(y|x)\big]=\underbrace{I\big[\alpha p_1(y|x)+(1-\alpha)p_2(y|x)\big]}_{\text{平均互信息量是下凸函数}}$$

$$\leqslant \alpha I\big[p_1(y|x)\big]+(1-\alpha)I\big[p_2(y|x)\big]$$

$$=\alpha R(D_1)+(1-\alpha)R(D_2)$$

结论：信息率失真函数具有性质 $R(D)\leqslant \alpha R(D_1)+(1-\alpha)R(D_2)$，满足下凸函数的定义，因此信息率失真函数是失真度 D 的下凸函数。

7.3.3 $R(D)$ 是严格递减函数

证明：（1）$R(D)$ **是连续函数**。由于平均互信息量 $I[x;y]$ 是自变量 $p(y|x)$ 的连续函数，根据信息率失真函数的定义可知 $R(D)$ 是连续函数。

（2）$R(D)$ **是非增函数**。假设两个失真度 D_1 和 D_2 满足 $D_1>D_2$，则满足保真度 D_1 准则的试验信道集合 $\boldsymbol{B}_{D_1}$ 和满足保真度 D_2 准则的试验信道集合 $\boldsymbol{B}_{D_2}$ 有关系 $\boldsymbol{B}_{D_1}\supset \boldsymbol{B}_{D_1}$。根据信息率失真函数的定义可得

$$R(D_1)=\underbrace{\underbrace{\min_{p(y|x)\in \boldsymbol{B}_{D_1}} I\big[p(y|x)\big]}_{\text{较大范围内的极小值}}\quad \underbrace{\min_{p(y|x)\in \boldsymbol{B}_{D_2}} I\big[p(y|x)\big]}_{\text{较小范围内的极小值}}}_{\text{较大范围内的极小值小于或等于较小范围内的极小值}}=R(D_2)$$

↓

$R(D_1)\leqslant R(D_2)$：非增函数

（3）$R(D)$ **是严格递减函数**。

① **假设**。

在定义域 $(0,D_{\max})$ 中任取两点 D_1 和 D_2，满足 $0<D_1<D_2<D_{\max}$，则根据 $R(D)$ 的非增性质，有 $R(D_2)\leqslant R(D_1)$。

假定等号成立，由于 D_1 和 D_2 的任意性，则有**区间** (D_1,D_2) **中** $R(D)$ **为常数**。

② **失真度性质**。

根据 $R(D)$ 的定义和定义域的讨论可知

$$R(D_2)=\min_{p(y|x)\in \boldsymbol{B}_{D_2}} I\big[p(y|x)\big]=I\big[p_2(y|x)\big]$$

$$R(D_{\max})=\min_{p(y|x)\in \boldsymbol{B}_{D_{\max}}} I\big[p(y|x)\big]=0=I\big[\underbrace{p_{\max}(y|x)}_{R(D)=0\text{ 的信道}}\big]$$

③ **特殊信道**。

在 $(0,1)$ 区间选取 ε，满足 $D_1<\overbrace{(1-\varepsilon)D_1+\varepsilon D_{\max}}^{\text{令其为}D}<D_2$。

令 $p_0(y|x)=(1-\varepsilon)p_1(y|x)+\varepsilon p_{\max}(y|x)$，则 $p_0(y|x)$ 所对应的平均失真度为

$$\begin{aligned}D_0&=\sum_X\sum_Y p(x)\underline{p_0(y|x)}d(x,y)\\&=(1-\varepsilon)\underbrace{\sum_X\sum_Y p(x)p_1(y|x)d(x,y)}_{\leqslant D_1}+\varepsilon\underbrace{\sum_X\sum_Y p(x)p_{\max}(y|x)d(x,y)}_{\leqslant D_{\max}}\\D_0&\leqslant(1-\varepsilon)D_1+\varepsilon D_{\max}=D\rightarrow p_0(y|x)\text{是满足保真度 }D\text{ 准则的信道}\end{aligned}$$

④ **严格递减。**

根据信息率失真函数的定义可得

$$p_0(y|x)\in\boldsymbol{B}_D$$
$$\downarrow$$
$$\begin{aligned}R(D)=\min_{p(y|x)\in\boldsymbol{B}_D}I[p(y|x)]\leqslant I[p_0(y|x)]&=\overbrace{I[(1-\varepsilon)p_1(y|x)+\varepsilon p_{\max}(y|x)]}^{\text{平均互信息量是下凸函数}}\\&\leqslant(1-\varepsilon)\underbrace{I[p_1(y|x)]}_{R(D_1)}+\varepsilon\underbrace{I[p_{\max}(y|x)]}_{0}\\&=(1-\varepsilon)R(D_1)\end{aligned}$$

由于 $\varepsilon\in(0,1)$，故 $R(D)<R(D_1)$。而根据 ε 的选取规则，D 位于区间 (D_1,D_2)，这说明在区间 (D_1,D_2) 中 $R(D)$ 并不是常数，即所做的假设并不成立，$R(D_1)\geqslant R(D_2)$ 中等号不成立，$R(D)$ 是严格递减函数。

7.3.4 $R(D)$ 的典型曲线

根据 $R(D)$ 的三个性质归纳以下三个结论：

（1）$R(D)$ 是非负函数，定义域为 $[0,D_{\max}]$，值域为 $[0,H(X)]$。当 $D>D_{\max}$ 时，$R(D)=0$；

（2）$R(D)$ 是 D 的下凸函数；

（3）$R(D)$ 是 D 的严格递减函数。

根据这三个结论可以画出信息率失真函数 $R(D)$ 的典型曲线，如图 7.2 所示。

由图 7.2 可见，当限定失真小于或等于 D^* 时，信息率失真函数 $R(D^*)$ 是信息压缩所允许的最低限度。若 $R(D)<R(D^*)$，则有 $D>D^*$。即若信息率压缩至小限定值 $R(D^*)$，则失真度 D 就会大于限定失真 D^*。因此，信息率失真函数给出了限失真条件下信息压缩所允许的下界。

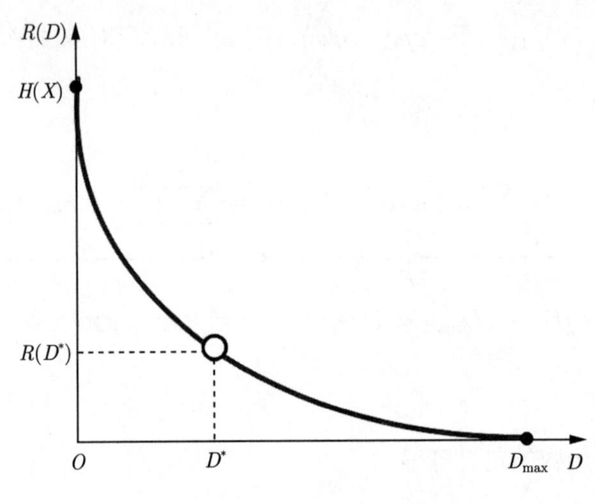

图 7.2　$R(D)$ 典型曲线示意图

7.4　信息率失真函数的计算

已知信源的先验分布 $p(x)$ 和失真函数 $d(x,y)$ 就可以确定信源的信息率失真函数 $R(D)$。它是具有约束条件（保真度准则下）的极小值求解问题，一般情形下难以获得解析解，常采用参量表示法和迭代算法求解。本书主要介绍参量表示法。

7.4.1　参量表示法求解 $R(D)$

1. 数学模型

设离散信源的输入序列为

$$\begin{bmatrix} X \\ P \end{bmatrix} = \begin{bmatrix} x_1 & x_2 & \cdots & x_N \\ p(x_1) & p(x_2) & \cdots & p(x_N) \end{bmatrix}$$

输出序列为

$$\begin{bmatrix} Y \\ P \end{bmatrix} = \begin{bmatrix} y_1 & y_2 & \cdots & y_M \\ p(y_1) & p(y_2) & \cdots & p(y_M) \end{bmatrix}$$

输入与输出之间的失真函数为 $d(x_n,y_m)(n=1,2,\cdots,N;m=1,2,\cdots,M)$。为简便，引入记号

$$\begin{aligned} d_{nm} &= d(x_n,y_m), & p_{nm} &= p(y_m|x_n) \\ p_n &= p(x_n), & q_m &= p(y_m) \end{aligned}$$

根据信息率失真函数的定义可知

$$R(D) = \boxed{\min_{p(y|x)\in \boldsymbol{B}_D} I\big[p(y|x)\big]}$$

在$\boldsymbol{B}_D$范围内寻找极小值

$R(D)$ 是严格递减函数

↓

$R(D)$ 所对应的平均失真一定是 D

↓

$$= \min_{p(y|x):E\left[d(x,y)\right]=D} I\left[p(y|x)\right]$$：只需在失真度 D 所对应的信道 $p(y|x)$ 中寻找极小值

根据前面的分析，信息率失真函数 $R(D)$ 的求解可以建模为约束条件下的极小值求解问题：

$$R(D) = \min I(X;Y) = \min \sum_{n=1}^{N}\sum_{m=1}^{M} p_n p_{nm} \ln \frac{p_{nm}}{q_m} \tag{7.20}$$

约束条件：

$$\sum_{n=1}^{N}\sum_{m=1}^{M} p_n p_{nm} d_{nm} = D \tag{7.21}$$

$$\sum_{m=1}^{M} p_{nm} = 1 \qquad (n = 1, 2, \cdots, N) \tag{7.22}$$

2. 拉格朗日乘子法求解试验信道

对于约束条件下的极小值求解问题，仍然采用拉格朗日乘子法。引入乘子 s 和 μ_n（$n = 1, 2, \cdots, N$）将上述条件极值问题转化为无条件极值问题：

$$\frac{\partial}{\partial p_{ij}}\left[I(X;Y) - sD - \mu_n \sum_{m=1}^{M} p_{nm}\right] = 0 \quad (n=1,2,\cdots,N; i=1,2,\cdots,N; j=1,2,\cdots,M) \tag{7.23}$$

（1）**求解式（7.23）第一项：**

$$\begin{aligned}
\frac{\partial I(X;Y)}{\partial p_{ij}} &= \frac{\partial}{\partial p_{ij}}\left[\sum_{n=1}^{N}\sum_{m=1}^{M} p_n p_{nm} \ln \frac{p_{nm}}{q_m}\right] \\
&= \frac{\partial}{\partial p_{ij}}\left[\sum_{n=1}^{N}\sum_{m=1}^{M} p_n p_{nm} \ln p_{nm} - \sum_{n=1}^{N}\sum_{m=1}^{M} p_n p_{nm} \ln q_m\right] \\
&= \frac{\partial}{\partial p_{ij}}\left[\sum_{n=1}^{N}\sum_{m=1}^{M} p_n p_{nm} \ln p_{nm} - \sum_{m=1}^{M} \ln q_m \underbrace{\sum_{n=1}^{N} p_n p_{nm}}_{q_m}\right] \\
&= \frac{\partial}{\partial p_{ij}}\left[\underbrace{\sum_{n=1}^{N}\sum_{m=1}^{M} p_n p_{nm} \ln p_{nm}}_{①} - \underbrace{\sum_{m=1}^{M} q_m \ln q_m}_{②}\right]
\end{aligned}$$

求解①:

$$\frac{\partial}{\partial p_{ij}}\left[\sum_{n=1}^{N}\sum_{m=1}^{M}p_n p_{nm}\ln p_{nm}\right]=\frac{\partial}{\partial p_{ij}}\left[p_i p_{ij}\ln p_{ij}\right]=p_i\ln p_{ij}+p_i p_{ij}\frac{1}{p_{ij}}=p_i+p_i\ln p_{ij}$$

求解②:

$$\frac{\partial}{\partial p_{ij}}\left[\sum_{m=1}^{M}q_m\ln q_m\right]=\frac{\partial}{\partial p_{ij}}\left[q_1\ln q_1+q_2\ln q_2+\cdots+q_M\ln q_M\right]$$

$$=\frac{\partial}{\partial p_{ij}}\left[\sum_{n=1}^{N}p_n p_{n1}\ln\left(\sum_{k=1}^{N}p_k p_{k1}\right)+\sum_{n=1}^{N}p_n p_{n2}\ln\left(\sum_{k=1}^{N}p_k p_{k2}\right)+\cdots+\right.$$

$$\left.\sum_{n=1}^{N}p_n p_{nM}\ln\left(\sum_{k=1}^{N}p_k p_{kM}\right)\right]$$

$$=\frac{\partial}{\partial p_{ij}}\left[\sum_{n=1}^{N}p_n p_{nj}\ln\left(\sum_{k=1}^{N}p_k p_{kj}\right)\right]$$

$$=\frac{\partial}{\partial p_{ij}}\left[\ln\left(\sum_{k=1}^{N}p_k p_{kj}\right)\times\sum_{n=1}^{N}p_n p_{nj}\right]$$

$$=\frac{\partial}{\partial p_{ij}}\left[\ln\left(\sum_{k=1}^{N}p_k p_{kj}\right)\right]\times\underbrace{\sum_{n=1}^{N}p_n p_{nj}}_{q_j}+\ln\underbrace{\left(\sum_{k=1}^{N}p_k p_{kj}\right)}_{q_j}\times\underbrace{\frac{\partial}{\partial p_{ij}}\left[\sum_{n=1}^{N}p_n p_{nj}\right]}_{p_i}$$

$$=\underbrace{\frac{1}{\sum_{k=1}^{N}p_k p_{kj}}}_{q_j}\underbrace{\frac{\partial}{\partial p_{ij}}\left[\sum_{k=1}^{N}p_k p_{kj}\right]}_{p_i}\times q_j+p_i\ln q_j$$

$$=p_i+p_i\ln q_j$$

第一项结果:

$$\frac{\partial I(X;Y)}{\partial p_{ij}}=①\text{-}②=p_i\frac{p_{ij}}{q_j}$$

（2）求解式（7.23）第二项:

$$\frac{\partial}{\partial p_{ij}}[sD]=\frac{\partial}{\partial p_{ij}}\left[s\sum_{n=1}^{N}\sum_{m=1}^{M}p_n p_{nm}d_{nm}\right]=sp_i d_{ij}$$

（3）求解式（7.23）第三项:

$$\frac{\partial}{\partial p_{ij}}\left[\mu_n\sum_{m=1}^{M}p_{nm}\right]=\mu_i\qquad(n=i)$$

（4）**式（7.23）化简：**

将上述结果代入式（7.23），可得

$$p_i \ln \frac{p_{ij}}{q_j} - sp_i d_{ij} - \mu_i = 0 \qquad (i=1,2,\cdots,N;\ j=1,2,\cdots,M) \tag{7.24}$$

$$\downarrow$$

$$p_{ij} = q_j \mathrm{e}^{sd_{ij}} \underbrace{\mathrm{e}^{\mu_i/p_i}}_{\text{定义为}\lambda_i}$$

$$\downarrow$$

$$\boxed{p_{ij} = \lambda_i q_j \mathrm{e}^{sd_{ij}} \qquad (i=1,2,\cdots,N;j=1,2,\cdots,M)} \tag{7.25}$$

等式两边对 j 求和 $\downarrow$　　　　$\downarrow$ 等式两边，$\times\ p_i$ 然后对 i 求和

$$\underbrace{\sum_{j=1}^{M} p_{ij}}_{1} = \sum_{j=1}^{M} \lambda_i q_j \mathrm{e}^{sd_{ij}} \;\downarrow\; \lambda_i = \frac{1}{\sum\limits_{j=1}^{M} q_j \mathrm{e}^{sd_{ij}}} \qquad \underbrace{\sum_{i=1}^{N} p_i p_{ij}}_{q_j} = \sum_{i=1}^{N} \lambda_i p_i q_j \mathrm{e}^{sd_{ij}} \;\downarrow\; \sum_{i=1}^{N} \lambda_i p_i \mathrm{e}^{sd_{ij}} = 1 \tag{7.26}$$

$$\downarrow$$

$$\sum_{i=1}^{N} \frac{p_i \mathrm{e}^{sd_{ij}}}{\sum\limits_{m=1}^{M} q_{mi} \mathrm{e}^{s} d_{ij}} = 1 \qquad (j=1,2,\cdots,M) \tag{7.27}$$

（5）**求解试验信道：**

式（7.27）有 M 个方程，可以解出以 s 为参量的 M 个 $q_j(j=1,2,\cdots,M)$ 值

$$\downarrow$$

M 个 q_j 值代入公式 $\boxed{\lambda_i = \frac{1}{\sum\limits_{j=1}^{M} q_j \mathrm{e}^{sd_{ij}}}}$，求得 N 个以 s 为参量的 $\lambda_i(i=1,2,\cdots,N)$ 值

$$\downarrow$$

M 个 q_j 值和 N 个 λ_i 值代入式 $\boxed{p_{ij} = \lambda_i q_j \mathrm{e}^{sd_{ij}}}$，求得以 s 为参量的试验信道 p_{ij} 值

（6）**几个有用的公式：**

关于 λ_i：

$$\sum_{i=1}^{N}\lambda_i p_i \mathrm{e}^{sd_{ij}} = 1 \qquad (j=1,2,\cdots,N) \tag{7.28}$$

关于 q_j：

$$\sum_{j=1}^{M} q_j \mathrm{e}^{sd_{ij}} = \frac{1}{\lambda_i} \tag{7.29}$$

关于平均失真度 $D(s)$：

$$D(s) = \sum_{i=1}^{N}\sum_{j=1}^{M}\lambda_i p_i q_j d_{ij}\mathrm{e}^{sd_{ij}} \tag{7.30}$$

3. 信息率失真函数 $R(D)$ 的表达式 $R(s)$

利用拉格朗日乘子法，已经求得了信息率失真函数 $R(D)$ 所对应的信道，下面求取信息率失真函数 $R(D)$ 的值。

根据 $R(D)$ 的定义，将 p_{ij} 的值代入式（7.20）可得

$$\begin{aligned}
R(D) &= \min I(X;Y) = \sum_{i=1}^{N}\sum_{j=1}^{M} p_i p_{ij}\ln\frac{p_{ij}}{q_j} \\
&\underset{\cdots\cdots\cdots}{\overset{p_{ij}=\lambda_i q_j \mathrm{e}^{sd_{ij}}\ \ \text{式 (7.25)}}{=\!=\!=}} \sum_{i=1}^{N}\sum_{j=1}^{M}\lambda_i p_i q_j \mathrm{e}^{sd_{ij}}\ln\frac{\lambda_i q_j \mathrm{e}^{sd_{ij}}}{q_j} \\
&= \sum_{i=1}^{N}\sum_{j=1}^{M}\lambda_i p_i q_j \mathrm{e}^{sd_{ij}}(\ln\lambda_i + sd_{ij}) \\
&= \sum_{i=1}^{N} p_i \ln\lambda_i\left[\sum_{j=1}^{M}\underbrace{\lambda_i q_j \mathrm{e}^{sd_{ij}}}_{p_{ij}}\right] + \underbrace{s\sum_{i=1}^{N}\sum_{j=1}^{M} d_{ij} p_i \overbrace{\lambda_i q_j \mathrm{e}^{sd_{ij}}}^{p_{ij}}}_{\text{平均失真度}D(s)} \\
&= \sum_{i=1}^{N} p_i \ln\lambda_i \underbrace{\left[\sum_{j=1}^{M} p_{ij}\right]}_{1} + sD(s) \\
&= \sum_{i=1}^{N} p_i \ln\lambda_i + sD(s) \overset{\text{具有参量}s}{=\!=} R(s)
\end{aligned} \tag{7.31}$$

说明：一般情况下参量 s 无法消去，因此得不到 $R(D)=R(s)$ 的解析解。只有在某些特定的简单问题才能消去参量 s，得到 $R(D)$ 的解析解。若无法消去参量 s，则需要逐点计算。

4. 参量 s 的物理意义

（1）信息率失真函数 $R(D)$ 的导数。

由式（7.31）可知，信息率失真函数 $R(D)$ 是 λ_i、D 和 s 的函数，而

$$\lambda_i=\frac{1}{\sum_{j=1}^{M} q_j \mathrm{e}^{sd_{ij}}}, D=\sum_{i=1}^{N}\sum_{j=1}^{M}\lambda_i p_i q_j d_{ij}\mathrm{e}^{sd_{ij}}$$

都是 s 的函数，因此可以求得信息率失真函数 $R(D)$ 的导数为

$$\begin{aligned}
\frac{\mathrm{d}R(D)}{\mathrm{d}D}&=\frac{\partial R}{\partial s}\frac{\mathrm{d}s}{\mathrm{d}D}=\frac{\partial}{\partial s}\left[\sum_{i=1}^{N}p_i\ln\lambda_i+sD(s)\right]\frac{\mathrm{d}s}{\mathrm{d}D}\\
&=\left[\frac{\partial}{\partial s}\sum_{i=1}^{N}p_i\ln\lambda_i+D(s)+s\frac{\mathrm{d}D}{\mathrm{d}s}\right]\frac{\mathrm{d}s}{\mathrm{d}D}\\
&=\left[\frac{\partial}{\partial s}\sum_{i=1}^{N}p_i\ln\lambda_i+D(s)\right]\frac{\mathrm{d}s}{\mathrm{d}D}+s\underbrace{\frac{\mathrm{d}D}{\mathrm{d}s}\frac{\mathrm{d}s}{\mathrm{d}D}}_{1}\\
&=\underbrace{\left[\sum_{i=1}^{N}\frac{p_i}{\lambda_i}\frac{\mathrm{d}\lambda_i}{\mathrm{d}s}+D(s)\right]\frac{\mathrm{d}s}{\mathrm{d}D}}_{❶}+s
\end{aligned}$$

（2）求取❶。对式（7.26）中的公式 $\sum_{i=1}^{N}\lambda_i p_i\mathrm{e}^{sd_{ij}}=1$ 求导，可得

$$\begin{aligned}
0&=\frac{\mathrm{d}}{\mathrm{d}s}\left[\sum_{i=1}^{N}\lambda_i p_i\mathrm{e}^{sd_{ij}}\right]=\underbrace{\sum_{i=1}^{N}\left[p_i\mathrm{e}^{sd_{ij}}\frac{\mathrm{d}\lambda_i}{\mathrm{d}s}+\lambda_i p_i d_{ij}\mathrm{e}^{sd_{ij}}\right]}_{\text{两边乘 } q_j\text{，并对 } j \text{ 求和}}\\
&=\sum_{j=1}^{M}q_j\sum_{i=1}^{N}\left[p_i\mathrm{e}^{sd_{ij}}\frac{\mathrm{d}\lambda_i}{\mathrm{d}s}+\lambda_i p_i d_{ij}\mathrm{e}^{sd_{ij}}\right]\\
&=\sum_{i=1}^{N}p_i\underbrace{\left[\sum_{j=1}^{M}q_j\mathrm{e}^{sd_{ij}}\right]}_{1/\lambda_i\text{：式（7.26）}}\frac{d\lambda_i}{ds}+\underbrace{\sum_{i=1}^{N}\sum_{j=1}^{M}d_{ij}p_i\overbrace{\lambda_i q_j\mathrm{e}^{sd_{ij}}}^{p_{ij}}}_{\text{平均失真度 } D}
\end{aligned}$$

$$=\sum_{i=1}^{N}\frac{p_i}{\lambda_i}\frac{\mathrm{d}\lambda_i}{\mathrm{d}s}+D(s)$$

（3）参量 s 的物理意义。将❶的结果代入信息率失真函数 $R(D)$ 的导数表达式，可得

$$\frac{\mathrm{d}R(D)}{\mathrm{d}D}=s \tag{7.32}$$

上式表明，参量 s 是信息论失真函数 $R(D)$ 的斜率。

（4）参量 s 的性质：

① $R(D)$ 在定义域 $[0,D_{\max}]$ 上是严格单调递减函数，因此 $R(D)$ 的斜率 s 取负值。

② $R(D)$ 是上凸函数，则斜率 s 是 D 的递增函数：随着 D 的增加，斜率 s 也变大。

③ 在 $D=0$ 处，$R(D)$ 的斜率会趋于 $-\infty$；在 $D=D_{\max}$ 处，$R(D)$ 的斜率为零。故 $s\in(-\infty,0]$。

④ 可以证明，信息率失真函数 $R(D)$ 是参量 s 的连续函数；s 是失真度 D 的连续函数。

7.4.2 参量表示法求解 $R(D)$ 例题

例7.6 $R(D)$ **求解例题一。**

已知二进制对称信源，信源输入符号集 $X=\{0,1\}$，信源符号的先验分布为 $P[0]=p,P[1]=1-p$，$p\leqslant 0.5$。失真函数定义为

$$d_{ij}=\begin{bmatrix}0, & i=j\\ 1, & i\neq j\end{bmatrix}\qquad (i,j=1,2)$$

设输出符号集 $Y=\{0,1\}$。

求信息率失真函数 $R(D)$。

解：引入记号 $p_1=P[0]=p,p_2=P[1]=1-p$。

（1）求 λ_1 和 λ_2。根据式（7.28）可得到方程组

$$\begin{cases}\lambda_1 p_1\mathrm{e}^{sd_{11}}+\lambda_2 p_2\mathrm{e}^{sd_{21}}=1\\ \lambda_1 p_1\mathrm{e}^{sd_{12}}+\lambda_2 p_2\mathrm{e}^{sd_{22}}=1\end{cases}$$

$$\downarrow$$

$$\lambda_1=\frac{\mathrm{e}^{sd_{22}}-\mathrm{e}^{sd_{21}}}{p_1\left[\mathrm{e}^{sd_{11}+sd_{22}}-\mathrm{e}^{sd_{12}+sd_{21}}\right]}$$

$$\lambda_2=\frac{\mathrm{e}^{sd_{11}}-\mathrm{e}^{sd_{12}}}{p_2\left[\mathrm{e}^{sd_{11}+sd_{22}}-\mathrm{e}^{sd_{12}+sd_{21}}\right]}$$

$$\downarrow$$

$$\lambda_1=\frac{1}{p\left[1+\mathrm{e}^{s}\right]}$$

$$\lambda_2=\frac{1}{(1-p)\left[1+\mathrm{e}^{s}\right]}$$

（2）**求** q_1 **和** q_2。根据式（7.29）可得到方程组

$$\begin{cases} q_1 \mathrm{e}^{sd_{11}} + q_2 \mathrm{e}^{sd_{12}} = 1/\lambda_1 \\ q_1 \mathrm{e}^{sd_{21}} + q_2 \mathrm{e}^{sd_{22}} = 1/\lambda_2 \end{cases}$$

$$\downarrow$$

$$q_1 = \frac{\mathrm{e}^{sd_{22}}/\lambda_1 - \mathrm{e}^{sd_{12}}/\lambda_2}{\mathrm{e}^{sd_{11}+sd_{22}} - \mathrm{e}^{sd_{12}+sd_{21}}}$$

$$q_2 = \frac{\mathrm{e}^{sd_{11}}/\lambda_2 - \mathrm{e}^{sd_{21}}/\lambda_1}{\mathrm{e}^{sd_{11}+sd_{22}} - \mathrm{e}^{sd_{12}+sd_{21}}}$$

$$\downarrow$$

$$q_1 = \frac{p-(1-p)\mathrm{e}^s}{1-\mathrm{e}^s}$$

$$q_2 = \frac{(1-p)-p\mathrm{e}^s}{1-\mathrm{e}^s}$$

（3）**求平均失真度** D。根据式（7.30）可得

$$\begin{aligned} D(s) &= \lambda_1 p_1 q_1 d_{11} \mathrm{e}^{sd_{11}} + \lambda_1 p_1 q_2 d_{12} \mathrm{e}^{sd_{12}} + \lambda_2 p_2 q_1 d_{21} \mathrm{e}^{sd_{21}} + \lambda_2 p_2 q_2 d_{22} \mathrm{e}^{sd_{22}} \\ &= \frac{\mathrm{e}^s}{1+\mathrm{e}^s} \end{aligned}$$

（4）**求参量** s。根据 $D(s)$ 表达式可得

$$D(s) = \frac{\mathrm{e}^s}{1+\mathrm{e}^s} \quad \rightarrow \quad s = \ln \frac{D}{1-D}$$

（5）**求取信息率失真函数** $R(D)$。将上述结果代入式（7.31），求得信息率失真函数 $R(D)$ 的表达式为

$$\begin{aligned} R(D) &= sD(s) + p_1 \ln \lambda_1 + p_2 \ln \lambda_2 \\ &= \underbrace{-[p \ln p + (1-p) \ln(1-p)]}_{H(p)} + \underbrace{[D \ln D + (1-D) \ln(1-D)]}_{-H(D)} \\ &= H(p) - H(D) \end{aligned}$$

结果分析： 根据所得结果，信息率失真函数 $R(D)$ 是 D 和 p 的函数。在这里，p 是参量，表征信源符号的先验分布情况。对于不同的 p 值可以得到一组 $R(D)$ 曲线，如图 7.3 所示。给定平均失真度 D，信源符号分布越均匀（p 值越接近 0.5），$R(D)$ 就越大，说明可压缩性越小；信源符号分布越不均匀，$R(D)$ 就越小，说明可压缩性越大。

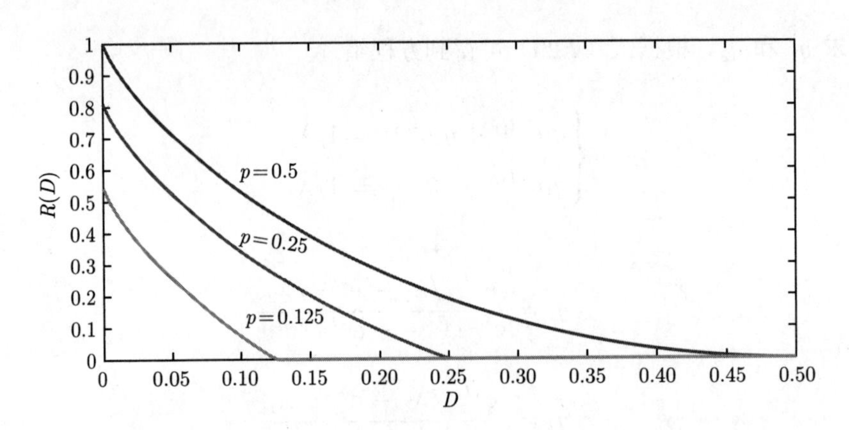

图 7.3 不同 p 值所对应的信息率失真函数 $R(D)$

例7.7 $R(D)$ **求解例题二。**

已知 R 进制对称信源，信源输入符号集 $X=\{x_1,x_2,\cdots,x_R\}$，信源符号等概率分布 $p(x_i)=1/R\ (i=1,2,\cdots,R)$；输出符号集 $Y=\{y_1,y_2,\cdots,y_R\}$。失真函数采用汉明失真：

$$d(x_i,y_j)=\begin{bmatrix}0, & i=j\\ 1, & i\neq j\end{bmatrix}\qquad (i,j=1,2,\cdots,R)$$

求信息率失真函数 $R(D)$。

解：引入记号 $p_i=p(x_i)=1/R\ (i=1,2,\cdots,R), d_{ij}=d(x_i,y_j)(i,j=1,2,\cdots,R)$。

（1）求 $\lambda_1,\lambda_2,\cdots,\lambda_R$。根据式（7.28）可得

$$\begin{cases}\lambda_1+\lambda_2\mathrm{e}^s+\cdots+\lambda_R\mathrm{e}^s=R\\ \lambda_1\mathrm{e}^s+\lambda_2+\cdots+\lambda_R\mathrm{e}^s=R\\ \qquad\vdots\\ \lambda_1\mathrm{e}^s+\lambda_2\mathrm{e}^s+\cdots+\lambda_R=R\end{cases}$$

$$\Downarrow$$

$$\lambda_i=\frac{R}{1+[R-1]\mathrm{e}^s}\qquad (i=1,2,\cdots,R)$$

（2）求 $q_j(j=1,2,\cdots,R)$。根据式（7.29）可得

$$\begin{cases}q_1+q_2\mathrm{e}^s+\cdots+q_R\mathrm{e}^s=\dfrac{1+(R-1)\mathrm{e}^s}{R}\\ q_1\mathrm{e}^s+q_2+\cdots+q_R\mathrm{e}^s=\dfrac{1+(R-1)\mathrm{e}^s}{R}\\ \qquad\vdots\\ q_1\mathrm{e}^s+q_2\mathrm{e}^s+\cdots+q_R=\dfrac{1+(R-1)\mathrm{e}^s}{R}\end{cases}$$

$$\downarrow$$

$$q_j = \frac{1}{R} \quad (j = 1, 2, \cdots, R)$$

（3）**求平均失真度** D。根据式（7.30）可得

$$D(s) = \frac{(R-1)\mathrm{e}^s}{1+(R-1)\mathrm{e}^s}$$

（4）**求参量** s。根据 $D(s)$ 表达式可得

$$D(s) = \frac{(R-1)\mathrm{e}^s}{1+(R-1)\mathrm{e}^s} \quad \rightarrow \quad s = \ln\frac{D}{(R-1)(1-D)}$$

（5）**求信息率失真函数** $R(D)$。将上述结果代入式（7.31），求得信息率失真函数 $R(D)$ 的表达式为

$$R(D) = sD(s) + \sum_{i=1}^{R} p_i \ln\lambda_i = \ln R - D\ln(R-1) + \underbrace{[D\ln D + (1-D)\ln(1-D)]}_{-H(D)}$$

$$= \ln R - D\ln(R-1) - H(D)$$

结果分析：根据所得结果，信息率失真函数 $R(D)$ 是 D 和 R 的函数。这里，R 是参量，表征信源符号的先验分布情况。对于不同的 R 值可以得到一组 $R(D)$ 曲线，如图 7.4 所示。给定平均失真度 D，R 越大，$R(D)$ 就越大，说明可压缩性越小；R 越小，$R(D)$ 就越小，说明可压缩性越大。

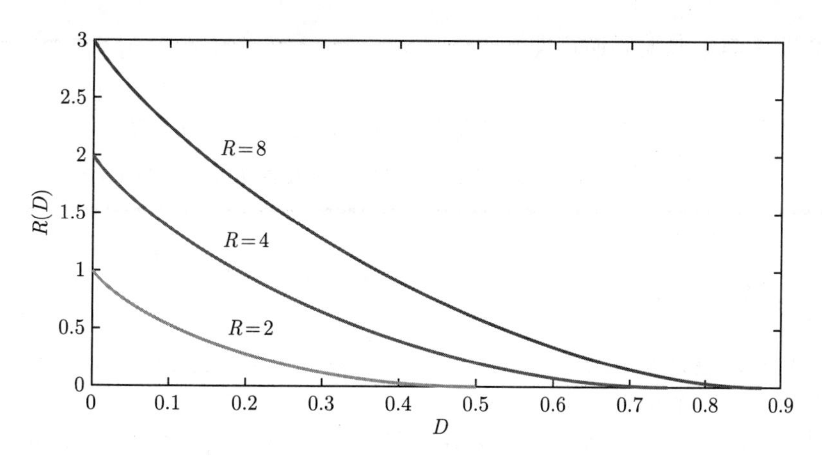

图 7.4　不同 R 值所对应的信息率失真函数 $R(D)$

说明：信息率失真理论给出了指定失真度条件下，信源熵所能压缩的下界 $R(D)$，但并没有给出具体的压缩方法和技术。

7.5 限失真信源编码定理和逆定理

7.5.1 限失真信源编码定理（香农第三定理）

对于**无失真**信源编码来说，每个信源符号（或符号序列）必须对应一个码字（或码字序列），信源输出的信息率不能减少。但是，在允许一定**失真**的情况下，信源输出的信息率可以减少，最少可以减少到信息率失真函数 $R(D)$ 所要求的数值。**限失真信源编码定理**就是表示信息率和失真之间关系的一个极限定理，也称**香农第三定理**或保真度准则下的离散信源编码定理。

定理7.1 限失真信源编码定理

设 $R(D)$ 是离散无记忆信源的信息率失真函数并且失真函数为有限值。对于任意允许失真 $D \geqslant 0$，当码长 N 足够长时，总存在一种信源编码，其编码后的信息传输率 $R > R(D)$，而平均失真 $\overline{D} < D$。

限失真信源编码定理也是一个极限定理。它告诉我们，信息率失真函数 $R(D)$ 是一个界限，只要编码后的信息传输率 R 大于这个界限，就可以通过信源编码技术将译码失真限制在给定的范围内。也就是说，虽然在通信的过程中有失真，但是仍能满足要求。若编码后的信息传输率 $R < R(D)$，则无法满足失真要求。限失真信源编码的目的是找到与信息率失真函数 $R(D)$ 相匹配的编码，即希望 R 逼近 $R(D)$，而无失真信源编码是寻求与信源信息熵相匹配的编码，即希望 R 达到 $H_{\rm r}(S) = R(D = 0)$。

7.5.2 限失真信源编码逆定理

定理7.2 限失真信源编码逆定理

设 $R(D)$ 是离散无记忆信源的信息率失真函数并且失真函数为有限值。对于任意允许失真 $D \geqslant 0$，不存在信息传输率 $R < R(D)$ 而平均失真 $\overline{D} < D$ 的信源编码。

习 题

1. 试证明对离散信源 X，$R(D = 0) = H(X)$ 的充要条件是失真矩阵 $\boldsymbol{D}$ 的每行中至少有一个 0，而每列中至多有一个 0。
2. 利用 $R(D)$ 的性质画出一般 $R(D)$ 曲线，并说明其物理意义？为什么 $R(D)$ 是非负且非增的？
3. 三元信源的概率分布为 $\{0.4, 0.4, 0.2\}$，失真函数定义为

$$d(i,j) = \begin{cases} 0, & i = j \\ 1, & i \neq j \end{cases}$$

求信息率失真函数 $R(D)$，若此信源用容量为 1 比特/符号和 0.1 比特/符号的信道传输，分别计算出最小误码率。

4. 离散无记忆信源输出符号等概率分布，失真函数定义为

$$d(i,j)=\begin{bmatrix}1 & 2\\ 1 & 1\\ 2 & 1\end{bmatrix}$$

求信息率失真函数和试验信道转移概率。

5. 四元对称信源为

$$\begin{bmatrix}X\\ P\end{bmatrix}=\begin{bmatrix}0 & 1 & 2 & 3\\ 1/4 & 1/4 & 1/4 & 1/4\end{bmatrix}$$

失真矩阵为汉明失真矩阵。求 $D_{\min}$ 和 $D_{\max}$，并画出 $R(D)$ 的曲线。

6. 二元信源 X 的概率空间和失真矩阵分别为

$$\begin{bmatrix}X\\ P\end{bmatrix}=\begin{bmatrix}0 & 1\\ 1/2 & 1/2\end{bmatrix},\qquad \boldsymbol{D}=\begin{bmatrix}0 & 2\\ 2 & 0\end{bmatrix}$$

求 $D_{\min}$ 和 $D_{\max}$，并画出 $R(D)$ 的曲线。

第 8 章 连续信源和连续信道

CHAPTER 8

通信系统中传输的消息可分为离散消息和连续消息。离散消息（离散信源和离散信道）前面已经做了详细讨论。本章将讨论连续信源的统计特性及其信息度量，以及常见的连续信道的信道容量等问题。

8.1 连续随机变量的基础知识

8.1.1 连续随机变量与概率密度函数

当随机变量的值域是一个或者多个区间时，此随机变量为**连续随机变量**。

定义8.1 概率密度函数

设 X 为随机变量，$F(x)$ 为 X 的分布函数。若存在非负可积函数 $f(x)$，对任意 x 有

$$F(x) = \int_{-\infty}^{x} f(t)\,\mathrm{d}t \tag{8.1}$$

成立，则称 X 为**连续随机变量**，$f(x)$ 为**概率密度函数**，简称密度函数。

说明：（1）概率密度函数为

$$f(x) = \frac{\mathrm{d}}{\mathrm{d}x}F(x) \tag{8.2}$$

（2）随机变量 X 位于区间 $[a,b]$ 的概率为

$$P\big[a \leqslant x \leqslant b\big] = F(b) - F(a) = \int_{a}^{b} f(x)\,\mathrm{d}x \tag{8.3}$$

例8.1 小学生春凤坐公交。

小学生春凤坐公交去上学，假设公交车每隔 20min 到达上地公交车站。

求小学生春凤平均等车时间。

解：公交车发车间隔为 20min，设公交车到达车站的时间为随机变量 X，其取值范围是 $[0,20]$。根据题意，公交车到达的时间就是小学生春风等车的时间。仅考虑最简单的情形，公交车以等概率到达公交车站，则随机变量 X 的概率密度函数为

$$f(x)=\begin{cases}\dfrac{1}{20}, & x\in[0,20]\\ 0, & 其他\end{cases}$$

公交车到达车站的平均时间为

$$\mathring{x}=E[x]=\int_0^{20}x\,\mathrm{d}x=10\text{min}$$

8.1.2 联合概率密度函数与边缘概率密度函数

定义8.2 联合概率密度函数与边缘概率密度函数

两个连续随机变量 X 和 Y 的概率密度函数称为**联合概率密度函数**，记为 $f(x,y)$；随机变量 X 的**边缘概率密度函数** $f_X(x)$ 和随机变量 Y 的**边缘概率密度函数** $f_Y(y)$ 定义为

$$f_X(x)=\int_{-\infty}^{+\infty}f(x,y)\,\mathrm{d}y,\qquad f_Y(y)=\int_{-\infty}^{+\infty}f(x,y)\,\mathrm{d}x \tag{8.4}$$

特别地，若连续随机变量 X 和 Y **相互独立**，则有

$$f(x,y)=f_X(x)f_y(y) \tag{8.5}$$

8.1.3 随机变量和的概率密度函数

已知两个连续随机变量 X 和 Y 的联合概率密度函数 $f(x,y)$，求 $Z=X+Y$ 的概率密度函数。

令集合 $\mathscr{A}_z$ 表示随机变量 Z 的取值小于或等于 z 时随机变量 X 和 Y 的取值 x,y 的分布区域，即 $\mathscr{A}_z=\{(x,y)|x+y\leqslant z\}$，则随机变量 Z 的分布函数为

$$F_Z(z)=P\big[Z\leqslant z\big]=P\big[x,y\leqslant z\big]=\iint_{\mathscr{A}_z}f(x+y)\,\mathrm{d}x\,\mathrm{d}y=\int_{-\infty}^{+\infty}\left[\int_{-\infty}^{z-x}f(x,y)\,\mathrm{d}y\right]\mathrm{d}x$$

令 $x+y=\mu$，有 $\mathrm{d}y=\mathrm{d}\mu,\quad \mu\in(-\infty,z)$

$$\int_{-\infty}^{z-x}f(x,y)\,\mathrm{d}y=\int_{-\infty}^{z}f(x,u-x)\,\mathrm{d}\mu$$

$$F_Z(z)=\int_{-\infty}^{+\infty}\left[\int_{-\infty}^{z}f(x,u-x)\,\mathrm{d}\mu\right]\mathrm{d}x=\int_{-\infty}^{z}\left[\int_{-\infty}^{+\infty}f(x,u-x)\,\mathrm{d}x\right]\mathrm{d}\mu \tag{8.6}$$

对 z 求偏导可得 Z 的概率密度函数 $f_Z(z)$ 由 X 和 Y 的对称性可得

$$f_Z(z)=\int_{-\infty}^{+\infty} f(x,z-x)\,\mathrm{d}x \qquad f_Z(z)=\int_{-\infty}^{+\infty} f(z-x,x)\,\mathrm{d}x \tag{8.7}$$

特别地，当X 和 Y **相互独立**时，随机变量和的概率密度函数为

$$f_Z(z)=\int_{-\infty}^{+\infty} f_X(x)f_Y(z-x)\,\mathrm{d}x \tag{8.8}$$

8.2 连续信源的分类和统计特性

前面讨论的离散信源，输出消息为事件离散、取值有限或可数的随机序列。如果信源输出的消息符号取值连续，此时的信源就是**连续信源**。例如，语音信号和电视图像等，信源输出是幅值连续的函数。

8.2.1 连续信源的分类

连续信源所输出的消息符号，其幅值是连续的、不间断的；消息符号对应的时间可以分为**时间离散和时间连续**。因此，根据时间的连续性，连续信源分为两种：一种是在离散时间发出幅值连续符号的信源，包括单符号连续信源和多符号连续信源；另一种是在连续时间发出连续取值符号的信源，通常称为**波形信源或模拟信源**。

若信源在某时刻输出取值连续的符号，则此信源可以利用一个连续随机变量来描述，此类信源称为**单符号连续信源**（也称为**一维连续信源**）；若信源在多个时刻输出取值连续的符号，则此信源可以利用连续随机矢量来描述，此类信源称为**多符号连续信源**（也称为**多维连续信源**）；若信源输出是时间和幅值都连续的消息，则此信源可以表示为一个随机过程，此类信源称为**波形信源**。

8.2.2 连续信源的统计特性

对于信宿而言，信源的输出是随机的，因此通常采用随机变量、随机矢量或者随机过程描述连续信源的统计特性。

1. 单符号连续信源

单符号连续信源的输出是取值连续的单个消息符号，可以利用连续随机变量进行描述。连续随机变量的概率空间表示为

$$\begin{bmatrix} X \\ P(X) \end{bmatrix}=\begin{bmatrix} (a,b) \\ p(x) \end{bmatrix} \tag{8.9}$$

并满足

$$\int_a^b p(x)\mathrm{d}x=1 \tag{8.10}$$

式中，(a,b) 为连续随机变量 X 的取值区间；$p(x)$ 为随机变量 X 的概率密度函数。

通信系统中有均匀分布和高斯分布两种重要的连续随机变量。

如果连续随机变量 X 服从均匀分布，则概率密度函数为

$$p(x)=\begin{cases}\dfrac{1}{b-a}, & a\leqslant x\leqslant b\\ 0, & \text{其他}\end{cases} \tag{8.11}$$

均匀分布的概率密度函数如图 8.1（a）所示。

高斯分布随机变量的概率密度函数为

$$p(x)=\frac{1}{\sqrt{2\pi}\sigma}\mathrm{e}^{-\frac{(x-\mu)^2}{2\sigma^2}} \tag{8.12}$$

式中，μ 为高斯随机变量的数学期望（均值）；σ^2 为高斯随机变量的方差。

高斯分布的概率密度函数如图 8.1（b）所示。

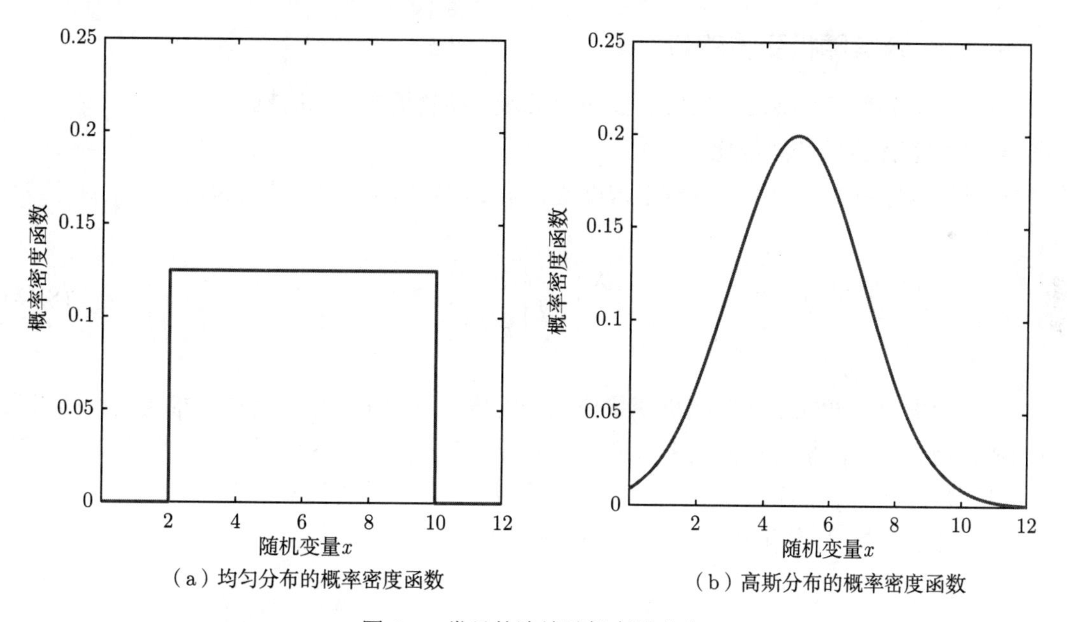

（a）均匀分布的概率密度函数　　（b）高斯分布的概率密度函数

图 8.1　常见的连续随机变量分布

2. 多符号连续信源

多符号连续信源输出的消息是时间取值离散而幅值取值连续的符号序列，可以建模为 N 维连续随机矢量 $\boldsymbol{X}=X_1X_2\cdots X_N$。$N$ 维连续随机矢量 $\boldsymbol{X}$ 的 N 维概率密度函数为 $p(\boldsymbol{x})=p(x_1x_2\cdots x_N)$，且满足

$$\int\limits_{X_1}\cdots\int\limits_{X_N}p(x_1x_2\cdots x_N)\mathrm{d}x_1\mathrm{d}x_2\cdots\mathrm{d}x_N=1 \tag{8.13}$$

特别地，若连续信源的 N 维概率密度函数满足

$$p(\boldsymbol{x}) = p(x_1 x_2 \cdots x_N) = \prod_{n=1}^{N} p(x_n) \tag{8.14}$$

则 N 维随机矢量的各分量彼此相互独立，此类连续信源为**连续无记忆信源**。

3. 波形信源

消息中时间和幅值均连续的信源为波形信源。波形信源的统计特性可用随机过程 $X(t)$ 来描述，随机过程的定义和性质参见第 2 章。

8.3 连续随机变量的信息度量

连续随机变量和离散随机变量相似，其信息度量有两种：一是消息符号本身所含信息量多少的度量；二是消息符号之间共有信息量多少的度量。前者利用连续随机变量的熵来描述，后者利用连续随机变量的平均互信息量描述。

8.3.1 连续随机变量的熵

下面以最简单的一维连续随机变量为例引入连续随机变量熵的概念。

1. 概率密度函数的离散化

一维连续随机变量利用一维概率密度函数 $p(x)$ 描述，其数学模型为

$$\begin{bmatrix} X \\ P \end{bmatrix} = \begin{bmatrix} (a,b) \\ p(x) \end{bmatrix} \tag{8.15}$$

鉴于上面已经建立了离散随机变量信息熵的概念，为了利用已有概念推导连续随机变量的熵，现将连续随机变量的概率密度函数进行离散化，如图 8.2 所示。离散化过程如下：

（1）将区间 (a,b) 等分为 N 个小区间，每个小区间的宽度 $\varDelta = (b-a)/N$。

（2）随机变量 X 位于第 i 个小区间的概率为

$$P_i = P\big[a + (i-1)\varDelta \leqslant x \leqslant a + i\varDelta\big] = \int_{a+(i-1)\varDelta}^{a+i\varDelta} p(x)\mathrm{d}x$$

（3）根据积分中值定理，可进一步得到 $P_i = p(x_i)\varDelta$，$x_i \in \big[a+(i-1)\varDelta, a+i-\varDelta\big]$。

2. 近似为离散随机变量

经过离散化，连续随机变量 X 可以近似为离散随机变量 $\mathring{X}$，其概率空间为

$$\begin{bmatrix} \mathring{X} \\ P \end{bmatrix} = \begin{bmatrix} \mathring{x}_1 & \mathring{x}_2 & \cdots & \mathring{x}_N \\ p(x_1)\varDelta & p(x_2)\varDelta & \cdots & p(x_N)\varDelta \end{bmatrix} \tag{8.16}$$

式中，$\mathring{x}_i(i=1,2,\cdots,N)$ 为离散随机变量 $\mathring{X}$ 的第 i 个取值，即第 i 个随机事件 $a+(i-1)\Delta \leqslant x \leqslant a+i\Delta$；$x_i$ 是根据积分中值定理所得到的第 i 个小区间中的某一点；$p(x_i)$ 为 x_i 点处的概率密度函数。

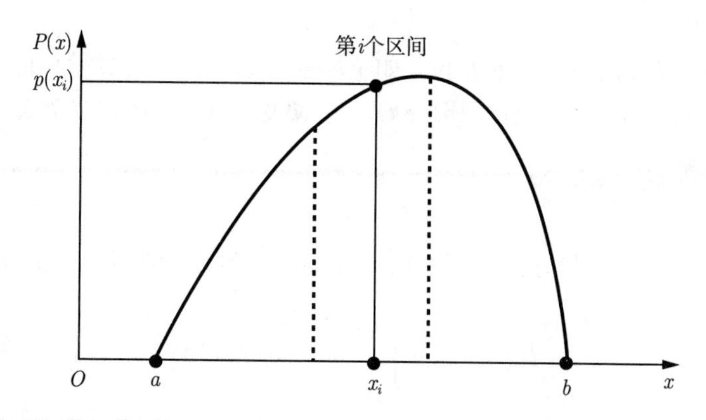

图 8.2 连续随机变量概率密度函数的离散化

3. 连续随机变量的熵

根据离散随机变量 $\mathring{X}$ 的概率空间，可以求得离散随机变量 $\mathring{X}$ 的熵为

$$
\begin{aligned}
H(\mathring{X}) &= -\sum_{i=1}^{N} P[\mathring{x}_i]\log P[\mathring{x}_i] = -\sum_{i=1}^{N} p(x_i)\Delta\log\left[p(x_i)\Delta\right] \\
&= -\sum_{i=1}^{N} p(x_i)\Delta\log p(x_i) - \sum_{n=1}^{N} p(x_i)\Delta\log\Delta
\end{aligned}
$$

当划分的区间数 $N\to\infty$ 时，区间间隔 $\Delta\to 0$，此时离散随机变量 $\mathring{X}$ 趋于连续随机变量 X。因此，对于离散随机变量 $\mathring{X}$ 的熵 $H(\mathring{X})$ 而言，其极限值就是连续随机变量 X 的信息熵：

$$
\begin{aligned}
H(X) &= \lim_{N\to\infty} H(\mathring{X}) = -\lim_{\Delta\to 0}\sum_{i=1}^{N} p(x_i)\Delta\log p(x_i) - \lim_{\Delta\to 0}\log\Delta\sum_{i=1}^{N} p(x_i)\Delta \\
&= \underbrace{-\lim_{\Delta\to 0}\Delta\sum_{i=1}^{N} p(x_i)\log p(x_i)}_{\int_a^b p(x)\log p(x)\mathrm{d}x} - \lim_{\Delta\to 0}\log\Delta\times\underbrace{\lim_{\Delta\to 0}\sum_{i=1}^{N} p(x_i)\Delta}_{\int_a^b p(x)\mathrm{d}x=1} \\
&= \underbrace{-\int_a^b p(x)\log p(x)\mathrm{d}x}_{❶} - \underbrace{\lim_{\Delta\to 0}\log\Delta}_{❷}
\end{aligned}
\tag{8.17}
$$

❶ 分析：一般情况下，❶是一个定值。从其表达式看，是离散随机变量信息熵的自然推广。

❷ 分析：当 $\Delta \to 0$ 时，❷趋于无穷大。

绝对熵：由❶+❷所定义的 $H(X)$ 称为连续随机变量的**绝对熵**：连续随机变量的可能取值有无限多个，其不确定性为无限大，随机变量的熵值也趋于无穷大，因此连续随机变量的绝对熵为无穷大。

在实际应用中常讨论熵之间的差值，如平均互信息量、信道容量和信息率失真函数等。在讨论这些概念时，常数❷会抵消，只剩下❶，因此❶更为重要，故定义为连续随机变量的熵。

定义8.3 连续随机变量的熵

对于连续随机变量 X，若其概率密度函数为 $p(x)$，则连续随机变量的熵为

$$H(X) = -\int_{-\infty}^{\infty} p(x)\log p(x)\mathrm{d}x \tag{8.18}$$

连续随机变量的熵与离散随机变量的熵具有相同的形式，但意义不同，应区别对待。

（1）连续随机变量的熵是**相对熵**，尽管在形式上和离散随机变量的信息熵相似，但在概念上**不能**把它作为信息熵来理解。相对熵只具有信息熵的部分性质，如相对熵具有可加性、上凸性和极值性，但不具有非负性。

（2）连续随机变量的绝对熵为无穷大，其物理意义与离散随机变量的信息熵相同，表示连续随机变量所具有的信息量为无穷大，具有非负性。

（3）在求取两个连续随机变量熵的差值时，绝对熵中的无穷项相互抵消，故所定义的相对熵不影响平均互信息量和信道容量等的计算，所以相对熵又称为**差熵**。

例8.2 均匀分布连续随机变量的信息熵。

已知均匀分布的连续随机变量 X 的概率密度函数为

$$p(x) = \begin{cases} 1/b-a\,, & a \leqslant x \leqslant b \\ 0, & \text{其他} \end{cases}$$

求信息熵。

解：根据式（8.18）可得

$$H(X) = -\int_{-\infty}^{\infty} p(x)\log p(x)\mathrm{d}x = -\int_{a}^{b} \frac{1}{b-a}\log\frac{1}{b-a}\mathrm{d}x \tag{8.19}$$

$$= \log(b-a)\text{比特/自由度} \tag{8.20}$$

结果分析：

（1）当 $(b-a) > 1$ 时，连续随机变量的熵 $H(X) > 0$；

（2）当 $(b-a) = 1$ 时，连续随机变量的熵 $H(X) = 0$；

（3）当 $(b-a) < 1$ 时，连续随机变量的熵 $H(X) < 0$。

比特/自由度：离散随机变量信息熵的单位为比特/符号（平均每个随机变量取值所包含的比特数）；在连续随机变量信息熵中，根据其离散化过程可知，每个随机变量取值对应于离散化过程中的小区间，当小区间间隔 $\Delta \to 0$ 时，小区间变为随机变量取值，即自由度。

8.3.2 连续随机变量的联合熵、条件熵和平均互信息量

类似于离散随机变量，两个连续随机变量之间也可以定义联合熵、条件熵和平均互信息量等概念。

1. 联合熵

定义8.4 连续随机变量的联合熵

两个连续随机变量 X 和 Y 的联合熵为

$$H(X,Y) = -\int_{-\infty}^{\infty}\int_{-\infty}^{\infty} p(x,y)\log p(x,y)\mathrm{d}x\mathrm{d}y \tag{8.21}$$

式中，$p(x,y)$ 为二维联合概率密度函数。

根据定义，联合熵具有**可加性**：

$$H(XY) = H(X) + H(Y|X) = H(Y) + H(X|Y)$$

2. 条件熵

定义8.5 两个连续随机变量的条件熵

两个连续随机变量 X 和 Y 的条件熵为

$$H(Y|X) = -\int_{-\infty}^{\infty}\int_{-\infty}^{\infty} p(x,y)\log p(y|x)\mathrm{d}x\mathrm{d}y \tag{8.22}$$

或

$$H(X|Y) = -\int_{-\infty}^{\infty}\int_{-\infty}^{\infty} p(x,y)\log p(x|y)\mathrm{d}x\mathrm{d}y \tag{8.23}$$

式中，$p(x|y)$ 和 $p(y|x)$ 为条件概率密度函数。

根据定义，条件熵具有下列性质：

- $H(X|Y) \leqslant H(X)$
- $H(Y|X) \leqslant H(Y)$

3. 平均互信息量

定义8.6 两个连续随机变量的平均互信息量

两个连续随机变量 X 和 Y 之间的平均互信息量为

$$I(X;Y) = H(X) - H(X|Y) \tag{8.24}$$

$$I(X;Y) = H(Y) - H(Y|X) \tag{8.25}$$

4. 平均互信息量性质

与离散随机变量的情况类似，连续随机变量的平均互信息量具有下列性质：

（1）$I(X;Y) = H(X) + H(Y) - H(XY)$

证明：根据连续随机变量平均互信息量的定义式（8.24）可得

$$\begin{aligned}
I(X;Y) &= H(X) - H(X|Y) \\
&= H(X) + \int_{-\infty}^{\infty}\int_{-\infty}^{\infty} p(x,y)\log \overbrace{p(x|y)}^{\frac{p(x,y)}{p(y)}} \mathrm{d}x\mathrm{d}y \\
&= H(X) \underbrace{- \int_{-\infty}^{\infty}\int_{-\infty}^{\infty} p(x,y)\log p(y)\mathrm{d}x\mathrm{d}y}_{H(Y)} + \underbrace{\int_{-\infty}^{\infty}\int_{-\infty}^{\infty} p(x,y)\log p(x,y)\mathrm{d}x\mathrm{d}y}_{-H(X,Y)} \\
&= H(X) + H(Y) - H(X,Y)
\end{aligned}$$

（2）$I(X;Y) = I(Y;X)$

（3）$I(X;Y) \geqslant 0$

证明：

$$\begin{aligned}
-I(X;Y) = H(X,Y) - H(X) - H(Y) &= \int_{\infty}^{\infty}\int_{-\infty}^{\infty} p(x,y)\log\frac{p(x)p(y)}{p(x,y)}\mathrm{d}x\mathrm{d}y \\
= H(X,Y) - H(X) - H(Y) &= \int_{\infty}^{\infty}\int_{-\infty}^{\infty} p(x,y)\underbrace{\ln\frac{p(x)p(y)}{p(x,y)}}_{\text{詹森不等式：}\ln x \leqslant x-1}\log \mathrm{e}\mathrm{d}x\mathrm{d}y \\
&\leqslant \int_{-\infty}^{\infty}\int_{-\infty}^{\infty} p(x,y)\left[\frac{p(x)p(y)}{p(x,y)} - 1\right]\log \mathrm{e}\mathrm{d}x\mathrm{d}y = 0
\end{aligned}$$

↓

$I(X;Y) \geqslant 0$

（4）根据平均互信息量的非负性，可推得

$$H(X,Y) \leqslant H(X) + H(Y)$$

对于平均互信息量和信道容量等概念，式（8.17）中的第二项可以相互抵消，现在做详细说明。

根据前述的连续随机变量离散化方法可得

$$
\begin{aligned}
I(X;Y) &= H(X) - H(X|Y) \\
&= \underbrace{-\int_{-\infty}^{\infty} p(x)\log p(x)\mathrm{d}x - \lim_{\Delta\to 0}\log\Delta}_{\text{式（8.17）}} \\
&\quad - \underbrace{\left[\int_{-\infty}^{\infty}\int_{-\infty}^{\infty} p(x,y)\log p(x|y)\mathrm{d}x\mathrm{d}y - \lim_{\Delta\to 0}\log\Delta\right]}_{\text{式（8.17）}} \\
&= \underbrace{-\int_{-\infty}^{\infty} p(x)\log p(x)\mathrm{d}x}_{\text{相对熵}} - \underbrace{\left[-\int_{-\infty}^{\infty}\int_{-\infty}^{\infty} p(x,y)\log p(x|y)\mathrm{d}x\mathrm{d}y\right]}_{\text{相对熵}}
\end{aligned}
$$

由此可见，如果涉及两个连续随机变量信息熵差值运算（如平均互信息量、信道容量等），绝对熵中的常数项会抵消，只有相对熵参与运算，因此没有必要使用绝对熵，将相对熵定义为连续随机变量的熵具有重要的理论和实际意义。

例8.3 高斯分布随机变量的各种熵。

已知高斯分布的随机变量 X 和 Y 的联合概率密度函数为

$$
p(x,y) = \frac{1}{2\pi\sigma_x\sigma_y\sqrt{1-\rho^2}}\mathrm{e}^{-\frac{1}{2(1-\rho^2)}\left[\frac{(x-m_x)^2}{\sigma_x^2} - \frac{2\rho(x-m_x)(y-m_y)}{\sigma_x\sigma_y} + \frac{(y-m_y)^2}{\sigma_y^2}\right]}
$$

求 $H(X)$、$H(Y)$，$H(X|Y)$、$H(Y|X)$，$H(X,Y)$，$I(X;Y)$。

解：根据边缘概率密度函数的定义可得

$$
p(x) = \int_{-\infty}^{\infty} p(x,y)\mathrm{d}y = \frac{1}{\sigma_x\sqrt{2\pi}}\mathrm{e}^{-\frac{1}{2\sigma_x^2}(x-m_x)^2}
$$

$$
p(y) = \int_{-\infty}^{\infty} p(x,y)\mathrm{d}x = \frac{1}{\sigma_y\sqrt{2\pi}}\mathrm{e}^{-\frac{1}{2\sigma_y^2}(y-m_y)^2}
$$

根据随机变量 X 和 Y 的分布以及式（8.27）可得

$$
H(X) = \ln\sigma_x\sqrt{2\pi\mathrm{e}}
$$

$$
H(Y) = \ln\sigma_y\sqrt{2\pi\mathrm{e}}
$$

根据条件熵的定义可得

$$
H(X|Y) = -\int_{-\infty}^{\infty}\int_{-\infty}^{\infty} p(x,y)\log p(x|y)\mathrm{d}x\mathrm{d}y = -\int_{-\infty}^{\infty}\int_{-\infty}^{\infty} p(x,y)\log\frac{p(x,y)}{p(y)}\mathrm{d}x\mathrm{d}y
$$

$$=\int_{-\infty}^{\infty}\int_{-\infty}^{\infty}p(x,y)\log\sigma_x\sqrt{2\pi(1-\rho^2)}\mathrm{d}x\mathrm{d}y$$

$$+$$

$$\int_{-\infty}^{\infty}\int_{-\infty}^{\infty}p(x,y)\kappa\log\mathrm{e}\mathrm{d}x\mathrm{d}y$$

$$\kappa=\frac{1}{2}\left[\frac{(x-m_x)^2}{(1-\rho^2)\sigma_x^2}-\frac{2\rho(x-m_x)(y-m_y)}{(1-\rho^2)\sigma_x\sigma_y}+\frac{(x-m_x)^2}{(1-\rho^2)\sigma_x^2}\right]$$

$$=\log\sigma_x\sqrt{2\pi(1-\rho^2)}+\frac{1}{2}\log\mathrm{e}\left[\frac{1}{1-\rho^2}-\frac{2\rho^2}{1-\rho^2}+\frac{1}{1-\rho^2}-1\right]$$

$$=\log\sigma_x\sqrt{2\pi\mathrm{e}(1-\rho^2)}$$

同理，可得

$$H(Y|X)=\log\sigma_y\sqrt{2\pi\mathrm{e}(1-\rho^2)}$$

根据联合熵定义可得

$$H(X,Y)=-\int_{-\infty}^{\infty}\int_{-\infty}^{\infty}p(x,y)\log p(x,y)\mathrm{d}x\mathrm{d}y$$

$$=\log 2\pi\sigma_x\sigma_y\sqrt{1-\rho^2}+\frac{1}{2}\log\mathrm{e}\left[\frac{1}{1-\rho^2}-\frac{2\rho^2}{1-\rho^2}+\frac{1}{1-\rho^2}\right]$$

$$=\log 2\pi\mathrm{e}\sigma_x\sigma_y\sqrt{1-\rho^2}$$

根据平均互信息量定义可得

$$I(X;Y)=H(X)-H(X|Y)=\log\sigma_x\sqrt{2\pi\mathrm{e}}-\log\sigma_x\sqrt{2\pi\mathrm{e}(1-\rho^2)}=-\log\sqrt{1-\rho^2}$$

结果分析:

（1）高斯随机变量的信息熵只与方差有关:

$$H(X)=\ln\sigma_x\sqrt{2\pi\mathrm{e}},H(Y)=\ln\sigma_y\sqrt{2\pi\mathrm{e}}$$

（2）条件熵与相关系数 ρ 有关。

（3）相关系数 $\rho=0$ 时，高斯随机变量 X 和高斯随机变量 Y 线性不相关，此时 $H(X)=H(X|Y)$，说明 X 和 Y 相互独立。这是高斯随机变量的特性：若两个高斯随机变量线性不相关，则相互独立。一般随机变量不具备此特性。

（4）平均互信息量仅与相关系数 ρ 有关。当 $\rho=0$ 时，两个高斯随机变量独立，$I(X;Y)=0$。

8.4 连续信源的信息度量

连续信源与离散信源类似，可分为**无记忆连续信源**和**有记忆连续信源**。无记忆连续信源与无记忆离散信源一样，可以建模为一维连续信源，通过一维连续随机变量进行研究。有记忆连续信源与有记忆离散信源类似，可以建模为多维连续信源，通过多维连续随机矢量进行研究。

8.4.1 单符号连续信源的熵

单符号连续信源的输出可以用一维连续随机变量 X 进行描述。

定义8.7 单符号连续信源的熵

设 $p(x)$ 为单符号离散信源 X 的概率密度函数，则单符号连续信源的熵表示为

$$H(X) = -\int_{-\infty}^{\infty} p(x)\mathrm{d}x \qquad \text{比特/自由度} \tag{8.26}$$

需要注意的是，连续信源的熵（连续随机变量的相对熵）并不是信源的实际熵（根据离散随机变量所定义的熵概念），它失去了离散熵的部分含义和性质，不具有非负性。但是，相对熵的定义不影响平均互信息量和信道容量等重要概念的计算。

例8.4 一维高斯信源的信息熵。

已知一维高斯信源的概率密度函数为

$$p(x) = \frac{1}{\sigma\sqrt{2\pi}}\mathrm{e}^{-\frac{(x-\mu)^2}{2\sigma^2}}$$

求一维高斯信源的信息熵。

解：根据式（8.18）可得

$$\begin{aligned}
H(X) &= -\int_{-\infty}^{\infty} p(x)\log p(x)\mathrm{d}x \\
&= -\int_{-\infty}^{\infty} p(x)\log\left[\frac{1}{\sigma\sqrt{2\pi}}\mathrm{e}^{-\frac{(x-\mu)^2}{2\sigma^2}}\right]\mathrm{d}x \\
&= \log\sigma\sqrt{2\pi}\underbrace{\int_{-\infty}^{\infty} p(x)\mathrm{d}x}_{1} - \int_{-\infty}^{\infty} p(x)\log\mathrm{e}^{-\frac{(x-\mu)^2}{2\sigma^2}}\mathrm{d}x
\end{aligned}$$

对数底取 e

$$\begin{aligned}
&= \ln\sigma\sqrt{2\pi} + \frac{1}{2\sigma^2}\underbrace{\int_{-\infty}^{\infty} p(x)(x-\mu)^2\mathrm{d}x}_{\sigma^2} \\
&= \ln\sigma\sqrt{2\pi\mathrm{e}}
\end{aligned} \tag{8.27}$$

由上可见，一维高斯信源的信息熵只与均方差 σ 有关，而与均值 μ 无关。

8.4.2 多符号连续信源的熵

多符号连续信源可用连续随机矢量 $\boldsymbol{X}=X_1X_2\cdots X_N$ 来描述。

定义8.8 多符号连续信源的熵

多符号连续信源 $\boldsymbol{X}$ 的 N 维概率密度函数 $p(\boldsymbol{x})=p(x_1x_2\cdots x_N)$，则此多符号连续信源 $\boldsymbol{X}$ 的熵为

$$H(\boldsymbol{X})=-\int_{-\infty}^{\infty}p(\boldsymbol{x})\log p(\boldsymbol{x})\mathrm{d}\boldsymbol{x} \tag{8.28}$$

根据 N 维概率密度函数的性质，多符号连续信源有下面两种特殊的类型。

1. 多符号连续无记忆信源

与离散无记忆信源类似，由于符号之间相互独立，多符号连续无记忆信源的熵为

$$H(\boldsymbol{X})=\sum_{i=1}^{N}H(\boldsymbol{x}_i) \tag{8.29}$$

式中，$H(\boldsymbol{x}_i)$ 为 N 维随机矢量 $\boldsymbol{X}=(X_1X_2\cdots X_N)$ 中第 i 个分量的熵（此时为一维连续信源的熵）。

例8.5 N 维独立平均分布连续信源的熵。

已知 N 维连续信源输出 N 维随机矢量 $\boldsymbol{X}=(X_1X_2\cdots X_N)$，各分量在分布区域内均匀分布，其 N 维概率密度函数为

$$p(\boldsymbol{x})=p(x_1x_2\cdots x_N)=\begin{cases}\dfrac{1}{\prod\limits_{n=1}^{N}(b_n-a_n)}, & x_n\in[a_n,b_n]\\ 0, & \text{其他}\end{cases}$$

求此连续信源的熵。

解：根据 N 维概率密度函数，可求得第 n 个随机分量的概率密度函数为

$$\begin{aligned}p(x_n)&=\underbrace{\int_{-\infty}^{\infty}\int_{-\infty}^{\infty}\cdots\int_{-\infty}^{\infty}}_{\text{对除去}x_n\text{之外的所有分量积分}}p(x_1x_2\cdots x_N)\underbrace{\mathrm{d}x_1\mathrm{d}x_2\cdots\mathrm{d}x_N}_{\text{不包含}x_n}\\&=\underbrace{\int_{a_1}^{b_1}\int_{a_2}^{b_2}\cdots\int_{a_N}^{b_N}}_{\text{对除去}x_n\text{之外的所有分量积分}}\frac{1}{\prod\limits_{n=1}^{N}(b_n-a_n)}\underbrace{\mathrm{d}x_1\mathrm{d}x_2\cdots\mathrm{d}x_N}_{\text{不包含}x_n}\end{aligned}$$

$$= \frac{1}{b_n - a_n} \underbrace{\overbrace{\int_{a_1}^{b_1} \frac{1}{b_1 - a_1} \mathrm{d}x_1}^{1} \overbrace{\int_{a_2}^{b_2} \frac{1}{b_2 - a_2} \mathrm{d}x_2}^{1} \cdots \overbrace{\int_{a_N}^{b_N} \frac{1}{b_N - a_N} \mathrm{d}x_N}^{1}}_{\text{不包括}x_n}$$

$$= \frac{1}{b_n - a_n}$$

由此可见

$$p(x_1 x_2 \cdots x_N) = \prod_{n=1}^{N} p(x_n)$$

说明 N 个随机分量相互独立。

根据式（8.29）和式（8.19）可得

$$H(\boldsymbol{x}) = \sum_{n=1}^{N} \ln[b_n - a_n] \text{ 比特}/N \text{ 个自由度}$$

2. N 维高斯信源

高斯信源是一类非常重要的连续信源，例 8.4 介绍了一维高斯信源的信息度量。下面介绍更为一般的 N 维高斯信源的信息度量。

定义8.9 N 维高斯信源

若 N 维连续信源输出的 N 维随机矢量 $\boldsymbol{X} = X_1 X_2 \cdots X_N$ 服从高斯分布，即其概率密度函数为 N 维正态概率密度函数：

$$p(\boldsymbol{x}) = p(x_1 x_2 \cdots x_N) = \frac{1}{\sqrt{(2\pi)^N |\boldsymbol{R}|}} \mathrm{e}^{-\frac{1}{2}(\boldsymbol{x}-\boldsymbol{m})^{\mathrm{T}} \boldsymbol{R}^{-1} (\boldsymbol{x}-\boldsymbol{m})} \tag{8.30}$$

则该信源称为**N 维高斯信源**。

说明：（1）$\boldsymbol{m} = [m_1, m_2, \cdots, m_N]$ 为均值矢量，其中，$m_i (i = 1, 2, \cdots, N)$ 为第 i 个随机分量 X_i 的均值；

（2）$\boldsymbol{R} = [r_{ij}]_{N \times N}$ 为协方差矩阵，其中，$r_{ij} = E[(x_i - m_i)(x_j - m_j)]$ 为第 i 个随机分量 X_i 和第 j 个随机分量 X_j 间的相关系数（$i, j = 1, 2, \cdots, N$），x_i 为随机分量 X_i 的取值，x_j 为随机分量 X_j 的取值。

例8.6 N 维高斯分布信源的熵。

已知 N 维高斯分布连续信源的概率密度函数为

$$p(\boldsymbol{x}) = p(x_1 x_2 \cdots x_N) = \frac{1}{\sqrt{(2\pi)^N |\boldsymbol{R}|}} \mathrm{e}^{-\frac{1}{2}(\boldsymbol{x}-\boldsymbol{m})^{\mathrm{T}} \boldsymbol{R}^{-1} (\boldsymbol{x}-\boldsymbol{m})}$$

求：N 维高斯分布连续信源的熵。

解：根据多符号连续信源熵的定义式（8.28）可得

$$\begin{aligned}
H(X) &= H(X_1X_1\cdots X_N) = -\int_{-\infty}^{\infty}\cdots\int_{-\infty}^{\infty} p(x_1\cdots x_N)\ln p(x_1\cdots x_N)\mathrm{d}x_1\cdots\mathrm{d}x_N \\
&= -\int_{-\infty}^{\infty}\cdots\int_{-\infty}^{\infty} p(x_1\cdots x_N)\left[-\ln\sqrt{(2\pi)^N|\boldsymbol{R}|}-\frac{1}{2}(\boldsymbol{x}-\boldsymbol{m})^{\mathrm{T}}\boldsymbol{R}^{-1}(\boldsymbol{x}-\boldsymbol{m})\right]\mathrm{d}x_1\cdots\mathrm{d}x_N \\
&= \frac{1}{2}\ln\left[(2\pi)^N|\boldsymbol{R}|\right]+\frac{1}{2}\underbrace{\int_{-\infty}^{\infty}\cdots\int_{-\infty}^{\infty} p(x_1\cdots x_N)(\boldsymbol{x}-\boldsymbol{m})^{\mathrm{T}}\boldsymbol{R}^{-1}(\boldsymbol{x}-\boldsymbol{m})dx_1\cdots\mathrm{d}x_N}_{=N} \\
&= \frac{1}{2}\ln\left[(2\pi)^N|\boldsymbol{R}|\right]+\frac{N}{2}
\end{aligned}$$

特别地，当各随机分量 $X_1, X_2, \cdots, X_N$ 统计独立时，有 $|\boldsymbol{R}| = \prod\limits_{n=1}^{N}\sigma_n^2$，则

$$H(X) = \frac{1}{2}\sum_{n=1}^{N}\ln\sigma_n^2+\frac{N}{2}\ln 2\pi+\frac{N}{2}$$

8.4.3 波形信源的熵率

在波形信源中通常采用单位时间内信源的相对熵（**熵率**）表示信源的信息度量，用符号 $h_t(X)$ 表示，单位为 b/s。因此，对于频率限于 f_{H}、时间限于 T 的平稳波形信源，可用 $N = 2f_{\mathrm{H}}T$ 个自由度描述。若各抽样值相互独立，则波形信源的相对熵为

$$h(\boldsymbol{X}) = 2f_{\mathrm{H}}Th(X)\ \text{比特}/N\ \text{个自由度} \tag{8.31}$$

波形信源的熵率为

$$h_t(X) = \frac{h(\boldsymbol{X})}{T} = 2f_{\mathrm{H}}h(X)\ \mathrm{b/s} \tag{8.32}$$

8.5 连续信源的最大熵

对于离散信源，当消息符号等概率分布时，熵最大。对于连续信源，当存在最大熵值时，其概率密度函数 $p(x)$ 应该满足什么条件？

8.5.1 连续信源最大熵的数学模型

实际上，上述问题可以建模为约束条件下的极值求解问题：

$$p_{\max}(x) = \arg\max_{p(x)} H(X)$$

约束条件

$$❶ \int_{-\infty}^{\infty} p(x)\mathrm{d}x = 1 \tag{8.33}$$

❷ 其他约束条件

说明：（1）$p_{\max}(x)$：最佳输入分布。

（2）与离散信源不同，连续信源输出的是取值连续的信号（如音视频），对于幅值或者功率都有一定限制，因此式（8.33）中的其他约束条件就是针对此类限制而附加的约束条件。对信号的限制，可以分为两种情况：一是信源输出幅度受限，即瞬时功率受限；二是信源输出的平均功率受限。

8.5.2 瞬时功率受限连续信源的最大熵

瞬时功率受限（输出幅度受限）的连续信源最大熵存在下面定理。

定理8.1 瞬时功率受限连续信源最大熵

瞬时功率受限的连续信源分布为均匀分布时，信源熵最大。

证明：（1）极值求解模型。瞬时功率受限的连续信源，其输出信号的幅度 x 有一定限制，$a \leqslant x \leqslant b$。对于此类信源，最大熵求解模型中式（8.33）转换为

$$p_{\max}(x) = \arg\max_{p(x)} H(X)$$

约束条件

$$\int_a^b p(x)\mathrm{d}x = 1 \tag{8.34}$$

（2）拉格朗日乘子法求解极值。

令

$$F\Big[p(x)\Big] = H(X) + \lambda\left[\int_a^b p(x)\mathrm{d}x - 1\right]$$

求偏导并令其为 0

$$\downarrow$$

$$\frac{\partial F\left[p(x)\right]}{\partial p(x)} = \frac{\partial}{\partial p(x)}\left[-\int_a^b p(x)\log p(x)\mathrm{d}x\right] + \frac{\partial}{\partial p(x)}\left[\lambda\int_a^b p(x)\mathrm{d}x\right] = 0$$

$$= -\int_a^b \underbrace{\frac{\partial}{\partial p(x)}\left[p(x)\log p(x)\right]}_{\text{对数以 e 为底：}1+\ln p(x)} \mathrm{d}x + \lambda \int_a^b \underbrace{\frac{\partial}{\partial p(x)}\left[p(x)\right]}_{1} \mathrm{d}x$$

$$= -\ln p(x) - 1 + \lambda = 0$$

$$\downarrow$$

$$p(x) = \mathrm{e}^{\lambda - 1}$$

$$\int_a^b p(x)\mathrm{d}x = 1$$

$$\downarrow$$

$$\mathrm{e}^{\lambda-1} = \frac{1}{b-a}$$

因此，可以求得

$$p(x) = \begin{cases} \dfrac{1}{b-a}, & x \in [a,b] \\ 0, & x \notin [a,b] \end{cases}$$

输出信号幅度受限的连续信源，当满足均匀分布时信源熵取最大值。这一结论与离散信源等概率分布达到最大值的结论类似。

8.5.3 平均功率受限连续信源的最大熵

定理8.2 平均功率受限连续信源最大熵

若连续信源输出信号的平均功率为 P，当输出信号幅度的分布是均值 m、方差 $\sigma^2 = P$ 的高斯分布时，信源熵具有最大值，且其值为 $\frac{1}{2}\log 2\pi \mathrm{e}P$。

证明：对于平均功率受限的连续信源，式（8.33）可转换为

$$p_{\max}(x) = \arg\max_{p(x)} H(X)$$

约束条件

$$\int_{-\infty}^{\infty} p(x)\mathrm{d}x = 1 \tag{8.35}$$

$$\int_{-\infty}^{\infty} xp(x)\mathrm{d}x = m$$

$$\int_{-\infty}^{\infty} (x-m)^2 p(x)\mathrm{d}x = \sigma^2$$

拉格朗日乘子法求解极值：

$$F\Big[p(x)\Big]=H(X)\begin{aligned}&+\lambda_1\left[\int_{-\infty}^{\infty}p(x)\mathrm{d}x-1\right]\\&+\lambda_2\left[\int_{-\infty}^{\infty}xp(x)\mathrm{d}x-m\right]\\&+\lambda_3\left[\int_{-\infty}^{\infty}(x-m)^2p(x)\mathrm{d}x-\sigma^2\right]\end{aligned}$$

求偏导并令其为 0

$$\frac{\partial F\left[p(x)\right]}{\partial p(x)}=-\int_{-\infty}^{\infty}\underbrace{\frac{\partial}{\partial p(x)}\Big[p(x)\log p(x)\Big]}_{\text{对数以 e 为底：}1+\ln p(x)}\mathrm{d}x\begin{aligned}&+\lambda_1\int_{-\infty}^{\infty}\underbrace{\frac{\partial}{\partial p(x)}\Big[p(x)\Big]}_{1}\,\mathrm{d}x\\&+\lambda_2\int_{-\infty}^{\infty}\underbrace{\frac{\partial}{\partial p(x)}\Big[xp(x)\Big]}_{x}\,\mathrm{d}x\\&+\lambda_3\int_{-\infty}^{\infty}\underbrace{\frac{\partial}{\partial p(x)}\Big[(x-m)^2p(x)\Big]}_{(x-m)^2}\mathrm{d}x\end{aligned}$$

$$=-\ln p(x)-1+\lambda_1+x\lambda_2+(x-m)^2\lambda_3=0$$

求得

$$p(x)=\mathrm{e}^{\lambda_1-1+x\lambda_2+(x-m)^2\lambda_3}$$

代入式（8.35）中的三个约束条件

$$\begin{cases}\mathrm{e}^{\lambda_1-1}=\dfrac{1}{\sigma\sqrt{2\pi}}\\\lambda_2=0\\\lambda_3=-\dfrac{1}{2\sigma^2}\end{cases}$$

因此，可以求得

$$p(x)=\frac{1}{\sigma\sqrt{2\pi}}\mathrm{e}^{-\frac{(x-m)^2}{2\sigma^2}}$$

输出信号平均功率受限的连续信源中，具有高斯分布（均值为 m、方差 $\sigma^2=P$）的连续信源具有的熵值最大，最大熵为 $H(X)=\dfrac{1}{2}\log 2\pi\mathrm{e}P$。公式表明，平均功率越大，最大熵值越大。

8.5.4 连续信源的熵功率

对于连续信源而言，某些特定的符号分布具有最大的熵值。类似于离散信源，未达到最大熵值的连续信源存在剩余度问题。由于平均功率受限的连续信源是最为常见的一种类型，这里只讨论此类信源的剩余度问题。

1. 熵功率的引入

如前所述，若连续信源输出信号的平均功率为 P，则其属于功率受限的连续信源，此类信源符号为高斯分布时，具有最大熵值 $\frac{1}{2}\log 2\pi eP$。很明显，如果平均功率受限信源的符号分布不是高斯分布，信源熵将小于最大值 $\frac{1}{2}\log 2\pi eP$。因此，对于非高斯分布的平均功率受限信源，利用**熵功率**表示信源的剩余度。

2. 熵功率

定义 8.10 熵功率

若非高斯信源 X 具有平均功率 P，其熵值为 $H(X)$，则达到熵值 $H(X)$ 的高斯信源所需功率 P_e，定义为熵功率。

根据熵功率的定义可得

$$\text{非高斯信源的熵}H(X) \quad = \quad \text{高斯信源的熵}H(Y) = \frac{1}{2}\log 2\pi eP_e$$

$$\downarrow$$

$$H(X) = \frac{1}{2}\log 2\pi eP_e$$

$$\downarrow$$

$$\boxed{\begin{aligned} P_e &= \frac{1}{2\pi e}e^{2H(X)} \\ H(X) &= \frac{1}{2}\ln\left[2\pi eP_e\right]\text{奈特/自由度} \end{aligned}} \quad \boxed{\begin{aligned} P_e &= \frac{1}{2\pi e}2^{2H(X)} \\ H(X) &= \frac{1}{2}\log_2\left[2\pi eP_e\right]\text{比特/自由度} \end{aligned}} \tag{8.36}$$

3. 连续信源的剩余度

通常情况下，熵功率 P_e 不会大于此信源的实际功率，即 $P_e \leqslant P$，这说明非高斯信源是功率存在剩余的信源（达到相同信息熵的信号功率过大，信号在信息表达方面效率不高）。若熵功率和信号实际功率相等，则信号功率没有剩余。熵功率和信号实际功率相差越大，信号功率剩余越大。

定义 8.11 连续信源的剩余度

信号实际功率 P 和熵功率 P_e 之差定义为连续信源的**剩余度**

根据连续信源剩余度的定义可知，只有高斯信源的熵功率等于其实际功率，剩余度才为零。

例8.7 连续信源的剩余度。
已知一个平均功率为 3W 的非高斯信源的熵为

$$H(X) = \frac{1}{2}\log 4\pi\mathrm{e}\ \text{比特/自由度}$$

求该信源的熵功率和剩余度。
解：根据式（8.36），可以求得熵功率为

$$P_{\mathrm{e}} = \frac{1}{2\pi\mathrm{e}} 2^{2\times\frac{1}{2}\log_2 4\pi\mathrm{e}} = 2(\mathrm{W})$$

根据连续信源剩余度的定义，可得 $P - P_{\mathrm{e}} = 1(\mathrm{W})$。

8.6 连续信道和波形信道

如果信道输入和输出的消息符号取值连续，此类信道就是**连续信道**。

8.6.1 连续信道的分类

连续信道一般可分为**一维连续信道**、**多维连续信道**和**波形信道**。

1. 一维连续信道

一维连续信道的输入输出均为一维连续随机变量，一维连续信道的数学模型为

$$[X, p(y|x), Y] \qquad \begin{array}{l} X\text{：信道输入，为一维连续随机变量} \\ Y\text{：信道输出，为一维连续随机变量} \\ p(y|x)\text{：信道转移概率密度函数} \end{array} \tag{8.37}$$

信息输入与输出之间的关系如下：

$$X \longrightarrow \boxed{p(y|x)} \longrightarrow Y$$

2. 多维连续信道

多维连续信道的输入和输出符号为平稳随机序列，数学模型为

$$[\boldsymbol{X}, p(\boldsymbol{y}|\boldsymbol{x}), \boldsymbol{Y}] \qquad \begin{array}{l} \boldsymbol{X} = (X_1X_2\cdots X_N)\text{：信道输入，为平稳随机序列} \\ \boldsymbol{Y} = (Y_1Y_2\cdots Y_N)\text{：信道输出，为平稳随机序列} \\ p(\boldsymbol{y}|\boldsymbol{x})\text{：信道转移概率密度函数} \end{array} \tag{8.38}$$

其中

$$p(\boldsymbol{y}|\boldsymbol{x}) = p(y_1y_2\cdots y_N|x_1x_2\cdots x_N)$$

$$\int_{-\infty}^{\infty}\cdots\int_{-\infty}^{\infty} p(y_1y_2\cdots y_N|x_1x_2\cdots x_N)\mathrm{d}y_1\cdots\mathrm{d}y_N = 1$$

若多维连续信道的转移概率密度函数满足

$$p(\boldsymbol{y}|\boldsymbol{x}) = p(y_1y_2\cdots y_N|x_1x_2\cdots x_N) = \prod_{n=1}^{N} p(y_n|x_n) \tag{8.39}$$

则信道为**连续无记忆信道**，即任一时刻输出的概率密度函数只与当前时刻的输入有关，而与历史时刻的输入、输出都没有关系。

若信道无记忆条件，即式（8.39）不成立，则称为**连续有记忆信道**，即任一时刻连续信道的输出与历史时刻和当前时刻的输入和输出有关。

3. 波形信道

当信道的输入和输出都是随机过程时（可分别建模为随机过程 $X(t)$ 和 $Y(t)$），此类信道称为**波形信道**。波形信道的特点是信道的输入与输出的取值以及时间的取值都是连续的。实际应用的模拟通信系统，其信道就是波形信道。在通信系统模型中，把来自通信系统各部分的噪声集中在一起，并认为均通过信道加入，因此波形信道是研究模拟通信系统噪声很好的模型。

实际传输信号的带宽总是有限的，因此波形信道的带宽受限（频率小于或等于信号最大频率 $f_{\rm H}$）。根据奈奎斯特采样定理，单位时间内信号采样次数可低至 $2f_{\rm H}$。这样在有限的观测时间窗口 T 内，可以得到低至 $2Tf_{\rm H}$ 个信号采样值。通过采样，波形信道的输入 $X(t)$ 和输出 $Y(t)$ 就可以转换为 N **维连续信道**（$N=2Tf_{\rm H}$，时间离散，幅值连续），此 N 维连续信道的输入随机矢量 $\boldsymbol{X}=X_1X_2\cdots X_N$，输出随机矢量 $\boldsymbol{Y}=Y_1Y_2\cdots Y_N$。

8.6.2 波形信道的分类

根据信道中噪声对信号的影响方式，可以将噪声分为**乘性噪声**和**加性噪声**。因此，波形信道也可据此分为**乘性波形信道**和**加性波形信道**。

1. 乘性波形信道

信道中噪声对信号的干扰作用表现为与信号相乘的关系，乘性噪声随信号的存在而存在，随信号的消失而消失，此时的信道称为**乘性波形信道**，简称**乘性信道**。例如，在移动通信系统中信道中的信号以电磁波的形式传播，会发生反射、散射等现象，信道输出信号是所有反射（包括多次反射）和散射信号叠加而成的，使得信道输出信号呈现**衰落现象**（幅值和相位的快速变化），此时信道输出信号可以表示为 $r(t)=a(t)x(t)+n(t)$，其中 $a(t)$ 表示信号幅值所遭受的乘性干扰，故移动通信信道是一乘性信道，如图 8.3 所示。

2. 加性波形信道

在上述的移动通信信道中，信道输出信号 $r(t)$ 中还有描述背景噪声的项 $n(t)$，由于噪声 $n(t)$ 与信号 $x(t)$ 是相加的关系，故此类噪声为**加性噪声**，包含加性噪声的信道为**加性波形信道**，简称**加性信道**。加性噪声独立于信号，但始终影响信号。

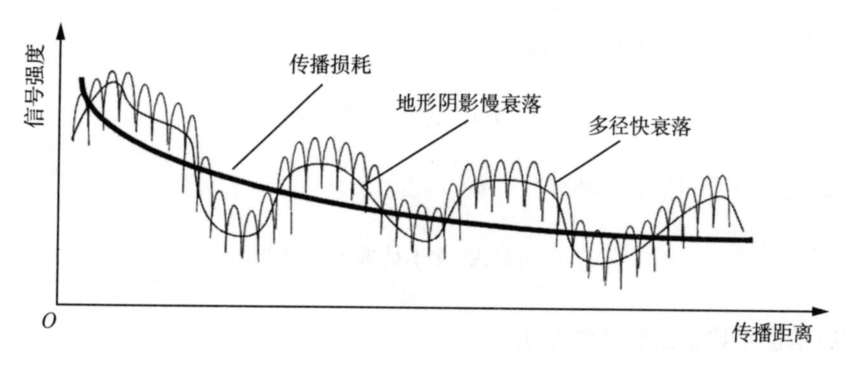

图 8.3 移动通信系统的衰落信道是乘性信道

8.7 连续信道的平均互信息量

平均互信息量是讨论信道传输信息能力的重要手段，本节详细讨论各类连续信道的平均互信息量。

8.7.1 连续信道

1. 一维连续信道的平均互信息量

一维连续信道的输入与输出分别利用一维随机变量 X 和 Y 建模，所以其平均互信息量为

$$\begin{aligned} I(X;Y) &= H(X) - H(X|Y) \\ &= H(Y) - H(Y|X) \\ &= H(X) + H(Y) - H(X,Y) \end{aligned} \tag{8.40}$$

根据式（8.40）可知

（1）一维连续信道的平均互信息量的关系式和离散信道平均互信息量关系式完全类似。

（2）一维连续信道的平均互信息量保留了离散信道平均互信息量的所有含义和性质。

（3）类似离散信道信息传输率的定义，一维连续信道的信息传输率也可定义为

$$R = I(X;Y) \text{ 比特/自由度} \tag{8.41}$$

2. 多维连续信道的平均互信息量

多维连续信道的输入和输出分别是多维随机矢量 $\boldsymbol{X} = X_1X_2\cdots X_N$ 和 $\boldsymbol{Y} = Y_1Y_2\cdots Y_N$，其平均互信息量为

$$\begin{aligned} I(\boldsymbol{X};\boldsymbol{Y}) &= H(\boldsymbol{X}) - H(\boldsymbol{X}|\boldsymbol{Y}) \\ &= H(\boldsymbol{Y}) - H(\boldsymbol{Y}|\boldsymbol{X}) \\ &= H(\boldsymbol{X}) + H(\boldsymbol{Y}) - H(\boldsymbol{X}|\boldsymbol{Y}) \end{aligned} \tag{8.42}$$

同样，多维连续信道的信息传输率为

$$R = I(\boldsymbol{X};\boldsymbol{Y}) \text{ 比特}/N \text{ 个自由度。}$$

平均每个自由度的信息传输率为

$$R_N = \frac{1}{N} I(\boldsymbol{X};\boldsymbol{Y}) \text{ 比特/自由度。}$$

3. 连续信道平均互信息量的性质

与离散随机信道的平均互信息量类似，连续信道平均互信息量具有以下性质：

（1）非负性：$I(X;Y) \geqslant 0$。

（2）对称性：$I(X;Y) = I(Y;X)$。

（3）上凸性：$I(X;Y)$ 是信道输入 X 的概率密度函数 $p(x)$ 的上凸函数。

（4）下凸性：$I(X;Y)$ 是连续信道转移概率密度函数 $p(y|x)$ 的下凸函数。

（5）若多维连续**信源**是**无记忆**的（信源符号矢量 $\boldsymbol{X} = (X_1X_2\cdots X_N)$ 中各分量 $X_n(n = 1,2,\cdots,N)$ 相互独立），则存在关系式

$$I(X;Y) \geqslant \sum_{n=1}^{N} I(X_n;Y_n) \tag{8.43}$$

（6）若多维连续**信道**是**无记忆**的（$p(\boldsymbol{y}|\boldsymbol{x}) = \prod\limits_{n=1}^{N} p(y_n|x_n)$），则存在关系式

$$I(\boldsymbol{X};\boldsymbol{Y}) \leqslant \sum_{n=1}^{N} I(X_n;Y_n) \tag{8.44}$$

（7）若多维连续**信源**是**无记忆**的，且多维连续**信道**是**无记忆**的，则存在关系式

$$I(\boldsymbol{X};\boldsymbol{Y}) = \sum_{n=1}^{N} I(X_n;Y_n) \tag{8.45}$$

8.7.2 加性信道

在入加性信道中，信号与噪声是相互叠加的关系，并且噪声独立于信号。加性信道的噪声熵定义为 $H(Y|X)$，加性信道平均互信息量为 $I(X;Y)$。

下面讨论一维加性信道和多维加性信道的噪声熵。

1. 一维加性信道的噪声熵

一维加性信道又称为**单符号加性信道**。信道输入、输出和加性噪声可以分别建模为一维连续随机变量 X、Y 和 Z。根据加性信道的特点，三个随机变量之间的关系为

$$Y = X + Z \tag{8.46}$$

根据概率论中随机变量和的分布公式（8.8），可以求得信道转移概率密度函数为

$$\left.\begin{aligned} p(xy) &= p(xz) = p(x)p(z|x) = p(x)p(z) \\ &= p(x)p(y|x) \end{aligned}\right\} \rightarrow p(y|x) = p(z)$$

（注：加性信道：信号 X 与噪声 Z 信号独立）

上式说明，加性信道的信道转移概率密度函数等于噪声的概率密度函数，这表明加性信道的不确定性是加性噪声引起的。

噪声熵为

$$\begin{aligned} H(Y|X) &= \int_{-\infty}^{\infty}\int_{-\infty}^{\infty} p(xy)\log p(y|x)\mathrm{d}x\mathrm{d}y = \int_{-\infty}^{\infty} p(x)\mathrm{d}x \int_{-\infty}^{\infty} \underbrace{p(y|x)}_{p(z)}\log p(y|x)\mathrm{d}y \\ &= \underbrace{\int_{-\infty}^{\infty} p(x)\mathrm{d}x}_{1} \underbrace{\int_{-\infty}^{\infty} p(z)\log p(z)\mathrm{d}z}_{H(\boldsymbol{Z})} \\ &= H(Z) \end{aligned}$$

由上式可见：

（1）$H(Y|X) = H(Z)$ 说明：条件熵 $H(Y|X)$ 是噪声引起的，它完全等于噪声的信息熵（用于刻画噪声的不确定程度），所以条件熵 $H(Y|X)$ 称为**噪声熵**。

（2）根据（定理 8.2）**平均功率受限连续信源最大熵**，若噪声 Z 呈高斯分布（也称为正态分布），则噪声熵最大。这说明高斯分布的信道噪声对信道信息传输的影响最大，是最坏的情况。因此，在通信系统设计中，往往将高斯噪声作为设计参考标准，这既简化了分析，根据噪声最坏情况设计出的通信系统也具有较高的可靠性。

根据连续信道平均互信息量定义可得平均互信息量为

$$I(X;Y) = H(Y) - H(Z) \tag{8.47}$$

2. 多维加性信道的噪声熵

在**多维加性信道**中，信道输入随机矢量 $\boldsymbol{X}$、输出随机矢量 $\boldsymbol{Y}$ 和信道噪声矢量 $\boldsymbol{Z}$ 之间的关系为

$$\boldsymbol{Y} = \boldsymbol{X} + \boldsymbol{Z} \tag{8.48}$$

同理，可得多维加性信道的转移概率密度函数为

$$p(\boldsymbol{y}|\boldsymbol{x}) = p(\boldsymbol{z}) \tag{8.49}$$

因此，多维加性信道的**噪声熵**为

$$H(\boldsymbol{Y}|\boldsymbol{X}) = H(\boldsymbol{Z}) \tag{8.50}$$

8.8 连续信道的信道容量

和离散信道相同，衡量连续信道信息传输能力的指标是**信道容量**。本节将详细介绍各类连续信道的信道容量计算公式。

8.8.1 连续信道的信道容量定义

对于固定的连续信道，假设 $p(x)$ 为信道输入随机变量 X（标量或者矢量）的概率密度函数，其信道容量 C 一般有以下定义。

定义 8.12 连续信道的信道容量

$$C = \max_{p(\boldsymbol{x})} I(X;Y) = \max_{p(\boldsymbol{x})} \Big[H(Y) - H(Y|X)\Big] \tag{8.51}$$

根据前面的分析可知，加性信道中信号和噪声相互独立，因此加性信道的信道容量公式可以进一步简化：

$$\begin{aligned} C &= \max_{p(x)} I(X;Y) = \max_{p(x)} \Big[H(Y) - \underbrace{H(Y|X)}_{H(Z)}\Big] = \max_{p(x)} \Big[H(Y) - H(Z)\Big] \\ &\overset{\text{信号 } X \text{ 与噪声 } Z \text{ 相互独立}}{=} \max_{p(x)} \Big[H(Y)\Big] - H(Z) \end{aligned} \tag{8.52}$$

由上式可见：计算加性信道的信道容量就是求取连续信源的某种概率密度函数 $p(x)$ 使得信道输出信号 Y 的信息熵 $H(Y)$ 最大。

根据前面的知识可知，不同类型的信源（表现为数学模型中不同的限制条件），其最大熵值及其对应的概率密度函数也不相同。因此，加性信道的信道容量不但与**噪声统计特性**有关，还与**连续信源类型**有关。一般情况下，输入信号和噪声的平均功率是受限的，因此重点讨论平均功率受限情况下的加性信道的信道容量。

8.8.2 一维高斯加性信道的信道容量

一维高斯加性信道中，加性噪声 Z 的概率密度函数为一维高斯函数，信道输入信号和输出信号分别为一维连续随机变量 X 和 Y。

不失一般性，假设加性噪声 Z 是均值为零、方差为 σ_z^2 的高斯噪声，其概率密度函数和信息熵分别为

$$p(z) = \frac{1}{\sigma\sqrt{2\pi}} \mathrm{e}^{-\frac{z^2}{2\sigma_z^2}}$$

$$H(Z) = \frac{1}{2}\log 2\pi\mathrm{e}\sigma_z^2$$

将上式代入式（8.52），可得一维高斯加性信道的信道容量为

$$
\begin{aligned}
C &= \max_{p(x)} \left[H(Y) - H(Z)\right] \\
&= \underbrace{\max_{p(x)} \left[H(Y)\right]} - \frac{1}{2}\log 2\pi e\sigma_z^2
\end{aligned}
$$

平均功率受限信道最大熵定理：

❶ $\max H(Y) = \frac{1}{2}\log 2\pi e\sigma_y^2$

❷ Y 的分布：均值为 0、方差为 σ_y^2 的高斯分布

Z 的分布：均值为 0、方差为 σ_z^2 的高斯分布 ↓ $X = Y - Z$

❸ X 的分布：均值为 0、方差为 $\sigma_x^2 = \sigma_y^2 - \sigma_z^2$ 的高斯分布

❹ $\sigma_y^2 = \sigma_x^2 + \sigma_z^2 = S + \sigma^2$

$$
\begin{aligned}
&= \underbrace{\frac{1}{2}\log 2\pi e\sigma_y^2}_{\max H(Y)} - \underbrace{\frac{1}{2}\log 2\pi e\sigma_z^2}_{H(Z)} \\
&= \frac{1}{2}\log 2\pi e(\sigma_x^2 + \sigma_z^2) - \frac{1}{2}\log 2\pi e\sigma_z^2 \\
&= \frac{1}{2}\log\left[1 + \frac{\sigma_x^2}{\sigma_z^2}\right] \quad \sigma_x^2\text{：信号功率} \quad \sigma_z^2\text{：噪声功率} \\
&= \frac{1}{2}\log[1 + \mathrm{SNR}] \quad \mathrm{SNR} = \frac{\sigma_x^2}{\sigma_z^2}\text{：信噪比}
\end{aligned}
\tag{8.53}
$$

根据式（8.53）可知，一维高斯加性信道的信道容量仅取决于信道的信噪比，**最佳输入分布**是均值为 0、方差为信号功率 σ_x^2 的**高斯分布**。

式（8.53）只适用于**高斯加性信道**，即信道中只存在高斯加性噪声，而没有考虑输入信号功率的损耗（信号功率为常数 σ_x^2）。

8.8.3 一维非高斯加性信道的信道容量

式（8.53）适用于高斯加性信道，但在实际系统中信道噪声往往并不是高斯分布，此类信道可以统称为**非高斯加性信道**。非高斯加性信道的信道容量计算相当复杂，只能给出信道容量的上下界。

对于平均功率受限的信道（输入信号平均功率小于 σ_x^2，加性噪声平均功率为 σ_z^2），有下述定理。

定理8.3 一维非高斯加性信道的信道容量定理

假设信道输入信号的平均功率小于 σ_x^2，信道加性噪声平均功率为 σ_z^2，则一维非高斯

加性信道的信道容量满足

$$\frac{1}{2}\log\left[1+\frac{\sigma_x^2}{P_{\rm e}}\right]\leqslant C\leqslant\frac{1}{2}\log\left[\frac{\sigma_x^2+\sigma_z^2}{P_{\rm e}}\right] \tag{8.54}$$

证明：不失一般性，假设信道输入信号和噪声的均值均为 0。假设信道输入信号为 X，输出信号为 Y，信道噪声为 Z，则加性信道模型为

$$Y=X+Z$$

σ_y^2 的表达式为

$$E\left[Y^2\right]=E\left[(X+Z)^2\right]=E\left[X^2\right]+E\left[Z^2\right]+2\underbrace{E\left[XZ\right]}_{X\text{ 与 }Z\text{ 独立}}=\underbrace{E\left[X^2\right]}_{\sigma_x^2}+\underbrace{E\left[Z^2\right]}_{\sigma_z^2}=\sigma_x^2+\sigma_z^2$$

由于是非高斯加性信道，信道输出信号 Y 为非高斯分布随机变量，故其信息熵 $H(Y)$ 小于或等于具有相同功率的高斯分布随机变量的信息熵$\frac{1}{2}\log 2\pi{\rm e}\sigma_Y^2$，即

$$H(Y)\leqslant\frac{1}{2}\log\left[2\pi{\rm e}\sigma_Y^2\right]=\frac{1}{2}\log\left[2\pi{\rm e}(\sigma_X^2+\sigma_Z^2)\right] \tag{8.55}$$

根据式（8.36），可以求得加性噪声 Z 的熵功率为

$$P_{\rm e}=\frac{1}{2\pi{\rm e}}{\rm e}^{2H(Z)}$$

由此可得

$$H(Z)=\frac{1}{2}\log\left[2\pi{\rm e}P_{\rm e}\right] \tag{8.56}$$

根据信道容量的定义可得

$$\begin{aligned}
C&=\max_{p(x)}\left[H(Y)\right]-H(Z) \quad \text{式 (8.52)}\\
&=\max_{p(x)}\left[H(Y)\right]-\frac{1}{2}\log\left[2\pi{\rm e}P_{\rm e}\right] \quad \text{式 (8.56)}\\
&\leqslant\frac{1}{2}\log\left[2\pi{\rm e}(\sigma_X^2+\sigma_z^2)\right]-\frac{1}{2}\log\left[2\pi{\rm e}P_{\rm e}\right] \quad \text{式 (8.55)}\\
&=\frac{1}{2}\log\left[\frac{\sigma_x^2+\sigma_z^2}{P_{\rm e}}\right]
\end{aligned}$$

$$\downarrow$$

$$C\leqslant\frac{1}{2}\log\left[\frac{\sigma_x^2+\sigma_z^2}{P_{\rm e}}\right]$$

加性噪声 Z 为高斯分布时 $P_{\rm e}=\sigma_z^2$，上式等号成立，与式（8.53）一致。

由熵功率的定义可知，任何一个信源的熵功率 P_{e} 小于或等于信源的实际功率 σ_z^2：

$$P_{\mathrm{e}} \leqslant \sigma_z^2 \tag{8.57}$$

根据信道容量定义，对加性信道，有

$$\begin{aligned}
C &= \max_{p(x)}\left[H(Y)\right] - H(Z) \quad \text{式 (8.52)} \\
&= \underbrace{\max_{p(x)}\left[H(Y)\right]}_{Y\ \text{为高斯分布时取最大值}} - \frac{1}{2}\log\left[2\pi e P_{\mathrm{e}}\right] \quad \text{式 (8.56)} \\
&= \frac{1}{2}\log\left[2\pi e(\sigma_x^2+\sigma_z^2)\right] - \frac{1}{2}\log\left[2\pi e P_{\mathrm{e}}\right] \\
&\geqslant \frac{1}{2}\log\left[2\pi e(\sigma_x^2+P_{\mathrm{e}})\right] - \frac{1}{2}\log\left[2\pi e P_{\mathrm{e}}\right] \quad \text{式 (8.57)} \\
&= \frac{1}{2}\log\left[1+\frac{\sigma_x^2}{P_{\mathrm{e}}}\right]
\end{aligned}$$

结论：上述定理表明，当噪声功率 σ_z^2 给定后，高斯分布的噪声是影响程度最大的干扰（最坏的情况），此时信道容量 $C=\dfrac{1}{2}\log\left[1+\dfrac{\sigma_x^2}{P_{\mathrm{e}}}\right]$。因此，实际应用中往往把信道噪声视为高斯噪声并分析通信系统性能，可以得到更为可靠的结果。

8.8.4 多维无记忆高斯加性信道的信道容量

1. 数学模型

对于多维无记忆高斯加性信道，可从以下几方面进行分析：

（1）**多维连续信道**：信道输入和信道输出分别为随机矢量 $\boldsymbol{X}=X_1X_2\cdots X_N$ 和随机矢量 $\boldsymbol{Y}=Y_1Y_2\cdots Y_N$。

（2）**无记忆信道**：信道转移概率密度函数 $p(\boldsymbol{y}|\boldsymbol{x})$ 满足 $p(\boldsymbol{y}|\boldsymbol{x})=\prod\limits_{i=1}^{N}p(y_i|x_i)$，其中，$\boldsymbol{x}$ 表示随机矢量 $\boldsymbol{X}$ 的具体取值，$\boldsymbol{y}$ 表示随机矢量 $\boldsymbol{Y}$ 的具体取值，x_i 为随机序列 $\boldsymbol{x}$ 的第 i 个分量，y_i 为随机序列 $\boldsymbol{y}$ 的第 i 个分量（$i=1,2,\cdots,N$）。

（3）**高斯信道**：高斯信道中，噪声矢量 $\boldsymbol{Z}=Z_1Z_2\cdots Z_N$ 的各分量 $Z_i(i=1,2,\cdots,N)$ 均为高斯噪声，且各分量之间相互独立。不失一般性，可设第 i 个高斯噪声分量的均值为 0、方差为 σ_i^2。

（4）**加性信道**：加性信道中噪声矢量 $\boldsymbol{Z}=Z_1Z_2\cdots Z_N$、信道输入信号 $\boldsymbol{X}$ 和信道输出信号 $\boldsymbol{Y}$ 的关系为

$$\boldsymbol{Y}=\boldsymbol{X}+\boldsymbol{Z}$$

（5）**等价模型**：

$$\boldsymbol{Y}=\boldsymbol{X}+\boldsymbol{Z}$$

$$\downarrow$$

$$[Y_1, Y_2, \cdots, Y_N] = [X_1, X_2, \cdots, X_N] + [Z_1, Z_2, \cdots, Z_N]$$

$$\downarrow$$

$$Y_1 = X_1 + Z_1 \quad Y_2 = X_2 + Z_2 \quad \cdots \quad Y_N = X_N + Z_N$$

$$X_1 \to \bigoplus \to Y_1 \quad X_2 \to \bigoplus \to Y_2 \quad \cdots \quad X_N \to \bigoplus \to Y_N$$

Z_1 Z_2 Z_1

N 个独立加性信道并联

由上面分析可知，**多维无记忆高斯加性信道**可以等价为N **个相互独立的高斯加性信道的并联**。

2. 信道容量

由于多维无记忆高斯加性信道可以等效为 N 个相互独立的高斯加性信道的并联，根据式（8.53）可得多维无记忆高斯加性信道容量为

$$C = \frac{1}{2}\sum_{i=1}^{N} \log\left[1 + \mathrm{SNR}_i\right] \text{ 比特}/N \text{ 个自由度} \tag{8.58}$$

式中，SNR_i 为第 i 个高斯加性信道的信噪比，$\mathrm{SNR}_i = P_i/\sigma_i^2$，其中，$\sigma_i^2$ 为第 i 个高斯加性信道中噪声的方差，P_i 为第 i 个信号分量 X_i 的平均功率。

分析式（8.58），可以得到如下结论：

（1）信道输入序列 $\boldsymbol{X}$ 中各个分量 X_i 相互独立且呈均值为零、方差为 P_i 的高斯分布。

（2）所求得的信道容量既是多维无记忆高斯加性信道的信道容量，也是 N 个独立并联高斯加性信道的信道容量。

（3）若各个独立高斯加性信道中的噪声功率相等，即 $\sigma_i^2 = \sigma_0^2$（$i = 1, 2, \cdots, N$），则信道容量为

$$C = \frac{N}{2}\log\left[1 + \frac{P}{\sigma_0^2}\right] \text{ 比特}/N \text{ 个自由度} \tag{8.59}$$

8.9 波形信道的信道容量

波形信道是幅值和时间都连续的单符号信道，实际中经常遇到的是具有加性高斯白噪声的波形信道，称为**加性高斯白噪声**（Additive White Gaussian Noise，AWGN）**波形信道**。本节将推导分析 AWGN 信道容量的表达式——香农公式，并讨论其含义。

8.9.1 限带 AWGN 信道的信道容量

1. 信道模型

假设信道输入信号为平稳随机过程 $X(t)$，信道输出为 $Y(t)$，信道噪声 $Z(t)$ 为加性高斯白噪声（AWGN）。不失一般性，可以假设 $Z(t)$ 的均值为 0，则有

$$Y(t) = X(t) + Z(t) \tag{8.60}$$

根据随机过程的理论，接收信号 $Y(t)$ 是均值为 $X(t)$ 的高斯分布随机变量。若信道的频率特性是理想限带的，带宽为 B(Hz)，则 $X(t)$、$Y(t)$ 和 $Z(t)$ 的带宽均为 B。根据抽样定理，现以 $2B$ 的抽样频率对接收信号 $Y(t)$ 进行抽样，将得到 N 维随机序列如下：

$$\boldsymbol{X} = X(t_1)X(t_2)\cdots X(t_N) \tag{8.61}$$

$$\boldsymbol{Y} = Y(t_1)Y(t_2)\cdots Y(t_N) \tag{8.62}$$

$$\boldsymbol{Z} = Z(t_1)Z(t_2)\cdots Z(t_N) \tag{8.63}$$

可以证明，若以至少 $2B$ 的频率对频带受限于 B 的高斯白噪声进行抽样，则不同抽样时刻的采样值互不相关。对于高斯分布而言，互不相关就是统计独立，加性高斯白噪声波形信道可以建模为 N **维无记忆高斯加性信道**。

2. 信道容量

在 $[0,T]$ 时间内，抽样值个数 $N=2BT$，因此根据多维无记忆高斯加性信道的信道容量（式（8.59））可得

$$C = \frac{N}{2}\log\left[1+\frac{P}{\sigma_0^2}\right] \text{ 比特}/N \text{ 个自由度} \tag{8.64}$$

式中，P 为随机变量 $X(t_n)$ 的平均功率；σ_0^2 为随机噪声 $Z(t_n)$ 的平均功率。

由于输入信号和输出信号均为平稳随机过程，因此随机变量 $X(t_n)$ 和 $Z(t_n)$ 的平均功率与时间无关。

当信道的频带受限于 B(Hz)、输入信号的平均功率为 P 和噪声功率为 σ_0^2 时，加性高斯白噪声信道单位时间的最大信息传输速率为

$$C_t = \frac{C}{T} = B\log\left[1+\frac{P}{\sigma_0^2}\right] \text{ b/s} \tag{8.65}$$

式（8.65）为限带限功率的加性高斯白噪声信道的信道容量公式，即**香农公式**。因为在 AWGN 信道中，噪声功率还可以表示为 $\sigma_0^2 = n_0 B$，所以香农公式还可以写为

$$C_t = B\log\left[1+\frac{P}{n_0 B}\right] = B\log\left[1+\text{SNR}\right] \text{ b/s} \tag{8.66}$$

式中，n_0 为白噪声的单边功率谱密度；SNR 为信噪比。

8.9.2 香农公式的意义

香农公式给出了加性高斯白噪声通信系统的信道容量，它是无差错传输可以达到的极限信息传输率。

1. 信噪比与信道容量的关系

当带宽 B 一定时，信噪比 SNR 与信道容量 C_t 呈对数关系。信噪比 SNR 增大，信道容量 C_t 也会增大，但增大到一定程度后会趋于缓慢。这说明增加输入信号的功率虽然有

助于信道容量的提升，但是效果有限；另外，降低噪声功率从而增加信噪比也是有效果的，当 $n_0 \to 0$ 时，$C_t \to \infty$，即无噪信道的容量趋于无穷大。

2. 带宽与信道容量的关系

当输入信号的功率 P 一定时，增加信道带宽，可以增加容量，但信道带宽增加到一定阶段后，信道容量的增加会变得缓慢，因为当噪声为加性高斯白噪声时，随着带宽 B 的增加，噪声功率 n_0B 也随之增加。图 8.4 为 AWGN 信道容量与带宽的关系。

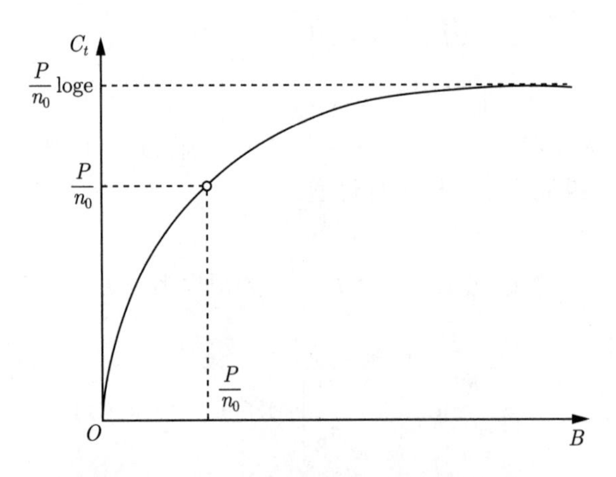

图 8.4　AWGN 信道容量与带宽的关系

（1）容量的极限。当 $B \to \infty$ 时，利用式 $\lim\limits_{x\to 0}(1+x)^{\frac{1}{x}} = \mathrm{e}$，可以求得 C_t 的极限值：

$$\lim_{B\to\infty} C_t = \lim_{B\to\infty} B\left[1+\frac{P}{n_0B}\right] = \lim_{B\to\infty}\frac{P}{n_0}\log\left[1+\frac{P}{n_0B}\right]^{\frac{n_0B}{P}}$$
$$= \frac{P}{n_0}\lim_{x\to 0}\log(1+x)^{\frac{1}{x}} = \frac{P}{n_0}\log \mathrm{e}$$

当对数的底为 2 时，信道容量的极限为

$$\lim_{B\to\infty} C_t = \frac{P}{n_0\ln 2} = 1.44\frac{P}{n_0}\mathrm{b/s} \tag{8.67}$$

式（8.67）表明，当带宽无限时，信道容量仍是有限的。

（2）香农限。信道容量可以进一步表示为比特能量的函数：

$$C_t = B\log\left[1+\frac{P}{n_0B}\right]$$

E_b：单位比特的信号功率 $\to P = C_tE_\mathrm{b}$

$$\frac{C_t}{B} = \log\left[1+\frac{E_\mathrm{b}}{n_0}\times\frac{C_t}{B}\right]$$

$$\frac{E_{\mathrm{b}}}{n_0}=\frac{2^{C_t/B}-1}{C_t/B} \quad \text{归一化信道容量：单位频带上的最大信息传输速率} \tag{8.68}$$

$$\text{比特信噪比}\ \frac{E_{\mathrm{b}}}{n_0}=\lim_{C_t/B\to 0}\frac{2^{C_t/B}-1}{C_t/B}=\ln 2=-1.6(\mathrm{dB}) \tag{8.69}$$

香农限：实现可靠通信索要的比特信噪比 E_{b}/n_0 的最小值

对任何通信系统而言，**香农限是无差错传输所要求的最低比特信噪比** E_{b}/n_0，没有任何一个通信系统可以低于这个最小值而实现无差错传输。

（3）带宽与信噪比的关系。C_t 一定时，增大带宽 B 可以降低对信噪比的要求，即带宽和信噪比可以互换。若有较大的传输带宽，则在保持信道功率不变的情况下可以容忍较强的噪声，即系统的抗噪声能力得到提高。

习　题

1. 求具有如下概率密度函数的随机变量的熵：

（1） 指数分布 $f(x)=\frac{1}{2}\mathrm{e}^{-\lambda x}, x\geqslant 0$；

（2） $f(x)=\frac{1}{2}\lambda\mathrm{e}^{-\lambda|x|}$ ；

（3） 单边高斯分布 $f(x)=\frac{2}{\sqrt{2\pi\sigma^2}}\mathrm{e}^{-x^2/2\sigma^2}, x\geqslant 0$。

2. 连续随机变量 X 和 Y 的联合概率密度为

$$p(xy)=\frac{1}{2\pi\sqrt{SN}}\mathrm{e}^{-\frac{1}{2N}\left[x^2\left(1+\frac{N}{S}\right)-2xy+y^2\right]}$$

求 X 和 Y 之间的相关系数 ρ，以及 $h(X)$、$h(Y)$、$h(Y|X)$ 和 $I(X;Y)$。

3. 一信源产生的时不变波形信号（信号统计特性不随时间而变）的带宽 $W=4\mathrm{kHz}$，幅度分布为 $p(x)=\mathrm{e}^{-x}(x\geqslant 0)$。设在信号幅度 $[0,2]$ 区间按量化单位 $\Delta=0.5$ 做量化，求该信源的信息输出率。

4. 设一时间离散、幅度连续的无记忆信道的输入是一个零均值、方差为 E 的高斯随机变量，信道噪声为加性高斯噪声，方差 $\sigma^2=1\mu\mathrm{W}$，信道的符号传输速率 $r=8000$ 符号/秒。令一路电话通过该信道，电话机产生的信息速率为 64kb/s。求输入信号功率 E 的最小值。

5. 连续随机变量 X 和 Y 的联合概率密度函数在由 $\frac{1}{a}|x|+\frac{1}{b}|y|\leqslant 1$ 所确定的菱形区域内均匀分布，求 $I(X;Y)$，并解释 $I(X;Y)$ 为什么与 a 和 b 无关。

6. 设一高斯加性信道，输入信号为 X_1、X_2，噪声为 Z_1、Z_2，输出信号为 $Y=X_1+Z_1+X_2+Z_2$，如下所示：

$$X_1\longrightarrow \underset{}{\overset{z_1\downarrow}{\oplus}}\longrightarrow \overset{x_2\downarrow}{\oplus}\longrightarrow \overset{z_2\downarrow}{\oplus}\longrightarrow Y$$

输入信号和噪声均为相互独立的零均值的高斯随机变量，功率分别为 P_1、P_2、N_1、N_2。求 $I(X_1;Y)$、$I(X_2;Y)$ 和 $I(X_1X_2;Y)$，当输入信号的总功率受限 $P_1+P_2\leqslant P$ 时，$I(X_1;Y)+I(X_2;Y)$ 的最大值是多少？

7. 一个无记忆信道的输入为离散随机变量 X，噪声 Z 在区间 $[-a,+a]$ 上均匀分布，因此输出 $Y=X+Z$ 是一个连续随机变量。

（1）当 $X\in\{-1,+1\}$ 并且等概率分布时，求 $I(X;Y)$；

（2）当 $X\in\{-1,0,+1\}$，$a=1/2$ 时，求最佳输入分布。

8. 设某一信号的信息输出速率为 5.6kb/s，噪声功率谱 $N=5\times10^{-6}\text{mW/Hz}$，在带宽 $B=4\text{kHz}$ 的高斯信道中传输，求无差错传输所需的最小输入功率。

9. 假定 (X,Y,Z) 是一个多维高斯分布的随机序列，并且 $X\rightarrow Y\rightarrow Z$ 组成一个马尔可夫链，X 和 Y，Y 和 Z 的相关系数分别为 ρ_1 和 ρ_2，求 $I(X;Z)$。

10. 设一个二维连续随机变量 XY 的联合概率密度为

$$p(xy)=\begin{cases}\dfrac{1}{\pi r^2}, & x^2+y^2\leqslant r^2\\ 0, & \text{其他}\end{cases}$$

求 $h(X)$、$h(Y)$、$h(XY)$ 和 $I(X;Y)$。

11. 连续随机变量集合 X,Y。$y=f(x)$，其中 f 是一一对应的映射，求平均互信息量 $I(X;Y)$。

12. 设连续随机变量 X 的取值范围为 $(-\infty,\infty)$，概率密度 $f(x)$ 满足 $E(X)=\alpha_1,E(X^2)=\alpha_2$，求达到最大熵的概率密度函数 $f(x)$。

13. 连续随机变量 X 和 Y 为零均值的联合高斯分布，方差分别为 σ_x^2 和 σ_y^2，相关系数为 ρ，求 $I(X;Y)$，并计算当 ρ 为 1、0、-1 时 $I(X;Y)$ 的值。

附录 A 凸函数的概念

APPENDIX A

定义 A.1 上凸函数

设 $f(x)$ 为一元函数，对于任意一个小于 1 的正数 $\alpha(0<\alpha<1)$ 以及函数 $f(x)$ 定义域内的任意两个自变量 $x_1, x_2(x_1 \neq x_2)$，有

$$f[\alpha x_1+(1-\alpha)x_2] \geqslant \alpha f(x_1)+(1-\alpha)f(x_1) \tag{A.1}$$

则 $f(x)$ 称为定义域上的**一元上凸函数**。

若

$$f[\alpha x_1+(1-\alpha)x_2] > \alpha f(x_1)+(1-\alpha)f(x_1) \tag{A.2}$$

则 $f(x)$ 称为定义域上的**一元严格上凸函数**。

上述概念可以推广到多元情况，即自变量表示为 $\boldsymbol{X}=(x_1,x_2,\cdots,x_n)$。

定义 A.2 下凸函数

设 $f(x)$ 为一元函数，对于任意一个小于 1 的正数 $\alpha(0<\alpha<1)$ 以及函数 $f(x)$ 定义域内的任意两个自变量 $x_1, x_2(x_1 \neq x_2)$，有

$$f[\alpha x_1+(1-\alpha)x_2] \leqslant \alpha f(x_1)+(1-\alpha)f(x_1) \tag{A.3}$$

则 $f(x)$ 称为定义域熵的**一元下凸函数**（$\cup$ 型函数）。

若

$$f[\alpha x_1+(1-\alpha)x_2] < \alpha f(x_1)+(1-\alpha)f(x_1) \tag{A.4}$$

则 $f(x)$ 称为定义域上的**一元严格下凸函数**。

上述概念可以推广到多元情况，即自变量表示为 $\boldsymbol{X}=(x_1,x_2,\cdots,x_n)$。

现在以严格上凸函数为例做直观解释，参见图 A.1。

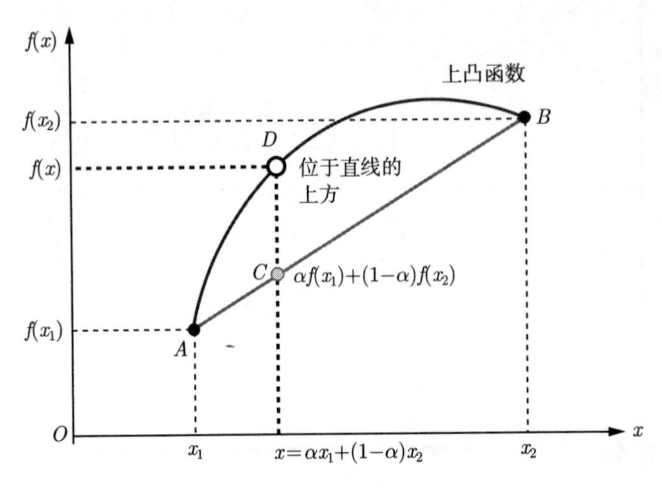

图 A.1　凸函数的几何意义

设 x_1 和 x_2 为定义域上的任意两点，令

$$x = \alpha x_1 + (1-\alpha)x_2$$

由于 $0 < \alpha < 1$，则 $x_1 < x < x_2$。图中

点 A 的坐标：$A = \Big[x_1, f(x_1)\Big]$

点 B 的坐标：$B = \Big[x_2, f(x_2)\Big]$

点 C 的坐标：$C = \Big[x, \alpha f(x_1) + (1-\alpha)f(x_2)\Big]$

点 D 的坐标：$D = \Big[x, f(x)\Big]$

若式（A.2）成立，即

$$f\Big[\alpha x_1 + (1-\alpha)x_2\Big] > \alpha f(x_1) + (1-\alpha)f(x_1)$$

则说明在区间 $[x_1 \quad x_2]$ 函数曲线 $f(x)$ 在直线 AB 上方，此所谓上凸。下凸函数有类似的几何意义。

定理A.1 詹森（Jensen）不等式

若 $f(x)$ 是定义在区间 $[a,b]$ 上的实值连续上凸函数,对于任意一组变量 $x_1, x_2, \cdots, x_N \in [a,b]$ 和任意一组非负实数 $\lambda_1, \lambda_2, \cdots, \lambda_N$ 满足 $\sum\limits_{n=1}^{N} \lambda_n = 1$，则有

$$\sum_{n=1}^{N} \lambda_n f(x_n) \leqslant f\left[\sum_{n=1}^{N} \lambda_n x_n\right] \tag{A.5}$$

下面利用数学归纳法证明詹森不等式。

当 $n=2$ 时，根据前述的上凸函数的定义，有

$$f\left[\alpha x_1+(1-\alpha)x_2\right]\geqslant \alpha f(x_1)+(1-\alpha)f(x_1)$$

参见式（A.1）。

当 $n=K$ 时，假设成立，则有

$$\sum_{n=1}^{K}\lambda_n f(x_n)\leqslant f\left[\sum_{n=1}^{K}\lambda_n x_n\right]$$

当 $n=K+1$ 时，对任意的 $\sigma_n\geqslant 0$，$\sum\limits_{n=1}^{K+1}\sigma_n=1$。令 $\alpha=\sum\limits_{n=1}^{K}\sigma_n$，则有

$$\begin{aligned}
&\sigma_1 f(x_1)+\cdots+\sigma_K f(x_K)+\sigma_{K+1}f(x_{K+1})\\
&=\underbrace{\alpha\left[\frac{\sigma_1}{\alpha}f(x_1)+\cdots+\frac{\sigma_K f(x_K)}{\alpha}\right]}_{\text{詹森不等式成立}}+\sigma_{K+1}f(x_{K+1})\\
&\leqslant \alpha f\left(\frac{\sigma_1}{\alpha}x_1+\cdots+\frac{\sigma_K}{\alpha}x_K\right)+\sigma_{K+1}f(x_{K+1})\\
&=\alpha f\underbrace{\left[\frac{1}{\alpha}\sum_{n=1}^{K}\sigma_n x_n\right]}_{\text{定义为点}x_0\in[a,b]}+\sigma_{K+1}f(x_{K+1})\\
&=\underbrace{\alpha f(x_0)+\sigma_{K+1}f(x_{K+1})}_{\text{詹森不等式成立}}\\
&\leqslant f(\alpha x_0+\sigma_{K+1}x_{K+1})=f\left(\sum_{n=1}^{K+1}\sigma_n x_n\right)
\end{aligned}$$

附录 B 吉布斯不等式

APPENDIX B

定理B.1 对数函数不等式

对任意实数 $x > 0$，有

$$1 - \frac{1}{x} \leqslant \ln x \leqslant x - 1 \tag{B.1}$$

令 $f(x) = \ln x - (x-1)$，则有

$$f'(x) = \frac{1}{x} - 1$$

可见，当 $x = 1$ 时，$f'(x) = 0$ 是 $f(x)$ 的极值。又因为

$$f''(x) = -\frac{1}{x_2} < 0$$

所以 $f(x)$ 是 x 的下凸函数，且当 $x = 1$ 时，$f(x) = 0$ 是极大值，则有

$$f(x) = \ln x - (x-1) \leqslant 0$$

即

$$\ln x \leqslant x - 1$$

令 $x = \dfrac{1}{y}$，由上式可得

$$1 - \frac{1}{y} \leqslant \ln y$$

即

$$1 - \frac{1}{x} \leqslant \ln x$$

于是，可得

$$1 - \frac{1}{x} \leqslant \ln x \leqslant x - 1$$

定理B.2 吉布斯不等式

$$H(p_1, p_2, \cdots, p_N) \leqslant -\sum_{n=1}^{N} p_n \log q_n \tag{B.2}$$

式中

$$\sum_{n=1}^{N} p_n = 1 \qquad \sum_{n=1}^{N} q_n = 1$$

证明： $H(p_1, p_2, \cdots, p_N) + \sum_{n=1}^{N} p_n \log q_n = -\sum_{n=1}^{N} p_n \log p_n + \sum_{n=1}^{N} p_n \log q_n$

$$= \sum_{n=1}^{N} p_n \log \frac{q_n}{p_n}$$

↓ 令$x_n = \dfrac{q_n}{p_n}$，应用对数不等式，见式（B.1）

$$\leqslant \log \mathrm{e} \sum_{n=1}^{N} p_n \times \left[\frac{q_n}{p_n} - 1\right] = 0$$

附录 C 信息熵是严格上凸函数

APPENDIX C

设 $\boldsymbol{P}=(p_1,p_2,\cdots,p_N)$ 和 $\boldsymbol{Q}=(q_1,q_2,\cdots,q_N)$ 是两个概率矢量，且

$$\sum_{n=1}^{N}p_n=1,\quad \sum_{n=1}^{N}q_n=1$$

现取 $0<\alpha<1$，则有

$$\begin{aligned}
&H\left[\alpha\boldsymbol{P}+(1-\alpha)\boldsymbol{Q}\right]\\
&=H\left[\alpha(p_1,p_2,\cdots,p_N)+(1-\alpha)(q_1,q_2,\cdots,q_N)\right]\\
&=H\left[\alpha p_1+(1-\alpha)q_1,\alpha p_2+(1-\alpha)q_2,\cdots,\alpha p_N+(1-\alpha)q_N\right]
\end{aligned}$$

$$\Big\downarrow \text{信息熵表达式}$$

$$=-\sum_{n=1}^{N}\left[\alpha p_n+(1-\alpha)q_n\right]\log\left[\alpha p_n+(1-\alpha)q_n\right]$$

$$\Big\downarrow \text{乘法分配律}$$

$$\begin{aligned}
&=-\alpha\sum_{n=1}^{N}p_n\log\left[\alpha p_n+(1-\alpha)q_n\right]-(1-\alpha)\sum_{n=1}^{N}q_n\log\left[\alpha p_n+(1-\alpha)q_n\right]\\
&=-\alpha\sum_{n=1}^{N}p_n\log\left\{\left[\alpha p_n+(1-\alpha)q_n\right]\times\frac{p_n}{p_n}\right\}-(1-\alpha)\sum_{n=1}^{N}q_n\log\left\{\left[\alpha p_n+(1-\alpha)q_n\right]\times\frac{q_n}{q_n}\right\}\\
&=-\alpha\sum_{n=1}^{N}p_n\log\left[p_n\frac{\alpha p_n+(1-\alpha)q_n}{p_n}\right]-(1-\alpha)\sum_{n=1}^{N}q_n\log\left[q_n\frac{\alpha p_n+(1-\alpha)q_n}{q_n}\right]
\end{aligned}$$

$$\Big\downarrow \text{乘积项分别取对数}$$

$$
\begin{aligned}
&= -\alpha\sum_{n=1}^{N} p_n \log p_n - \alpha\sum_{n=1}^{N} p_n \log\frac{\alpha p_n + (1-\alpha)q_n}{p_n} \\
&\quad -(1-\alpha)\sum_{n=1}^{N} q_n \log q_n - (1-\alpha)\sum_{n=1}^{N} q_n \log\frac{\alpha p_n + (1-\alpha)q_n}{q_n} \\
&= \alpha H(\boldsymbol{P}) + (1-\alpha)H(\boldsymbol{Q}) \underbrace{-\alpha\sum_{n=1}^{N} p_n \log\frac{\alpha p_n + (1-\alpha)}{p_n} - (1-\alpha)\sum_{n=1}^{N} q_n \log\frac{\alpha p_n + (1-\alpha)q_n}{q_n}}_{\text{根据吉布斯不等式，此两项均大于零}} \\
&\geqslant \alpha H(\boldsymbol{P}) + (1-\alpha)H(\boldsymbol{Q})
\end{aligned}
$$

即有

$$
H\left[\alpha\boldsymbol{P} + (1-\alpha)\boldsymbol{Q}\right] > \alpha H(\boldsymbol{P}) + (1-\alpha)H(\boldsymbol{Q})
$$

说明熵函数是严格上凸函数。

附录 D 马尔可夫链转移概率的渐近性质

APPENDIX D

定理D.1 马尔可夫链转移概率的渐近性质

对有限状态马尔可夫链，若存在正整数 m，使得对状态空间中的任意状态 i、j，$p_{ij}^{(m)}>0$，则有

$$\lim_{n\to\infty}\boldsymbol{P}^{(n)}=\boldsymbol{\pi}$$

证明：先证明 $m=1$ 时成立。

当 $m=1$ 时，相应的定理条件是 ${p_{ij}}^{(m)}>0$，即 p_{ij} 满足不等式 $p_{ij}\geqslant\varepsilon>0$。

设

$$M_j(n)=\max_i p_{ij}^{(n)}$$

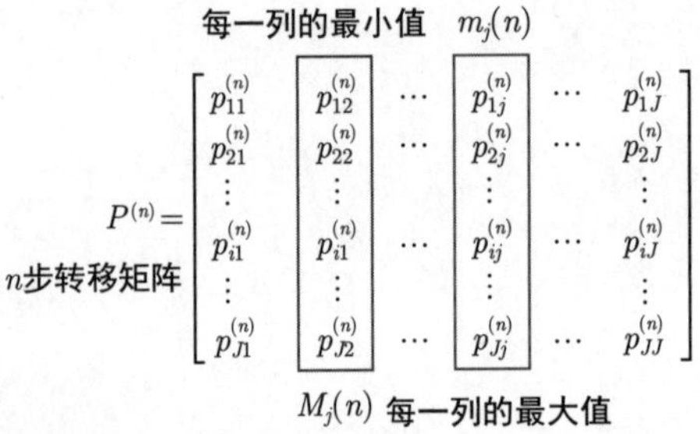

$$m_j(n)=\min_i p_{ij}^{(n)}$$

每一列的最小值 $m_j(n)$

$$P^{(n)}=\begin{bmatrix} p_{11}^{(n)} & p_{12}^{(n)} & \cdots & p_{1j}^{(n)} & \cdots & p_{1J}^{(n)} \\ p_{21}^{(n)} & p_{22}^{(n)} & \cdots & p_{2j}^{(n)} & \cdots & p_{2J}^{(n)} \\ \vdots & \vdots & & \vdots & & \vdots \\ p_{i1}^{(n)} & p_{i1}^{(n)} & \cdots & p_{ij}^{(n)} & \cdots & p_{iJ}^{(n)} \\ \vdots & \vdots & & \vdots & & \vdots \\ p_{J1}^{(n)} & p_{J2}^{(n)} & \cdots & p_{Jj}^{(n)} & \cdots & p_{JJ}^{(n)} \end{bmatrix}$$

n步转移矩阵

$M_j(n)$ 每一列的最大值

根据切普曼-柯尔莫哥洛夫方程（式（3.46））可得

$$\begin{aligned} p_{ij}^{(n)}&=\sum_{k\in S}p_{ik}p_{kj}^{(n-1)}=p_{i1}p_{1j}^{(n-1)}+p_{i2}p_{2j}^{(n-1)}+\cdots+p_{iJ}p_{Jj}^{(n-1)} \qquad \geqslant m_j(n-1)\\ &\geqslant p_{i1}m_j(n-1)+p_{i2}m_j(n-1)+\cdots+p_{iJ}m_j(n-1)\\ &=m_j(n-1)\sum_{j=1}^{J}p_{ij}=m_j(n-1) \end{aligned}$$

因此，有

$$p_{ij}^{(n)}\geqslant m_j(n-1),\qquad \forall i$$

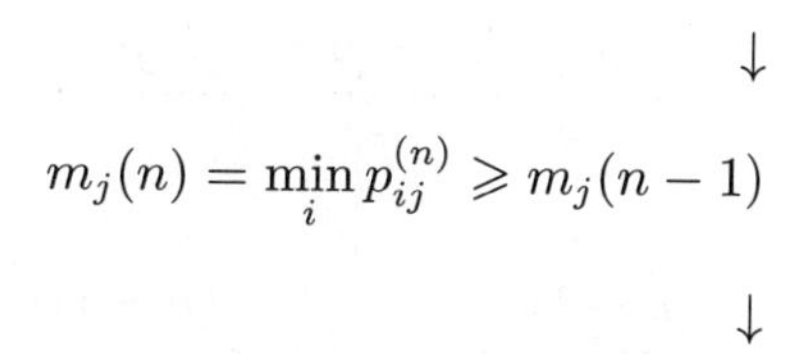

$$\downarrow$$

$$m_j(n)=\min_i p_{ij}^{(n)} \geqslant m_j(n-1)$$

$$\downarrow$$

转移矩阵中每列的最小值随 n 的增大而递增

转移矩阵中每列的最小值为有界序列

$$\downarrow$$

$$\lim_{n\to\infty} m_j(n)\text{存在}$$

同理，可得

$$\lim_{n\to\infty} M_j(n)\text{存在}$$

$$\uparrow$$

转移矩阵中每列的最小值为有界序列

转移矩阵中每列的最小值随 n 的增大而递增

假设状态 i_0 经过 n 步转移到达状态 j 且有 $m_j(n)=\min\limits_i p_{ij}^{(n)}=p_{i_0j}^{(n)}$，则有

$$m_j(n)=p_{i_0j}^{(n)}=\sum_{k\in S} p_{i_0k}p_{kj}^{(n-1)}$$

假设状态 i_1 经过 $n-1$ 步转移到达状态 j，且有 $M_j(n-1)=\max\limits_i p_{ij}^{(n-1)}=p_{i_1j}^{(n-1)}$。因此，有

$$\begin{aligned}
m_j(n)=p_{i_0j}^{(n)}=\sum_{k\in S} p_{i_0k}p_{kj}^{(n-1)} &= \varepsilon \overset{M_j(n-1)}{\underline{p_{i_1j}^{(n-1)}}} - \varepsilon p_{i_1j}^{(n-1)} + p_{i_0i_1}p_{i_1j}^{(n-1)} + \sum_{k\neq i_1} p_{i_0k}p_{kj}^{(n-1)} \\
&= \varepsilon M_j(n-1) + \left[p_{i_0i_1}-\varepsilon\right]\underline{p_{i_1j}^{(n-1)}} + \sum_{k\neq i_1} p_{i_0k}\underline{p_{kj}^{(n-1)}} \qquad \underline{\geqslant m_j(n-1)} \\
&\geqslant \varepsilon M_j(n-1) + \left[p_{i_0i_1}-\varepsilon\right]\left[m_j(n-1)\right] + \sum_{k\neq i_1} p_{i_0k}\left[m_j(n-1)\right] \\
&= \varepsilon M_j(n-1) + \Big[\underline{p_{i_0i_1} + \sum_{k\neq i_1} p_{i_0k}} - \varepsilon\Big] m_j(n-1) \\
&= \varepsilon M_j(n-1) + \left[1-\varepsilon\right] m_j(n-1)
\end{aligned}$$

结论 1： $\underline{m_j(n) \geqslant \varepsilon M_j(n-1) + \left[1-\varepsilon\right] m_j(n-1)}$

结论 2： $\underline{M_j(n) \leqslant \varepsilon m_j(n-1) + [1-\varepsilon] M_j(n-1)}$

进一步可得

$$
\begin{aligned}
M_j(n) - m_j(n) &\leqslant \underline{\varepsilon m_j(n-1) + [1-\varepsilon] M_j(n-1)} \\
&\leqslant \varepsilon m_j(n-1) + [1-\varepsilon] M_j(n-1) - \underline{\varepsilon M_j(n-1) + [1-\varepsilon] m_j(n-1)} \\
&= (1-2\varepsilon)\Big[M_j(n-1) - m_j(n-1)\Big]
\end{aligned}
$$

即有关系

$$
\begin{aligned}
\underline{M_j(n) - m_j(n)} &\leqslant [1-2\varepsilon]\Big[\underline{M_j(n-1) - m_j(n-1)}\Big] \\
&\leqslant (1-2\varepsilon)(1-2\varepsilon)\Big[M_j(n-2) - m_j(n-2)\Big] \\
&\qquad\qquad \text{递推} \\
&\leqslant \cdots \\
&\leqslant (1-2\varepsilon)^{n-1)}\Big[\underline{M_j(1) - m_j(1)}\Big] \qquad \leqslant 1 \\
&\leqslant (1-2\varepsilon)^{n-1}
\end{aligned}
$$

因此，可得

$$
0 \leqslant \lim_{n\to\infty}\Big[M_j(n) - m_j(n)\Big] \leqslant \lim_{n\to\infty}\Big[(1-2\varepsilon)^{n-1}\Big] = 0
$$

$$\downarrow$$

$$
\lim_{n\to\infty} \boldsymbol{P}^{(n)} = \boldsymbol{\pi} = \begin{bmatrix}
\pi_1 & \pi_2 & \cdots & \pi_j & \cdots & \pi_J \\
\pi_1 & \pi_2 & \cdots & \pi_j & \cdots & \pi_J \\
\vdots & \vdots & & \vdots & & \vdots \\
\pi_1 & \pi_2 & \cdots & \pi_j & \cdots & \pi_J \\
\vdots & \vdots & & \vdots & & \vdots \\
\pi_1 & \pi_2 & \cdots & \pi_j & \cdots & \pi_J
\end{bmatrix} \tag{D.1}
$$

上述推导过程和结论如图 D.1 所示。

结论 3： $m=1$ 时，只要 $p_{ij} \geqslant \varepsilon > 0$，马尔可夫链的转移矩阵存在极限。

当 $m>1$ 时，有

$$
n = km + i \qquad i = 0, 1, \cdots, m-1
$$

$$\downarrow$$

当$n \to \infty$时，$k \to \infty$

$$\downarrow$$

$$\boldsymbol{P}^n = \boldsymbol{P}^{km+i} = \boldsymbol{P}^i \left[\boldsymbol{P}^m\right]^k \quad \text{切普曼-柯尔莫哥洛夫方程式（3.46）}$$

$$\lim_{n\to\infty} \boldsymbol{P}^n = \boldsymbol{P}^i \underbrace{\lim_{k\to\infty} \left[\boldsymbol{P}^m\right]^k}_{\boldsymbol{\pi}}$$

$$\lim_{n\to\infty} \boldsymbol{P}^n = \boldsymbol{P}^i\boldsymbol{\pi} = \begin{bmatrix} p_{11}^{(i)} & p_{12}^{(i)} & \cdots & p_{1j}^{(i)} & \cdots & p_{1J}^{(i)} \\ p_{21}^{(i)} & p_{22}^{(i)} & \cdots & p_{1j}^{(i)} & \cdots & p_{1J}^{(i)} \\ \vdots & \vdots & \ddots & \vdots & \ddots & \vdots \\ p_{o1}^{(i)} & p_{o2}^{(i)} & \cdots & p_{oj}^{(i)} & \cdots & p_{oJ}^{(i)} \\ \vdots & \vdots & \ddots & \vdots & \ddots & \vdots \\ p_{J1}^{(i)} & p_{J2}^{(i)} & \cdots & p_{Jj}^{(i)} & \cdots & p_{JJ}^{(i)} \end{bmatrix} \begin{bmatrix} \pi_1 & \pi_2 & \cdots & \pi_j & \cdots & \pi_J \\ \pi_1 & \pi_2 & \cdots & \pi_j & \cdots & \pi_J \\ \vdots & \vdots & \ddots & \vdots & \ddots & \vdots \\ \pi_1 & \pi_2 & \cdots & \pi_j & \cdots & \pi_J \\ \vdots & \vdots & \ddots & \vdots & \ddots & \vdots \\ \pi_1 & \pi_2 & \cdots & \pi_j & \cdots & \pi_J \end{bmatrix}$$

以第 s 行第 t 列为例求解上述矩阵相乘的结果：

$$p_{s1}^{(i)}\pi_t + p_{s2}^{(i)}\pi_t + \cdots + p_{sJ}^{(i)}\pi_t = \pi_t$$

因此有

$$\lim_{n\to\infty} \boldsymbol{P}^n = \begin{bmatrix} \pi_1 & \pi_2 & \cdots & \pi_j & \cdots & \pi_J \\ \pi_1 & \pi_2 & \cdots & \pi_j & \cdots & \pi_J \\ \vdots & \vdots & \ddots & \vdots & \ddots & \vdots \\ \pi_1 & \pi_2 & \cdots & \pi_j & \cdots & \pi_J \\ \vdots & \vdots & \ddots & \vdots & \ddots & \vdots \\ \pi_1 & \pi_2 & \cdots & \pi_j & \cdots & \pi_J \end{bmatrix}$$

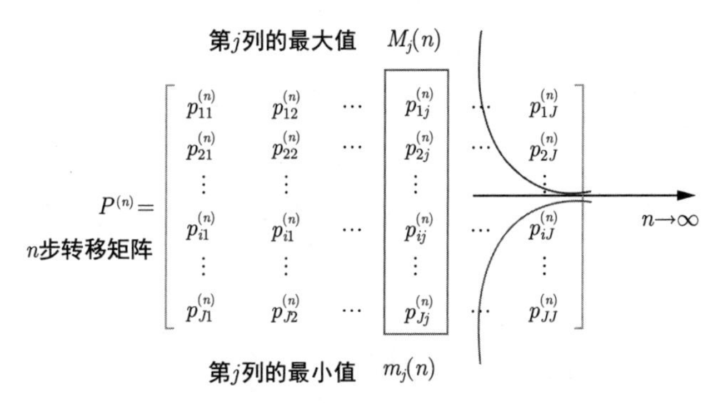

图 D.1　转移矩阵的极限

附录 E 渐近等同分割性和 ε 典型序列

APPENDIX E

大数定理

当随机试验的次数很多时，事件发生的频率具有稳定性。例如，反复进行抛掷硬币的随机试验，出现正面或反面的次数是不定的，但是随着试验次数的增加，出现正面或反面的频率会逐渐稳定于 1/2，这就是随机事件的统计规律性。

对于独立同分布的随机变量 $X_1, X_2, \cdots, X_N$，只要 N 足够大，其算术平均值 $\frac{1}{N}\sum\limits_{n=1}^{N} X_n$ 接近其数学期望 $E(X)$，即

$$\lim_{N\to\infty} P\left[\left|\frac{1}{N}\sum_{n=1}^{N} X_n - E(X)\right| < \varepsilon\right] = 1 \tag{E.1}$$

也就是说，其算术平均值依概率收敛于数学期望。当 N 很大时，其算术平均值将几乎变成一个常数 $E(X)$，这就是**大数定理**。

渐近等同分割性

把 $\frac{1}{N}\sum\limits_{n=1}^{N} X_n$ 看成一个随机变量，则有

$$E\left[\frac{1}{N}\sum_{n=1}^{N} X_n\right] = E(X), D\left[\frac{1}{N}X_n\right] = \frac{\sigma^2}{N_\varepsilon^2}$$

根据切比雪夫不等式，对于独立同分布的随机变量 $X_1, X_2, \cdots, X_N$ 和任意 $\varepsilon > 0$，有下列不等式：

$$P\left[\left|\frac{1}{N}\sum_{n=1}^{N} X_n - E(X)\right| \geqslant \varepsilon\right] \leqslant \frac{\sigma^2}{N_\varepsilon^2} \tag{E.2}$$

$$P\left[\left|\frac{1}{N}\sum_{n=1}^{N} X_n - E(X)\right| \leqslant \varepsilon\right] \geqslant 1 - \frac{\sigma^2}{N_\varepsilon^2} \tag{E.3}$$

式中，σ^2 为随机变量 $X_1, X_2, \cdots, X_N$ 的方差。

考虑一个离散无记忆信源 S，其概率空间为

$$\begin{bmatrix} S \\ P(S) \end{bmatrix} = \begin{bmatrix} s_1 & \cdots & s_i & \cdots & s_Q \\ p(s_1) & \cdots & p(s_i) & \cdots & p(s_Q) \end{bmatrix}$$

S 的 N 次扩展信源为 $\boldsymbol{S}$，其概率空间为

$$\begin{bmatrix} \boldsymbol{S} \\ P(\boldsymbol{S}) \end{bmatrix} = \begin{bmatrix} \boldsymbol{s}_1 & \cdots & \boldsymbol{s}_i & \cdots & \boldsymbol{s}_{Q^N} \\ p(\boldsymbol{s}_1) & \cdots & p(\boldsymbol{s}_i) & \cdots & p(\boldsymbol{s}_{Q^N}) \end{bmatrix}$$

式中，$\boldsymbol{S} = S_1S_2\cdots S_N$ 是 N 维随机矢量；$\boldsymbol{s}_i = s_{i_1}s_{i_2}\cdots s_{i_N}$，$i_1, i_2, \cdots, i_N \in \{1, 2, \cdots, Q\}$。

因为 $\boldsymbol{S}$ 是离散无记忆信源的扩展信源，所以有

$$p(\boldsymbol{s}_i) = \prod_{n=1}^{N} p(s_{i_n}) \tag{E.4}$$

$$I(\boldsymbol{s}_i) = \sum_{n=1}^{N} I(s_{i_n}) \tag{E.5}$$

$I(\boldsymbol{s}_i)$ 是一个随机变量，其数学期望就是扩展信源 $\boldsymbol{S}$ 的信源熵：

$$H(\boldsymbol{S}) = E\big[I(s_i)\big] = \sum_{n=1}^{N} E\Big[I(s_{i_n})\Big] = NH(S)$$

$$D\Big[I(\boldsymbol{s}_i)\Big] = ND\Big[I(s_i)\Big]$$

由于 $D\Big[I(s_i)\Big] < \infty$，所以当 Q 为有限数值时，$D\Big[I(\boldsymbol{s}_i)\Big] < \infty$。

由于相互统计独立的随机变量的函数也是相互统计独立的随机变量，已知 $S_1, S_2, \cdots,$ S_N 相互统计独立且服从同一概率分布，可知其自信息量 $I(s_n)(n = 1, 2, \cdots, N)$ 也是相互统计独立且服从同一分布的随机变量，有

$$\frac{I(\boldsymbol{s}_i)}{N} = \frac{1}{N}\sum_{n=1}^{N} I(s_{i_n}) \tag{E.6}$$

$$E\left[\frac{I(\boldsymbol{s}_i)}{N}\right] = \frac{1}{N}H(\boldsymbol{S}) = \frac{1}{N}\sum_{n=1}^{N} E\Big[I(s_{i_n})\Big] = H(S) \tag{E.7}$$

所以，$\dfrac{I(\boldsymbol{s}_i)}{N}$ 依概率收敛于 $H(S)$，这称为**渐近等同分割性**。

ε 典型序列

离散无记忆信源的 N 次扩展信源可以用 N 维随机矢量描述，N 维随机矢量中每一维随机变量相互独立，当序列长度 N 很大时，由于统计规律性，N 个随机变量的算术平均将

变成一个常数（随机变量的数学期望），也就是说 N 维随机矢量中每一维随机变量的平均自信息量非常接近于每一维随机变量的自信息量的数学期望，且 $D\left[\dfrac{I(\boldsymbol{s}_i)}{N}\right]=\dfrac{1}{N}D\Big[I(s_{i_n})\Big]$。

根据切比雪夫不等式，有以下不等式成立：

$$P\left[\left|\frac{I(\boldsymbol{s}_i)}{N}-H(S)\right|\geqslant\varepsilon\right]\leqslant\frac{D\Big[I(s_i)\Big]}{N\varepsilon^2} \tag{E.8}$$

$$P\left[\left|\frac{I(\boldsymbol{s}_i)}{N}-H(S)\right|\leqslant\varepsilon\right]\geqslant 1-\frac{D\Big[I(s_i)\Big]}{N\varepsilon^2} \tag{E.9}$$

令 $\dfrac{D\Big[I(s_i)\Big]}{N\varepsilon^2}=\delta(N,\varepsilon)$，则有 $\lim\limits_{N\to\infty}\delta(N,\varepsilon)=0$。

这样就可以把扩展信源输出的 N 长信源符号序列集合分成两个子集 G_ε 和 $\overline{G}_\varepsilon$：

$$G_\varepsilon=\left\{\boldsymbol{s}_i:\left|\frac{I(\boldsymbol{s}_i)}{N}-H(S)\right|<\varepsilon\right\} \tag{E.10}$$

$$\overline{G}_\varepsilon=\left\{\boldsymbol{s}_i:\left|\frac{I(\boldsymbol{s}_i)}{N}-H(S)\right|\geqslant\varepsilon\right\} \tag{E.11}$$

且有 $P[G_\varepsilon]+P[\overline{G}_\varepsilon]=1$，$G_\varepsilon$ 称为 ε **典型序列集**，它表示 N 长序列中，平均每一维随机变量的自信息量非常接近每一维随机变量自信息量数学期望的一类序列的集合；而 $\overline{G}_\varepsilon$ 表示 N 长序列中不在 G_ε 集中的序列的集合，称为**非 ε 典型序列集**。两者的差别在于 $I(\boldsymbol{s}_i)/N$ 与 $H(S)$ 的差是否小于正数 ε。

ε 典型序列集的性质

- G_ε 和 $\overline{G}_\varepsilon$ 的概率

$$1\geqslant P[G_\varepsilon]\geqslant 1-\delta(N,\varepsilon) \tag{E.12}$$

$$0\leqslant P[\overline{G}_\varepsilon]\leqslant\delta(N,\varepsilon) \tag{E.13}$$

- G_ε 和 $\overline{G}_\varepsilon$ 中序列出现概率的范围

  根据 ε 典型序列集的定义，G_ε 中序列 $I(\boldsymbol{s}_i)/N$ 与 $H(S)$ 的差小于正数 ε：

$$-\varepsilon\leqslant\frac{I(\boldsymbol{s}_i)}{N}-H(S)\leqslant\varepsilon \tag{E.14}$$

$$N\Big[H(S)-\varepsilon\Big]\leqslant I(\boldsymbol{s}_i)\leqslant N\Big[H(S)+\varepsilon\Big] \tag{E.15}$$

由于 $I(\boldsymbol{s}_i) = \log p(\boldsymbol{s}_i)$，所以有

$$\underbrace{2^{-N\left[H(S)-\varepsilon\right]}}_{\text{最大值}} \geqslant p(\boldsymbol{s}_i) \geqslant \underbrace{2^{-N\left[H(S)+\varepsilon\right]}}_{\text{最小值}} \tag{E.16}$$

- G_ε 和 $\overline{G}_\varepsilon$ 中序列的个数
  设 G_ε 中序列数为 M_G，则有

$$1 \geqslant P[G_\varepsilon] \geqslant M_G 2^{-N\left[H(S)+\varepsilon\right]} \tag{E.17}$$

$$1-\delta(N,\varepsilon) \leqslant P[G_\varepsilon] \leqslant M_G 2^{-N\left[H(S)-\varepsilon\right]} \tag{E.18}$$

因此，有

$$\begin{aligned}\left[1-\delta(N,\varepsilon)\right]2^{N\left[H(S)-\varepsilon\right]} &= \frac{1-\delta(N,\varepsilon)}{2^{-N[H(S)-\varepsilon]}} \\ &\leqslant \frac{P[G_\varepsilon]}{2^{-N[H(S)-\varepsilon]}} \\ &\leqslant M_G \\ &\leqslant \frac{P[G_\varepsilon]}{2^{-N[H(S)+\varepsilon]}} \\ &\leqslant \frac{1}{2^{-N[H(S)+\varepsilon]}} \\ &= 2^{N[H(S)+\varepsilon]}\end{aligned} \tag{E.19}$$

即

$$[1-\delta(N,\varepsilon)]2^{N[H(S)-\varepsilon]} \leqslant M_G \leqslant 2^{N[H(S)+\varepsilon]} \tag{E.20}$$

因此，N 次扩展信源中信源序列可分为以下两大类：

（1）ε **典型序列**：这是经常出现的信源序列，当 $N \to \infty$ 时，这类序列出现的概率趋于 1，同时所有的 ε 典型序列接近等概率（$p(\boldsymbol{s}_i) \approx 2^{-NH(S)}$）。

（2）**非 ε 典型序列**：这类信源序列出现的概率很低，当 $N \to \infty$ 时，这类信源序列出现的概率趋于 0。

信源序列的这种划分性质就是**渐近等同分割性**。

附录 F 有噪信道编码定理证明

APPENDIX F

联合 ε 典型序列是ε **典型序列**在两个随机序列时的自然扩展，其定义如下：

定义 F.1 联合 ε 典型序列

设 $(\boldsymbol{x}_i, \boldsymbol{y}_j)$ 是长为 N 的随心序列对，并且有 $p(\boldsymbol{x}_i\boldsymbol{y}_j) = \prod_{n=1}^{N} p(x_{i_n}y_{j_n})$，则在这些随机序列对中同时满足以下条件的序列对称为**联合 ε 典型序列**。

$$\left|-\frac{1}{N}\log p(\boldsymbol{x}_i) - H(X)\right| < \varepsilon \qquad \boldsymbol{x}_i\text{是 } X \text{ 的 } \varepsilon \text{ 典型序列}$$

$$\left|-\frac{1}{N}\log p(\boldsymbol{y}_j) - H(Y)\right| < \varepsilon \qquad \boldsymbol{y}_j\text{是 } Y \text{ 的 } \varepsilon \text{ 典型序列}$$

$$\left|-\frac{1}{N}\log p(\boldsymbol{x}_i, \boldsymbol{y}_j) - H(XY)\right| < \varepsilon \quad \varepsilon\text{是任意小的正数}$$

联合 ε 典型序列的全体构成的集合称为**联合 ε 典型序列集**，记作 $\boldsymbol{G}_\varepsilon(XY)$，集合中元素的数目记作 $M_{\boldsymbol{G}}(XY)$；而把 X 的 ε 典型序列集记作 $\boldsymbol{G}_\varepsilon(X)$，集合中元素的数目记作 $M_{\boldsymbol{G}}(X)$；Y 的 ε 典型序列集记作 $\boldsymbol{G}_\varepsilon(Y)$，集合中元素的数目记作 $M_{\boldsymbol{G}}(Y)$。

联合渐近等同分割性

对于任意小的正数 $\varepsilon \geqslant 0$ 和 $\delta \geqslant 0$，当 N 足够大时，有

典型序列集和联合典型序列集的概率满足

$$P\Big[G_\varepsilon(X)\Big] \geqslant 1-\delta \tag{F.1}$$

$$P\Big[G_\varepsilon(Y)\Big] \geqslant 1-\delta \tag{F.2}$$

$$P\Big[G_\varepsilon(XY)\Big] \geqslant 1-\delta \tag{F.3}$$

典型序列和联合典型序列出现的概率满足

$$2^{-N[H(X)+\varepsilon]} < p(\boldsymbol{x}_i) < 2^{-N[H(X)-\varepsilon]} \tag{F.4}$$

$$2^{-N[H(Y)+\varepsilon]} < p(\boldsymbol{y}_j) < 2^{-N[H(Y)-\varepsilon]} \tag{F.5}$$

$$2^{-N[H(XY)+\varepsilon]} < p(\boldsymbol{x}_i\boldsymbol{y}_j) < 2^{-N[H(XY)-\varepsilon]} \tag{F.6}$$

典型序列集和联合典型序列集中元素的个数满足

$$(1-\delta)2^{N[H(X)-\varepsilon]} \leqslant M_{\boldsymbol{G}}(X) < 2^{N[H(X)+\varepsilon]} \tag{F.7}$$

$$(1-\delta)2^{N[H(Y)-\varepsilon]} \leqslant M_{\boldsymbol{G}}(Y) < 2^{N[H(Y)+\varepsilon]} \tag{F.8}$$

$$(1-\delta)2^{N[H(XY)-\varepsilon]} \leqslant M_{\boldsymbol{G}}(XY) < 2^{N[H(XY)+\varepsilon]} \tag{F.9}$$

典型序列 $\boldsymbol{x}_i$ 是输入端高概率出现的序列，典型序列 $\boldsymbol{y}_j$ 是输出端高概率出现的序列，而联合典型序列对 $(\boldsymbol{x}_i, \boldsymbol{y}_j)$ 则是信道输入和输出之间关联密切且经常出现的序列对。也就是说，当典型序列 $\boldsymbol{x}_i$ 在发送端发送时，接收端所接收到的序列是 $\boldsymbol{y}_j$ 的概率很高，因为 $\boldsymbol{x}_i$ 与 $\boldsymbol{y}_j$ 构成了**联合 ε 典型序列**。

如果序列 $\mathring{\boldsymbol{x}}_i$ 和 $\mathring{\boldsymbol{y}}_j$ 统计独立并且与 $p(\boldsymbol{x}_i\boldsymbol{y}_j)$ 有相同的边缘分布，即

$$p(\mathring{\boldsymbol{x}}_i\mathring{\boldsymbol{y}}_j) = p(\mathring{\boldsymbol{x}}_i)p(\mathring{\boldsymbol{y}}_j)$$

$$p(\mathring{\boldsymbol{x}}_i) = p(\boldsymbol{x}_i)$$

$$p(\mathring{\boldsymbol{y}}_j) = p(\boldsymbol{y}_j)$$

则有

$$\begin{aligned} P\Big[(\mathring{\boldsymbol{x}}_i\mathring{\boldsymbol{y}}_j) \in \boldsymbol{G}_{\varepsilon(XY)}\Big] &= \sum_{(\mathring{\boldsymbol{x}}_i\mathring{\boldsymbol{y}}_j)\in\boldsymbol{G}_{\varepsilon(XY)}} p(\boldsymbol{x}_i)p(\boldsymbol{y}_j) \\ &\leqslant 2^{N[H(XY)+\varepsilon]} \times 2^{-N[H(X)-\varepsilon]} \times 2^{-N[H(Y)-\varepsilon]} \\ &= 2^{-N[I(X;Y)-3\varepsilon]} \end{aligned}$$

并且

$$\begin{aligned} P\Big[(\mathring{\boldsymbol{x}}_i\mathring{\boldsymbol{y}}_j) \in \mathbf{G}_{\varepsilon(XY)}\Big] &= \sum_{(\mathring{\boldsymbol{x}}_i\mathring{\boldsymbol{y}}_j)\in\boldsymbol{G}_{\varepsilon(XY)}} p(\boldsymbol{x}_i)p(\boldsymbol{y}_j) \\ &\geqslant (1-\delta)2^{N[H(XY)-\varepsilon]} \times 2^{-N[H(X)+\varepsilon]} \times 2^{-N[H(Y)+\varepsilon]} \\ &= (1-\delta)2^{-N[I(X;Y)+3\varepsilon]} \end{aligned}$$

综上可得

$$2^{-N[I(X;Y)-3\varepsilon]} \geqslant P\Big[(\mathring{\boldsymbol{x}}_i\mathring{\boldsymbol{y}}_j) \in \boldsymbol{G}_{\varepsilon(XY)}\Big] \geqslant (1-\delta)2^{-N[I(X;Y)+3\varepsilon]} \tag{F.10}$$

可见，在**联合 ε 典型序列集合**中出现相互独立的随机序列对的概率非常小。

有噪信道编码定理的证明思路

在二元信道中证明有噪信道编码定理，证明的基本思路如下：

有噪信道编码定理证明的基本思路：

（1）选取平均错误概率 P_{E} 任意小而非零。

（2）在 N 次无记忆扩展信道中讨论，且 N 足够大，以便使用大数定理。

（3）构造随机编码，在随机编码的基础上计算整个码集的平均错误概率。由此证明至少存在一种好码存在。因为是随机编码，所以求得的平均错误译码概率与特定的码字无关。

随机编码

随机编码是指在 N 长的输入序列中，随机选择 M 个作为输入码字序列组成一个码 C_k，$C_k=\{\boldsymbol{x}_1,\boldsymbol{x}_2,\cdots,\boldsymbol{x}_M\}$，即有 M 个信源消息。每次选择一个码字序列有 2^N 种可能的选择，而得到一个码 C_k 需选择 M 次码字，共有 $(2^N)^M$ 种可能的选择，也就是说通过随机编码可以得到 2^{MN} 个码。这可是一个很大的数，例如 $M=2^8, N=16$ 时共有 $2^{4096}\approx 10^{1233}$。

当然，在这些码中有一部分是无用的。例如，某些码的码字有重复码，但由码中用作消息的码字数 $M=2^{NR}$，这只占全部可能的码字序列（共有 2^N）中很小的一部分，因此同一码中码字不同共有 $2^N(2^N-1)\cdots(2^N-M+1)$ 种可能性，同一码中码字相同的概率很小，可以忽略这个问题。

有噪信道编码定理的证明

假设通过随机编码得到一个码集合 $\left\{C_k, k=1,2,\cdots,2^{NM}\right\}$。令输入等概率分布，则对码 C_k 中的 M 个码字求平均可求得码 C_k 的平均错误概率为

$$P_{\mathrm{E}}=\frac{1}{M}\sum_{i=1}^{M}p(e|\boldsymbol{x}_i) \tag{F.11}$$

式中，e 为输出序列中所有能够引起译码错误的序列。

在码集 $\{C_k\}$ 上对 $P_{\mathrm{E}}(C_k)$ 求平均，则

$$\overline{P_{\mathrm{E}}(C_k)}=\sum_{k=1}^{2^{NM}}p(C_k)P_{\mathrm{E}}(C_k)=P_{\mathrm{E}}(C_k) \tag{F.12}$$

由此可见，平均错误概率的集平均与 $\overline{P_{\mathrm{E}}(C_k)}$ 与 $P_{\mathrm{E}}(C_k)$ 相同，这是因为每个码的平均错误概率都相等，即 $P_{\mathrm{E}}(C_k)$ 对 $k=1,2,\cdots,2^{NM}$ 都相等，而且由于随机编码 C_k 中任何一个码字的 $p(e|\boldsymbol{x}_i)$ 也都相等。以 $\boldsymbol{x}_1$ 为例，得 $P_{\mathrm{E}}=p(e|\boldsymbol{x}_i)=p(e|\boldsymbol{x}_1)$。

设 $\boldsymbol{y}_j$ 是发送码字序列 $\boldsymbol{x}_1$ 时信道输出处得到的接收序列，定义 $\boldsymbol{y}_j$ 与 $\boldsymbol{x}_i$ 构成**联合 ε 典型序列**为事件 A_i，即 $A_i=\{(\boldsymbol{x}_i,\boldsymbol{y}_j)\in \boldsymbol{G}_\varepsilon(XY), i=1,2,\cdots,M\}$。

在译码时，将接收序列 $\boldsymbol{y}_j$ 译成 $\boldsymbol{x}_i$（与 $\boldsymbol{y}_j$ 构成联合典型 ε 序列的那个码字），为了推导方便，将 $\boldsymbol{x}_i$ 简化为 $\boldsymbol{x}_1$。按照这种译码，译码错误的发生有两种可能：

（1）$\boldsymbol{y}_j$ 不与 $\boldsymbol{x}_1$ 构成**联合典型** ε **序列**；

（2）$\boldsymbol{y}_j$ 与 $\boldsymbol{x}_1$ 以外的码字构成**联合典型** ε **序列**。

所以，有

$$P_{\mathrm{E}} = p(e|\boldsymbol{x}_1) = P\left[\overline{A_1} \cup A_2 \cup A_3 \cdots \cup A_M\right] \tag{F.13}$$

根据和事件的概率关系可得

$$P_{\mathrm{E}} \leqslant P\left[\bar{A}_1\right] + \sum_{i=2}^{M} P\left[A_i\right] \tag{F.14}$$

由于 $P\left[A_1\right] = p\left[\boldsymbol{G}_\varepsilon(XY)\right] \geqslant 1-\delta$，所以有 $P\left[\bar{A}_1\right] \leqslant \delta$。而 $\boldsymbol{y}_j$ 与 $\boldsymbol{x}_2, \boldsymbol{x}_3, \cdots, \boldsymbol{x}_M$ 是相互独立的序列，所以有

$$P\left[A_i\right] \leqslant 2^{-N[I(X;Y)-3\varepsilon]} \tag{F.15}$$

$$\begin{aligned} P_{\mathrm{E}} &\leqslant \delta + (M-1) \times 2^{-N[I(X;Y)-3\varepsilon]} \\ &\qquad\qquad \underset{\cdots\cdots\cdots}{M = 2^{NR}} \\ &\leqslant \delta + 2^{NR} \times 2^{-N[I(X;Y)-3\varepsilon]} \\ &= \delta + 2^{-N[I(X;Y)-R-3\varepsilon]} \end{aligned} \tag{F.16}$$

在推导过程中使用了等式 $M = 2^{NR}$：

M个信源符号最大信息量：$\log_2^M$ bit

↓

信息传输率$R = \dfrac{\log_2^M}{N}$

↓

$M = 2^{NR}$

分析不等式 $P_{\mathrm{E}} \leqslant \delta + 2^{-N[I(X;Y)-R-3\varepsilon]}$ 可知，**选择任意小的正数** δ **和** ε**，当** $R < I(X;Y)$ **且** N **足够大时，**P_{E} **可以任意小**。

信道传递信息时，总希望信息传输率尽可能大。在有噪信道编码定理证明过程中，可以选择最佳输入分布从而 $I(X;Y)$ 达到信道容量，这样有噪信道编码定理的条件 $R < I(X;Y)$

就成为条件 $R < C$。事实上，等概率分布也确实是对称信道的 $I(X;Y)$ 达到信道容量的最佳输入分布。

至此，已经证得当 N 足够大且 $R < C$ 时，在整个码集合 $\{C_k\}$ 上求 Y 的平均错误概率可以达到任意小，因此至少存在一个码，其错误概率小于或等于平均错误概率。

参考文献

REFERENCE

[1] Thomas M. Cover and Joy A. Thomas. 信息论基础 [M]. 阮吉寿, 译. 2 版. 北京：机械工业出版社, 2007.

[2] 于秀兰, 等. 信息论基础 [M]. 北京：电子工业出版社, 2017.

[3] 周荫清. 信息理论基础 [M]. 4 版. 北京：北京航空航天大学出版社, 2012.

[4] 曹雪虹, 张宗橙. 信息论与编码 [M]. 3 版. 北京：清华大学出版社, 2016.

[5] 李亦农, 李梅. 信息论基础教程 [M]. 北京：北京邮电大学出版社, 2005.

[6] 李梅. 信息论基础与应用 [M]. 北京：电子工业出版社, 2016.

[7] 杜玉华, 等. 信息论理论基础教程 [M]. 北京：中国电力出版社, 2014.

[8] 王育民, 李晖. 信息论与编码理论 [M]. 2 版. 北京：高等教育出版社, 2013.

[9] 田宝玉, 等. 信息论基础 [M]. 2 版. 北京：人民邮电出版社, 2016.